科学出版社"十三五"普通高等教育本科规划教材

大学物理实验

（第二版）

唐贵平　邓小清　贺艺华　伍　丹　主编

科学出版社

北　京

内 容 简 介

本书根据《非物理类理工科大学物理实验教学基本要求》编写,内容主要包括:第1篇基础理论,其中第1章为测量不确定度与数据处理方法,第2章为常用物理实验仪器;第2篇为14个基础性实验;第3篇为23个综合性实验;第4篇为8个设计性实验.这样安排内容既可以培养学生扎实的物理实验基本技能,又可以训练学生活跃的物理创新思维,让学生既学会设计物理实验的基本方法,又掌握部分现代仪器的实验技术,为他们学习理工科各类专业课程打下坚实的基础.

本书可作为高等学校理工科各专业开设物理实验课程的教材或参考书,也可作为从事实验教学的教师与技术人员的参考书.

图书在版编目(CIP)数据

大学物理实验/唐贵平等主编. —2版. —北京:科学出版社,2022.1
科学出版社"十三五"普通高等教育本科规划教材
ISBN 978-7-03-070438-2

I. ①大… II. ①唐… III. ①物理学-实验-高等学校-教材 IV. ①O4-33

中国版本图书馆 CIP 数据核字(2021)第 219919 号

责任编辑:罗 吉 崔慧娴 / 责任校对:杨聪敏
责任印制:赵 博 / 封面设计:蓝正设计

科学出版社 出版
北京东黄城根北街 16 号
邮政编码:100717
http://www.sciencep.com
三河市骏杰印刷有限公司印刷
科学出版社发行 各地新华书店经销

＊

2015 年 8 月第 一 版 开本:787×1092 1/16
2022 年 1 月第 二 版 印张:22 3/4
2025 年 1 月第十四次印刷 字数:540 000

定价:59.00 元
(如有印装质量问题,我社负责调换)

前　　言

本书是根据教育部的《非物理类理工科大学物理实验教学基本要求》，结合长沙理工大学专业设置特点和实验仪器设备情况，在大学物理实验中心自编教材《大学物理实验》的基础上修改而成.

长沙理工大学是一所以工为主，工、理、文、经、管、哲、艺、法等多科协调发展，具有鲜明的交通、电力、水利和轻工等行业特色与学科优势的多科性大学. 在理、工各类专业开设大学物理实验课程已有近 40 年的历史，主要具有以下特点：①专业适应面广，开设专业多达 60 个；②仪器设备和实验内容新颖，学校持续加强实验室的建设投入，教学仪器设备的型号新颖、适用，教学内容也经过多次修改完善，已形成基础——综合——设计三级层次的实验体系；③体系完整、独立性强，既要以学生做过的中学物理实验为起点，又要与后续的实验课适当配合，因此，物理实验必须有较完整的体系，不依赖于同时开设的大学物理和各专业开设的理论课程，可以独立开设，但它又与各专业的有关课程紧密结合，为这些课程打下扎实的实践基础.

物理实验课程是教育部教学评估中确定的 6 门基础课程之一，是高等学校学生进行科学实验基本训练的一门独立必修课程. 作为教材，我们在编写时，既注意到它的系统性、科学性，也兼顾到了它的现代性、应用性. 为此，我们对一些实验进行了取舍和调整，同时加入了一些新实验.

实验教学是集体的事业，本书是长沙理工大学物理实验中心全体老师几年来工作的总结和教学改革成果的结晶. 参加编写的人员有唐贵平、邓小清、贺艺华、伍丹、杨昌虎、廖家欣、任鹏、邓敏、朱华丽、窦柳明、邹娟、蔡爱军、靳丽娟、孙琳、周晓萍、彭金池、聂六英、周溯源，每位人员所编写的实验在相应实验后注明. 唐立军教授对书稿进行了认真审读，提出了宝贵的指导意见，在此表示感谢.

本书已列为学校规划教材和精品教材，编写期间，我们参阅了许多兄弟院校的教材，学校教务处和科学出版社对本书的出版给予极大的关心与支持，在此表示衷心的感谢.

由于编者的知识水平和教学经验有限，再加上编写时间仓促，书中难免有疏漏和不妥之处，望读者批评指正.

编　者

2021 年 9 月

目　　录

第 1 篇　基 础 理 论

第 2 篇　基础性实验

第 3 篇　综合性实验

第 4 篇　设计性实验

绪　　论

我国颁布的《中华人民共和国高等教育法》中明确提出：高等教育的任务是培养具有创新精神和实践能力的高级专门人才.学校的科学实验课在这两方面起着重要的作用.

一、实验在物理学发展中的作用

苏联著名化学家涅斯米扬诺夫说过,科学是近代技术之基础,物理是现代科学之领袖.物理学何以成为自然科学中的带头学科？何以成为推动科技革命的主要原动力呢？追根寻源,物理实验的作用功不可没.

科学实验是整个自然科学的基础,而物理实验在整个自然科学中起着极其重要的作用.回顾物理学的发展史,可以看到,实验和理论是物理学的两大支柱.实验—理论—再实验……的模式是物理学发展所遵循的基本规律,即以某些物理现象或实验事实为基础(或起点),或在受到某些事物的启发下,提出物理模型,用来解释过去已有的实验事实,然后再用实验来验证这个模型的正确与否,并根据不断发展的实验技术和实验方法及实验结果进一步修正和完善它.若新的实验事实与原有的模型不符,或新的实验结果推翻原有理论的某些结论或推论,这个实验模型便促使新的物理模型和新理论的诞生……实验和理论相互依赖,相互促进,共同缔造着物理王国,并不断向其他学科辐射、渗透,成为发展新学科的源泉和推动科学技术革命的动力.第一次产业革命如此,第二次产业革命亦如此,今后的发展还将如此.物理实验的思想方法、仪器和技术已被普遍地应用到自然科学以外的各个学科,并且日益广泛地向生产和生活的各个领域渗透、发展和推广应用.

例如,1831 年法拉第的电磁感应现象的发现和 1887 年赫兹的电磁波实验,就是麦克斯韦电磁场理论的实验基础和理论验证中最关键的两个实验;1800 年杨氏的双缝干涉实验证明了光的波动学说;1887 年赫兹的光电效应的发现是爱因斯坦光量子假设的实验依据,并最终证明了光的波粒二象性;1909 年卢瑟福的 α 粒子散射实验揭开了原子秘密;1957 年吴健雄的实验验证了李政道和杨振宁的宇称不守恒定律.对科学技术正在起到巨大作用的新器件、新材料、新技术等(如晶体管、激光器、低温超导、可控热核反应),也都是首先在实验室中研究出来的.事实证明,实验工作在物理学各个领域的发展中起着重大的作用,实验室从来就是历史上许多重大技术革命的发源地.

二、物理实验教学的目的和任务

理工科高等院校的物理实验已发展成为一门独立的科学实验课程,是学生在大学期间进行科学实验的入门课,是学生受到系统的实验思想方法和技能训练的开端,也是后续实验课程的基础.物理实验课程教学的目的和任务如下.

(1) 通过实验要求学生做到：弄懂实验原理,了解一些物理量的测量方法;熟悉常用仪器的基本原理和技术性能,正确选择和使用常用仪器;能够正确记录及处理实验数据,分析判断实验结果;能写出完备的实验报告.

（2）培养并逐步提高学生观察和分析实验现象的能力,进行综合设计实验的能力,独立进行研究工作的能力.为此,要加强对实验的观察、测量和分析的训练,加深对物理概念、规律和理论的理解和应用,并力求逐步提高.

（3）培养及提高学生的科学素质,即严谨的工作作风,严肃认真、实事求是的科学态度,遵守纪律及爱护国家财产的优良品德,刻苦钻研、勇于探索和创新的开拓精神等.

三、物理实验的基本程序

物理实验虽然有多种类型,但都是在教师指导下独立进行实验的实践活动,因此,在实验过程中应当发挥学生的主观能动性,有意识地培养他们的独立工作能力和严谨的工作作风.物理实验课的基本程序,可分为如下三个阶段.

1. 实验前预习

仔细阅读实验教材,了解本次实验的原理和方法,并基本了解有关测量仪器的使用方法,在此基础上写出预习报告.预习报告包括:实验名称、目的要求、实验仪器、原理简述（主要原理、有关定律或公式、电路图或光路图等）、数据记录表格.如果是设计性实验,还需写出设计概要或有关计算结果.预习时,应以理解原理为主,了解实验中的待测物理量,可能出现的现象,要达到什么目的（要求什么或验证什么）,以在实验中主动地、有目的地操作,克服机械而呆板的操作方式.

2. 进行实验

实验时应遵守实验室规章制度,先要阅读有关仪器使用的注意事项或说明书,熟悉仪器,了解原理和用法,调整好仪器或接好电路,经教师检查后再开始做实验.

实验过程中按步骤进行,仔细测量和读数,正确记录数据并填入数据表格中.数据记录中,如发现有错,可以重新记录,并对原来数据加上特殊符号（如"－"或"×"）.未重新测量绝不允许修改实验数据.

将实验记录交教师审核签字后,整理好实验仪器,方能离开实验室.整个过程要求保持实验室的整洁、安静、有序.

3. 实验报告

实验报告是实验工作的全面总结,要用简明扼要的形式,将实验结果完整而又真实地表达出来,这是进行科学素质培养的必要内容之一.

书写实验报告时,要求文字通顺,字迹端正,图表规范,结果表示正确（包括误差的表示）;认真讨论,按自己思路来写.实验报告的格式包括下列几部分:

（1）实验名称;

（2）实验目的;

（3）实验仪器;

（4）简要原理（或定律）及计算公式（光学、电学等实验应有光路图或电路图）；实验简要步骤和实验数据记录；

（5）数据处理（包括计算、图表、误差分析等）；

（6）实验结果（结论）；

（7）讨论（或问题回答）.

实验报告要用正规的实验报告纸书写，原始记录必须附在后面一并交给老师.

第1篇 基础理论

第1章　测量不确定度与数据处理方法

本章将具体介绍大学物理实验所必需的基础知识,它包括测量误差与不确定度的基本概念,实验数据的常用处理方法,以及物理实验的基本测量方法.

1.1　测　量　误　差

误差理论是物理实验的重要数学工具.在物理实验中经常要遇到许多综合的实验,为了获得准确的测量结果,需要理解实验设计的原理,掌握好误差理论,才能有效地进行实验测量和数据处理,并最终对实验结果做出正确的评价和分析.本节将介绍测量误差和不确定度的一些基本概念.

1. 测量

物理实验离不开各种测量.物理测量的内容很多,大到日月星辰,小到分子、原子、粒子.可以说,测量是进行科学实验必不可少且极其重要的一环.

测量分为直接测量和间接测量.直接测量是将待测物理量直接与认定为计量标准的同类量进行比较,如用米尺测量长度、用天平称质量、用万用表测量电压等.而间接测量则是指按照一定的函数关系由一个或多个直接测量量计算出另一个物理量.例如,测量气垫导轨上滑块滑行的速度,要先测出滑块滑行的时间和距离,再用公式计算出滑块滑行的速度,这就属于间接测量.物理实验中的大多数测量是间接测量.

测量的数据不同于普通的数值,它是由数值和单位两部分组成的.数值有了单位,才具有特定的物理意义,因此测量所得的值应包含数值和单位,两者缺一不可.

2. 误差

对某一物理量进行测量时,由于受到测量环境、方法、仪器以及不同观测者等诸多因素的影响,测量结果与被测量的客观真实值(真值)存在一定的偏离,也就是说存在误差(error).测量误差可以用绝对误差,也可以用相对误差来表示.

$$绝对误差 = 测量结果 - 真值 \tag{1.1.1}$$

$$相对误差 = \frac{绝对误差}{真值} \tag{1.1.2}$$

真值(true value)是指被观测的量在实验条件下所具有的确定值.一个量的真值是一个理想的概念,一般情况下是不知道的,但在某些特定的情况下,真值又是可知的.例如,三角形的三个内角和为 $180°$,一个圆周角为 $360°$ 等.

由于测量总存在一定的误差,所以必须分析测量中可能产生的各种误差因素,尽可能消除其影响,并对测量结果中未能消除的误差给予正确的评价.一个优秀的实验者,应该根据实验的具体要求和误差限度来确定合理的测量方案以及合适的测量仪器,从而能够在实验的要求下以最低的代价来取得最佳的实验结果.

3. 误差的分类

按照误差的基本性质和特点,可以把它分为三大类:系统误差、随机误差和粗大误差.

(1) 系统误差(systematic error).

系统误差是在重复条件下多次测量同一物理量时,测量结果对真值的偏离总是相同的,即误差的大小和符号始终保持恒定或按照一定的规律变化.系统误差的特征是它的确定性.

(2) 随机误差(random error).

随机误差是在重复条件下对同一被测量进行足够多次测量时,误差的大小、符号的正负是随机的.随机误差的特点是单个具有随机性,而总体服从统计分布规律,常见的统计分布有正态分布、t 分布、均匀分布等.

(3) 粗大误差.

粗大误差实际上是一种测量过程中的人为过失,并不属于误差的范畴.对于这种由于测量过程中人为过失而产生的错误数据应当予以剔除.

4. 测量结果的评价

评价测量结果,反映测量误差大小,常用到正确度、精密度和准确度三个概念.

正确度反映系统误差大小的程度.正确度高是指测量数据的算术平均值偏离真值较小,测量的系统误差小.但是,正确度不能确定数据分散的情况,即不能反映随机误差的大小.

精密度反映随机误差大小的程度,它是对测量结果的重复性的评价.精密度高是指测量的重复性好,各次测量值的分布密集或接近,随机误差小.但是,精密度不能反映系统误差的大小.

准确度反映系统误差与随机误差综合大小的程度.准确度高是指测量结果既精密又正确,即随机误差与系统误差均小.

现以射击打靶的结果为例说明以上三个术语的意义,如图 1.1.1 所示.

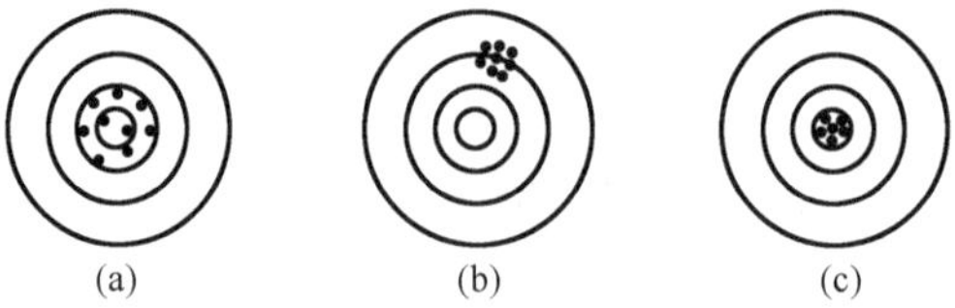

(a)　　　　　　　　(b)　　　　　　　　(c)

图 1.1.1　正确度、精密度和准确度

(a)正确度好而精密度低,即系统误差小而随机误差大;(b)精密度高而正确度低,
即系统误差大而随机误差小;(c)准确度高,系统误差和随机误差都小

5. 发现和消除系统误差

1)如何发现系统误差

物理实验中的系统误差通常是很难发现的,但通过长期的实践和经验的积累,已总结出一些发现系统误差的办法,归纳如下.

（1）理论分析法.

分析实验所依据的理论和实验方法是否有不完善的地方,检查理论公式所要求的条件是否满足,所用仪器是否存在缺陷,通过分析得到有关系统误差是否存在的信息.

（2）实验对比法.

采用不同的方法测量同一物理量,让不同的人员测量同样的物理量或使用不同的仪器测量同一物理量,通过对比测量结果的数值来发现系统误差的存在.

（3）数据分析法.

分析测量结果,若结果不服从统计分布,则说明测量存在系统误差.

2）消除系统误差的方法

在实验条件稳定,同时系统误差可以掌握时,常用三种方法消除已知系统误差,即测量结果加修正值、消去误差源或采用适当的测量方法.下面对这三种方法进行介绍.

（1）测量结果加修正值.

由仪器、仪表不准确产生的误差,可以通过与更高级别的仪器、仪表做比较,从而得到相应的修正值;由理论上、公式上的近似性而产生的误差,可以通过理论分析导出修正公式.

（2）消去误差源.

包括仪表使用前零点的校准,仪表使用环境温度的调节,以及保证仪器装置及测量环境满足规定的条件等.

（3）采用适当的测量方法.

采用适当的测量方法,对消除实际测量中的系统误差具有重要的现实意义.常用的测量方法有异号法、交换法、替代法、对称法等.如天平横梁不等臂系统误差,就可以用交换法来消除.将具有质量 x 的被测物体放在天平的左、右托盘各称一次,分别称衡为 m_1 和 m_2,根据力学原理,可以算出物体的实际质量为 $\sqrt{m_1 m_2}$.对称法常用来消除线性系统误差,半周期偶数法则可以消除周期性的系统误差.

6. 随机误差的统计处理

随机误差的分布服从统计规律.由误差理论得知,物理实验中相当多的随机误差满足正态分布,如图 1.1.2 所示.

下面讨论正态分布的一些特性.正态分布的概率密度函数为

$$f(x) = \frac{1}{\sqrt{2\pi}\sigma} e^{\frac{-(x-\alpha)^2}{2\sigma^2}}$$

$$\alpha = \lim_{n \to \infty} \frac{\sum x_i}{n}$$

$$\sigma = \lim_{n \to \infty} \sqrt{\frac{\sum (x_i - \alpha)^2}{n}} \qquad (1.1.3)$$

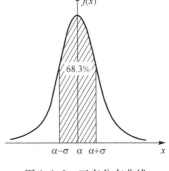

图 1.1.2　正态分布曲线

其中,α 和 σ 是反映测量值 x 这个随机变量分布特征的重要参数.α 表示 x 出现概率最大的值,是测量次数趋向无穷时被测量的算术平均值.在消除系统误差后,α 为真值.σ 为标准差,是反映测量值离散程度的参数,σ 小,测量值精密度高,随机误差小;σ 大,测量值精密度低,随机误差大. 服从正态分布的随机误差具有下列特点:

（1）单峰性——绝对值小的误差比绝对值大的误差出现的概率大;

（2）对称性——大小相等而符号相反的误差出现的概率相同;

（3）有界性——在一定的测量条件下,误差的绝对值不超过一定的限度;

（4）抵偿性——误差的算术平均值随测量次数 n 的增加而趋于零.

由概率密度的定义可知,$p = \int_{x_1}^{x_2} f(x)\mathrm{d}x$ 表示随机变量 x 在区间 $[x_1, x_2]$ 出现的概率,称为置信概率. 可证明任意量 x 出现在区间 $[\alpha-\sigma, \alpha+\sigma]$ 的概率为

$$p = \int_{\alpha-\sigma}^{\alpha+\sigma} f(x)\mathrm{d}x = 0.683 \tag{1.1.4}$$

这个结果说明,对满足正态分布的物理量作任何一次测量,其结果有 68.3% 的可能性落在区间 $[\alpha-\sigma, \alpha+\sigma]$ 内. 我们把置信概率对应的区间称为置信区间. 如果扩大置信区间,置信概率也将提高. 如果置信区间扩大到 $[\alpha-2\sigma, \alpha+2\sigma]$ 和 $[\alpha-3\sigma, \alpha+3\sigma]$,可以分别得到置信概率

$$p = \frac{1}{\sqrt{2\pi}\sigma}\int_{\alpha-2\sigma}^{\alpha+2\sigma} \mathrm{e}^{\frac{-(x-\alpha)^2}{2\sigma^2}}\mathrm{d}x = 0.954, \quad p = \frac{1}{\sqrt{2\pi}\sigma}\int_{\alpha-3\sigma}^{\alpha+3\sigma} \mathrm{e}^{\frac{-(x-\alpha)^2}{2\sigma^2}}\mathrm{d}x = 0.997$$

物理实验中常将 3σ 作为判定数据异常的标准,3σ 称为极限误差. 如果某测量值 $|x-\alpha| \geqslant 3\sigma$,则需要考虑测量过程是否存在异常,并将该数据从实验结果中剔除.

7. 多次测量的算术平均值

尽管一个物理量的真值是客观存在的,但要得到真值是不现实的. 由随机误差的统计分析可以证明,当测量次数 n 趋近于无穷时,算术平均值 $\bar{x}$ 是接近于真值的最佳值. 假设对物理量 x 进行一系列等精度测量得到的结果为 $x_1, x_2, x_3, x_4, \cdots, x_n$,则 x 的算术平均值可以表示为

$$\bar{x} = \frac{\sum\limits_{i=1}^{n} x_i}{n} \tag{1.1.5}$$

由于每次测量的误差为 $\Delta x_i = x_i - a$,因此误差和可以表示为

$$\sum_{i=1}^{n} \Delta x_i = \sum_{i=1}^{n}(x_i - a) = \sum_{i=1}^{n} x_i - na \tag{1.1.6}$$

若将公式两边同除以 n,则当 $n \to \infty$ 时,式 (1.1.6) 等号的左边趋近于零（根据正态分布的特点（4）),因此有

$$\bar{x} = \lim_{n \to \infty} \frac{1}{n} \sum_{i=1}^{n} x_i = a \tag{1.1.7}$$

该式说明当测量次数无穷多时,测量结果的算术平均值可以认为是最接近真值的. 在实际测量中,由于只能进行有限次的测量,因此将算术平均值作为测量结果的近似值,即测量结果的最佳值.

8. 标准偏差

在物理实验中,测量次数总是有限的,而且真值也不可知,因此不能利用式 (1.1.3) 计算出标准差 σ,只能用其他方法对 σ 的大小进行估算. 假设共进行了 n 次测量,测量值 $x_1, \cdots, x_n$ 称

为一个测量列,每一次测量值与平均值之差称为残差,即

$$V_i = x_i - \bar{x}, \quad i = 1, 2, 3, \cdots, n$$

显然,这些残差有正有负,有大有小. 常用"方均根"法对它们进行统计,得到的结果就是该测量列的标准偏差,用 $\sigma(x)$ 表示为

$$\sigma(x) = \sqrt{\frac{\sum V_i^2}{n-1}} = \sqrt{\frac{\sum (x_i - \bar{x})^2}{n-1}} \tag{1.1.8}$$

这个公式又称为贝塞尔公式. 标准偏差 $\sigma(x)$ 是反映该测量列离散性的参数,可以用它表示测量值的精密度. $\sigma(x)$ 小表示精密度高,测量值的分布密集,随机误差小;$\sigma(x)$ 大表示精密度低,测量值的分布分散,随机误差大. 注意,$\sigma(x)$ 并不是严格意义的标准差 σ,而是它的估计值. 其统计意义为:被测量真值落在区间 $(x-\sigma(x), x+\sigma(x))$ 的概率应小于 68.3%,只有测量次数较多时,这一概率才接近 68.3%.

如果在完全相同的条件下多次多组进行重复测量,可以得到许多个测量列,每个测量列的算术值不尽相同,于是就可以得到一组平均值 $(\bar{x})_1, (\bar{x})_2, \cdots, (\bar{x})_j$,这表明算术平均值也是一个随机变量,算术平均值本身也具有离散性,且仍然服从正态分布. 由误差理论可以证明:平均值 $\bar{x}$ 的标准偏差 $\sigma(\bar{x})$ 是测量列的 n 次测量中任意一次测量值标准偏差的 $1/\sqrt{n}$ 倍,即

$$\sigma(\bar{x}) = \frac{\sigma(x)}{\sqrt{n}} = \sqrt{\frac{\sum_{i=1}^{n} (x_i - \bar{x})^2}{n(n-1)}} \tag{1.1.9}$$

由此可见,平均值的标准偏差可以通过 n 次测量中任意一次测量值的标准偏差计算得出,显然 $\sigma(\bar{x})$ 小于 $\sigma(x)$,说明平均值的离散程度要小于单个测量值的离散程度. 增加测量次数可以减少平均值的标准偏差 $\sigma(\bar{x})$,提高测量的精密度,但是单纯凭增加测量次数来提高精密度的作用是有限的. $\sigma(\bar{x})$ 的统计意义为:被测量真值落在区间 $(\bar{x}-\sigma(\bar{x}), \bar{x}+\sigma(\bar{x}))$ 的概率约为 68.3%.

当测量次数无穷多或足够多时,测量值的误差分布才接近正态分布,但是当测量次数较少时(如少于 10 次,物理实验教学中一般取 $n=6\sim10$),测量值的误差分布将明显偏离正态分布,而将遵从 t 分布(又称为学生分布). t 分布曲线与正态分布曲线的形状类似,但是 t 分布曲线的峰值低于正态分布,而且 t 分布曲线上部较窄,下部较宽,如图 1.1.3 所示. t 分布时,置信区间 $(\bar{x}-\sigma(\bar{x}), \bar{x}+\sigma(\bar{x}))$ 对应的置信概率达不到 0.683,若保持置信概率不变,则应当扩大置信区间. 在这种情况下,如果置信概率是

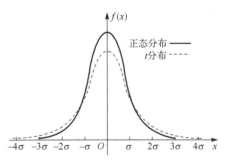

图 1.1.3　t 分布与正态分布曲线

p,其对应的置信区间一般为 $(\bar{x}-t_p\sigma(\bar{x}), \bar{x}+t_p\sigma(\bar{x}))$,其中系数 t_p 称为 t 因子,其数值既与测量次数 n 有关,又与置信概率 p 有关. 表 1.1.1 给出了在不同置信概率下 t_p 与测量次数 n 的关系.

表 1.1.1　t_p 与测量次数 n 的关系

n	3	4	5	6	7	8	9	10	15	20	∞
$t_{0.683}$	1.32	1.20	1.14	1.11	1.09	1.08	1.07	1.06	1.04	1.03	1.00
$t_{0.900}$	2.92	2.35	2.13	2.02	1.94	1.89	1.86	1.83	1.76	1.73	1.65
$t_{0.955}$	4.30	3.18	2.78	2.56	2.45	2.37	2.31	2.26	2.15	2.09	1.96
$t_{0.977}$	9.93	5.84	4.60	4.03	3.71	3.50	3.36	3.25	2.98	2.86	2.58

1.2　测量的不确定度和结果的表达

不确定度是建立在误差理论基础上,用来定量评定测量结果可信赖程度的一个重要指标.

1. 不确定度的分类

不确定度按照测量者处理数据时采用方式的不同分为 A 类和 B 类不确定度. 测量者采用统计方法评定的不确定度称为 A 类不确定度;而测量者采用非统计方法评定的不确定度称为 B 类不确定度.下面分别介绍 A 类和 B 类不确定度.

1)采用统计方法评定的 A 类不确定度

不确定度的 A 类分量用 $u_A(x)$ 表示. 物理实验中,$u_A(x)$ 一般用多次测量平均值的标准偏差 $\sigma(\bar{x})$ 与 t 因子 t_p 的乘积来估算,即

$$u_A(x) = t_p \sigma(\bar{x}) \tag{1.1.10}$$

其中,t 因子 t_p 与测量次数 n 和对应的置信概率 p 有关,当置信概率 $p=0.95$,测量次数 $n=6$ 时,从表 1.1.1 中可以查到 $t_{0.95}/\sqrt{n} \approx 1$,则有

$$u_A(x) = \sigma(x) \tag{1.1.11}$$

即在置信概率为 0.95 的前提下,测量次数 $n=6$,A 类不确定度可以直接用测量值的标准偏差 $\sigma(x)$ 估算,本教材中 t 因子 t_p 均按 $p=0.95$ 取值,即查 $t_{0.95}$ 的取值.

2)采用非统计方法评定的 B 类不确定度

B 类不确定度的评定可以来自多方面的信息,但在物理实验中 B 类不确定度主要由仪器误差引起,因此 B 类不确定度常采用仪器的最大误差限 $\Delta_仪$ 来估算. $\Delta_仪$ 是指在正确使用仪器的条件下,仪器示值和被测量的真值之间可能产生的最大误差,实验室某些常用仪器的最大误差限 $\Delta_仪$ 在表 1.1.2 给出. 有些测量中,由于条件限制,实际误差远大于铭牌给出的仪器最大误差限,这时应由实验室根据经验给出 $\Delta_仪$.不确定度的 B 类分量,用 $u_B(x)$ 表示,即

$$u_B(x) = \Delta_仪 \tag{1.1.12}$$

表 1.1.2　某些常用仪器的最大误差限 $\Delta_仪$

仪器名称	量程	最小分度值	最大误差限
螺旋测微器	25mm	0.01mm	± 0.005mm
钢卷尺	1m	1mm	± 0.5mm
	2m	1mm	± 0.5mm
游标卡尺	125mm	0.02mm	± 0.02mm
	300mm	0.05mm	± 0.05mm
电表(0.5)级			$0.5\% \times$量程
电表(0.2)级			$0.2\% \times$量程

2. 合成不确定度与测量结果的表达

合成不确定度用 $u(x)$ 表示，$u(x)$ 由 A 类不确定度 $u_A(x)$ 和 B 类不确定度 $u_B(x)$ 采用方和根合成方式得到

$$u(x) = \sqrt{u_A^2(x) + u_B^2(x)} \tag{1.1.13}$$

完整的测量结果应给出被测量的最佳估计值，同时还要给出测量的合成不确定度，测量结果应写成如下标准形式：

$$x = \bar{x} \pm u(x) \tag{1.1.14}$$

式中，$\bar{x}$ 为多次测量的平均值；$u(x)$ 为合成不确定度. 上述结果表示被测量的真值落在区间 $(\bar{x}-u(x), \bar{x}+u(x))$ 内的概率应为 0.95，也就是说真值落在上述区间范围以外的概率极小（本书按 $p=0.95$ 估算）.

3. 不确定度的求解

1）直接测量不确定度的求解过程

（1）单次测量.

实验中，如果实验条件符合下列三种情况，可以考虑进行单次测量.

① 仪器精度较低，偶然误差很小.

② 对测量准确度要求不高.

③ 因测量条件限制，不可能进行多次测量.

当用式(1.1.13)和式(1.1.14)表示单次测量结果时，只有 $u_B(x)$ 这一项. 根据前面的介绍，它的取法或者是仪器标定的最大误差限，或者是实验室给出的最大允许误差，$u(x)=u_B(x)=\Delta_仪$，一般取两者中的较大者.

（2）多次测量.

多次测量时，不确定度一般按照下列过程进行计算.

① 求多次测量数据的平均值：$\bar{x} = \dfrac{\sum x_i}{n}$.

② 修正已知系统误差，得到测量值. 例如，已知螺旋测微器的零点误差为 d_0，修正后的测量结果 $d=d_测-d_0$.

③ 用贝塞尔公式计算标准偏差

$$\sigma(x) = \sqrt{\dfrac{\sum\limits_{i=1}^{n} (x_i - \bar{x})^2}{n-1}}$$

④ 评估 A 类不确定度用标准差乘以置信参数 $t_{0.95}/\sqrt{n}$，若测量次数 $n=6$，$t_{0.95}/\sqrt{n}\approx1$，则 $u_A(x)=t_{0.95}\sigma(\bar{x})=\sigma(x)$.

⑤ 根据仪器标定的最大误差限或实验室给出的最大允许误差，确定 $u_B(x)$.

⑥ 根据 $u_A(x)$ 和 $u_B(x)$ 求合成不确定度 $u(x) = \sqrt{u_A^2(x) + u_B^2(x)}$.

⑦ 给出测量结果：$x=\bar{x}\pm u(x)$（单位）.

例 1　用量程为 $0 \sim 25$mm 的螺旋测微器($\Delta_仪 = 0.005$mm 且无零点误差)对一铁板的厚度进行了 6 次重复测量,以 mm 为单位,测量数据分别为 3.784,3.779,3.786,3.781,3.778,3.782,给出测量结果.

解　求得测量结果的平均值为 $\bar{x} = 3.782$mm,标准偏差为 $\sigma(x) = 0.003$mm,由于测量次数为 6 次,因此 $u_A(x) = \sigma(x) = 0.003$mm. 而 B 类的不确定度为 $u_B(x) = \Delta_仪 = 0.005$mm,最后可以得到合成不确定度 $u(x) = \sqrt{u_A^2(x) + u_B^2(x)} = 0.006$mm. 可以将测量结果表示为

$$x = \bar{x} \pm u(x) = (3.782 \pm 0.006)\text{mm}$$

2)间接测量的不确定度

在实际测量中,遇到的往往是间接测量,因此间接测量具有十分重要的意义. 假设物理量 F 是 n 个独立的直接测量量 $x, y, z, \cdots$ 的函数,即 $F = f(x, y, z, \cdots)$,如果它们相互独立,则 F 不确定度可由各直接测量量的不确定度合成,即

$$u(F) = \sqrt{\left(\frac{\partial f}{\partial x}\right)^2 u^2(x) + \left(\frac{\partial f}{\partial y}\right)^2 u^2(y) + \left(\frac{\partial f}{\partial z}\right)^2 u^2(z) + \cdots} \tag{1.1.15}$$

式中,$u(x), u(y), u(z)$ 为各直接测量量 $x, y, z, \cdots$ 的不确定度. 式(1.1.15)源于数学中的全微分公式

$$\mathrm{d}F = \frac{\partial f}{\partial x}\mathrm{d}x + \frac{\partial f}{\partial y}\mathrm{d}y + \frac{\partial f}{\partial z}\mathrm{d}z + \cdots \tag{1.1.16}$$

由于不确定度与被测量相比是微小的,它们相当于数学中的增量式"微分",因此可以用 $u(F)$,$u(x), u(y), u(z), \cdots$ 分别代替全微分公式中的 $\mathrm{d}F, \mathrm{d}x, \mathrm{d}y, \mathrm{d}z, \cdots$,并且在考虑不确定度的传递时,采用方和根的公式进行合成,就可以得到不确定度的传递公式. 当 $F = f(x, y, z, \cdots)$ 中各观测量之间的关系是乘、除或方幂时,采用相对不确定度的表达方式,可以大大简化合成不确定度的运算. 方法是先取自然对数,然后进行不确定度的合成,即

$$\frac{u(F)}{F} = \sqrt{\left(\frac{\partial \ln f}{\partial x}\right)^2 u^2(x) + \left(\frac{\partial \ln f}{\partial y}\right)^2 u^2(y) + \left(\frac{\partial \ln f}{\partial z}\right)^2 u^2(z) + \cdots} \tag{1.1.17}$$

例 2　用流体静力称衡法测量固体的密度. 使用的公式为 $\rho = \frac{m}{m - m_1}\rho_0$,求密度 ρ 的合成不确定度.

解　由于式中包含了乘除运算,因此简便的做法是求 ρ 的相对不确定度. 首先对 ρ 的公式两边求自然对数,再求全微分得

$$\frac{\mathrm{d}\rho}{\rho} = \frac{\mathrm{d}m}{m} - \frac{\mathrm{d}(m - m_1)}{m - m_1} + \frac{\mathrm{d}\rho_0}{\rho_0} \tag{1.1.18}$$

在用不确定度代换各微分量之前,一定要先合并上式中同一微分量的系数,合并后有

$$\frac{\mathrm{d}\rho}{\rho} = \frac{\mathrm{d}m_1}{m - m_1} - \frac{m_1 \mathrm{d}m}{m(m - m_1)} + \frac{\mathrm{d}\rho_0}{\rho_0} \tag{1.1.19}$$

最终采用方和根的公式进行合成,得到 ρ 的相对不确定度为

$$\frac{u(\rho)}{\rho} = \sqrt{\left[\frac{u(m_1)}{m - m_1}\right]^2 + \left[\frac{m_1 u(m)}{m(m - m_1)}\right]^2 + \left[\frac{u(\rho_0)}{\rho_0}\right]^2} \tag{1.1.20}$$

需要说明的是,式中的 $u(m), u(m_1), u(\rho_0)$ 分别为 m, m_1, ρ_0 这三个直接测量值的不确定度,在实际的应用中可以包含 A 类和 B 类不确定度分量.

3)间接测量不确定度的计算过程

将间接不确定度的计算过程表述如下:

(1) 求出各直接测量量的不确定度;

(2) 依据 $F=f(x,y,z,\cdots)$ 的关系,求出 $\dfrac{\partial f}{\partial x}$, $\dfrac{\partial f}{\partial y}$, $\dfrac{\partial f}{\partial z}$, $\cdots$ 或 $\dfrac{\partial \ln f}{\partial x}$, $\dfrac{\partial \ln f}{\partial y}$, $\partial\dfrac{\partial \ln f}{\partial z}$, $\cdots$;

(3) 依据式(1.1.15)或式(1.1.17)求出 $u(F)$ 或 $u_r(F)$;

(4) 给出测量结果 $F=\bar F \pm u(F)$ 或 $u_r=\dfrac{u(F)}{\bar F}\times100\%$.

例3 伏安法测量未知电阻实验数据的处理.已知本实验采用的是内接法,电流表内接的修正公式为 $R=U/I-r_A$.所用仪器的参数为:1级的安培表,量程 10mA,内阻 $r_A=(2.50\pm0.02)\Omega$;1级的伏特表,量程 10V.测量的结果为 $U=9.00$V,$I=8.86$mA.求给定待测电阻 R 的测量结果和正确表述.

解 本实验对电压和电流进行了单次测量,因此不存在 A 类不确定度,即 $u_A(R)=0$.测量的 B 类分量来源较多,主要有仪器的误差、读数的误差、接线的误差等.在本实验的条件下,可以由相应仪器的允许误差限综合评定,即

$$\Delta U = 10\text{V}\times1\% = 0.1\text{V}$$
$$\Delta I = 10\text{mA}\times1\% = 0.1\text{mA}$$
$$\Delta r_A = 0.02\Omega$$

由式(1.1.13)得,$u(U)=\Delta U$;$u(I)=\Delta I$;$u(r_A)=\Delta r_A$.

由于本实验是间接测量,因此需要使用不确定度的传递公式.利用式(1.1.15),可以得出

$$u(R) = \frac{U}{I}\sqrt{\left[\frac{u(U)}{U}\right]^2+\left[\frac{u(I)}{I}\right]^2+\left[\frac{I}{U}U(r_A)\right]^2}$$

式中,U 与 I 均为测量值(在有些教材中 r_A 作为常量处理,因此式中的最后一项不存在).将已知数据代入,求出 $u(R)=16.05\Omega\approx20\Omega$.由 $R=\dfrac{U}{I}-r_A$,得 $R=1013.3\Omega$,所以测量结果为 $R\pm u(R)=(1.01\pm0.02)\times10^3\Omega$.

4. 误差的等分配原则和仪器精度的选择

在实验的设计和安排中,合理地分配误差,选择合适的仪器,是成功完成实验的重要一环.这里仅对其做简单介绍.

测量前,在对间接测量的精度提出一定的要求后,如何根据精度要求来确定各直接测量量的精度和选择合适的仪器,在设计和安排实验时是需要考虑的.

假设间接测量量 $F=f(x_1,x_2,\cdots)=x_1^a \cdot x_2^b \cdot\cdots\cdot x_n^p$,它的相对不确定度为

$$\frac{u(F)}{F} = \sqrt{\left[a\frac{u(x_1)}{x_1}\right]^2+\left[b\frac{u(x_2)}{x_2}\right]^2+\cdots+\left[p\frac{u(x_n)}{x_n}\right]^2}$$

如果要求 $\dfrac{u(F)}{F}\leqslant E$,我们希望将 E 平均分配给各项直接测量量,由上式可得

$$\left|a\frac{u(x_1)}{x_1}\right| = \left|b\frac{u(x_2)}{x_2}\right| = \cdots = \left|p\frac{u(x_n)}{x_n}\right|\leqslant\frac{1}{\sqrt{n}}E$$

当 $x_1,x_2,\cdots,x_n$ 各值已知时,则可由各 $u(x_i)$ 确定仪器的精度.

例 4　测圆柱体密度可用公式 $\rho = \dfrac{4m}{\pi d^2 h}$，如果要求 ρ 的相对不确定度 $\dfrac{u(\rho)}{\rho} \leqslant 0.5\%$，如何选择各测量仪器的精度？

解　由 $\rho = \dfrac{4m}{\pi d^2 h}$ 和式(1.1.17)可得

$$\frac{u(\rho)}{\rho} = \sqrt{\left[\frac{u(m)}{m}\right]^2 + \left[2\frac{u(d)}{d}\right]^2 + \left[\frac{u(h)}{h}\right]^2}$$

利用误差等分配原则，有

$$\left|\frac{u(m)}{m}\right| = \left|2\frac{u(d)}{d}\right| = \left|\frac{u(h)}{h}\right| \leqslant \frac{1}{\sqrt{3}}0.5\%$$

若已知 m,d,h 的数值和仪器的误差限 $\Delta_仪$，就可确定满足实验所需精度的仪器.

1.3　有效数字及其运算法则

1. 有效数字

由于测量过程中误差的存在，因此在表达一个物理量的测量结果时，应当尽量提供有效的信息，才能正确地反映测量结果. 需要特别指出的是，物理测量结果的数值与数学上的一个数是完全不同的. 在数学上，1 和 1.0 是没有区别的，而在物理测量中，1 本身表示一个估计出来的数值，而 1.0 中的 1 是准确的，只有 0 是估计出来的. 因此当用最小分度为 1mm 的直尺测量长度时，得到的结果为 5.6mm，这里的 5 是直接从直尺上读出来的数字，称为可靠数字，而 6 是从直尺上最小刻度之间估计出来的，叫做可疑数字. 可靠数字和可疑数字合起来构成测量的有效数字. 可见，有效数字的多少是由测量工具和被测量的大小决定的，它的位数直接反映出被测量的准确程度. 对于有效数字应注意以下几个问题：

(1) 有效数字位数多少的计算是从测量结果的第一位（最高位）非零数字开始，到最后一位数. 例如，0.00156 与 0.156 的有效数字一样，都是 3 位.

(2) 数字结尾的 0 不应随便取舍，因为它是与有效数字密切相关的. 例如，103000 与 1.03×10^5 不一样，前者有 6 位有效数字，而后者只剩下 3 位.

(3) 对数学常数的有效位数，可根据需要进行取舍，一般取位应比参加运算各数中有效位数最多的数再多一位.

(4) 遇到某些很大或很小的数，而它们的有效位数又不多时，应当使用科学记数法，即用 10 的方幂来表示. 例如，9650000，如果它的有效位数为 3 位，可以写成 9.65×10^6.

(5) 在仪器上直接读取测量结果时，有效数字的多少是由被测量的大小及仪器的精度决定的. 正确的读数，应在仪器最小分度以下估读一位，除非有特殊说明该仪器不需要估读.

2. 有效数字的近似运算法则

实际测量中，我们遇到的大多是间接测量，因此需要通过一系列的函数运算才能得到最终的测量结果. 因此需要有一些规则来处理这些函数运算，以便在不影响测量结果准确程度的前提下尽量简化运算过程. 事实上，有效位数的多少直接反映了测量结果的准确性，它与不确定度是密切相关的，原则是不确定度决定测量有效数字的位数. 下面对不同的运算分别给予介绍.

1)加、减法运算

加、减法运算结果的不确定度是由参加运算的各个测量量的不确定度合成的,因此应该按照各个测量量中最小绝对不确定度位数最高的那个数来确定有效位数. 例如,$N=A+B-C-D$,其中 $A=380.01,B=1.02054,C=55,D=0.00132$,这 4 个量中最小绝对不确定度分别为 $0.01,0.00001,1$ 和 0.00001,其中位数最高的是 C,是个位,因此运算结果保留到个位,即 $N=326$,共 3 位有效数字. 因此,在加、减法运算中,有效数字取决于参与运算的数字中的末位位数最高的那个数.

2)乘、除法运算

乘、除法运算中的有效位数取决于参与运算各数中各相对不确定度中最大者. 例如,$N=AC/B$,其中 $A=32,B=1.02754,C=455.2$. 可以发现相对不确定度最大的数是 A,因此运算的结果一般取 2 位有效数字,但是如果两个乘数的第 1 位数相乘大于 10,其乘积可以多取 1 位,这里 A 乘 C 的结果可以取 3 位数,因此最后 $N=1.42\times10^4$,共有 3 位有效数字. 也就是说,乘、除法运算的有效位数取决于参与运算数字中有效位数最少的那个数,必要时可多取 1 位.

3)四则运算

四则运算的基本原则与加、减、乘、除运算一致,例如,$N=(A+B)\cdot C/D$,其中 $A=15.6$,$B=4.412,C=100.0,D=221.00$. 首先进行加、减法运算,结果有 3 位有效数字;在接下来进行的乘、除法运算中,由于 3 位有效数字是参与运算的数字中有效数字最少的,因此最后的运算结果为 3 位有效数字,即 $N=9.06$.

4)特殊函数的运算

在实际运算中经常遇到一些特殊函数,像三角函数、对数、乘方、开方运算. 在这类运算中,我们以它们的微分来求不确定度,再由它确定运算结果的有效位数. 下面举两个例子来说明特殊函数有效位数的确定.

例 5 三角函数.

已知角度为 $15°21'$,求 $\sin x$. 在 x 的最后一位数上取 1 个单位作为 x 的不确定度,即 $u_{min}=\Delta x=1'$,将它化为弧度,有 $\Delta x=0.00029\mathrm{rad}$. 设 $y=\sin x$,并对其求微分,得 $\Delta y=\cos x\Delta x\approx0.00028$,不准确位是小数点后的第 4 位,因此 $\sin x$ 应取到小数点后的第 4 位,即 $\sin x=0.2647$. 如果上述角度是 $15°21'10''$,则 $\Delta x=1''=0.00000485\mathrm{rad}$,可算出 $u(y)=\cos x\Delta x\approx0.0000047$,不准确位是小数点后第 6 位,因此 $\sin x$ 应取到小数点后的第 6 位,即 $\sin x=0.264761$.

例 6 对数.

已知 $x=57.8$,求 $\lg x$. 设 $y=\lg x$,已知 $u_{min}=\Delta x=0.1$,有 $\Delta y=\Delta(\ln x/\ln10)=0.4343\times\dfrac{\Delta x}{x}\approx0.00075$,因此 $\lg x$ 应取到小数点后的第 4 位,即 $\lg x=1.7619$.

综上所述,可以将有效数字的运算总结如下:

(1) 加、减法运算,以参加运算各量中有效数字末位最高的为准,并与之对齐;

(2) 乘、除法运算,以参加运算各量中有效数字最少的为准,必要时可多取一位;

(3) 混合四则运算按以上原则进行;

(4) 特殊函数运算,通过微分关系处理;

(5) 为了保证运算过程中不丢失有效数字,在运算的中间过程中,参与运算的物理量应多取几位有效数字. 在计算器和计算机广泛普及的今天, 中间过程多取几位有效数字不会带来太多的麻烦. 最后表达结果时, 有效数字的取位再由不确定度的所在位来一并截取.

3. 数据的修约和测量结果的表述

实验完成应正确地给出测量结果. 测量结果的正确性与测量结果的有效位数有关, 同时也与测量结果的不确定度有关. 测量结果的有效位数最终应给出多少位, 与平均值及实验标准偏差的计算关系很大, 讨论起来也比较复杂.

本教材实验结果表示的约定:

(1) 测量结果＝(测量最佳值±不确定度)×10^n单位.

测量最佳值已消除系统误差, 一般是直接测量的平均值或平均值代入公式计算出的间接测量值, 它的末位是可疑数且与不确定度的位置对齐.

(2) 直接测量的不确定度按式(1.1.10)、式(1.1.13)进行合成估算, t_p按置信概率95％查表1.1.1取值, B类不确定度一般取测量最大误差限. 间接不确定度按式(1.1.15)或式(1.1.17)进行合成估算. 不确定度中间运算取2～3位有效数字, 但最后一律只保留一位. 保留位的右边相邻位不是零均进1.

例如, 某测量结果为$\bar{x}=2.23051$, 它的不确定度为$u(x)=0.00523$, 则最终测量结果可表示为$\bar{x}\pm u(x)=2.231\pm0.006$单位. 可以看到在测量结果的表述中, 测量的平均值在小数点后第3位被截断了. 在实际的数据处理中, 这种情况经常发生. 在实验数据处理中遇到数据截断时的做法与通常的四舍五入不同. 我们的做法是, 数据截断时, 剩余的尾数按"小于5舍弃, 大于5进位, 等于5凑偶". "等于5凑偶"的意思是当尾数等于5, 且5后没有不为零的数字时, 如果它前面的数是奇数, 则进1, 将其凑成偶数, 如果是偶数则不变. 在前面的例题中, 数据被截断时的剩余尾数为51, 因此进上去.

在实际中经常会遇到测量结果与不确定度的有效位数发生矛盾的情况, 我们的原则是以不确定度的有效位数确定测量结果的有效位数, 因此在计算测量结果时不要过早地将数字截断.

1.4　常用数据处理方法

数据处理是指对原始数据进行加工得到实验结果的过程, 它包括记录、整理、计算、分析等步骤. 用简明而严格的方法把实验数据所代表的事物内在规律提炼出来就是数据处理. 列表法、作图法、图解法、逐差法以及最小二乘法是我们常用的数据处理方法, 本节分别给予介绍.

1. 列表法

列表法是把数据按一定规律列成表格, 它是记录和处理实验数据常用的方法, 又是其他数据处理的基础. 在记录和处理数据时, 将数据列成表格. 数据表格可以简单而明确地表示出有关物理量之间的对应关系, 易于参考和比较测量结果, 便于分析问题和及时发现问题, 有助于找出有关量之间规律性的联系, 求出经验公式等.

列表的要求如下:

(1) 表格的设计要合理、简单、明了, 能完整地记录原始数据, 并反映相关量之间的函数关系;

（2）表格中的项目应有名称和单位,各项目的名称应尽量使用符号代表,单位应写在项目栏中,不要重复地写在各数值后;

（3）表格中的数据应能正确地反映测量结果的有效数字,同一列数值的小数点应上下对齐;

（4）实验数据表应包括各种所要求的计算量、平均值和误差.

2. 作图法

作图法也是物理实验中常用的数据处理方法.作图法的目的是揭示和研究实验中各物理量之间的变化规律,找出对应的函数关系或从中求出实验结果.作图应遵从以下规则.

（1）坐标纸的选择.

作图一定要用坐标纸.当决定了作图的参量后,根据实际情况选用坐标纸.

（2）选轴及定标度.

通常以横轴代表自变量,纵轴代表因变量,并用两条粗线来表示.在轴的末端近旁注明所代表的物理量及单位.要适当地选取横轴和纵轴的比例及坐标的起点,使曲线居中,并布满图纸的 70%～80%.确定标度时,应注意以下几点.

① 所定标度应能反映出由实验所得数据的有效位数.原则上应将坐标纸上的最小格对应于有效数字最后一位准确数.

② 标度的划分要得当,以不用计算就能直接读出图线上每一点的坐标为宜.凡主线间分为 10 等份的直角坐标纸,各标度线间的距离以 1、2、4、5 等几种最为方便,而 3、6、7、9 应避免.一般情况下应该用整数而不是用小数或分数来标分度值.

③ 标度值的零点不一定在坐标轴的原点,以便于调整图线的大小和位置.如果数据特别大或特别小,可以提出乘积因子(如 $\times 10^{6}$、$\times 10^{-6}$),并放在坐标轴最大值的一端.

（3）描点和连线.

用削尖的铅笔将实验数据画到坐标纸上的相应点.描点时,常以该点为中心,用＋、－、×、○、△、□等符号中的一种标明.同一曲线上各点用同一符号,不同曲线则用不同的符号.连线时要用直尺或曲线板等作图工具,根据不同情况将数据点连成直线或光滑曲线,如图 1.1.4 所示.曲线并不一定要通过所有的点,应使曲线两侧的实验点数近似相等.而对于校准曲线,相邻两点一律用直线连接,如图 1.1.5 所示.

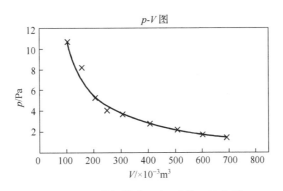

图 1.1.4　某气体在 20℃时的 $p\text{-}V$ 曲线

（4）写图名.

图名应写在图纸的明显位置,如图纸顶部附近空旷的位置.图名中,一般将纵轴代表的物理量写在前面,将横轴代表的物理量写在后面,中间用"-"连接,图 1.1.6 所示为伏安法测电阻的 I-U 曲线.必要时,在图名下方写上实验条件或图注.

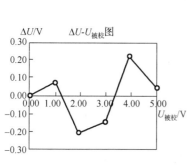

图 1.1.5　电压表的校正曲线

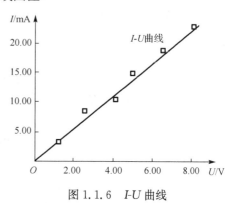

图 1.1.6　I-U 曲线

3. 图解法

所谓图解法,是从图形所表示的函数关系求出所含的参数.其中最简单的例子是通过图示的直线关系确定该直线的参数——截距和斜率.由于在许多情况下,曲线能变换成直线,而且不少经验方程的参数也是通过曲线改直后,再由图解法求得的,所以图解法在数据处理中占有相当重要的地位.

（1）确定直线图形的斜率和截距,求测量结果.

对于图线 $y=kx+b$,可在图线（直线）上选取两点 $P_1(x_1,y_1)$ 和 $P_2(x_2,y_2)$（不要用原来测量的点）计算其斜率

$$k=\frac{y_2-y_1}{x_2-x_1} \tag{1.1.21}$$

P_1 和 P_2 不要相距太近,以减小误差.其截距 b 是当 $x=0$ 时的 y 值,或选取图上的任一点 $P_3(x_3,y_3)$,代入 $y=kx+b$ 中,并利用斜率公式得

$$b=y_3-\frac{y_2-y_1}{x_2-x_1}x_3 \tag{1.1.22}$$

确定直线图形的斜率和截距以后,再根据斜率或截距求出所含的参量,从而得出测量结果.

（2）根据图线求出经验公式.

如果实验中测量量之间的函数关系不是简单的直线关系,则可以由解析几何知识来判断图形是哪种图线,然后尝试着将复杂的曲线变换成直线.如果尝试成功（即改成直线）,求出斜率和截距,便可得出图线所对应的物理量之间的函数关系.这里重要的一步是将函数的形式经过适当变换,使之成为线性关系,即把曲线变成直线.现举例如下.

① $y=ax^b$,a,b 均为常量.两边取自然对数得

$$\ln y=b\ln x+\ln a \tag{1.1.23}$$

则 $\ln y$ 为 $\ln x$ 的线性函数,b 为斜率,$\ln a$ 为截距.

② $y=ae^{-bx}$,a,b 为常量.两边取自然对数后得

$$\ln y = -bx + \ln a \qquad (1.1.24)$$

则 $\ln y$ 与 x 为线性函数,斜率为 $-b$,截距为 $\ln a$. 选用单对数坐标纸作图可得一条直线. 如在直角坐标纸上作图,则需将 y 值取对数后再作图.

4. 逐差法

物理实验中测得一组相关的数据 $(x_1,y_1),(x_2,y_2),(x_3,y_3),\cdots,(x_k,y_k)$. 设 y 和 x 之间存在线性函数关系 $y = a + bx$,且 k 是偶数$(k=2n)$. 现将数组分成以下两组:

$$x_1,x_2,\cdots,x_n;x_{n+1},x_{n+2},\cdots,x_{2n} \qquad (1.1.25)$$
$$y_1,y_2,\cdots,y_n;y_{n+1},y_{n+2},\cdots,y_{2n}$$

利用关系式 $y_i = a + bx_i$,将数组前后对应项相减,则有

$$y_{n+1} - y_1 = bx_{n+1} - bx_1,\ y_{n+2} - y_2 = bx_{n+2} - bx_2,\cdots,y_{2n} - y_n = bx_{2n} - bx_n$$

再将各等式两边相加,并提出公因子 b 可得

$$b = \frac{1}{n}\sum_{i=1}^{n}\frac{y_{n+i} - y_i}{x_{n+i} - x_i} \qquad (1.1.26)$$

如果 x 的变化是等间隔

$$x_{n+1} - x_1 = x_{n+2} - x_2 = \cdots = x_{2n} - x_n = \Delta$$

则

$$b = \frac{1}{n\Delta}\sum_{i=1}^{n}(y_{n+i} - y_i) \qquad (1.1.27)$$

由 $\displaystyle\sum_{i=1}^{2n}y_i = \sum_{i=1}^{2n}a + b\sum_{i=1}^{2n}x_i$ 可求出

$$a = \frac{1}{2n}\cdot\left[\sum_{i=1}^{2n}y_i - b\sum_{i=1}^{2n}x_i\right] \qquad (1.1.28)$$

逐差法对于等间隔的线性变化测量数据处理,优点是充分利用所有数据,用测量平均的效应减小了随机误差.

5. 最小二乘法

设已知函数的形式为

$$y = bx + a \qquad (1.1.29)$$

式中,a 和 b 为两个待定的常数,称为回归系数. 由于只有 x 一个变量,因此称为一元线性回归. 现在的问题就是如何确定 a 和 b.

(1) 回归系数的确定.

实验中得到的一组数据为

$$x = x_1,x_2,\cdots,x_i$$
$$y = y_1,y_2,\cdots,y_i$$

如果实验没有误差,则把数据代入相应的函数式(1.1.29),方程左右两边应该相等. 由于实验中总有误差存在,为简化问题,假定 x,y 的直接测量量中只有 y 存在明显的随机误差,x 的误差小到可以忽略. 我们把这些不一致归结为 y 的测量偏差,以 $v_1,v_2,\cdots,v_i$ 表示. 这样,把实验数据 $(x_1,y_1),(x_2,y_2),(x_i,y_i)$ 代入式(1.1.29)后得

$$a + bx_i - y_i = v_i \qquad (1.1.30)$$

式(1.1.30)称为误差方程组.

根据最小二乘法原理可知,当 $\sum\limits_{i=1}^{n} v_i^2$ 为最小时,解出的常数 a,b 为最佳值. 要使

$$\sum_{i=1}^{n} v_i^2 = \sum_{i=1}^{n} \left[y_i - (a + b x_i) \right]^2 = 最小 \tag{1.1.31}$$

必须满足下列条件

$$\left. \begin{array}{l} \dfrac{\partial \left[\sum v_i^2 \right]}{\partial a} = 0 \\[3mm] \dfrac{\partial \left[\sum v_i^2 \right]}{\partial b} = 0 \end{array} \right\} \tag{1.1.32}$$

由此可以得到回归系数 a 和 b 分别为

$$b = \frac{\overline{xy} - \overline{x} \cdot \overline{y}}{\overline{x^2} - (\overline{x})^2} \tag{1.1.33}$$

$$a = \overline{y} - b\overline{x} \tag{1.1.34}$$

(2) 各参量的标准差.

① 测量值 y 的标准偏差 $\sigma(y) = \sqrt{\dfrac{\sum\limits_{i=1}^{n} v_i^2}{n - m}}$. 式中, n 为测量的次数, m 为未知量的个数, 回归方程(1.1.29)中有 a,b 两个待定常数, 因此 $m = 2$.

② b 的标准偏差 $\sigma(b) = \dfrac{\sigma(y)}{\sqrt{(\overline{x})^2 - \overline{x^2}}}$.

③ a 的标准偏差 $\sigma(a) = \sqrt{\overline{x^2}} \cdot \sigma(b)$.

(3) 相关系数的确定.

对任何一组测量值 (x_i, y_i), 不管 x 与 y 之间是否呈线性关系, 代入式(1.1.33)和式(1.1.34)都可以求出 b 和 a. 为了判断所做的线性回归结果是否合理, 需要引入线性回归相关系数的概念, 相关系数以 r 表示, 定义公式为

$$r = \frac{\overline{xy} - \overline{x} \cdot \overline{y}}{\sqrt{\left[(\overline{x})^2 - \overline{x^2} \right] \left[(\overline{y})^2 - \overline{y^2} \right]}} \tag{1.1.35}$$

相关系数 r 的取值范围为 $-1 \leqslant r \leqslant +1$. 当 $r > 0$ 时, 回归直线的斜率为正, 称为正相关; 当 $r < 0$ 时, 回归直线的斜率为负, 称为负相关. $|r|$ 越接近 1, 说明数据点越靠近拟合曲线, 即设定的回归方程越合理. $|r|$ 接近零时, 说明数据点分散、杂乱无章, 所设定的回归方程不合理, 必须改用其他函数方程重新进行回归分析.

1.5　物理实验中的基本测量方法

物理测量泛指以物理理论为依据, 以实验仪器和装置及实验技术为手段进行测量的过程. 物理测量的方法很多, 本节将对常用的测量方法作简单介绍, 使学生对基本测量方法有一个大概的了解, 在后续的实验中用到这些测量方法时, 再作详细的讨论.

1. 比较法

测量的基本概念是将待测量与一个已知的标准量相比较, 因此在物理实验中比较法是最

基本、最普遍的测量方法. 比较法又可分为直接比较法和间接比较法.

（1）直接比较法.

直接比较法是将待测量与一个经过校准的属于同类物理量的量具上的标准量进行比较，测得待测量. 例如，用米尺测量长度；用天平称物体质量，当指针指示达到平衡时，就是将被测质量与标准质量（千克、克、毫克等）进行比较；测量光栅衍射的各级衍射角，也是用比较法通过已刻好分度的弯游标测出结果的.

（2）间接比较法.

在通常情况下，大都是进行间接比较，即将被测量与"已知量"通过测量装置进行比较，当两者的效应相同时，它们的数值必然是相等的. 例如，惠斯通电桥测电阻就是利用间接比较法. 测声波波长可以用相位比较法——行波法和李萨如图形法. 行波法是直接观测波在传播路径上相位的移动，通过测量相邻同相位点之间的距离而得到波长. 较为直接有效的测量方法是李萨如图形法. 由相互垂直振动的合成可知，当两相互垂直振动的频率相同时，两振动合成的李萨如图按两振动相位差 $\varphi_1 - \varphi_2$ 的不同而有不同形状的椭圆或直线，如图 1.1.7 所示. 比较两振动的相位，当同样斜率的曲线出现时，相位差为 2π.

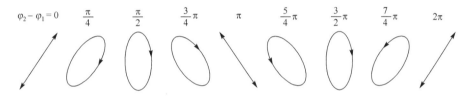

图 1.1.7　李萨如图形法进行相位比较

2. 放大法

在物理量的测量中，对于一些微小量，如微小长度、微弱电流、微弱电信号等，如果采用常规的测量方法，或者不能测量，或者精度不高. 将被测量放大后再进行测量，这是一种基本测量方法，称为放大法（缩小也是一种放大，其放大倍数小于 1）. 放大法具体又可分为机械放大、光学放大、电子学放大和累计放大等.

（1）机械放大.

通过机械原理和装置将被测量量加以放大称为机械放大. 测量长度用的游标卡尺、螺旋测微器，就是分别利用游标原理、丝杠鼓轮机械将读数放大，使读数更为精确. 又如测量压力用的弹性压力计，当压力变化时，弹性体发生伸长、位移等形变，通过接上机械放大装置，直接传到指示仪表进行读数. 这些均属于机械放大.

（2）光学放大.

当被测物体的线度很小时，由于人们视力的限制及操作上的困难，应用一般测长仪器无法进行直接测量，这时常用显微镜将被测物体放大后再进行测量. 另外，当被测物体相距较远又不便于接近时，则可先用望远镜得到被测物体的像，然后再进行测量. 上述应用光学原理进行的测量是无接触测量，它具有不破坏被测物体的原来状态等明显优点，在物理测量中得到广泛应用. 光学放大也被广泛应用于其他技术或测量仪器中，像高灵敏度的电表、冲击电流计、复射式光点检流计等，都应用了光学放大的原理. 在后续实验中将对此作详细介绍.

（3）电子学放大.

微弱的电信号可以经放大器放大后进行观测,若被测物理量为非电量,可用传感器转换为电量,再经电子学放大进行测量.电子学放大在磁测量中应用最为广泛,在今后专业课中将有许多机会学习各种电子学放大器.

（4）累计放大.

在用秒表测量单摆的周期时,通常不是测一个周期的时间,而是累计测量单摆摆动 50 或 100 个周期的时间.这就是累计放大.若所用机械秒表的仪器误差为 0.1s,设某单摆的周期约为 1s,则测量单个周期时间间隔的相对误差为

$$E = \frac{0.1}{1.0} = 10\%$$

若累计测量 100 个周期的时间间隔,则相对误差为

$$E = \frac{0.1}{100.0} = 0.1\%$$

可见,测量精度大为提高.同样,如要测量光的干涉条纹的间距为 l,由于 l 数量级很小,为了减小测量的相对误差,一般不是一个间隔一个间隔地去测量,而是测量 N 个条纹的总间距 $L = N \cdot l$,以提高测量精度.

3. 补偿法

采用一个可以变化的附加能量装置,用以补偿实验中某部分能量损失或能量变换,使得实验条件接近理想条件,称为补偿法.简言之,补偿法就是尽量弥补因各种原因使测量状态受到的影响.例如,用电压补偿法弥补因用电压表直接测量电压时而引起被测支路工作电流的变化;用温度补偿法弥补因某些物理量(如电阻)随温度变化而对测试状态带来的影响;用光程补偿法弥补光路中光程的不对称等.这里简单地介绍电压补偿法和电流补偿法.

（1）电压补偿法.

用电压表测量电池的电动势 E_x,如图 1.1.8 所示,因电池内阻 r 的存在,当有电流 I 通过时,电池内部不可避免地产生电势降 Ir,因此电压表指示的只是电池的端电压 U,即 $U = E_x - Ir$,显然,只有当 $I = 0$ 时,电池的端电压才等于电动势 E_x.

如果有一个电动势大小可以调节的电源 E_0,E_0 与待测电源 E_x 通过检流计 G 反串起来,如图 1.1.9 所示.调节电动势 E_0 的大小,使检流计指示为零,即 E_0 产生一个与 I 方向相等的电流 I',以弥补 Ir 的损失,于是两个电源的电动势大小相等,互相补偿,可得 $E_x = E_0$,这时电路得到补偿.知道了补偿状态下 E_0 的大小,就可得出待测电动势 E_x.

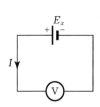
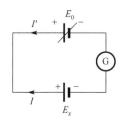

图 1.1.8　用电压表测量电池电动势　　　　图 1.1.9　电压补偿法原理图

（2）电流补偿法.

如图 1.1.10 所示，若用毫安表直接测量硅光电池的短路电流，由于电表本身存在内阻，将影响测量结果的精度.若在电路右边附加一个电压可调的电源 E，如图 1.1.11 所示，当电路中 B，D 两点电势相等时，检流计中无电流通过，即 $V_D = V_B$ 时，$I_G = 0$.

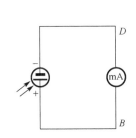

图 1.1.10　短路电流测量原理图

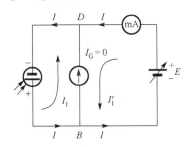

图 1.1.11　电流补偿法原理图

此时，BD 支路中，$I_1 = I_1'$，两电流相互补偿.这样，通过毫安表中的电流 I 即为光电池的短路电流.此为电流补偿法.

由于补偿法可消除或减弱测量状态受到的影响，从而大大提高了实验的精度，因此这种实验方法在精密测量和自动控制等方面得到广泛应用.

4. 模拟法

模拟法是一种间接的测量方法.模拟法是指不直接研究某物理现象或物理过程的本身，而是用与该物理现象或过程相似的模型来进行研究的一种方法.采用模拟法的基本条件是模拟量与被模拟量必须是等效或相似的.模拟法用途很广，对于许多难以测量甚至无法测量的物理量或物理过程，可以通过模拟法进行测量.另外，在工程设计中，也常采用模拟实验的研究方法.

模拟法可分为物理模拟和数学模拟.物理模拟就是保持同一物理本质的模拟，如用光测弹性法模拟工件内部的应力情况，用"风洞"（高速气流装置）中的飞机模型模拟实际飞机在大气中的飞行等.数学模拟是两个类比的物理现象遵从的物理规律具有相似的数学表达形式，如用恒定电流来模拟静电场就是基于这两种场的分布有相同的数学形式.

把物理模拟和数学模拟两者互相配合使用，会更见成效.随着计算机的引入，用计算机进行模拟实验更为方便，并能将两者很好地结合起来.

练　习　题

1. 把下列各数取 3 位有效数字.

(1) 1.0751；(2) 0.86249；(3) 27.051；(4) 8.971×10⁻⁶；

(5) 3.14501；(6) 52.65；(7) 10.850；(8) 0.46350.

2. 依据误差理论和有效数字运算规则，改正以下错误.

(1) $L = (12.830 \pm 0.35)$cm；(2) $m = (1500 \pm 100)$kg；

(3) $I = (38.746 \pm 0.024)$mA；(4) 0.50m=50cm=500mm；

(5) $g = (980.125 \pm 0.0045)$cm/s²；(6) R=6371km=6371000m.

3. 用游标分度值为 0.02mm 的游标卡尺测得某物体长度 $l=25.68$mm, 其示值误差为 _____ mm, 标准误差为 _____ mm, 测量结果为 _____.

4. 某地重力加速度 g 的值为 979.729cm/s², 有位同学用单摆分别测得 $g_1=(979\pm1)$cm/s², $g_2=(977.2\pm0.2)$cm/s². 下列哪个说法正确地理解了这两个测量结果.

(1) g_1 的正确度高、精密度低, g_2 的正确度低、精密度高;

(2) g_1 的精密度高、正确度低, g_2 的精密度低、正确度高;

(3) g_1 的精密度、正确度都高, g_2 的精密度、正确度都低;

(4) g_1 的精密度、正确度都低, g_2 的精密度、正确度都高.

5. 两把钢尺, 尺 A 是在 +20℃ 下校准好的, 尺 B 是在 0℃ 下校准好的. 现在用这两把尺去测量 0℃ 温度下的一根钢轨的长度. 钢轨和两把尺都是用同一种材料制作的, 测量结果是尺 A 的读数为 l_A, 尺 B 的读数为 l_B, 则有

(1) $l_A>l_B$; (2) $l_A<l_B$; (3) $l_A=l_B$.

该钢轨在 20℃ 时长度为

(1) l_A; (2) l_B; (3) 既不是 l_A, 也不是 l_B.

6. 用阿基米德原理测量物体密度 $\rho=\dfrac{m_1}{m_1-m_2}\rho_0$, 若求 $\dfrac{\Delta\rho}{\rho}$ 的量级为 10^{-3}, 问对 $\dfrac{\Delta m_1}{m_1}$、 $\dfrac{\Delta m_2}{m_2}$、 $\dfrac{\Delta\rho_0}{\rho_0}$ 量级的要求是否相同? 为什么?

7. 利用单摆测重力加速度, 摆的周期 T 为 2s, 测量摆长的相对误差为 0.05%, 用秒表测量时间的误差为 0.05s. 若测量结果 g 的相对误差小于 0.1%, 则至少是 _____ 个周期摆动.

8. 计算下列结果(写出具体步骤).

(1) $N=A+5B-3C-4D$, 其中 $A=382.02, B=2.03754, C=56, D=0.001036$;

(2) $x=6.377\times10^8$, 求 $\lg x$;

(3) $x=3.02\times10^{-5}$, 求 e^x;

(4) $x=0.7836$rad, 求 $\sin x$;

(5) $\dfrac{100.0\times(5.6+4.412)}{(79.00-78.00)\times10.00}+210.00$;

(6) $\dfrac{(142.2+1.08)\times4.03}{5964-4720.0}$;

(7) $x=265.3$, 求 $\lg x$.

9. 指出下列情况属于随机误差还是系统误差.

(1) 视差; (2) 仪器零点漂移; (3) 电表的接入误差; (4) 水银温度计毛细管不均匀.

10. 有甲、乙、丙、丁 4 人, 用螺旋测微器测量一个铜球的直径, 各人所测得的结果分别是: 甲, (1.2382 ± 0.0004)cm; 乙, (1.283 ± 0.0004)cm; 丙, (1.28 ± 0.0004)cm; 丁, (1.3 ± 0.0004)cm. 问哪个人表示正确? 其他人错在哪里?

11. 对某样品的温度重复测量 6 次, 得到如下数据: t(℃)$=20.43, 20.40, 20.41, 19.10, 20.43$. 利用 3σ 原则判断其中有无过失误差.

12. 推导出下列函数的合成不确定度表达式.

(1) $f(x,y,z)=x+y-2z$;   (2) $f(x,y)=\dfrac{x-y}{x+y}$;

(3) $f(x,y)=\dfrac{xy}{x-y}$ $(x\neq y)$;

(4) $n(\theta)=\dfrac{\sin\theta_i}{\sin\theta_x}$;

(5) $I(x)=I_0\mathrm{e}^{-\beta x}$;

(6) $R_x=\dfrac{R_1}{R_2}R$;

(7) $E=\dfrac{Mgl}{\pi r^2 L}$;

(8) $y(x,z)=Ax^B+xz$.

13. 完成下列填空.

(1) $m=(201.750\pm0.001)\mathrm{kg}=($ $\pm$ $)\mathrm{g}$;

(2) $\rho=(1.283\pm0.005)\mathrm{mg/cm^3}=($ $\pm$ $)\mathrm{kg/m^3}$;

(3) $t=(12.9\pm0.1)\mathrm{s}=($ $\pm$ $)\mathrm{min}$.

14. 用天平称一物体的质量,测量结果为 35.63g、35.57g、35.58g、35.42g、35.36g、35.72g、35.11g、35.80g. 试求其平均值 $\overline{m}$ 和标准偏差 $\sigma(m)$.

15. 一个铅圆柱体,测得其直径为 $d=(2.04\pm0.01)\mathrm{cm}$,高度为 $h=(4.12\pm0.01)\mathrm{cm}$,质量为 $m=(149.18\pm0.05)\mathrm{g}$,计算:

(1) 铅的密度 ρ;(2) 铅的密度的不确定度 $u(\rho)$;(3) 写出结果的正确表达式.

16. 用最小二乘法对下列数据进行直线拟合,设 $y=a+\left(\dfrac{4\pi^2}{g}\right)\cdot x$,求出 a,g 和相关系数 r.

$$x = 61.5, \quad 71.2, \quad 81.0, \quad 89.5, \quad 95.5, \quad 101.6$$
$$y = 2.468, \quad 2.877, \quad 3.262, \quad 3.618, \quad 3.861, \quad 4.241$$

17. 为确定一弹簧的刚度系数,给弹簧加不同质量的砝码 m,并测定弹簧对应的伸长位置 l,结果如下:

m/g	200	300	400	500	600	700	800	900
l/cm	5.10	5.50	5.90	6.80	7.40	8.00	8.60	9.40

用逐差法求弹簧刚度系数.

【附录】

CASIO-fx82MS 计算器的使用(文中符号[ ]表示按键)

1. [SHIFT]上挡功能键(副功能键)的使用

由于计算器的功能较多,大多数的按键都有两个功能,其中按键上黄色字表示的功能,需先按[SHIFT]再按该键才起作用.

例如,求 5! 的操作是:[5][SHIFT][X⁻¹\][=]结果显示 120(注意计算器[=]键是功能执行按键).

2. 计算器的初始化

[SHIFT][CLR][3][=]

3. 统计计算

求标准误差 $\sigma(x) = \sqrt{\dfrac{\sum (x_i - \bar{x})^2}{n-1}}$.

进入统计功能操作：[MODE][2]（[MODE]是功能键），然后进行数据清零[SHIFT][CLR][1][=].

例如，对数据组 12、13、14、15、16 求平均值 $\bar{x}$ 及 $\sigma(x)$. 在数据清零后，按[12][M+]、[13][M+]、[14][M+]、[15][M+]、[16][M+]，再按[SHIFT][2][3][=]得 $\sigma(x) = 1.581$，按[SHIFT][2][1][=]得 $\bar{x} = 14$.

4. 回归计算

本计算器能够进行线性回归(Lin)、对数回归(Log)、指数回归(Exp)、乘方回归(Pwr)、二次回归(Quad)、逆回归(lnv)六种回归运算，下面介绍线性回归(Lin).

进入线性回归(Lin)功能：按[MODE][3][1]；数据清零：[SHIFT][CLR][1][=].

设 $X = 10, 15, 20, 25, 30$ 时，对应 $Y = 1003, 1005, 1010, 1011, 1014$. 求 $Y = A + BX$ 的 A、B 和相关系数 r. 清零后操作如下：

[10][,]、[1003][M+]、[15][,]、[1005][M+]、[20][,]、[1010][M+]、[25][,]、[1011][M+]、[30][,]、[1014][M+]. 按[SHIFT][2]再利用[REPLAY]方向键连续两次向右，选[1][=]得 A 为 997.4；又按[SHIFT][2]利用[REPLAY]方向键连续两次向右，选[2][=]得 B 为 0.56；再按[SHIFT][2]，利用[REPLAY]方向键连续两次向右，选[3][=]得 r 为 0.9826. 输入[18]（即 $X = 18$）按[SHIFT][2]利用[REPLAY]方向键连续三次向右，选[2][=]，得 $Y = 1007.48$；输入[1000]（即 $Y = 1000$）按[SHIFT][2]利用[REPLAY]方向键连续三次向右，选[1][=]得 $X = 4.642$.

105 型计算器的使用

1. [2nd]副功能键(上挡功能键)的使用

由于计算器的功能比较多，一般按键都有两个功能. 其中按键上挡的功能需先按[2nd]再按本键才起作用.

例如，求 34 的二进制数操作是[34][2nd][BIN]，结果显示为 100110. 又如求 $\sqrt[3]{64}$ 的操作是[64][2nd][$\sqrt[x]{y}$][3][=]，结果显示为 4.

2. 统计计算(STAT)求标准误差 $\sigma(x) = \sqrt{\dfrac{\sum (x_i - \bar{x})^2}{n-1}}$

进入 STAT 功能：开机后按[2nd][ON/C].

对数据组 12、13、14、15、16，求平均值 $\bar{x}$ 及 $\sigma(x)$. 在进入功能后按[12][M+]、[13][M+]、[14][M+]、[15][M+]、[16][M+]，屏显示为输入了 5 个数据. 按[X−M]显示 $\bar{x} = 14$，按[MR]显示 $\sigma(x) = 1.581$. 要使计算器初始化，只需关机再开机即可.

第 2 章　常用物理实验仪器

在物理实验中,无论观察现象或进行测试,都离不开实验设备.根据它们的构造原理和用途不同又有仪器、量具、器件之分.一般凡具有指示器和在测量过程中有可以运动的测量元件都称测量仪器,如千分尺、温度计、电表等;没有上述特点的则称量具,如米尺、标准电阻、标准电池等(仪器和量具统称器具);凡不能用于测量的称器件.

下面对物理实验中常用的部分仪器、量具及器件作简要的介绍.

2.1　长度测量器具

长度是最基本的物理量之一.长度测量是实验中最基本的测量,是一切测量的基础.在实验中进行的大多数测量,基本上都可化为长度或弧长来读数,如测温度是测量水银柱在毛细管中的长度;各种指针式电表其刻度是弧长等.因此,长度测量的读数规则和基本方法在实验中具有普遍意义.长度测量使用的仪器、量具较多,最基本的器具有米尺、游标卡尺、千分尺.不同的仪器、量具精密度不同,亦即分度值大小不同;分度越小,仪器越精密,仪器本身允许的测量误差也越小.当精密度要求高于 $10^{-3}\,\mathrm{mm}$ 时,可采用更精密的仪器,如光学比长仪、迈克耳孙干涉仪等.

2.1.1　米尺

常用米尺量程大多是 $0\sim100\mathrm{cm}$,分度值为 $1\mathrm{mm}$.测量长度时常可估计到 $0.1\mathrm{mm}$.紧贴、对准和正视是测量时的要领和关键.测量时,必须使待测物体与米尺刻度面紧贴,如图 1.2.1 所示,并使待测物的一端准确对准选作起点(一般不选用"0"刻度线)的某一刻度线,根据待测物体的另一端在米尺刻度上的位置,正视读出数值,物体两端读数之差即为待测物体的长度值.上述测量方法可避免由于米尺端边磨损引入的误差.由于米尺具有一定厚度,观测者视线方向不同会引入测量误差(即视差),如图 1.2.2 所示.

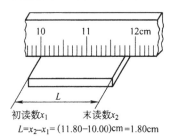

初读数 x_1　　末读数 x_2

$L = x_2 - x_1 = (11.80 - 10.00)\mathrm{cm} = 1.80\mathrm{cm}$

图 1.2.1　米尺测量方法

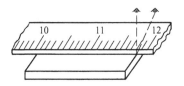

图 1.2.2　错误的米尺读数方法

2.1.2　游标卡尺

米尺的分度值 1mm 不够小,常不能满足需要. 为提高测量精度,可在尺身(即米尺)上附带一根可沿其移动的游标,构成游标卡尺,如图 1.2.3 所示. 根据游标上的分度数不同,游标卡尺大致可分为 10 分度、20 分度、50 分度三种规格.

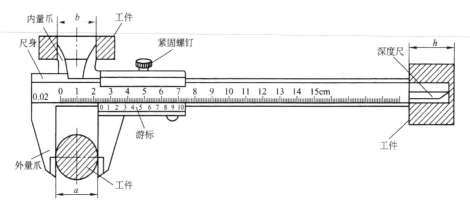

图 1.2.3　游标卡尺

1. 读数原理及方法

尽管 10 分度游标卡尺已不常被人们使用了,但其原理与 20 分度、50 分度游标卡尺一样,加之简单、易懂,因此我们仍以 10 分度游标卡尺为例简述其读数原理.

当外量爪的两个测量平面(或测量刀口)紧密贴合时,游标上的"0"线与尺身上的"0"线对齐,如图 1.2.4(a)所示. 游标上共有 10 个分格,其总长为 9mm,即每一分格长 0.9mm,比尺身上每一个分格短 0.1mm. 微微移动游标,使游标的第一分格线与尺身上 1mm 分度线对齐,则游标的"0"刻线与尺身的"0"刻线离开了 0.1mm,也就是外量爪的两测量刀口张开了 0.1mm. 若游标的第二条刻线与尺身的 2mm 刻线对齐,则两测量刀口张开 0.2mm,其余依次类推. 与米尺不同,在本例中毫米的十分位读数不是估计读得的,而是由两个准确数值之差求得的. 游标卡尺的分度值等于尺身上 1 个分格与游标上 1 个分格的长度之差. 上述游标卡尺的分度值(或精度)就是 0.1mm. 设测量面之间卡入某待测物体后,游标移至如图 1.2.4(b)所示位置,这时,第一步在尺身上读出毫米以上的数值 14mm;第二步在游标上读出毫米以下的数值,图上游标的第九条分度线与尺身上刻线对齐,对应的数值为 0.1mm×9=0.9mm;第三步得到待测物体的长 $L=14\text{mm}+0.1\text{mm}\times9=14.9\text{mm}$. 有时游标上所有分度刻线可能都不与尺身上的某一条刻线严格对齐,此时,一般就取与尺身刻线对齐最好的那条分度线值作为游标读数值. 要提高测量的精确度,必须增加游标的分度总数,减小分度值. 20 分度游标卡尺的分度值为 0.05mm,50 分度游标卡尺的分度值为 0.02mm. 故游标卡尺的分度值越小,其误差也越小.

游标卡尺不标精度等级. 一般测量范围在 300mm 以下的游标卡尺,其分度值就是示值的极限误差. 例如,分度值为 0.05mm 的游标卡尺,其示值的极限误差就是 0.05mm,一次测量的标准误差 $\sigma=0.05/\sqrt{3}\approx0.03\text{mm}$.

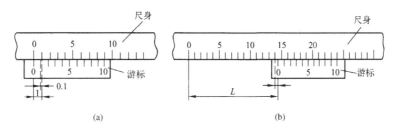

图 1.2.4　游标原理(精度 1/10)

(a)游标卡尺刻度关系；(b)游标卡尺读法

2. 使用方法

　　测量前应先将两量爪合拢,检查游标卡尺有无零值误差(即尺身"0"线和游标的"0"线是否对准),如有,则应记下此值,用以修正测量所得结果.测量时,一手拿物体,一手持尺,量爪要卡正物体,松紧要适当,必要时可将紧固螺钉旋紧.应特别注意保护量爪不被磨损,不允许用游标卡尺测量粗糙的物体,更不允许在刀口内挪动被夹紧的物体.利用内量爪和深度尺,游标卡尺还可测内径和孔的深度.

2.1.3　千分尺(螺旋测微器)

　　千分尺又叫螺旋测微器,它是比游标卡尺更精密的长度测量仪器.0~25mm 量程的千分尺常用于测量较小的长度,如金属丝直径、薄板等.千分尺的外形如图 1.2.5 所示.刻有分度的固定套筒通过弓架与测量砧台连为一体.副尺刻在活动套筒的圆周上,活动套筒内连有精密螺杆和测量杆.活动套筒通过内部精密螺杆套在固定套筒之外.转动活动套筒,套筒边沿固定套筒尺身刻度移动,并带动测量杆移动.在尺身上有一条直线作为准线,准线上方(或下方)有毫米分度,下方(或上方)刻出半毫米的分度线,因而尺身最小分度值是 0.5mm.副尺套筒周边刻有 50 个均匀分度,旋转副尺套筒一周,测量杆将推进一个螺距(0.5mm),故副尺套筒每转动周边上一个分度,测量杆将进或退 0.5/50mm,即千分尺的最小分度值为 0.01mm.可见,利用测微螺旋装置后,测量砧和测量杆间的长度可量准到 0.01mm,对最小分度还可进行 1/10 估计读数,读出 0.001mm 位的读数.

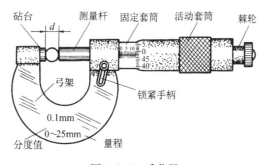

图 1.2.5　千分尺

　　千分尺分 0 级、1 级和 2 级三种精度级别,通常实验室使用的为 1 级,其示值误差在 0~100mm 范围内为±0.004mm,加上估读误差,则千分尺的极限误差为 0.005mm.

1. 读数方法

（1）旋进活动套筒，使测量砧和测量杆的两测量面轻轻吻合，此时，副尺套筒的边缘应与尺身的"0"刻线重合，而圆周上的"0"刻线也应与准线重合（对准），记为 0.000mm，这就是零位校正. 若不重合，将给测量造成误差，这个误差属于系统误差中的零值误差. 因此，在测量前必须读记下零读数，以便测量结束后对测量结果进行修正，即从测量结果中减去零读数，得出最后结果. 在确定零读数时必须注意它的正负，如图 1.2.6(a) 所示，读得 +0.026mm；如图 1.2.6(b) 所示，读得 -0.013mm.

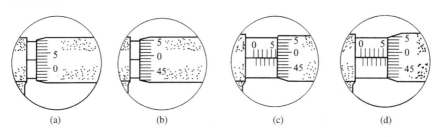

图 1.2.6　千分尺读数

(a)零读数 +0.026mm；(b)零读数 -0.013mm；(c)(5+0.482)mm=5.482mm；(d)(5+0.982)mm=5.982mm

（2）后退测量杆，将待测物夹在两测量面间，并使两测量面与待测物轻轻接触. 若副尺套筒的边缘在如图 1.2.6(c) 所示的位置，则第一步在尺身上读出 0.5mm 以上读数 5mm；第二步在副尺上读出与准线最接近的分度数，图中可读得 0.01×48mm=0.48mm；第三步再根据准线所对某分度的位置，按 1/10 估计读数，读得估计值 0.002mm. 最后结果为 5mm+0.01mm×48+0.002mm=5.482mm，记录时不应写出上述中间过程，而应直接写出最后结果. 测量时常遇到副尺套筒的边缘压在尺身的某一刻线上，此时，应根据准线和副尺"0"刻线筒的相互关系来判断它是否超过尺身上某一刻线. 如果副尺的"0"刻线在准线上方，则没有超过，若"0"刻线在准线的下方，则已超过. 如图 1.2.6(d) 所示，副尺的"0"刻线在准线的上方，没有超过尺身的 6mm 刻度线，但它的边缘已超过半毫米刻线，故读作 5.982mm，不应读作 5.482mm.

2. 使用方法

左手把住弓架，先按待测物体的长度用右手转动副尺套筒，使待测物体夹在测量杆和测量砧之间（图 2.1.5），当测量杆的测量面与待测物体之间还有很小距离时，再旋转棘轮带动副尺套筒一起旋转，夹住待测物. 由于使用了棘轮装置，当待测物被夹住后，再旋转棘轮就不能带动副尺套筒一起旋转，而发出"嗒""嗒"响声. 当听到二三下"嗒""嗒"的响声时，表示夹紧待测物的力足够了，可以进行读数.

千分尺是精密仪器，使用时必须注意下列两点：

（1）因为螺旋是力的放大装置，不论是读取零读数或夹住测量物测量，都不准直接旋转套筒使测量杆与量砧或待测物体接触，而应旋转棘轮，否则不仅会因用力不均匀而测量不准，还会夹坏待测物或损坏千分尺的精密螺旋.

（2）千分尺用毕，测量杆和测量砧之间要留有间隙才能放于盒中，以免气候变化，受热膨胀影响使两测量面相互挤压而损坏螺旋机构.

2.2　质量称衡仪器

2.2.1　天平简介

物理实验中,常用天平称衡物体的质量.天平是一种等臂杠杆装置,按其称衡的精确度分等级,精确度低的称为物理天平,精确度高的称为分析天平.分析天平又分摆动式、光电式和空气阻尼式三种.图1.2.7和图1.2.8分别是物理天平和摆动式分析天平的结构图.它们的主要结构是:天平的横梁上有三个刀口,两侧的刀口向上,用以承挂左右秤盘;而中间刀口则可搁在立柱上部的刀承平面上,在称衡时全部重力(包括横梁、秤盘、砝码、待测物)都由刀口承担.横梁中部装有一根与之垂直的指针,立柱下部有一标尺(从左到右有20个分度),通过指针在标尺上所指示的读数可以确定天平是否达到平衡.在立柱内部装有制动器,而在底部有一制动旋钮,旋转制动旋钮可使刀承上、下升降.平时刀承降下,使横梁搁在托承上,中间刀口不受力,借此保护刀口,同时横梁也不会摆动.

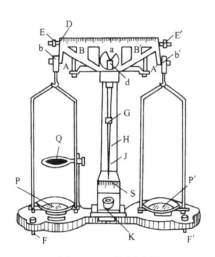

图 1.2.7　物理天平

A. A′—托承;B. B′—横梁;D—游码;E. E′—平衡螺母;
a—中间刀口;b. b′—两端刀口;d—刀承;F, F′—底脚螺钉;G—重心螺母;H—立柱;J—读数指针;K—制动旋钮;
S—标尺;P, P′—秤盘;Q—托架

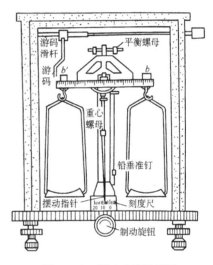

图 1.2.8　摆动式分析天平

分析天平的刀口和刀承均用玛瑙制成以保证天平的灵敏度.为防止空气流动对称衡的干扰,分析天平都装在玻璃罩内,加减重物和砝码时需分别打开玻璃罩两侧面的玻璃门.

天平上装有水准仪或铅垂用来指示立柱的垂直(即刀承平面水平).这样在称衡时,刀口不会滑移.

在物理天平底座左右装有托架,这是为了便利某些实验,如用阿基米德原理测量非规则物体的体积.

天平的规格主要由最大称量和感量(或灵敏度)来确定,一般都标在标牌上.最大称量是天平允许称量的最大值.感量是天平的指针从标尺上零点平衡偏离一个最小分度时,天平两盘上的质量差.一般来说,感量的大小与天平砝码(游码读数)的最小分度值相适应(如相差不超过一个数量级).感量的倒数是灵敏度,即天平平衡时,在一个秤盘中加单位质量后指针偏转的格数(分度数).

天平的感量与最大称量之比决定天平的精确度级别,由此可把天平分为 10 级,如表 1.2.1 所列.例如,实验室常用的物理天平的最大称量为 500g,感量为 0.02g,属于 9 级.摆动式分析天平的最大称量为 200g,感量为 2mg,属于 7 级.

表 1.2.1   天平级别

精度级别	1	2	3	4	5	6	7	8	9	10
$\dfrac{感量}{最大称量}$	1×10^{-7}	2×10^{-7}	5×10^{-7}	1×10^{-6}	2×10^{-6}	5×10^{-6}	1×10^{-5}	2×10^{-5}	5×10^{-5}	1×10^{-4}

天平在质量测量中是一个比较器,体现质量单位标准的是砝码.不同精确度级别的天平配用不同等级的砝码,使用时不能混淆.根据砝码检定相关规定,砝码的精度分为五等.实验室使用的物理天平配用的是五等砝码,最小砝码 1g,1g 以下的砝码用横梁上的游码代替(见图 1.2.7).当使用天平时,先将游码放在零刻度线上,再将空盘的天平调到平衡.在称衡时,游码向左移动一大格就等于在右盘内增加 0.1g 的砝码,移动 10 大格就等于增加 1g 砝码.横梁上每一大格又分成 5 个小格,因此,利用游码可测读到 0.02g,还可以估读到 0.002g.摆动式分析天平配用三等砝码,最小砝码为 0.01g,称 0.01g 以下的质量用游码.游码由金属丝制成挂钩状(见图 1.2.8),跨在与横梁相连的游码标尺槽内.游码标尺中间刻度为零,两侧各有 10 个大刻槽,每一个大刻槽又分成 5 个小刻槽,每一刻槽表示 0.2mg.若在左侧的第一大槽内放上游码,相当于在左秤盘内加上 1mg 的砝码,在右侧的第一个大刻槽内放上游码,相当于在右秤盘内加上 1mg 的砝码.利用游码滑杆一端的小钩就能将游码安放在槽内或取下,不必打开玻璃门.

2.2.2   天平的使用规程

天平及砝码都是精密仪器,特别是分析天平,如果使用不当,不仅会使称衡达不到应有的准确度,还会损坏天平,降低天平的灵敏度和砝码的准确度.因而使用时必须遵守下列操作规程:

(1) 使用天平前必须首先了解天平的最大称量是否满足称衡要求.

(2) 在动手操作之前要先检查一下天平横梁、吊盘等是否架装正确,砝码是否齐全.

(3) 使用天平首先检查天平是否水平,若不,则可转动底脚螺钉,将立柱调整到铅直方向(可以观察天平底座上的水准器内气泡是否在中间位置或垂直锤是否正对铅垂准钉来判断).

(4) 转动制动旋钮,使天平处于开启状态,利用指针摆动法检查天平的停点,若需把停点调到零点(即标尺的中点 10 的位置),则需将天平止动,调节平衡螺母.检查调整天平的空载灵敏度,这可通过将重心螺母上下移动来实现.开启或止动天平时,要缓缓地进行,如果天平正在摆动,则应在指针经过零点时止动,不可使天平横梁受到冲击.

(5) 左盘放重物,右盘放砝码.待测物体和砝码要放在秤盘正中间.增减砝码或移动游码时,必须将天平止动,不可在天平摆动时进行.

(6) 取用砝码必须使用镊子,不可用手拿.砝码只能放在天平盘中或砝码盒子里的原来位置上,异组砝码不可混用.

(7) 天平应当经常处于止动状态.只有在称衡时,才能轻开制动旋钮,称衡完毕,立即止动,进行读数.

(8) 当天平还不平衡时,不可将制动旋钮完全放开,只要能看出指针向哪一边偏转就够了,断定指针的偏转方向后立刻止动,再增减砝码.

(9) 不可长时间把重物和砝码放在天平盘上,称衡读数完毕应立即取下.

(10) 使用分析天平时,除非是取放砝码,否则玻璃罩的门不可长时间打开,读数时也应当将门关闭.

(11) 在天平调零点时,切忌直接用手调节平衡螺母,必须戴上手套或采取其他方式.

(12) 天平的各部分以及砝码都要防锈、防蚀.高温物体、液体及带腐蚀性的化学药品不得直接放在秤盘内称衡.

摆动式分析天平十分灵敏,当横梁开始摆动后阻尼很小,指针要作长时间的往返摆动才能停止.因此,利用摆动式分析天平进行精密称衡时,常按下列方式进行.

(1) 用摆动法确定天平的停点.为了准确确定天平平衡时其指针在刻度尺上的读数(称为停点),假定在摆动时,指针在刻度尺的中线 10.0 的左右两边所达到的连续 5 次位置读数为 a_1、b_1、a_2、b_2、a_3,如图 1.2.9 所示,则停点为

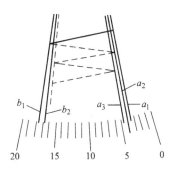

图 1.2.9　天平指针读数

$$e = \frac{\frac{1}{3}(a_1 + a_2 + a_3) + \frac{1}{2}(b_1 + b_2)}{2}$$

如图 1.2.9 所示情况,$a_1 = 3.5$,$b_1 = 17.6$,$a_2 = 4.1$,$b_2 = 16.8$,$a_3 = 4.8$,则

$$e = \frac{\frac{1}{3}(3.5 + 4.1 + 4.8) + \frac{1}{2}(17.6 + 16.8)}{2} \approx 10.7$$

注意在读数时,必须估读一位.

用摆动法求停点,所取的摆动次数越多,求出的停点位置就越接近真实的平衡位置.但实际上只取有限次数的连续摆动,一般取奇数次(如三次或五次)以减少摆幅衰减的影响.

(2) 检查天平空载灵敏度.设天平空载时测出的停点为 e_0,如在右盘上加一质量为 m' 的砝码或游码(实用上常取 1mg),则指针偏转,停点为 e',则天平空载灵敏度 S(格/mg)为

$$S = \frac{|e' - e_0|}{1\text{mg}} = |e' - e_0| \text{ (格/mg)}$$

天平的灵敏度一般与它的负载有关,此外,也与横梁的重量及其重心位置有关.一般负载越重,灵敏度越低,横梁越轻;重心越高,灵敏度越高.因此,调节附在指针上的重心螺母的位置可使灵敏度有一定的改变.

(3) 在确定了天平空载停点 e_0 并检查了空载灵敏度后,可以按规定进行称衡.砝码从大到小逐次增减,直至最小砝码,再用游码.当移动游码到天平横梁上中点位置右侧的某一刻度位置,指针的停点为 e_1,位于空载时停点 e_0 的右侧表示砝码稍轻一些(此时砝码加游码的总质量为 P),若把游码再向右移一个大刻度(即砝码再增加 1mg),指针的停点 e_2 位于 e_0 的左侧,表示砝码比重物又重了一点,显然待测物的质量在 P 与($P + 1$mg)之间(若在横梁中点左侧移动游码,则与上述情况相反).设恰好能使指针到空载停点 e_0 处时需增加的砝码是 ΔP(小于 1mg),在指针偏转角不太大的情况下,指针偏离的距离与引起这一偏离所加砝码的质量成正比,所以近似有

$$\Delta P = \frac{e_1 - e_0}{e_1 - e_2} \cdot 1\mathrm{mg}$$

因此,所称物体的质量为

$$m = P + \Delta P = P + \frac{e_1 - e_0}{e_1 - e_2} \cdot 1\mathrm{mg}$$

结果可准确到1mg.

2.3　时间测量仪器

时间是基本物理量之一.时间的测量也是基本测量.时间的测量可分为时段测量和时刻测量.机械秒表是典型的时段测量仪器,而钟是时刻测量仪器.在物理实验中,常用的计时仪器有机械秒表、电子秒表和数字毫秒仪(或数字频率仪)等.

2.3.1　机械秒表

机械秒表简称秒表,它分为单针和双针两种.单针式秒表只能测量一个过程所经历的时段;双针式秒表能分别测量两个同时开始不同时结束的过程所经历的时间.图1.2.10所示是一种单针式秒表.秒表由频率较低的机械振荡系统,锚式擒纵调速器,操纵秒表起动、制动和指针回零的控制机构(包括按钮),发条以及齿轮等机械零件组成.

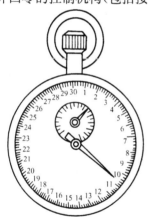

图1.2.10　机械秒表

秒表有各种规格.一般秒表有两个针,长针是秒针,每转一圈是30s(还有60s、10s、3s的);短针是分针,每转一圈是15min或30min(即测量范围是0~15min或0~30min).表面上的数字分别表示秒和分的数值.这种秒表的分度值为0.1s或0.2s.

使用机械秒表测量时间所产生的误差可分两种情况:

(1)短时间的测量(几十秒以内),其误差主要是按表和读数的误差,其值约为0.2s.如果测量者本人的注意力不够集中或操作不够熟练,这项误差可能增大.

(2)长时间的测量(1min以上),其误差主要是秒表本身存在的快慢的误差,即秒表走动的快慢和标准时间之差.这种误差,每只秒表都不同,因此,在需要作较长时间的测量时,使用前应用标准钟对秒表进行校准.

使用方法:

(1)秒表使用前,须先检查发条的松紧程度,如果发现发条相当松,应旋动秒表上端的按钮,上好发条,但不宜过紧.

(2)测量时间时,按下按钮,指针开始运动,再按按钮,指针停止运动,再按一次,指针便回到零点位置.用秒表可以很方便地记录物体运动的时间.

由于秒表的机械很精细,结构也脆弱,因此使用时必须注意以下几点:

(1)使用时应轻拿轻放,尽量避免振动和摇晃.

(2)未测量时,不要随便按按钮,以免损坏表针.

(3)指针不指零时,应记下零读数,计时完毕读数时加以修正.

（4）秒表用毕，此时发条可能还处于上紧状态，为避免发条受损，应使秒表处于走动状态，直到发条的能量释放完.

2.3.2　电子秒表

电子秒表是一种较精密的电子计时器. 它的机芯由电子器件 CMOS 大规模集成电路组成，体积小. 目前国产的电子秒表一般都利用石英振荡器的振荡频率作为时间基准，采用 6 位液晶数字显示时间. 电子秒表的使用功能比机械秒表多，它不仅能显示分、秒，还能显示时、日、月及星期，并且有 1/100s 的显示功能. 电子秒表功耗小，工作电流一般小于 $6\mu A$，用容量为 100mAh 的氧化银电池供电. 电子秒表连续累计时间 5 9min59.99s，可读到 1/100s，平均日差 ±0.5s.

电子秒表配有三个按钮，如图 1.2.11(a)所示. S_1 为秒表按钮，S_2 为功能变换按钮，S_3 为调整按钮. 基本显示的计时状态为"时""分""秒".

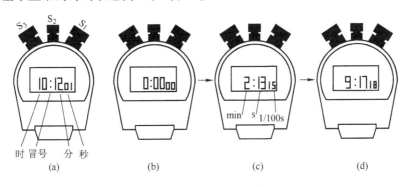

图 1.2.11　电子秒表

测量时段的方法：

（1）在计时显示的情况下，按住 S_2 按钮 2s，即可呈现秒表功能，如图 1.2.11(b)所示. 再按一下 S_1 按钮即可开始自动计秒，然后再按一下 S_1 按钮，停止秒计数，显示出所计数据，如图 1.2.11(c)所示. 按住 S_3 按钮 2s，则自动复零，即恢复到计时显示如图 1.2.11(b)所示状态，可进行下一次计时.

（2）若要记录甲乙两物体同时出发，但不同时到达终点的运动，则可采用双计时功能方式. 首先按住 S_2 按钮 2s，即呈现如图 1.2.11(b)所示的秒表功能. 然后按一下 S_1 即开始自动计秒，待甲物体到达终点时再按一下 S_3，则显示甲的秒计数即停. 此时液晶屏上的冒号仍在闪动，电路内部继续为乙物体累计计秒. 待甲物体的时间记录下来后，又按一下 S_3，显示出乙物体的累计计数. 待乙物体到达终点时，再按一下 S_1，冒号不闪动，呈现出乙的时间. 这时若要再次测量，就按住 S_3 2s，呈现如图 1.2.11(b)所示状态. 若需要恢复正常计时显示，则按一下 S_2 即可，如图 1.2.11(d)所示，为 9h17min18s.

（3）若需要进行时刻的校对和调整，可首先持续按住 S_2 按钮，待呈现出时、分、秒的计秒数字闪动时，松开 S_2，然后间断地按 S_1，待显示出所需调整的正确秒数为止. 如还需校正分、时，可按一下 S_3，此时，显示分的数字闪动，再次间断地按 S_1，待显示出所需调整的正确分数为止. 时、日、月及星期的校正方法同上.

2.3.3　CS-Z 型智能数字测时器

CS-Z 型智能数字测时器(以下简称测时器)是一种通用测时仪器,它以 8031 单片机为核心,外加光电门信号整形电路、电频率信号检测电路和显示电路所组成,如图 1.2.12 所示.单片机采用 Intel 公司 MCS-51 系列芯片 8031,外加一片 EPROM2732 以固化程序来控制单片机,这一部分是测时器的核心.在软件控制下,它可完成多种工作,如测时、计数和测频率等,并有数据的处理和计算功能,使测时器具有智能功能.

在软件控制下,测时器可完成两种操作:计数和计时.在计数和计时的基础上测时器可实现其所有功能.

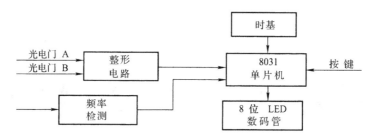

图 1.2.12　CS-Z 型智能数字测时器原理

测时器有九种功能:①1Pr(测一个时间间隔 Δt);②2Pr(测两个时间间隔 Δt_1,Δt_2);③3-v(测一个速度 v);④4-v(测两个速度 v_1、v_2);⑤5A(测加速度 a);⑥6Pd(测周期 T);⑦7Fr(测电频率 f);⑧8Cc(测碰撞功能);⑨9Ev(事件计数).

本仪器是测周期时处于第⑥种功能状态下工作.其操作步骤如下:电源开关处于 ON(接通)位置,电源指示灯亮,屏中出现 HELLO 显示,此时按选择键,则出现 1Pr,以后每按一次选择键分别出现:2Pr,3-v,4-v,…当出现 6Pd 时,即处于测周期的功能.

测周期功能步骤:可先预置周期数,方法是显示 6Pd 时按执行键,则显示 0,以后每按一次选择键,显示加 1.当达到你所需要的预置周期数后,再按执行键即显示 YES,即表示进入测周期的程序.

由于这里使用的是开口光电门,挡光杆每挡光两次,显示的周期预置数就减 1,当最后一次挡光后,屏幕上显示的为时间总数,其单位为毫秒(ms).

必须注意,尽管单摆的挡光杆只在一个光电门内来回摆动,另一个光电门与单摆毫无关系,但由于红外发光和红外接收,两套光电门必须同进插入仪器相应的插孔内,否则仪器可能无法工作.

若重复测周期,必须再按执行键,显示 0,而后按选择键,先预置周期数,当显示 YES 后,重复上面的步骤即可.

2.4　温度和气压测量仪器

2.4.1　温度测量仪器——水银温度计、热电偶

表示物体热状态程度的量称为温度.温度的测量是热力学基本测量之一.1967 年第十三届国际计量大会对热力学温度单位定义为:"热力学温度单位开尔文是水三相点的热力

学温度的 1/273.16".除用开尔文(K)表示的热力学温度外,也使用摄氏温度,它们之间的关系为

$$t = T - T_0$$

式中,t 为摄氏温度;T、T_0 为热力学温度,T_0[①]$=273.15$K. 摄氏温度的单位用℃表示.

　　测量温度的仪器有很多种,如液体温度计、气体温度计、热电偶、电阻温度计、光测高温计等. 它们均是利用物质的某种物理特性随本身热状态的改变而变化的性质制造而成. 各种测温仪器都有相应的测温范围和误差.

　　实验室常用的测温仪器有玻璃液体温度计、热电偶等.

1. 水银温度计

　　以水银、酒精或其他有机液体作为测温工作物质的玻璃柱状温度计统称玻璃液体温度计. 这种温度计是利用测温物质的热胀冷缩性质来测量温度的. 测温液体封闭在一支下端为球泡,上接一内径均匀的毛细管玻璃柱体内. 液体受热后,毛细管中的液柱升高,从管壁的标度可读出相应的温度值.

　　由于水银具有不浸润玻璃,随温度上升而均匀地膨胀,热传导性能良好,容易提纯净化;在 1 个标准大气压下,可在 -38.87(水银凝固点)~356.58℃(水银的沸点)较广的温度范围内保持液态等优点,因此,较精密的玻璃液体温度计多为水银温度计.

　　一些水银温度计的规格:

　　(1) 一等、二等标准水银温度计. 标准水银温度计是用以校正各类温度计的标准仪表. 一等标准水银温度计总测温范围为 $-30\sim300$℃,其分度值为 0.05℃,仪器误差为 0.01℃. 每套由 9 支或 13 支测温范围不同的温度计组成,用于检定或校正二等标准水银温度计. 二等标准水银温度计总测温范围也为 $-30\sim300$℃,分度值为 0.1℃或 0.2℃,是用以校正各种常用玻璃液体温度计的标准仪表. 标准温度计出厂时,每支均有检定证书.

　　(2) 实验玻璃水银温度计. 在实验室和工业中精确测量温度时,均采用实验玻璃水银温度计,其总测温范围为 $-30\sim250$℃,由 6 支不同测温范围的温度计组成,分度值为 0.1℃或 0.2℃,仪器误差为 0.05℃.

　　(3) 普通玻璃水银温度计. 测温范围分为 $0\sim60$℃、$0\sim100$℃、$0\sim150$℃、$0\sim300$℃等,分度值为 1℃或 2℃.

　　使用玻璃液体温度计时要注意:

　　(1) 温度计的贮液泡必须与被测温度的物体接触良好(最好是使贮液泡和与液柱同高的毛细管壁都与被测温度物体接触,否则会产生系统误差).

　　(2) 要注意看清温度计的最大刻度值是多少摄氏度,不可用它测量更高的温度.

　　(3) 贮液泡的壁很薄,容易碰破,使用时要特别当心.

2. 热电偶

　　(1) 热电偶测温原理. 热电偶亦称温差电偶,它的测温原理基于温差电现象.

　　热电偶由两种不同成分的金属丝 A、B 构成,其端点彼此紧密接触(如用焊接方法),如

---

　　①　T_0 是水的冰点热力学温度,它与水三相点的热力学温度相差 0.01K.

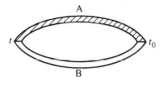

图 1.2.13　热电偶

图 1.2.13 所示. 当两个接点处于不同的温度 t 和 t_0 时, 在回路中产生直流电动势, 称温差电动势. 它的大小只与组成热电偶的两根金属丝的材料、热端温度 t 和冷端温度 t_0 这三个因素有关, 而与热电偶的大小、长短及金属丝的直径等无关, 当组成热电偶的材料确定后, 唯一决定于温差 $t-t_0$. 一般来说, 温差电动势 E 与温差 $t-t_0$ 的关系是相当复杂的.

$$E = c(t-t_0) + d(t-t_0)^2 + e(t-t_0)^3 + \cdots$$

它的第一级近似式为

$$E = c(t-t_0) \tag{1.2.1}$$

式中, c 称为温差系数(或称热电偶常数), 它代表温差为 1℃时的电动势, 其大小决定于组成热电偶的材料.

可以证明, 在 A、B 两种金属之间插入第三种金属 C 时, 若它与 A、B 的两连接点处于同一温度 t_0, 如图 1.2.14 所示, 则该闭合回路的温差电动势与上述只有 A、B 两种金属组成回路时的数值完全相同. 所以, 把 A、B 两根不同成分的金属丝(如一根为铂、另一根为铂-铑合金)的一端焊接在一起, 构成热电偶的热端(工作端); 将另两端各与铜引线(即第三种金属 C)焊接在一起, 构成两个同温度 t_0 的冷端(自由端), 铜引线又与测量直流电动势的仪表(如电势差计)相接, 这样就组成一个热电偶温度计, 如图 1.2.15 所示. 测温时, 使电偶的冷端温度 t_0 保持恒定(通常保持在冰点), 将热端置于待测温度处, 即可测得相应的温差电动势, 再根据事先校正好的曲线或数据表格来求出温度 t. 它的优点是热容量小, 测温范围广, 灵敏度高, 若配以精密的直流电势差计, 则测量精确度较高. 基准铂铑-铂热电偶, 测温范围为 600～1300℃, 仪器误差为 0.1℃; 标准铂铑-铂热电偶, 测温范围为 600～1300℃, 仪器误差为 0.4℃; 工作铂铑-铂热电偶, 测温范围内仪器误差为 0.3%.

图 1.2.14　三种金属构成的热电偶

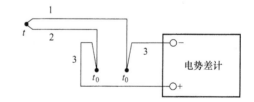

图 1.2.15　热电偶温度计(Ⅰ)

对于铜-康铜、铜-考铜一类的热电偶来说, 由于其中有一根金属丝和引线一样, 也是铜, 而实际上在整个电路中只有两个接点, 如图 1.2.16 所示. 对于铜-康铜热电偶, 在 0～300℃温度范围内, 温差电动势 ε 与温度 t 和 t_0 之差间的关系可表示为

$$E = c(t-t_0)$$

在使用热电偶测温时, 若要求不高, 并为了方便, 也可采用如图 1.2.17 所示的接线法, t_0 为室温. 此接法比较简单, 但由于室温本身并不很固定, 而且连接电势差计的两接头处的温度也可能有微小差别, 所以准确度稍差.

(2) 热电偶的校准. 在实际测温工作中, 式(1.2.1)所表示的电动势-温差关系较粗糙, 较精确的办法是先用实验确定电动势-温度关系曲线, 然后根据电偶和未知温度接触产生的电动势值, 从曲线查出对应的未知温度. 常用的几种具有标准组分的电偶, 它们的校准曲线(或校准数据)在手册中可以查出,不必自己校准.如果使用的热电偶并非标准组分,则校准工作就必不可少.

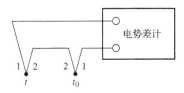

图 1.2.16　热电偶温度计(Ⅱ)

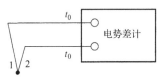

图 1.2.17　热电偶温度计(Ⅲ)

校准的方法有两种:一种是固定点法,即利用适当的纯物质,在一定的气压下,把它们的熔点或沸点作为已知温度,测出电偶在这些已知温度下对应的电动势,从而得出 E-Δt 关系曲线;另一种是比较法,即利用一标准组分的电偶与未知电偶测量同一温度,若标准电偶的数据已知,则未知电偶即被校准.

(3) 使用注意点如下.

①热电偶的定标是在冷端保持 0℃ 的条件下进行的,但若冷端温度很难保持恒定不变,一般应采取冷端温度补偿措施来消除由于冷端实际温度与定标时冷端温度 0℃ 有差异而引起的误差.

②热电偶丝不能拉伸和扭曲,否则热电偶容易断裂,并且有可能产生寄生温差电动势,影响热电偶准确测温.

2.4.2　干湿球湿度计

干湿球湿度计由两支相同的温度计 A 和 B 组成,如图 1.2.18 所示.温度计 B 的测温球上裹着细纱布,纱布的下端浸在水槽内.由于水蒸发而吸热,温度计 B 所指示的温度低于温度计 A 所指示的温度.环境空气的湿度小,水蒸发就快,吸取的热量就多,两支温度计指示温度的差就大.反之,环境空气湿度就越大,水蒸发就越慢,吸取的热量就少,两支温度计指示的温度差就越小.各温度下温度差与相对湿度[①]的关系可以从工具书中查出.有些湿度计中间有一个标尺筒列出了这个表,有些湿度计是在下方中间的一个转盘中列出此表.

2.4.3　气压计

福廷式气压计是一种常用的水银气压计,其结构如图 1.2.19 所示.一根长约 80cm 的玻璃管一端封口,灌满水

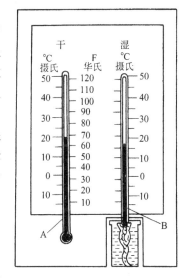

图 1.2.18　干湿球湿度计

银后垂直地倒插入水银杯内,当有标准大气压作用在杯内水银面上时,管内水银柱将会下降到距杯内水银面 76cm 的高度.气压变化,水银柱的高度也随之改变.利用玻璃管旁设置的尺身(米尺)及副尺(即游标)可测量水银柱的高度.米尺的下端连接着一象牙针 N,其针尖是水银柱高度的零点.

---

① 相对湿度(%)为大气中水蒸气压与同温度下水的饱和气压之比.

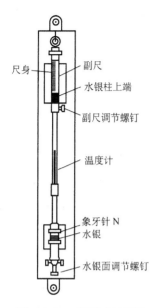

图 1.2.19　福廷式气压计

尺身
副尺
水银柱上端
副尺调节螺钉
温度计
象牙针 N
水银
水银面调节螺钉

测量方法:

(1) 先记下保护管上温度计的指示温度,然后将通气孔螺钉拧松,使气压计与大气相通.

(2) 利用底部水银面调节螺钉升降水银杯,使杯中的水银面恰好与象牙针尖端接触(利用水银面反映的象牙针倒影判断). 要注意,当管中水银上升时,它的凸面格外凸出,反之,当其下降时,它就凸得不很显著. 为使凸面有正常形状,可用手指在保护管上端靠近水银面外轻轻地弹一下,使水银振动,就能使凸面自由地形成.

(3) 利用副尺调节螺钉移动副尺(即游标),使游标的下缘(游标的零线)与管中水银柱的凸面相切. 这时,从尺身和游标所得的读数即为大气压示值 p_1.

(4) 精确测量时,还必须进行下列几项修正.

① 温度的修正. 由于水银密度随温度升高而变小以及标尺受热而膨胀等因素影响读数,所以须对上述示值 p_1 进行修正. 一般以0℃时水银密度和黄铜标尺的长度为准,而水银的体膨胀系数 α =1.82×10^{-4}℃$^{-1}$,黄铜的线膨胀系数 $\beta = 1.9 \times 10^{-5}$℃$^{-1}$,则修正值为

$$c_t = -p(\alpha - \beta)t = -1.63 \times 10^{-4} p_1 t \qquad (1.2.2)$$

式中,t 为附属温度计示值.

② 重力加速度的修正. 国际上用水银气压计测定大气压强时,是以纬度 45℃的海平面上重力加速度 $g_0 = 980.665$cm/s^2 为准的. 由于各地区纬度不同,海拔不同,重力加速度值也就不同,这就会使同样高度的水银柱具有不同的压强,所以要作重力修正(包括纬度修正和高度修正). 此项修正值为

$$c_g = -p_1(2.65 \times 10^{-3} \cos 2\psi + 3.15 \times 10^{-1} h) \qquad (1.2.3)$$

式中,ψ 为纬度;h 为海拔,单位为 m.

(5)由于毛细管作用而导致水银面的降低,以及象牙针尖位置与标尺零点不一致等,尚需作仪器差修正. 此项修正一般是定期与标准气压计相比较后作为仪器常数给出.

2.5　电磁测量仪器

2.5.1　电路元件和器件——电源、标准电池、电阻箱、滑线变阻器、开关

1. 电源

电源分交流电源和直流电源两种. 交流电一般用符号"~"(或 AC)表示,例如,"~220V"(或 AC220V)表示电动势为 220V 的交流电源. 通常由市电网提供的交流电源,有 380V 和 220V 之分,其频率都为 50Hz. 实验室常用的交流电源为 220V. 市电网提供的交流电源的电压常随网络中用电情况改变,若要求电压稳定,则需要接交流稳压器. 交流稳压器有磁饱和式的,也有电子式的. 使用时应注意它们的额定输出功率值,不可超载使用. 交流电表上的读数指示一般是有效值. 例如,~220V 就是指有效值电压为 220V,其峰值电压为 $\sqrt{2} \times 220V \approx 311V$.

直流电一般用符号"－"(或 DC)表示. 例如,"－12V"(或 DC 12V)表示电动势为 12V 的直流电源. 常用的直流电源有干电池、蓄电池和晶体管直流稳压电源等. 干电池、蓄电池是一种将化学能转变为电能的装置,其主要部分包括正、负电极和电解质. 干电池有多种规格,其中常用的干电池电动势为 1.5V,其额定放电电流由电池的体积大小而定. 如一号干电池的额定放电电流为 300mA. 汽车用铅蓄电池每个电池的正常电动势为 2V,额定放电电流为 2A. 它们都可根据需要串联或并联使用. 由于干电池、蓄电池的内阻很小,使用时千万不能把正、负极短接,以免烧坏. 另外,干电池、蓄电池的电压随使用时间的延长而逐渐下降,故干电池使用一定时间后只能报废,蓄电池则需要充电后再使用.

晶体管直流稳压电源是一种把市电 220V 的交流电经过整流、自动稳压后再输出的电子仪器. 由于它有电压稳定性好、内阻小、功率大、输出连续可调、使用方便等优点,因而在实验室中越来越多地取代了化学电池. 有关晶体管直流稳压电源,详见 2.6.1 节.

2. 标准电池

标准电池是直流电动势的标准器,它具有稳定而准确的电动势. 它的内阻高,不能用来作为一般直流电源使用,只能作为测量电势差的量具,在电势差计中作为校正电势差计的工作电流标准化之用. 标准电池是一种汞镉电池,常用的有 H 形封闭玻璃管式和单管式两种,前者只能直立,切忌翻倒.

H 式饱和型标准电池的内部结构和外形如图 1.2.20 所示. 它用纯汞作阳极,用镉汞合金(Cd 12.5%,Hg 87.5%)作阴极,用硫酸镉($CdSO_4$)的饱和溶液作电解液,用硫酸汞作去极剂,正、负极上沉有硫酸镉晶体($CdSO_4 \cdot \frac{8}{3} H_2O$)以保持管内硫酸镉溶液的饱和状态.

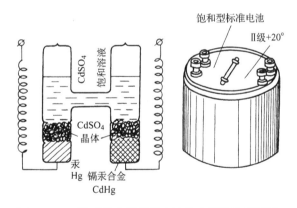

图 1.2.20　H 式饱和型标准电池的内部构造和外形

标准电池在 20℃时的电动势 $E_{20}=1.01855\sim1.01868V$,当温度变化时,电动势也会发生改变,实际使用时应根据当时的温度予以修正. 国际上各国采用的修正公式略有不同,我国采用的修正公式如下:

$$E_t = E_{20} - [39.94(t-20) + 0.929(t-20)^2 + 0.0090(t-20)^3 + 0.000006(t-20)^4] \times 10^{-6}$$

标准电池按准确度可分为Ⅰ、Ⅱ、Ⅲ三个等级. Ⅰ级标准电池的最大允许电流为 $1\mu A$,内阻不大于 1000Ω,相对误差为 0.0005%;Ⅱ级标准电池的最大允许电流为 $1\mu A$,内阻不大于

1000Ω,相对误差为 0.001.%;Ⅲ 级标准电池的最大允许电流为 $10\mu A$,内阻不大 600Ω,相对误差为 0.005%.

使用标准电池时必须注意以下几点:

(1) 使用过程中,其输出或输入的最大瞬时电流不宜超过 5~10μA,否则电极上发生的化学反应将改变其成分和组成,失去电动势的标准性质.

(2) 不能使标准电池短路,也绝不允许用伏特计或万用表去测量它的电压值,更不能将它作为一般电源使用. 在任何时候都不能振动摇晃、倒置或倾斜等.

(3) 应防止阳光照射及其他光源、热源的直接作用,使用温度范围为 0~40℃.

(4) 对于 Ⅱ 级标准电池,由于考虑使用过程中的失准与老化,故常将两只标准电池成对地装在一起,一个供工作时使用,另一个则供校核 E_N 时使用.

$$E_{N20℃} = 1.01859V$$

3. 电阻箱

电阻箱是一种数值可以调节的精密电阻组件,在实验室常把它作为标准电阻使用. 它由若干个数值准确的固定电阻元件(用高稳定锰铜合金丝绕制)组合而成,装在一个匣子里,把阻值标在匣子的面板上,并借助转盘位置的变换来获得 1~9999Ω(ZX36 型)或 0.1~99999.9Ω(ZX21 型)间的各电阻值. 下面结合 ZX21 型旋转式电阻箱介绍读数方法和主要规格以及基本误差.

ZX21 型旋转式电阻箱的面板图如图 1.2.21(a)所示,内部各电阻的接线图如图 1.2.21(b)所示. 它有 A、B、C、D 四个接线柱,分别标有最大电阻 0Ω、0.9Ω、9.9Ω 和 99999.9Ω. 有 6 个转盘,在每个转盘上都标有 0~9 十个数,在转盘旁分别标有倍率×10000,×1000,×100,×10,×1,×0.1,并用点或箭头指示. 读数时只要将转盘上对准点的数乘以各转盘的倍率后相加,即为接线柱 A 与 D(或 B 或 C)之间的电阻值. 如图中所示,若使用 A 和 D 接线柱,则读数为$(2×10000+0×1000+3×100+6×10+6×1+0×0.1)\Omega=20366.0\Omega$.

电阻箱主要规格是:

(1) 最大电阻,即电阻箱的总电阻. 如 ZX21 型电阻箱,最大电阻为 99999.9Ω.

(2) 额定功率,指电阻箱每个电阻的功率额定值,一般电阻箱的额定功率为 0.25W. 可由下列公式计算它的额定电流:

$$I = \sqrt{\frac{W}{R}} \tag{1.2.4}$$

式中,I 为允许通过的最大电流(额定电流);W 为额定功率;R 为电阻箱指示的电阻值. 由式(1.2.4)可见,电阻值越大的挡,允许通过的最大电流越小,电流超过额定电流时,会烧毁标准电阻元件,或温升过高而降低标准电阻精度. 故使用电阻箱时,不允许超过额定功率.

(3) 零值电阻. 电阻箱指示读数为零时实际存在的接触电阻. 不同级别的电阻箱,其接触电阻不同.

(4) 准确度等级. 电阻箱根据其误差的大小分为若干个准确度等级. 一般分为:0.01、0.02、0.05、0.1、0.2、0.5、1.0 七级. 准确度等级是表示电阻箱指示读数相对误差的百分数. 例如,0.1 级,当电阻为 1043Ω 时,其误差为 $1043\Omega×0.1‰≈1.0\Omega$. 这与电表的准确度不同. ZX36 型和 ZX21 型电阻箱的主要参数见表 1.2.2.

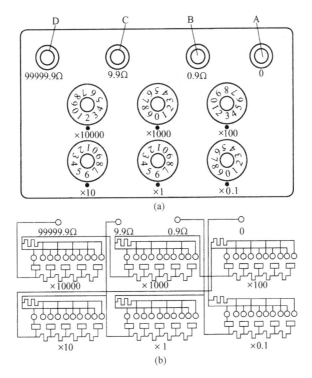

图 1.2.21 ZX21 旋转式电阻箱

(a)面板;(b)内部接线

表 1.2.2 电阻箱的主要参数

型号	ZX36				ZX21					
调节范围	9(1+10+100+1000)有 4 个转盘				9(0.1+1+10+100+1000+10000)有 6 个转盘					
零值电阻	≤0.02Ω				≤0.03Ω					
准确度等级	0.1 级				0.1 级					
最大	×1	×10	×100	×1000	×0.1	×1	×10	×100	×1000	×10000
允许电流	0.5A	0.15A	0.05A	0.015A	1.5A	0.5A	0.15A	0.05A	0.015A	0.005A

(5)基本误差. 电阻箱本身的误差是准确度等级引入的误差与接触电阻之和. 等级不同的电阻箱,允许的接触电阻也不相同. 例如,0.1 级电阻箱,规定每个旋钮的接触电阻不大于 0.002Ω. 基本误差的计算公式是

$$E = \left(a + b\frac{M}{R} \times 100\right)\% \tag{1.2.5}$$

式中,E 为用百分数表示的基本误差;a 为准确度等级;b 为每个旋钮的接触电阻;M 为实际使用的(电流经过的)旋钮数;R 为电阻箱指示的电阻值.

例如,ZX21 型旋转式电阻箱,a 为 0.1 级,$b=0.002Ω$,$M=6$(接"0""99999.9"两个接线柱时),当取 $R=10000.0Ω$ 时

$$E = \left(0.1 + 0.002\frac{6}{10000.0} \times 100\right)\% = (0.1 + 0.000112)\% \approx 0.1\%$$

$$\Delta R = 10000.0Ω \times 0.1\% = 10Ω$$

$$R = (10000 \pm 10)Ω$$

当取 $R=100.0\Omega$ 时

$$E = \left(0.1 + 0.002 \times \frac{6}{100.0} \times 100\right)\% = (0.1 + 0.012)\% \approx 0.11\%$$

$$\Delta R = 100.0\Omega \times 0.11\% \approx 0.1\Omega$$

$$R = (100.0 \pm 0.1)\Omega$$

由上例计算可以看出,当"0""99999.9"两接线柱间电阻 R 取各种不同值时,基本误差 E 是不同的.

根据式(2.5.2)计算可知,在测低电阻时,为使测量精度不至于降低,选择旋钮数应尽量少,以减小接触电阻,为此有些电阻箱还增加了小电阻的接线柱.

4. 滑线变阻器

滑线变阻器的结构与外形见图 1.2.22. 变阻器的用途是控制电路中的电流和电压. 电阻丝(如镍铬丝)密绕在绝缘的瓷管上,两端分别固定在接线柱 A、B 上,所以 A、B 两接线柱间的电阻即为变阻器总电阻.

电阻丝上涂有绝缘物质,使电阻丝圈与圈之间是绝缘的. 在瓷管的上方装有可在铜棒 F 上滑动的接触器 D,接触器下端始终与已被刮掉绝缘物的线圈接触,所以接触器在铜棒 F 上滑动,就可以改变 AC 或 BC 之间的电阻. 我们常称 A、B 两个接线柱为滑线变阻器的固定端,C 接线柱为滑动端.

滑线变阻器的规格是:

(1) 总电阻,即 A、B 间的阻值.

(2) 额定电流,即允许通过的最大电流.

滑线变阻器根据在电路中的作用不同而有不同的连接方法.

(1) 限流接法. 如图 1.2.23 所示,一个固定点(固定端)与滑动点(滑动端)串在电路中(如图中 A、C 接线柱),另一个固定点(如 B 点)空着. 当滑动点 C 滑动时,整个回路电阻就改变. 当 C 点滑到 B 点时,R_{AC} 最大,回路电流最小;当 C 点滑到 A 点时,$R_{AC}=0$,回路电流最大,亦即 C 点由 B 点逐渐滑向 A 点时,R_{AC} 逐渐减小,回路电流逐渐增大,即有限流作用. 为保证实验安全,在接通电源前,应将 C 点滑到 B 点,使 R_{AC} 最大,回路电流最小,通电后,逐渐改变 C 点位置,得到需要的电流值.

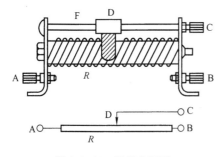

图 1.2.22　滑线变阻器

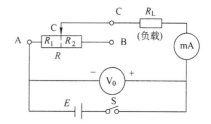

图 1.2.23　滑线变阻器限流接法

限流电路中的电流可按下式计算:

$$I = \frac{V_0}{R_L + R_1} \tag{1.2.6}$$

式中，R_L 为电路的总负载；R_1 为两接点间的电阻值. 将式(1.2.5)变成

$$I = \frac{V_0}{R_L + (R - R_2)} = \frac{V_0}{R\left(\dfrac{R_L}{R} + 1 - \dfrac{R_2}{R}\right)}$$

便可看出，当 R_L 一定时：滑片 C 不管滑到哪个位置，限流电路中的电流 I 都不可能为零. 变阻器阻值 R 越小，电流 I 可调节的范围越小，但 I 变化均匀；R 越大，I 可调节的范围越大，I 变化不均匀. 故一般在负载 R_L 固定后，根据需要来选择 R 值. 常在 $2 > R_L/R \geqslant 1$ 范围内取 R 值.

（2）分压接法. 如图 1.2.24 所示，变阻器的两个固定端 A、B 分别接在电源的两个电极上，滑动点与一个固定点（A 或 B，视电源的极性而定）连接到负载. 电源接通后，A、B 两点间的电压 V_{AB} 等于电源电压，而 A、C 两点间（也是负载 R_L）的电压为 V_{AC}，滑线变阻器两端电压 $V_{AB} = V_{AC} + V_{BC}$，而 V_{AC} 可以看作是 V_{AB} 的一部分，V_{AC} 的大小随 C 点位置不同而不同.

为了保证安全，接通电源前，应将 C 点滑到 A 端，使 $V_{AC} = 0$，接通电源后，再将 C 点由 A 点逐渐滑向 B 点，得到所需负载电压 V_{AC}. 分压电路的总电流为

$$I = \frac{V_{AB}}{R_2 + R_1 /\!/ R_L} = \frac{V_{AB}}{R_2 + \dfrac{R_1 R_L}{R_1 + R_L}} \tag{1.2.7}$$

输出的分压 V_{AC} 为

$$V_{AC} = I \frac{R_1 R_L}{R_1 + R_L} = \frac{R_1 R_L V_{AB}}{R_2(R_1 + R_L) + R_1 R_L} \tag{1.2.8}$$

当负载 R_L 一定时，如何选择滑线变阻器的 R 值，才能使滑动点 C 匀速滑动时分压 V_{AC} 均匀变化（即 V_{AC} 随 R_1 变化呈线性关系）？根据 V_{AC} 与 V_{AB} 之比值可知，R 越大，V_{AC} 变化越不均匀；R 越小，V_{AC} 的变化越均匀，亦即线性关系越好. 一般选择 $R \leqslant \dfrac{R_L}{2}$ 的变阻器作为分压器，R 选取太小，R 上消耗的电功率太大，会烧毁变阻器.

小型变阻器通称电位器，如图 1.2.25 所示，其内部结构与滑线变阻器类似. 它的额定功率只有零点几瓦到数瓦. 电阻较小的电位器多数用电阻丝绕成，称为线绕电位器. 而阻值较大（约从千欧到兆欧）的电位器，则用碳质薄膜作为电阻，故称碳膜电位器.

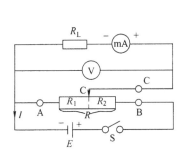

图 1.2.24 滑线变阻器分压接法

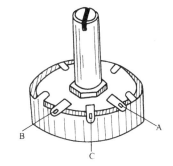

图 1.2.25 电位器

5. 开关

在电学实验中，常用开关来接通. 切断电源，还常用开关来连接部分电路或电路中的元件. 常用的开关有单刀单掷、单刀双掷、双刀双掷开关，其他还有拨动开关、按钮开关、船形开关等，其接

头数以及使用方法与上述几种闸刀开关一样. 单刀双掷开关常用来换接部分电路. 双刀双掷开关, 如图 1.2.26(a)所示, 若在使用前就用导线将它的对角接线头 C_1C_2'、$C_1'C_2$ 连接好, 如图 1.2.26(b)所示, 把它接入电路后, 将闸刀分别倒向 C_1、C_1' 和 C_2、C_2', 则流过负载电阻 R_1、R_2 电流的方向反向, 如图 1.2.27 所示. 因此, 图 1.2.26(b)所示的开关称为倒向开关或换向开关.

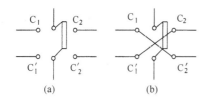

图 1.2.26 双刀双掷开关

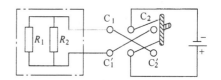

图 1.2.27 倒向开关

2.5.2 电流表、电压表

电流、电压测量仪表的种类很多, 按其工作原理可分为磁电式、热电式、电动式、静电式和整流式等. 由于磁电式仪表具有准确度高、稳定性好以及受外磁场和温度影响小等优点, 所以应用比较广泛. 物理实验中使用的大都是磁电式电表.

1. 磁电式电表

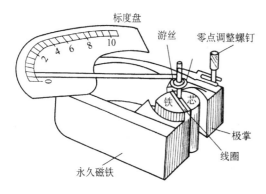

图 1.2.28 磁电式电表构造简图

磁电式电表的构造简图, 如图 1.2.28 所示. 在永久磁铁的两极上安有圆形极掌, 极掌中间有一圆柱形铁芯固定在底座上. 其作用是使极掌与铁芯间形成以转轴为中心呈均匀辐射状的强磁场. 长方形线圈固定在上下轴上, 并可以在铁芯与极掌间转动而不触碰铁芯与极掌. 在上轴上固定有指针. 两盘游丝的一端分别固定在上下轴上, 另一端固定在支架上. 当电流通过线圈时, 线圈就受磁力矩作用而偏转, 直到跟游丝的反扭转力矩平衡时为止. 线圈偏转角度的大小与所通入的电流成正比. 电流方向不同, 偏转方向也不同. 这就是磁电式电表的基本工作原理. 线圈的电阻与引线(包括两盘游丝)的电阻之和称为电表的内阻. 指针偏转一小格所需通入的电流称为电表的电流常数(它的倒数称为灵敏度), 是电表的两个最基本、最重要的参数. 内阻大, 说明绕制线圈的漆包线细, 允许通过的电流小, 则它的量限小, 电流常数越小, 该电表的灵敏度就越高. 一般将未经任何改装的电表称为表头.

2. 直流电流表

直流电流表是用来测量直流电路中电流大小的仪表. 根据量程的不同, 大致分为微安表、毫安表、安培计三类. 其主要规格是:

(1) 量程, 指针偏转满刻度时的电流值.

(2) 内阻, 指表头两端的电阻值. 量程越大, 内阻越小, 一般微安表内阻在 1000~3000Ω 范围内,毫安表内阻在 $100 \sim 200\Omega$ 范围内,安培计内阻在 1Ω 以下.

一个表头的量程只有一个,为扩大其使用范围,常在表头的两端并联一个阻值很小的分流电阻,如图 1.2.29 所示,构成电流表.分流电阻阻值大小不同,则扩大的量程大小不同.有几个量程的电表称为多量程电表.电流表的内阻是指表头的内阻与并联的分流电阻的并联电阻值.

3. 直流电压表

直流电压表是用来测量直流电路中两点间电压大小的仪器.它由磁电式表头的线圈上串联一个大电阻构成,如图 1.2.30 所示.附加的大电阻起限流的作用,绝大部分电压降落在附加电阻上.在表头上串联的附加电阻不同,可以测量的最大电压也不同,即得到不同量程的电压表.在同一表头上串联几个不同电阻值的附加电阻,可得到一个多量程的电压表.

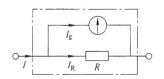
图 1.2.29 改装成电流表

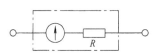
图 1.2.30 改装成电压表

电压表的主要规格:

(1) 量程,指针偏转满刻度时表示的电压值.

(2) 内阻,指电压表两接线柱间的电阻.同一个电压表由于量程不同,其内阻也不同.但是,各量程的每伏欧姆数都是相同的,所以电压表内阻一般用$\times\times\times\Omega/V$ 表示.可用下式计算各量程的内阻:

$$内阻 = 量程 \times 每伏欧姆数$$

4. 电表的基本误差(仪器误差)

由于电表的结构设计、加工制造、材料性质等不尽完善,例如,活动部分在轴承里的摩擦、游丝的弹性不均匀、磁铁间隙中磁场不均匀、表盘分度不准确等,电表的示数具有一定误差.这个误差称为电表的基本误差(即电表的仪器误差).为了确定基本误差,先用一个电表和一个标准电表同时测量一定的电流或电压,称为校准.两电表在各刻度上读数的差值,称为绝对误差.然后选取最大的绝对误差除以电表的量程,即为该电表的基本误差

$$基本误差 = \frac{最大绝对误差}{量程} \times 100\% \tag{1.2.9}$$

根据基本误差的大小,可把电表分为不同的准确度等级.设电表的量程为 A_m,最大绝对误差为 Δ_m,准确度等级为 K,则

$$K = \frac{\Delta_m}{A_m} \times 100 \tag{1.2.10}$$

准确度等级一般为 0.1、0.2、0.5、1.0、1.5、2.5、5.0 七级.目前已有 0.05 级的电表出现.电表的等级常用一个圆圈标在电表的面板上.例如,1.0 表示该表为 1.0 级,其基本误差不大于 1.0%.

0.1 级和 0.2 级表多用作标准表校准其他电表,0.5 级多用于精确度要求较高的测量中,实验室常用的是 1.0 级电表.

使用电表测量时,可以根据所用电表的准确度级别计算测量的最大误差(极限误差),即

$$\Delta_m = KA_m\%　　　　　　　　　　(1.2.11)$$

相对误差为

$$E_r = \frac{\Delta_m}{A} = \frac{KA_m}{A}\%　　　　　　　(1.2.12)$$

式中,A 代表电表测量时的指示值,对于选定的电表,其级别和量程是确定的,因而,测量的绝对最大误差 Δ_m 也是固定的. 这样,用大量程的表测量小的量值就会产生相当大的相对误差,选用电表时应注意.

这里还需指出,在测量中一般既包括系统误差,也包括偶然误差. 但用 0.1 级、0.2 级、0.5 级表来测量时,主要是偶然误差,可以不考虑系统误差;而用 1.0 级以下的表测量时,主要是系统误差起作用,偶然误差是次要的. 在实际确定测量时,除了电表本身引起的误差外,还应考虑读数误差、在非正常条件下使用电表的附加误差以及接入线路后引起的接触误差. 所谓正常条件是指:①电表在规定的放置方式下工作;②外磁场干扰很小;③环境温度在 20℃ 左右;④工作在规定的频率范围内等.

根据我国的规定,电气仪表主要技术性能都以一定的符号表示,并标记在仪器的面板上. 表 1.2.3 给出了一些常见电气仪表面板上的标记.

表 1.2.3　常见电气仪表面板上的标记

名称	符号	名称	符号
指示测量仪表一般符号	○	磁电系仪表	⌂
检流计	↑	静电系仪表	⊥
安培计	A	直流	—
毫安表	mA	交流(单相)	～
微安表	μA	交直流两用	≃
伏特表	V	以满标百分数表示的准确等级,如 1.5 级	1.5
毫伏表	mV	相对湿度,分 A、B、C 三级	△B
千伏表	kV	标度尺为垂直放置	⊥
欧姆表	Ω	标度尺为水平放置	⌐
兆欧表	MΩ	绝缘强度试验电压为 2kV	☆2
负端钮	—	接地	⊥
正端钮	+	调零器	⌒
公共端钮	*	Ⅱ级防外磁场及电场	Ⅱ

5. 使用各种电表时注意事项

（1）量程的选择. 根据待测电流或电压的大小，选择合适的量程. 如果量程选择过小，则过大的电流、电压会使电表烧毁；如果量程选择过大，则指针偏转过小，读数不准确. 一般选择量程的原则是：先估计待测量的大小，选择量程比待测量稍大些，即待测量可使指针偏转 2/3 满标左右为好. 否则不能达到应有的准确度.

（2）电流方向的确定. 直流电表指针偏转方向取决于电流方向，所以首先要注意电表上接线柱的标记"＋""－"或"红色""黑色". 红色接线柱或标有"＋"号的接线柱为电流流入端，又称正极端（接电路高电势点），黑色接线柱或标有"－"号的接线柱为电流流出端，又称负极端（接电路低电势点），切不可接错，以免撞坏指针. 对于检流计，可以不考虑"＋""－"极性.

（3）电表在电路中的连接. 安培计是测量电流的，使用时应串联在待测电路中；伏特表是测电路中两点间电压的，使用时应并联在这两点上.

（4）视差问题. 为减小读数误差，应使实验者的视线垂直于标度盘表面. 对于精度高的电表来说，刻度线旁附有反光镜面，当指针在镜中的像与指针重合时，读数才是准确的.

2.5.3 检流计

检流计可作为桥、电势差计等仪器的电流指零仪或测量微小电流及电压使用. 根据灵敏度的高低（或电流常数的大小），检流计大致可分为指针式和光点反射式两类. 指针式的较光点反射式的灵敏度低.

1. 指针式检流计

指针式检流计的指针零点在标度盘的正中央，用来检测电路中不同方向的微小直流电流. 其主要规格是：

（1）电流常数，指针偏一小格所需的电流值. 实验中常用的有 10^{-4} A/分度和 10^{-7} A/分度.

（2）内阻，指检流计两接线柱之间的电阻. 不同型号的指针式检流计其内阻不同，一般在 100Ω 左右.

一般指针式检流计允许通过的电流在几十微安到几个毫安之间，故使用时常串联一个电阻（称保护电阻），以免电流过大时损坏检流计.

2. AC15 型直流反射式检流计

（1）工作原理. AC15 型直流反射式检流计属于磁电式结构. 测量机构与工作原理基于电流经过线圈与永久磁铁磁场间的相互作用. 活动线圈放置在软铁制成的铁芯及永久磁铁中间. 当电流通过导线游丝、拉丝（悬丝）而流过线圈时，检流计活动部分产生转动力矩而使活动部分转动，其偏转的角度由通过线圈的电流值、拉丝及导电游丝的反作用力矩所决定.

为了提高检流计灵敏度，检流计活动部分上装有小平面镜，利用一面小平面镜、一面球面反射镜及一面反射镜，根据光线的反射原理把具有叉丝的光斑反射到标度尺上.

（2）技术性能. AC15 型直流反射式检流计系有 6 种不同性能的系列产品，它的主要技术数据列于表 1.2.4 中.

表 1.2.4　AC15 型直流反射式检流计的主要技术数据

参数	测量单位	检流计型号						
		AC15/1	AC15/2	AC15/3	AC15/4	AC15/5	AC15/6	
							"—""—""1"	"—""—""2"
		不大于						
内阻	Ω	1.5k	500	100	50	30	50	500
外临界电阻	Ω	100k	10k	1k	500	40	500	10k
分度值	A/分度	3×10^{10}	1.5×10^{-9}	3×10^{-9}	5×10^{-9}	1×10^{-8}	5×10^{-9}	1.5×10^{-9}
临界阻尼时间	s	4						

零位不变等级：0.5 分度.

指示器偏转的对称性：5%.

照明电压：≃6.3V 或 ~220V.

标度尺：长 130mm 等分为 130 分度，每分度 1mm. 标度 60—0—60.

检流计适用于周围温度为 +10～+35℃、相对湿度为 80% 以下的环境.

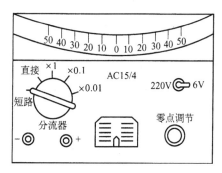

图 1.2.31　CA15/4 型直流复射式
检流计面板图

（3）面板上各开关、旋钮的作用. 图 1.2.31 所示是 CA15/4 型直流复射式检流计面板图. 检流计装有零点调节器旋钮（可进行多圈旋转）及标盘活动调零器. 零点调节器的作用是零点粗调，标盘活动调零器的作用是零点细调.

检流计装有分流器选择开关，测量时，应从检流计最低灵敏度的测量挡开始，如偏转不大，则可逐步转到灵敏度较高的测量挡. ×0.01 挡为灵敏度最低挡. 为了防止检流计活动部分、拉丝和导电游丝受到机械振动而遭到损坏，检流计采用短路阻尼的方法，因此分流器开关具有短路挡. 如发现标尺上找不到光斑，可将分流器选择开关置于直接挡，轻微摆动检流计，如有光斑掉过，则可调节零点调节器，使光斑调到标尺上，如仍无光斑掉过，可能是灯泡烧坏.

"+""—"两个接线柱是用来接测量电路的，电流从"+"极流向"—"极时，检流计光斑应向右偏转.

本仪器有两种供电方法：当 220V 电源插口接上 220V 电压时，电源开关置于 220V 处，电源接通；当 6V 电源插口接上 6V 电压时，电源开关置于 6V 处，电源接通.

（4）使用注意事项.

①在测量中，光斑摇晃不停时，可用短路挡使检流计受到阻尼；在改变电路、使用结束和搬动仪器时，均应将检流计短路，此时分流器开关旋钮置于"短路"位置.

②由于检流计十分灵敏，若使用检流计的地方存在振动，可把检流计放在敷有海绵、橡皮衬垫的厚铁板上进行工作.

2.5.4　万用电表

万用电表是一种比较常用的电学仪器. 它的用途很广，可用来测量交、直流电压，直流电流、电阻等，还可用来检查电路. 它的结构简单，使用方便，但准确度稍低.

　　万用电表可分指针式和数字式两类. 它们的型号很多, 但其结构和原理都基本相同. 指针式主要由表头、转换开关和测量电路 3 部分组成. 数字式主要由液晶显示屏、转换开关和测量电路(采用大规模集成电路)3 部分组成. 下面结合实验室常用的 500 型袖珍式万用电表和 DT9202 型数字式万用电表作介绍.

1. 500 型袖珍式万用电表

　　图 1.2.32 是 500 型袖珍式万用电表面板图, 该万用电表是一种高灵敏度、多量限的携带式整流系仪表. 它共有 24 个测量量限, 能分别测量交、直流电压, 直流电流、电阻及音频电平, 适宜于无线电、电信及电工中测量检查之用.

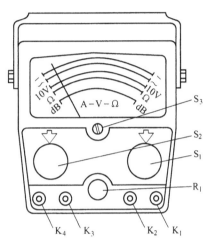

图 1.2.32　500 型袖珍式万用电表面板图

　　本仪表适合在气温 0~+40℃, 相对湿度 85% 以下的环境中工作.

　　1)主要性能

　　(1) 仪表的测量范围及精度等级见表 1.2.5.

　　(2) 仪表规定在水平位置使用.

　　(3) 仪表防外界磁场的性能等级为Ⅲ级.

　　(4) 当周围空气温度从(20±2)℃变到 0~+40℃范围内的任何温度时, 所引起的仪表读数变化, 温度每变化 10℃, 直流电压及直流电流的指示值不超过上限的 ±2.5%; 交流电压不超过其上限的 ±5.0%; 电阻不超过其弧长的 ±2.5%.

表 1.2.5　500 型袖珍式万用电表的主要性能

	测量范围	灵敏度	精度等级	基本误差/%	基本误差表示法
直流电压	0—2.5—10—50—250—500V	20000Ω/V	2.5	±2.5	以标度尺工作部分上量限的百分数表示
	2500V	4000Ω/V	5.0	±5.0	
交流电流	0—10—50—250—500V	400Ω/V	5.0	±5.0	
	2500V	400Ω/V	5.0	±5.0	
直流电流	0—50μA—1—10—100—500mA		2.5	±2.5	
电阻	0—2—20—200kΩ —2—20MΩ		2.5	±2.5	以标度尺工作部分长度的百分数表示
音频电平	—10~+22dB				

　　2)使用方法

　　(1) 使用之前首先观察指针是否准确指示在标度尺的零位上, 若不是, 则需调整调零器 "S_3"使指针准确地指示在标度尺的零位上.

　　(2) 直流电压测量. 将测试杆短杆插在插口"K_1"和"K_2"内, 转换开关旋钮"S_1"旋至"V"位置上, 转换开关旋钮"S_2"旋至所欲测量直流电压的相应量限位置上, 再将测试杆长杆跨接在被测电路两端, 当不能预计被测直流电压的大约数值时, 可将开关旋钮"S_2"旋在最大量限位置, 然后根据指示值大小, 再选择适当的量限位置, 使指针得到最大偏转度.

　　测量直流电压时, 当指针向相反方向偏转, 说明"+"极性测试杆接在电路的低电势端, 这时只需将测试杆的"＋""－"极互换即可.

测量 500～2500V 电压时,将测试杆短杆插在"K_1"和"K_4"插口中.

(3) 交流电压测量. 将开关旋钮"S_1"旋至"$\tilde{V}$"位置上,开关旋钮"S_2"旋至所欲测量交流电压值相应的量限位置上,所测交流电压频率范围为 45～1000Hz,测量方法与直流电压的测量相似. 当被测电压为非正弦波时,仪表的指示值将因波形失真而引起误差.

(4) 直流电流测量. 将开关旋钮"S_2"旋至"A"位置上,开关旋钮"S_1"旋至需要测量直流电流值相应的量限位置上,然后将测试杆串接在被测电路中(注意电流应从仪表的"＋"端流入,否则指针反向偏转),就可显示被测电路中的直流电流值. 测量过程中仪表与电路中的接触应保持良好.

(5) 电阻测量. 将开关旋钮"S_2"旋至"Ω"位置上,开关旋钮"S_1"旋至"Ω"量限内,先将两测试杆短路,使指针向满度偏转,然后调正"0Ω"调正器"R_1"使指针指示在欧姆标度尺"0Ω"位置上,再将两测试杆分开,测量未知电阻的阻值.

为了提高测试精度,指针所指示被测电阻之值尽可能指示在刻度中间一段,即全刻度起始的 20％～80％弧度范围内.

当短路测试杆调节电位器"R_1"不能使指针指示到"0Ω"时,表示电池电压不足,应尽早取出更换新电池.

(6) 频电平测量. 测量方法与测量交流电压相似,将测试杆插在插口"K_1"和"K_3"内,转换开关旋钮"S_1"和"S_2"分别旋到"$\tilde{V}$"和相应的交流电压量限位置上. 音频电平刻度是根据 0dB ＝1mW,600Ω 输送标准而设计. 标度尺指示值是从－10dB 到＋22dB,当被测量大于＋22dB时,应在 $50\tilde{V}$ 或 $250\tilde{V}$ 量限进行测量,指示值应按仪器提供的参数进行修正.

音频电平与电压、功率的关系为

$$\mathrm{dB} = 10\lg(P_2/P_1) = 20\lg(V_2/V_1)$$

式中,P_1＝1mW 为在 600Ω 负载阻抗上 0dB 的标称功率;V_1 为在 600Ω 负载阻抗上消耗功率 1mW 时的相应电压,即 $V_1 = \sqrt{P_1 Z} = \sqrt{0.001 \times 600}\mathrm{V} \approx 7.75 \times 10^{-1}\mathrm{V}$;$P_2$、$V_2$ 分别为被测功率和电压.

3)注意事项

(1) 仪表在测试时,不能旋转开关旋钮.

(2) 当不能确定被测量大约值时,应将量程转换开关旋到最大量限的位置上,然后再选择适当的量限,使指针得到最大的偏转.

(3) 测量电路中的电阻阻值时,应将被测电路的电源切断,如果电路中有电容器,应先将其放电后才能测量. 切勿在电路带电的情况下测量电阻.

(4) 测量前必须检查转换开关所置的位置是否与测量要求相符合,不能搞错,否则会烧毁仪器.

(5) 每次用毕后,应将开关旋钮"S_1"和"S_2"旋到"0"位置.

(6) 测量交直流 2500V 量限时,应将测试杆一端固定接在电路地电势上,将测试杆的另一端去接触被测高压电源. 测试过程中应严格执行高压操作规程,必须戴高压绝缘手套,地板上应铺置高压绝缘板.

2. DT9202 型数字式万用电表

DT9202 型数字式万用电表是一种操作方便、读数精确、功能齐全、体积小巧、携带方便、使用电池作电源的手持袖珍式大屏幕液晶显示数字万用表,如图 1.2.33 所示. DT9202 数字式万用电表可用来测量直流电压/电流、交流电压/电流、电阻、电容、温度、频率、逻辑电平、二极管正向压降、晶体三极管 hFE 参数及电路通断等.

图 1.2.33 　DT9202 数字式
万用电表

1)性能

(1) 三位半数字万用表直流基本精度±0.5%.

(2) 快速电容测试 1pF~20μF 自动调零.

(3) 温度量程:−40~1000℃.

(4) 频率量程:1Hz~20kHz.

(5) 具备全量程保护功能.

(6) 过量程指示:最高位显示"1",其余消除.

(7) 通断测试均蜂鸣音响指示.

(8) 最大显示值:三位半数字万用表 1999(即 3 位半数字).

(9) 读数显示率:每秒 2~3 次读数.

(10) 保证精度的温度:(23±5)℃.

(11) 温度范围:工作温度 0~40℃(32~104℉),相对湿度<75%;贮存温度−10~50℃ (10~122℉).

(12) 电源:9V.叠层电池一节.

(13) 电池不足指示:在 LCD 左上方显示"⊏⊐".

2)技术指标

精度:±(K% · 读数±字数);各技术指标见表 1.2.6~表 1.2.8.

3)使用操作

首先请注意检查 9V 电池,将 ON-OFF 钮按下,如果电池电量不足,则显示屏左上方会出现"⊏⊐"符号,还要注意测试笔插孔之旁符号,这是警告你要留意测试电压和电流不要超出指示数字.此外,在使用前要先将量程放置在你想测量的挡级上.

(1) 电压测量.

① 将黑表笔插入 COM 插孔,红表笔插入 VΩ 插孔.

② 测 DCV 时,将功能开关置于 DCV 量程范围(测 ACV 时则应置于 ACV 量程范围),并将测试表笔连接到被测负载或信号源上,在显示电压读数时,同时会指示出红表笔的极性.

注意:

① 如果不知被测电压范围,则首先将功能开关置于最大量程后,视情况降至合适量程.

② 如果只显"1",说明超过量程,功能开关应置于更高量程.

③ DCV 不要输入高于 1000V 的电压(ACV 时不要输入高于 750V 有效值电压),显示更高的电压值是可能的,但有损坏内部线路的危险.

(2) 电流测量.

① 将黑表笔插 COM 插孔,当被测电流在 200mA 以下时红表笔插 A 插孔;如被测电流在

200mA～20A,则将红表笔移至 20A 插孔(DT9201 如被测电流在 200mA～2A,红表笔依然在 A 插孔).

② 将功能开关置于 DCA 或 ACA 量程范围,测试笔串入被测电路中.

表 1.2.6　直流电压、交流电压、直流电流、交流电流、电阻、电容

直流电压①		交流电压②		直流电流③	
量程	准确度	量程	准确度	量程	准确度
200mV	0.5%±1	200mV	1.2%±3	20μA	
2V	0.5%±1	2V	0.8%±3	200μA	
20V	0.5%±1	20V	0.8%±3	2mA	0.8%±1
200V	0.5%±1	200V	0.8%±3	20mA	0.8%±1
1000V	0.8%±2	750V	1.2%±3	200mA	1.2%±1
				2A	
				20A	2%±5

交流电流④		电阻⑤		电容⑥	
量程	准确度	量程	准确度	量程	准确度
20μA		200Ω	0.8%±3	2nF	2.5%±3
200μA		2kΩ	0.8%±1	20nF	2.5%±3
2mA	1%±3	20kΩ	0.8%±1	200nF	2.5%±3
20mA	1%±3	200kΩ	0.8%±1	2μF	2.5%±3
20mA	1.8%±3	2MΩ	0.8%±1	20μF	2.5%±3
2A		20MΩ	1%±2		
20A	3%±7	200MΩ	5%±10		

① 输入阻抗:所有量程为 10MΩ;过载保护:直流或交流峰值 1000V(200mV 挡最大有效值 250V).

② 输入阻抗:所有量程为 10MΩ;频率范围:40～400Hz(750V 量程 40～200Hz);过载保护:750V 有效值或 1000V 连续峰值(200mV 挡最大有效值 250V).

③ 过载保护:DT0201 为 2A/250 熔丝(20A 量程无熔丝),其余各表为 0.2A/250 熔丝;最大输入电流:10A(20A 输入量多 15s);测量电压降:满量程为 200mV.

④ 过载保护:DT9201 为 2A/250 熔丝,其余各表为 0.2A/250 熔丝(20A 量程无熔丝);最大输入电流:10A(20A 输入最多 15s);测量电压降:满量程为 200mV;频率范围:40～400Hz.

⑤ 相对湿度:2MΩ、20MΩ、200MΩ 三挡,0～35℃时小于 75%;在其他所有量程 10～35℃时为 0～90%;过载保护:250V 直流或交流有效值;开路电压:约 0.6V(200MΩ 挡,开路电压约 2.8V).

⑥ 测试频率:400Hz;测试电压:40mV;过载保护:在所有量程为 100V 直流/交流有效值.

表 1.2.7　二极管测试

量　程	说　明	测试条件
──▶├──	显示近似二极管正向电压值	正向直流电流约 1mA 反向直流电压约 30V

注:过载保护:250V 直流或交流有效值.

表 1.2.8　晶体二极管 hFE 测量

量　程	说　明	测试条件
hFE	可测 npn 型或 pnp 型晶体三极管 hFE 参数显示范围:0～1000β	基极电流 10μA,V_{ce} 约为 3V

注意:

① 如果被测电流范围未知,应将功能开关置于高挡逐步调低.

② 如果只显示"1"说明已超过量程,必须调高量程挡级.

③ A 插孔输入时,过载会将内装熔丝熔断,须予以更换,熔丝规格:DT9201 为 2A,其余各表为 0.2A(外形 ϕ5×20mm).

④ 20A 插孔没有用熔丝,测量时间应小于 15s.

(3)电阻测量.

① 将黑表笔插入 COM 插孔,红表笔插入 VΩ 插孔.

② 将功能开关置于所需 Ω 量程上,将测试笔跨接在被测电阻上.

注意:

① 当输入开路时,会显示过量程状态"1".

② 如果被测电阻超过所用量程,则会指示出过量程"1",须换用高挡量程.当被测电阻在 1MΩ 以上时,本表需数秒后方能稳定读数,对于高电阻测量这是正常的.

③ 检测在线电阻时,须确认被测电路已关闭电源,同时电容已放完电,方能进行测量.

④ 当在 200MΩ 量程进行测量时须注意,在此量程,二表笔短接时读数为 1.0,这是正常现象,此读数是一个固定的偏移值.如被测电阻 100MΩ,读数为 101.0,正确的阻值显示减去 1.0,即 101.0−1.0=100.0.

测量高阻值电阻时应尽可能将电阻直接插入"VΩ"和"COM"插孔中,长线在高阻抗测量时容易感应干扰信号,使读数不稳.

(4)电容测量.

① 接上电容器以前,显示可以缓慢地自动校零,但在 2nF 量程上剩余 10 个字以内无效是正常的.

② 把测量电容连到电容输入插孔(不用试棒),有必要时注意极性连接.

注意:

① 测试单个电容时,把脚插进位于面板左下边的两个插孔中(插进测试孔之前电容器务必放尽电).

② 测试大电容时,注意在最后指示之前会存在一个一定的滞后时间.

③ 单位:1pF=$10^{-6}\mu$F;1nF=$10^{-3}\mu$F.

④ 不要把一个外部电压或已充好电的电容器(特别是大电容器)连接到测试端.

(5)温度测量.测量温度时,将热电偶传感器的冷端(自由端)插入温度测试孔中,热电侧的工作端(测温端)置于待测物上面或内部,可直接从显示器上读取温度值,读数为摄氏度(℃),不用通过表笔插座测量.

注意:

① 此表设计为当热电偶插入温度测试孔后,自动显示被测温度,当热电偶传感器开路时,显示常温.

② 本表随机所附 WRNM-010 裸露式接点热电偶极限温度为 250℃(短期内为 300℃).

(6)音频测量.

① 将黑表笔或屏蔽电缆屏蔽层插入 COM 插孔,红表笔或屏蔽电缆芯线插入 VΩ 插孔.

② 把功能开关置于 Hz 量程,把测试笔或电缆跨接在电源或负载之间.

注意：

① 不得把大于 240V 的有效值供给输入端,电压高于 100V 有效值虽可显示出来,但可能超出技术指标.

② 在噪声环境中,对于小信号测试,使用屏蔽电缆为好.

③ 测量高压时使用外部衰减以避免与高压接触.

(7)逻辑电平测试.

① 将黑表笔插入 COM 插孔,红表笔插入 VΩ 插孔.

② 将功能开关置于 LOGIC $\updownarrow$ 量程范围,并将黑表笔接入待测电路"地端",红表笔接测试端.

当测试端电平大于 2.4V 时,逻辑电平显示"▲".

当测试端电平小于 0.7V 时,逻辑电平显示"▲",并发生蜂鸣声响.

当测试端开路时,逻辑电平显示"▲".

注意:在本挡位测量时,高位始终显示"1",无超量程含义,只说明内电路已接通.

(8)二极管测量.

① 将黑表笔插入 COM 插孔,红表笔插入 VΩ 插孔(注意红表笔为内电路"＋"极).

② 将功能开关置于 ⊶⊢ 挡,并将测试笔跨接在被测二极管上.

注意:

① 当输入端未接入,即开路时,显示值为"1".

② 通过被测器件的电流为 1mA 左右.

③ 本表显示值为正向压降伏特值,当二极管反接时即显示过量程"1".

(9)晶体三极管 hFE 测量.

① 将功能开关置于 hFE 挡上.

② 先认定晶体三极管是 pnp 型还是 npn 型,然后再将被测管 E、B、C 三脚分别插入直板对应的晶体三极管插孔内.

③ 此表显示的则是 hFE 近似值,测试条件为基极电流 $10\mu A$,V_{ce} 约 3V.

(10)液晶显示屏视角选择:一般使用条件被存入时,显示屏可呈锁紧状态. 当使用条件需要改变显示屏视角时,可用手指按压显示屏上方的锁扣钮,并翻出显示屏,使其转到最适宜观察的角度.

2.5.5　DA-16 型晶体管毫伏表

DA-16 型晶体管毫伏表是测量交流电压的仪表,主要有检波-放大式和放大-检波式两种. 前者由于具有宽广的频率响应而被广泛地用于超高频,后者具有较高的灵敏度、稳定度和良好的指示线性. 本晶体毫伏表采用放大-检波的形式,其前置电路使用两串接晶体管,具有低噪声电平及高输入电阻,用于工厂、实验室测量 100mV～300V 的交流电压,其频率范围为 20Hz～1MHz,电表刻度指示为正弦波有效值.

1. 主要技术性能

(1) 测量交流电压范围:100mV～300V,分 1mV、10mV、30mV、100mV、300mV、1V、3V、20V、30V、300V 共 10 挡,$-72\sim+32$dB(600Ω).

(2) 被测电压频率范围为 20Hz～1MHz.

（3）交流精度：±3%.

（4）频率响应：20Hz～100kHz,≤＋3%；100kHz～1MHz,≤±5%.

（5）输入阻抗：输入电阻为 1kHz 时约 1.5MΩ；输入电容为 1mV～0.3V 时约 70pF,1～300V 时约 50pF（包括接线电容在内）.

（6）噪声：当输入端短路时,电表指示不大于 1 小格.

（7）使用电源：220V,50Hz,消耗功率 3W.

2.使用说明

DA-16 型晶体管毫伏表的面板图如图 1.2.34 所示.

（1）电源线插入 220V 交流电源上,接通电源,指示灯亮,待电表指针摆动数次,在选定测量范围后,使输入端短路,校正调零旋钮使指针到零位,即可进行测量.

（2）所测交流电压中的直流分量不得大于 300V.

（3）如果测量 36V 以上电压,应注意机壳带电,以免发生危险.

（4）由于本仪器灵敏度高,接地点必须良好,应正确选择接地点,否则测试效果不好.

（5）本仪器测量范围分两类,一类是 0～10（即 1mV,10mV,0.1V 等）；另一类是 0～3（即 3mV,30mV 等）.对应的面板刻度也有两类,如图 1.2.35 所示,一类是 0-2-4-6-8-10,适用于测量范围 0～10；另一类是 0-0.5-1-1.5-2-2.5-3,适用于测量范围 0～3.测量时应根据有效数字要求适当变换测量范围.注意每调换一次测量范围都应重新校零.

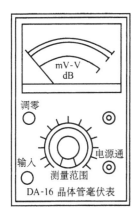

图 1.2.34　DA-16 晶体管毫伏表的面板图

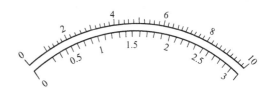

图 1.2.35　面板刻度

2.5.6　电桥

1.QJ24 型携带式直流单臂电桥

QJ24 型携带式直流单臂电桥是专门用来测量中值电阻的仪器之一.

1）基本原理

QJ24 型携带式直流单臂电桥的简化电路如图 1.2.36 所示.图中 R_1 和 R_2 两个臂只需要知道它们的比值 C,故称比率臂.R_1 和 R_2 在仪器中常一起变动,一般直接给出比值.对于电阻 R,必须知道它的阻值大小,故采用电阻箱,称测定臂.

图 1.2.37 为 QJ24 型携带式直流单臂电桥的面板图.实际使用时,因测定臂采用十进位

电阻箱,读数时可按千位数、百位数、十位数、个位数顺序直接读出,然后乘以 C 得待测电阻的电阻值.G_1 和 G_0 是调节检流计灵敏度的按钮,G_1 为粗调按钮,G_0 为细调按钮.B_0 为接通电源按钮,$B+$、$B-$为外接电源用接线头,G 为外接检流计用接线头.

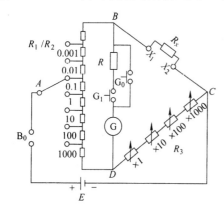

图 1.2.36 QJ24 型携带式直流单臂
电桥的简化电路

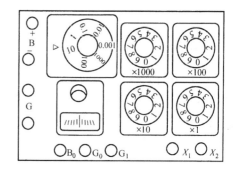

图 1.2.37 QJ24 型携带式直流单臂电桥的面板图

2)主要技术规格

(1) 保证准确度测量范围 20～99990Ω.

(2) 准确度等级:0.1 级.

(3) 比率臂比值:0.001、0.01、0.1、1、10、100、1000.

(4) 测定臂可调范围:9(1+10+100+1000)Ω.

(5) 电源电压:电流常数$<5\times10^{-7}$A·mm^{-1}.

(6) 电源电压:内接电源电压 4.5V,外接电源电压 15V.

3)使用方法

QJ24 型电桥有两种供电方式,一种用内接电源(装三节一号电池);另一种用外接电源,从 $B+$、$B-$专用接线柱接入仪器,内接电源自动断开.

QJ24 型电桥有两种指零仪器,一种是内接检流计;如果想要提高灵敏度,可以用外接检流计,它可从 G 两端专用接线柱接入仪器.这时,内接检流计自动断开.

4)操作步骤

(1) 根据需要选择内接或外接电源.

(2) 根据需要选择内接或外接检流计,并调节零点.

(3) 将待测电阻接在 X_1、X_2 两接线柱间.

(4) 估计待测电阻值.方法很多,一般可用万用表中欧姆挡测量,也可参看固定电阻上的标称值等.

(5) 适当选择比率臂.为了保证测量时具有最多位数的有效数字,比率臂应按表 1.2.9 中的数选用.

表 1.2.9 比率臂的选择

待测电阻值/Ω	比率臂的大小
10 以下	0.001
10～100	0.01
100～1000	0.1
1000～10000	1
10000～100000	10
100000～1000000	100(外接电源 15V)
1000000 以上	1000(外接电源 15V)

（6）根据待测电阻的估计值和选择的比率臂大小,选择测定臂的大小,然后按下 B_0 按钮（可以旋入）和 G_1 按钮（粗调）,从大到小调节测定臂电阻箱旋钮直到检流计指零.放开 G_1 按钮,再按下 G_0 按钮进行细调,直到检流计指零,并采用跃接法检查检流计指针是否真正指零,记下比率臂和测定臂的数值.

注意:

（1）当检流计的指针偏转到两个端点位置时,不能长久按住 G_1 或 G_0,调节测定臂电阻 R_3,因为检流计长期过载电流,容易损坏仪器,只有检流计指针偏转在刻度范围内,才能按住 G_1 或 G_0 调节测定臂.因此,在调节大值旋钮时应特别注意这一点.

（2）电桥应存放在周围空气温度为 $+10\sim+40℃$,相对湿度 $<80\%$,空气中不含有腐蚀性气体的室内.

2. QJ42 型携带式直流双臂电桥

QJ42 型携带式直流双臂电桥,即开尔文双臂电桥,简化电路图如图 1.2.38 所示,面板图如图 1.2.39 所示.

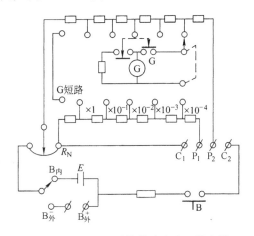

图 1.2.38　QJ42 型携带式直流双臂电桥
　　　　　　的简化电路图

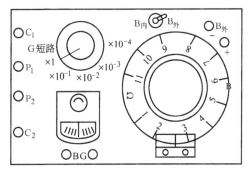

图 1.2.39　QJ42 型携带式直流双臂
　　　　　　电桥的面板图

1）主要技术规格

（1）基本量程:$0.001\sim11\Omega$.

（2）准确度等级:2 级.

（3）比率臂倍率值:见表 1.2.10.

（4）工作电源电压:$1.5\sim2V$.

（5）使用温度:$+4\sim+40℃$.

2）使用方法

（1）在仪器底部电池盒中装上 $3\sim6$ 节一号干电池,或在外接电源接线柱"$B_外$"上接入 $1.5\sim2V$ 容量大于 $10A\cdot h$ 的直流电源,"电源选择"开关拨向相应的位置.

（2）将检流计指针调到"0"位（通过检流计上调节旋钮调节）.

（3）将被测电阻 R_x 按四端接线法接在电桥相应的接线柱上,如图 1.2.40 所示.

（4）估计被测电阻值，参考倍率表，将倍率开关旋到相应的位置上，按下"G"和"B"按钮，并调节读数盘 R_N，使检流计指针重新回到"0"位．此时电桥已处于平衡，而被测电阻值 R_x 为

$$R_x = MR_N$$

式中，M 为倍率开关所示值；R_N 为读数盘所示值．

表 1.2.10 QJ42 型携带式直流双臂电桥比率臂比值

倍率 M	测量范围/Ω	准确度/%
$\times 10^{-4}$	$0.0001 \sim 0.0011$	20
$\times 10^{-3}$	$0.001 \sim 0.011$	
$\times 10^{-2}$	$0.01 \sim 0.11$	2
$\times 10^{-1}$	$0.1 \sim 1.1$	
$\times 1$	$1 \sim 11$	

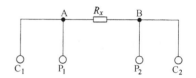

图 1.2.40 电阻的四端接法

3）注意事项

（1）当测量电感电路的电阻时，应先按"B"后按"G"按钮，断开时应先放"G"后放"B"按钮．

（2）在测量 $0.0001 \sim 0.0011\Omega$ 或仪器与被测电阻间需要用连接线时，电势端的连接线电阻应小于 0.01Ω，电流端连接线不宜太长太细．在一般情况下"B"按钮应间歇使用．

（3）使用完毕，应把倍率开关旋到"G"短路位置上．

2.5.7 电势差计

电势差计是一种利用补偿原理测量电动势（或电压）的精密仪器．它不像电压表那样从待测线路中分流，从而干扰待测电路．电势差计测量的精确度仅依赖于标准电池、标准电阻的准确度以及检流计的灵敏度．电势差计是精密测量中应用最广的仪器之一，不但用来精确测量电动势、电压，还可用来精确测量电流和电阻、校准电表和直流电桥等直读式仪表，在非电参量（如温度、压力、位移和速度等）的电测法中也占有重要地位．

关于 UJ36a 型携带式直流电势差计的叙述如下．

UJ36a 型携带式直流电势差计，可在实验室或工作现场以补偿法原理测量电动势或直流电压，也常用来校正直流毫伏表及电子电势差计，如配合其他仪器，还能对直流电阻、电流及非电学量（如温度、位移等）物理量进行测量．

1）结构

UJ36a 型携带式直流电势差计由步进读数盘和滑线读数盘以及晶体管放大检流计、电键开关、标准电池等组成．工作回路电流分别为：$\times 1$ 时 5mA，$\times 0.2$ 时 1mA，步进读数盘由 22 只 2Ω 电阻组成，滑线盘电阻为 2.2Ω．UJ36a 型携带式直流电势差计的面板如图 1.2.41 所示．图中调零为检流计的电气调零旋钮；倍率开关共有 G_1、$\times 1$、断、$\times 0.2$、$G_{0.2}$ 五挡；步进读数盘旋钮，每挡递增 10mV，最高挡为 220mV；滑线读数盘，自 $0 \sim 10.5$mV 连续可调．

2）主要技术性能

（1）电势差计能在环境温度 $5 \sim 35$℃范围内、相对湿度 $25\% \sim 80\%$ 的条件下正常工作．

（2）当环境温度在（20 ± 2）℃，相对湿度为 $40\% \sim 60\%$ 时，允许基本误差：

① $\times 1$ 挡：$E_{lim} \leqslant \pm (0.1\% U_x 2.3 \times 10^{-6})$V，其中 U_x 为测量盘示值（mV）．

② $\times 0.2$ 挡：$E_{lim} \leqslant \pm (0.1\% U_x + 4.6 \times 10^{-6})$V．

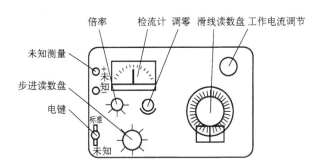

图 1.2.41　UJ36a 型携带式直流电势差计的面板图

（3）在环境 5～35℃ 范围引起的变差不超过一个基本误差极限值.

（4）测量范围：倍率×1 时 0～230mV，×0.2 时 0～46mV.

（5）仪器的工作电源是 1.5V 1 号干电池（4 节并联），检流计放大器的工作电源是 9V（6F22）层叠干电池（2 节并联）.

3）使用说明

（1）将待测"未知"的电压或电动势接在未知的两个接线柱上（注意极性）.

（2）把倍率开关旋向需要位置上（根据待测电动势大小进行选择），同时也接通了电势差计工作电源和检流计放大器电源.

（3）调节调零旋钮，使检流计指针指零.

（4）将电键开关扳向"标准"端，调节工作电流旋钮，使检流计指零.

（5）再将电键开关扳向"未知"端，调节步进读数盘和滑线读数盘使检流计再次指零，未知电压（或电动势）按下式读出：

$$U_x = （步进读数盘读数 + 滑线读数盘读数）× 倍率$$

（6）倍率开关旋向 G_1 时，电势差计处于×1 位置，检流计短路；倍率开关旋向 $G_{0.2}$ 时，电势差计处于×0.2 位置，检流计短路. 在未知端可输出标准直流电动势（不可输出电流）.

（7）在连续测量时，要求经常核对电势差计工作电流，防止工作电流变化.

2.6　常用电子仪器

2.6.1　直流稳压电源

电源是把其他形式的能量转变为电能的装置. 电源分为直流和交流两大类. 实验室现用的大多是晶体管直流稳压电源，其型号较多，但性能大同小异. 它的输出电压稳定性好、内阻低、功率大、使用较方便，只要接到交流 220V 电源上，就能输出连续可调的直流电压. 在使用时，应注意不可超过仪器的最大允许输出电压和电流.

1. QF1713M 型直流稳压电源

QF1713M 型直流稳压电源是一种高稳定度、低内阻、0～30V 连续可调的直流稳压电源，其性能好、工作可靠，可作为电路调试与电子设备的电源. 其面板如图 1.2.42 所示.

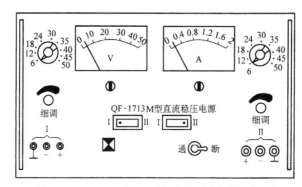

图 1.2.42　QF1713M 型直流稳压电源的面板图

1）工作条件

输入电压：$(220\pm10\%)$V，50Hz.

环境温度：$-10\sim+40$℃.

相对湿度：温度在 40℃时不大于 80%.

2）主要技术特性

（1）输出直流电压：$0\sim30$V 连续可调，两组独立输出互不影响，极性可变.

（2）输出最大电流：两组（Ⅰ、Ⅱ）均为 2A.

（3）输出电压稳定度 S_v：当输入电压变化$\pm10\%$时，在额定负载内，电压稳定度 $S_v\leqslant$0.03%.

（4）负载稳定度 S_i：负载电流由 0 变化到 2A 时，$\Delta V_0\leqslant0.3\%$.

（5）输出波纹电压 V_s：$V_s\leqslant400\mu$A.（有效值）.

（6）连续工作时间：8h.

（7）温度系数 K_T：在额定负载下 $K_T\leqslant2\times10^{-4}$℃$^{-1}$.

（8）保护性能：输出过载或短路时均可自动保护，输出电压近似为零.

（9）最大输出功率：120W.

3）使用方法

（1）将输入电源线插头插入$(220\pm10\%)$V、50Hz 的交流电源插座上.

（2）将电源开关拨至"通"，指示灯亮，则交流电接入.

（3）两组电源可同时使用，按下左边带红色点记号的船形开关，则Ⅰ组接通. 按下右边红色点记号的船形开关，则Ⅱ组接通.

（4）两组电源的输出电压、电流大小均可由电压表、电流表检测. 通过粗调和细调旋钮的恰当配合调节，可获得所需电压. 例如，需要电压 15V 时，将粗调旋钮放在 18V 位置上，然后调节细调旋钮将电压调至 15V.

（5）两组电源同时使用时，它们的输出电压值应分别调节. 调节某一组的电压必须关掉另一组电源，否则电压表检测不出来.

（6）外电路出现过载或短路时，本机自动保护无输出电压，待故障排除后，将电源开关"断""通"一次即可恢复工作.

（7）两组输出电压不能串联或并联使用.

（8）输出电压的极性可变，使用者可任意选择.

2. HY1791-2s 型直流稳定电源

1)概述

HY179 系列直流稳压(CV)稳流(CC)电源,是推出的新一代电源产品,如图 1.2.43 所示.本系列电源引进"悬浮式"和"预稳式"等新型的设计,因此在高稳高效高可靠等诸方面,其他稳压电源无法与其媲美.该系列电源功能齐全,使用方便,稳流,稳压,连续可调,不怕短路,其稳压稳流两种工作状态可随负载的变化自动换转.

图 1.2.43 HY1791-2s 型
直流稳定电源

HY179 系列电源造型美观,工艺先进,结构简单,维修方便,其输出读数清晰,调整方便,可长期工作,广泛适用于国防、生产、科研、实验室和学校教学等领域,也可用于计算机和自控系统等直流供电.

2)性能指标

其性能指标如表 1.2.11 所示.

表 1.2.11 HY1791-2s 型直流稳定电源性能指标

型号			HY1791-2s
输出	调节范围	电压/V	0~30
		电流/A	0~2
	控制范围	电压/V	3~30
		电流/A	0.2~2
输入电压			$(220\pm10\%)$V
源效应	稳压(CV)		$\leqslant 5\times10^{-4}+0.5$mV
	稳流(CC)		$\leqslant 1\times10^{-2}+3$mA
负载效应	稳压(CV)		$\leqslant 5\times10^{-4}+1$mV
	稳流(CC)		$\leqslant 1\times10^{-2}+5$mA
周期与随面偏移 PARD (r,m,s)	稳压(CV)		1mV
	稳流(CC)		$\leqslant 20$mA
指示表精度	电压		指针表:2.5级(满度)LED$\pm1\%\pm2$个字
	电流		指针表:2.5级(满度)LED$\pm1\%\pm2$个字
负载效应瞬态恢复			20mV,$\leqslant 50\mu$s
预热时间			$\leqslant 30$min
工作环境	温度		0~40℃
	湿度		20%~90%RH

3)工作原理

(1)原理框图.HY1791-2s 型单路直流稳定电源原理框图如图 1.2.44 所示.

(2)原理阐述.主电路采用"悬浮放大"和"预稳"等新型设计方案使电路调压范围宽,精度高,能保证长期稳定可靠工作.预稳换挡电路是通过输出电压变化与辅助稳压电源进行比较,经驱动电路而改变的,以使调整管上的压降在整个输出电压范围内保持基本不变,既保证调整管长期安全可靠工作,又提高了整机效率.

调整电路是串联线性调整的,由电压(电流)比较放大器的输出控制,使输出电压(电流)恒定.

当恒压工作时,电压比较放大器对调整管处于优先控制状态,当输出电压由于输入电压或

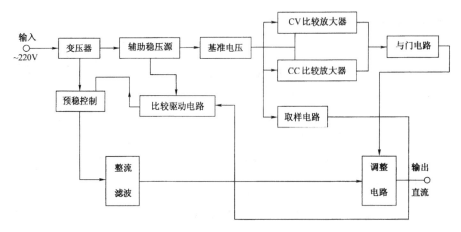

图 1.2.44　HY1971-2s 型单路直流稳定电源原理框图

负载的变化而使其偏离原来的电压值时,已变化了的电压量经取样电阻送入比较放大器的反相输入端,与同相输入端设定的基准电压进行比较放大后,经与门去控制调整管,使其输出电压趋于原来的数值,从而达到稳压目的.

电路恒流工作时,电流比较放大器处于控制优先,控制过程与恒压工作时完全相同.

电路工作状态可自动转换,当负载在额定值范围内变动时,电路工作在稳压状态,当负载超过额定值,或输出端短路时,电路失去稳压作用,自动转到稳流状态;当负载转到额定值时,或是开路,电路又自动转到稳压状态.

本电路工作在稳压状态时,稳流部分即为限流保护电路;电路工作在稳流状态时,稳压部分又起到限压作用,相互保护,可为理想设计.

4)使用方法

(1) 面板控制功能说明.

① 电源开关(POWER):整机电源控制.

② 调压旋钮(VOLTAGE):调节输出电压值.

③ 调流旋钮(CURRENT):调节稳流(限流)电流值.

④ 指示表头:分别指示输出电压值和稳流(限流)电流值(单表时由按键转换).

⑤ 稳压指示(CV):当本机处于稳压状态时,此灯亮.

⑥ 稳流指示(CC):当本机处于稳流状态时,此灯亮.

(2) 输出工作方式.

① 稳压工作方式:在额定电压范围内任意连续调节,此时稳流只作限流作用.

② 稳流工作方式:在额定电流范围内任意连续调节,此时稳压只作限压作用.

2.6.2　示波器

示波器(全名是阴极射线示波器,简称电子示波器)是一种能显示各种电压波形的仪器,可用来测定各种电压信号的周期、频率、幅度和相位等.示波器特别适用于一切可转化为对应电压的电学量(如电流、电功率、阻抗等)、非电学量(如温度、位移、速度、压力、声强、磁场等)的测量以及它们对时间变化过程的研究.因此,示波器是一种应用广泛的通用电子仪器.

1. 示波器的主要组成部分

如图 1.2.45 所示,示波器主要由电子示波管、扫描及整步装置(即锯齿波发生器)、电压放大与衰减装置、电源 4 部分组成.

1)示波管

它是示波器显示图像的关键部件,是示波器的心脏. 它是在一个抽成高真空的玻璃泡中装置有多个电极,如图 1.2.46 所示,主要由电子枪、偏转极和荧光屏 3 部分组成.

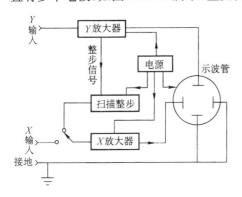

图 1.2.45 示波器方框图

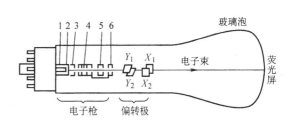

图 1.2.46 示波管

1—灯丝;2—热阴极;3—控制栅极;4—加速极;

5—第一阳极;6—第二阳极

(1) 电子枪. 它由灯丝、热阴极、控制栅极、加速极、第一阳极和第二阳极构成. 灯丝通电以后发热,热阴极是一个顶部表面涂有氧化物的金属圆筒,经灯丝加热后温度上升,一部分电子脱离金属表面,成为自由电子发射出去. 控制栅极为顶端开有小孔的圆筒,其电势比热阴极低. 这样,热阴极发射出来的具有一定初速的自由电子,通过栅极和阴极间形成的电场时被减速. 初速大的电子可以穿过栅极顶端小孔射向荧光屏. 初速小的电子则被电场排斥返回阴极. 如果栅极所加电压足够低,可使全部电子返回阴极,而不能穿过栅极的小孔,这样,调节栅极电势就能控制射向荧光屏的电子流密度. 打在荧光屏上的电子流密度大,电子轰击荧光屏的总能量大,荧光屏上激发的荧光就亮一些. 所以,调节栅极和阴极之间的电势差,就可以控制荧光屏上光点亮度(也称辉度)的变化,这称为辉度调节.

为使电子获得较大的能量,以很大的速度打在荧光屏上,使荧光物质发光;在栅极之后装有加速电极,相对于阴极的电压一般为 1000～2000V. 加速电极是一个长形金属圆筒,筒内装有具有同轴中心孔的金属膜片,在圆筒区域内形成平行于中心轴的均匀电场,用于阻挡电子偏离轴线方向,使电子束具有较小的截面. 加速电极之后是第一阳极和第二阳极. 通常第二阳极和加速电极相连,而第一阳极相对于阴极的电压一般为几百伏特. 这 3 个电极所形成的电场,除了对阴极发射出来的电子进行加速外,还使之会聚成很细的电子束. 改变第一阳极的电压可改变电场分布,从而改变电子束在荧光屏上的聚焦程度,即改变荧光屏上光点的大小,这称为聚焦调节. 改变第二阳极的电压也会改变电场分布,从而改变电子束在荧光屏上聚焦的好坏,故称辅助聚焦调节.

(2) 偏转极. 为使电子束能够达到荧光屏上的任何一点,在示波管内装有两对互相垂直的极板,第一对是垂直偏转板 Y_1、Y_2,第二对是水平偏转板 X_1、X_2. 设电子束原来是射在荧光屏的中心点,如在 Y_1、Y_2 上加一直流电压(Y_1 的电势高于 Y_2),则电子束经过极板时,因受到垂直于运动方向且方向向上的电场力的作用而发生偏转.电子束到达荧光屏时,光点的位置位于中央水平轴的上方;反之,Y_2 的电势高于 Y_1,则光点位于下方.光点偏转的距离与所加偏转电压成正比.改变偏转电压的大小可使光点向上或向下移动,称为垂直(Y 轴)位移.同样,X_1、X_2 上加一直流电压,则光点位于中央垂直轴的右方(或左方),改变 X 方向偏转电压的大小可使光点向左或向右移动,这称为水平(X 轴)位移.

(3) 荧光屏.玻璃泡前端的内壁涂有发光物质,它在吸收打在其上的电子动能之后,即辐射可见光.在电子轰击停止后,发光仍能维持一段时间,称为余辉.余辉时间长短决定于发光物质的成分.在荧光屏上,电子束的动能不仅转换成光能,同时还转换成热能.如电子束长久轰击某一点,或电子流密度过大,就可能使轰击点发光物质烧毁,而形成黑斑,操作时应予注意.

2)电压放大与衰减装置

其包括 X 轴放大器、Y 轴放大器、X 轴衰减器、Y 轴衰减器.

由于示波管本身的 X 和 Y 偏转板的灵敏度不高(0.1~1mm/V),把较小的信号电压直接加于偏转板时,电子束不能发生足够的偏转,以致屏上的光点位移过小,不便观察.为此,需要设置 X 轴及 Y 轴放大器,预先把小信号电压放大后再加到偏转板上.

把过大的信号电压输入放大器时,放大器不能正常工作,甚至受损,这就需要设置衰减器,使过大的信号减小,以适应放大器的要求.

扫描与整步的作用将在后面叙述.

2. 示波器显示波形的基本原理

由示波器偏转板的作用可知,只有偏转板上加有电压,电子束的方向才会在偏转电场的作用下发生偏转,从而使荧光屏上亮点的位置跟着变化.在一定范围内,亮点的位移与偏转板上所加电压大小成正比.

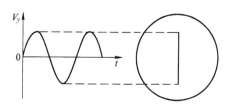

图 1.2.47　Y 偏转板上加正弦交变电压

(1) 示波器的扫描.如果在 Y 偏转板上加一个随时间呈周期性变化的正弦波(如 $V_y = V_{ym}\sin\omega t$)电压,则在荧光屏上的亮点在垂直方向上作正弦振动,但由于发光物质的余辉现象和人眼的视觉残留效应,我们在荧光屏上所看到的是一条垂直的亮线段,如图 1.2.47 所示.线段的长度与正弦波的峰峰值成正比.

要在荧光屏上展现出正弦波形,就需要将光点沿 X 轴展开.为此,在 X 轴偏转板(即水平偏转板)上加一随时间作线性变化的电压 V_x,称为扫描电压,如图 1.2.48 所示.扫描电压的特点是:从 $-V_{xm}$ 开始($t=t_0$)随时间成正比地增加到 $V_{xm}(t_0<t<t_1)$,然后又突然返回到 $-V_{xm}(t=t_1)$,再从头开始随时间成正比增加到 $V_{xm}(t_1<t<t_2)$,以后重复前述过程.扫描电压随时间变化的关系如同锯齿一样,故又称为锯齿波电压.如果单独把锯齿波电压加在 X 偏转板上,而 Y 偏转板上不加电压信号,那么,也只能看到一条水平的亮线,此线即为"扫描线",一般称为时间基线.

假如在 Y 轴加一正弦变化电压 V_y 的同时,在 X 偏转板上加有扫描电压 V_x,则电子束不但受到垂直方向电场力的作用而且还受到水平方向电场力的作用,在这两个电场力的作用下,电子束既有 Y 方向偏转,又有 X 方向的偏转,若扫描电压和正弦电压周期完全一致,则荧光屏上显示的图形将是一个完整的正弦波,如图 1.2.49 所示. 如 V_x 的周期为 V_y 的 n 倍(整数),即 $T_x = nT_y$,或 V_x 的频率为 V_y 的 $1/n$ 倍,即 $f_x = f_y/n$,荧光屏上显示 n(整数)个正弦波形.

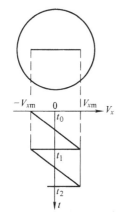 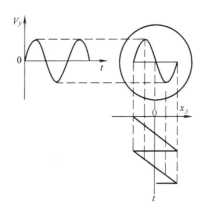

图 1.2.48　锯齿波扫描电压　　图 1.2.49　正弦电压与锯齿电压合成正弦波形

（2）示波器的整步. 由图 1.2.49 可以看出,当 V_y 与 X 轴扫描电压 V_x 周期成整数倍关系,即 $T_x = nT_y (n = 1,2,3,\cdots)$ 时,亮点描出一个或 n 个完整的正弦曲线后迅速返回原来开始的位置,于是又描出一条与前一条完全重合的正弦曲线,如此重复,荧光屏上显示出一条稳定正弦曲线. 如果它们的周期不相同或不成整数倍关系,那么,第二次、第三次……描出的曲线与第一次的就不重合,荧光屏上显示的图形就不是一条稳定的曲线. 所以,只有在 V_y 与 V_x 的周期严格相同,或后者是前者的整数倍时,或者说,只有在 V_y 与 V_x 的频率严格相同,或前者是后者的整数倍时,图形才会清晰而稳定. 但由于 V_y 与 V_x 的信号来自不同的振荡源,它们之间的频率比不会简单地满足整数倍,所以示波器中的扫描电压 V_x 的频率必须可以调节. 调节扫描信号的频率使其与输入信号的频率成整数倍的调整过程称为"同步"或"整步",也称"触发". 但此过程仅靠人工调节是不容易准确满足上述关系的,而且待测电压的频率越高,调节就越不容易. 为此,一般靠人工调节,在大致满足以上关系的基础上再引入一个幅度可以调节的电压,对扫描电压的频率进行自动跟踪控制,以准确满足上述关系,所引入的电压叫整步电压. 整步电压可取自被测信号(称内整步),或电源电压(称电源整步);也可将另一外加信号由整步输入接线柱接入,称为外整步. 具体选用哪种整步方式,视需要而定,在一般情况下,常使用内整步. 整步电压不可过大,否则尽管图形是稳定的,但不能获得被测信号的完整波形.

3. 实验室常用示波器的主要特性及使用方法

GOS-630FC 型二踪示波器的介绍如下.

（1）简介. GOS-630FC 是频宽从 DC 至 30MHz（−3dB）的可携带式双频道示波器,灵敏度最高可达 1mV/div,并具有长达 0.2μs/div 的扫描时间,放大 10 倍时最高扫描时间为 100ns/div. 本示波器采用内附红色刻度线的直角阴极射线管,可获得精确的测量值. 本示波器坚固耐用,不仅易于操作,更具有高度可靠性. GOS-630FC 配备一个独立的 LCD 显示屏,可以显示 CH1、CH2 信号衰减幅度、扫描时间、X-Y 模式、触发信号频率等.

(2)特点见表 1.2.12.

表 1.2.12　示波器的特点

高亮度、高加速电压的阴极射线管	阴极射线管是采用 2kV 高加速电压来达到强电子束传输,并具有高亮度特性,即使在高扫描速度时亦可显示清晰的轨迹.
宽频带、高灵敏度	频宽高达 DC～30MHz(－3dB),并且提供 1mV/div 的高灵敏度特性. 频率于 30MHz 时可获得稳定的同步触发.
五位频率计数器	内建五位频率计数器,测试 1kHz 到 30MHz 之间频率时,精确度为±0.02%;测试 50Hz 到 1kHz 之间频率时,精确度为±0.05%.
AUTO TIMEBASE	在频率计数器稳定计频时,按下 AUTO TIMEBASE 键可以切换扫描时间至适当的挡位.
交替触发	当观察 2 个不同信号源的波形时,可交替触发获得稳定的同步.
TV 同步触发	内附 TV 同步分离电路,可清楚观测 TV-V 及 TV-H 视频信号.
CH1 信号输出	于后面板上之 CH1 信号输出端子可以作为频率计数之用,或连接至其他仪器配合使用.
Z 轴输入	在后板提供 Z 轴亮度控制信号,且该信号电平为 TTL 兼容信号.
X-Y	X-Y 模式中 X、Y 分别表示 CH1、CH2 信号幅度. X-Y 模式在测量信号的相位差时非常有用.
蜂鸣器报警	蜂鸣器在不当的操作和控制旋钮被旋转到底的情况下,会发出警讯.

(3)前面板见图 1.2.50.

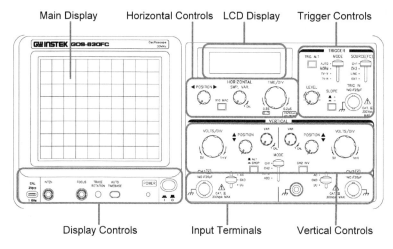

图 1.2.50　示波器的前面板

各部分详细描述见表 1.2.13.

表 1.2.13　示波器前面板各部分详细描述

主要显示 (Main Display)	显示输入信号波形.
显示控制 (Display Controls)	控制电源开/关,显示配置,探棒补偿信号输出.
LCD 显示(LCD Display)	显示 CH1、CH2 信号衰减幅度、扫描时间、X-Y 模式、触发信号频率等.

续表

水平控制 (Horizontal Controls)	控制水平挡位,水平位置,扫描长度,×10 扩展.
垂直控制 (Vertical Controls)	控制垂直挡位,垂直位置,显示模式,CH2 反向,交替显示模式.
触发控制 (Trigger Controls)	控制触发模式,触发电平,触发源选择,触发斜率,交替触发模式,外部触发输入.
输入端子 (Input Terminals)	CH1 、CH2 信号输入端,接地线,控制输入信号耦合方式.

(4)显示控制见图 1.2.51 和表 1.2.14.

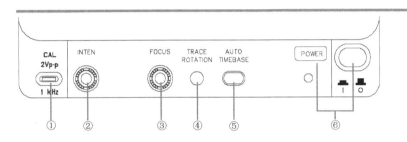

图 1.2.51　示波器显示控制

表 1.2.14　示波器显示控制各部分详细描述

1	CAL 输出	产生探棒补偿信号,$2V_{\text{p-p}}$,1kHz.
2	INTEN	轨迹及光点亮度控制.
3	FOCUS	轨迹聚焦调整.
4	TRACE ROTATION	调整使水平轨迹与刻度线平行.
5	AUTO TIMEBASE	自动切换扫描时间至适当的挡位.
6	POWER	切换主电源 On/Off ,接通电源后电源指示灯会发亮.

(5)LCD 显示见图 1.2.52 和表 1.2.15.

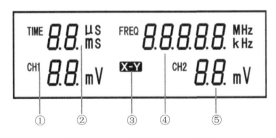

图 1.2.52　示波器 LCD 显示

表 1. 2. 15　示波器 LCD 显示各部分详细描述

1	CH1 垂直挡位	显示 CH1 垂直挡位.
2	水平挡位	显示水平挡位.
3	X-Y	当 X-Y 显示,则表示本示波器工作于 X-Y 模式.
4	频率	显示波形频率.
5	CH2 垂直挡位	显示 CH2 垂直挡位.

(6)水平控制见图 1. 2. 53 和表 1. 2. 16.

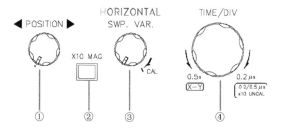

图 1. 2. 53　示波器水平控制

表 1. 2. 16　示波器水平控制各部分详细描述

1	POSITION/位移	控制轨迹或光点水平位置.
2	×10 MAG/×10 扩展	水平扫描放大 10 倍.
3	SWP. VAR. /扫描微调	水平挡位调节控制. 若旋转此旋钮至最小位置,实际水平挡位扩大为 LCD 显示挡位数值的 2.5 倍. 例如,当前 LCD 显示挡位为 1ms/div,调整后,实际挡位将变为 2.5ms/div. 若旋转此旋钮至最大(CAL)位置,则 LCD 显示挡位即为实际水平挡位.
4	TIME/div/时基灵敏度	扫描时间选择,扫描范围从 0.2μs/div 到 0.5s/div 共 20 个挡位. X-Y:设定为 X-Y 模式.

(7)垂直控制见图 1. 2. 54 和表 1. 2. 17.

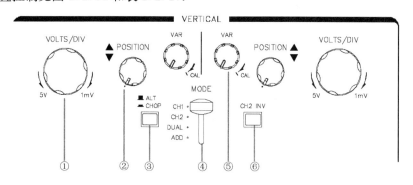

图 1. 2. 54　示波器垂直控制

表 1.2.17　示波器垂直控制各部分详细描述

1	VOLTS/div/垂直灵敏度	选择 CH1 及 CH2 的输入信号衰减幅度,范围为 1mV/div～5V/div,共 12 挡.	
2	POSITION/位移	轨迹及光点的垂直位置调整.	
3	ALT/CHOP/交替/断续	双轨迹模式下,选择 CH1&CH2 信号显示方式.	
		CHOP **CHOP**	CH1&CH2 以切割方式显示(一般使用于较慢速之水平扫描,1ms/div 或更慢).
		ALT **ALT**	CH1&CH2 以交替方式显示(一般使用于较快速之水平扫描,0.5ms/div 或更快).
4	MODE 模式	CH1 及 CH2 垂直操作模式选择.	
		CH1/CH2	CH1 或 CH2 以单一频道方式工作.
		DUAL/双通道	CH1 及 CH2 以双频道方式工作.
		ADD/叠加	显示 CH1 及 CH2 的相加或相减信号.
5	VAR/微调	灵敏度微调控制. 若旋转此旋钮至最小位置,实际垂直挡位扩大为 LCD 显示挡位数值的 2.5 倍.例如,当前 LCD 显示挡位为 1mV/div,调整后,实际挡位将变为 2.5mV/div. 若旋转此旋钮至最大(CAL)位置,则 LCD 显示挡位即为实际垂直挡位.	
6	CH2 INV/CH2 反向	CH2 信号反向.在 ADD 模式下,如果按下 CH2 INV 键,则显示 CH1 及 CH2 信号之差.	

(8)触发控制见图 1.2.55 和表 1.2.18.

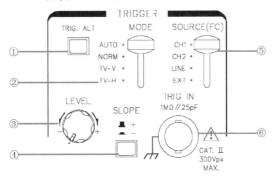

图 1.2.55　示波器触发控制

表 1.2.18　示波器触发控制各部分详细描述

1	TRIG. ALT/交替触发	按下此键,本仪器即会自动设定 CH1 与 CH2 的输入信号以交替方式轮流作为内部触发信号源,这样两个波形皆会同步稳定显示.	
		TRIG. ALT 设定键一般使用在双轨迹并以交替模式显示时,且必须选择 CH1 或 CH2 作为触发源.	
	Note ⚠	请勿在 CHOP 模式时按下 TRIG. ALT 键,因为 TRIG. ALT 功能仅适用于 ALT 模式. 在 TRIG. ALT 模式下,示波器无计频功能.	
2	MODE/模式	触发模式选择.	
		AUTO/自动	示波器不管是否存在触发条件都会被扫描.
		NORM/普通	示波器只有在触发条件发生时才产生扫描.
		TV-V	当设定于 TV-V 位置时,将会触发 TV 垂直同步脉波以便于观测 TV 垂直图场(field)或图框(frame)之电视复合影像信号.水平扫描时间设定于 2ms/div 时适合观测影像图场信号,而 5ms/div 适合观测一个完整的影像图框(两个交叉图场).

续表

2	MODE/模式	TV-H	当设定于 TV-H 位置时,将会触发 TV 水平同步脉波以便于观测 TV 水平线(lines)之电视复合影像信号. 水平扫描时间一般设定于 $10\mu s/div$,并可利用转动 SWP VAR 控制钮来显示更多的水平线波形.
		Note ⚠	本示波器仅适用于负极性电视复合影像信号. 当触发信号的频率小于 25Hz 时,示波器不会触发.
3	TRIGGER LEVEL/ 触发电平		触发准位调整. 将旋钮顺时针旋转,触发准位向上移. 将旋钮逆时针旋转,触发准位向下移.
4	SLOPE/斜率		触发斜率选择. 按键处于"＋"位置时(▇ ＋),当信号正向通过触发准位时进行触发. 按键处于"－"位置时(▇ －),当信号负向通过触发准位时进行触发.
5	SOURCE/触发源		触发源信号选择.
		CH1	CH1 输入端的信号作为内部触发源.
		CH2	CH2 输入端的信号作为内部触发源.
		LINE/电源	自交流电源中拾取触发信号. 此种触发源适合用于观察与电源频率有关的波形.
		EXT/外部	将 TRIG IN 端子输入的信号作为外部触发信号源.
6	TRIG IN/触发输入		TRIG IN 输入端子,可输入外部触发信号. 欲用此端子时,须先将 SOURCE 置于 EXT 位置. 输入阻抗:1MΩ//25pF.

(9)输入端子见图 1.2.56 和表 1.2.19.

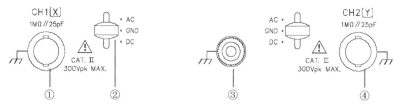

图 1.2.56　示波器输入端子

表 1.2.19 示波器输入端子各部分详细描述

1	CH1(X)输入	CH1 的垂直输入端;在 X-Y 模式中,为 X 轴的信号输入端.	
2	AC/GND/DC/ 交流/接地/直流	输入信号耦合选择.	
		AC/交流	截止直流或极低频信号输入.
		GND/接地	在 CRT 上显示 GND(零电平)垂直位置. 此模式仅是为了检验参考电平,此时输入信号将不会显示.
		DC/直流	示波器显示所有的输入信号.
3	GND	本示波器接地端子.	
4	CH2 (Y) 输入	CH2 的垂直输入端;在 X-Y 模式中,为 Y 轴的信号输入端.	

(10)后面板见图 1.2.57 和表 1.2.20.

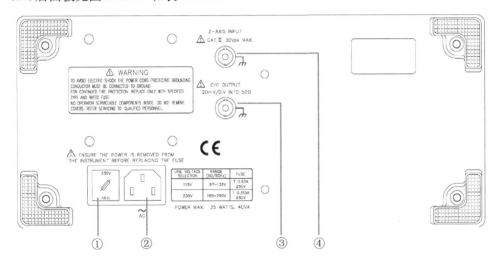

图 1.2.57 示波器后面板

表 1.2.20 示波器后面板各部分详细描述

1	保险丝及电源电压选择	输入端保险丝座及电源电压选择:115V 或 230V .
2	AC 电源线插座	连接交流电源线.
3	CH1 输出端	以大约 20mV/div 的电压输出 CH1 信号(须加 50Ω 负载).
4	Z 轴输入端	外接亮度控制(Z 轴)信号,1kHz 方波,DC-2MHz. 输入正信号,降低亮度.

· AC 电源电压选择、保险丝替换详细情况,请参考电源电压、保险丝替换部分.

(11)基本设置. 开机前,请依照表 1.2.21 顺序设定各旋钮及按键.

表 1.2.21 示波器各旋钮及按键介绍

POWER	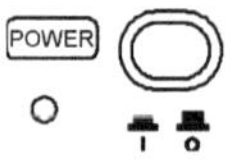	关	CH1/CH2 Coupling	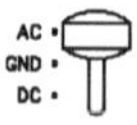	AC
INTEN		中央位置	Trigger SOURCE	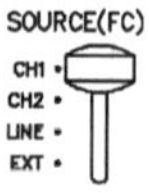	CH1
FOCUS		中央位置	Trigger SLOPE		＋（正斜率）
Vertical MODE	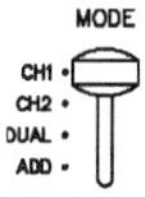	CH1	TRIG. ALT		凸起（交替触发功能无效）
ALT/CHOP		ALT(▮)	TRIGGER MODE	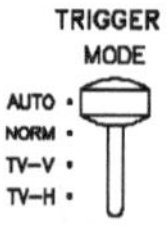	AUTO
CH2 INV		凸起（反向功能无效）	TIME/div	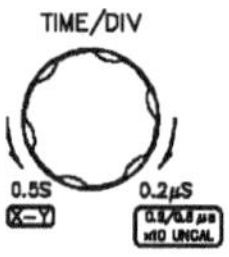	0.5mS/div
CH1/CH2 Vertical POSITION		显示屏中央	HORIZON-TAL SWP. VAR		CAL
CH1/CH2 VOLTS/div	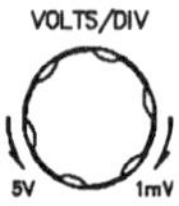	50mV/div	Horizontal POSITION		显示屏中央
CH1/CH2 VARIABLE	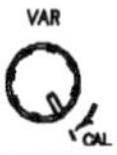	CAL	×10 MAG		凸起（×10 放大功能无效）

（12）探棒校正. 按照如表 1.2.22 所示步骤设置示波器，以对探棒进行适当补偿.

表 1.2.22 示波器操作步骤

1	打开电源	按下打开主电压切换按钮，电源指示灯亮起. 约 20～30s 后 CRT 显示屏上会出现一条轨迹.	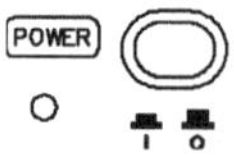
2	亮度、聚焦调整	转动 INTEN 及 FOCUS 钮，以调整出适当的轨迹亮度及聚焦.	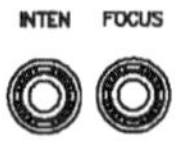
3	连接探棒	将探棒连接至 CH1 输入端，并将探棒接上 2V$_{p-p}$ 校准信号端子.	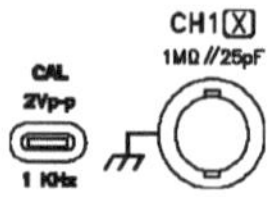

续表

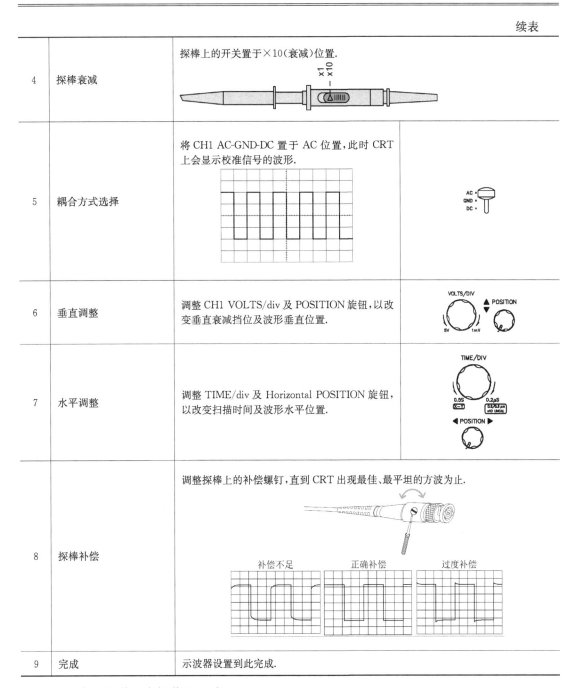

4	探棒衰减	探棒上的开关置于×10(衰减)位置.
5	耦合方式选择	将 CH1 AC-GND-DC 置于 AC 位置,此时 CRT 上会显示校准信号的波形.
6	垂直调整	调整 CH1 VOLTS/div 及 POSITION 旋钮,以改变垂直衰减挡位及波形垂直位置.
7	水平调整	调整 TIME/div 及 Horizontal POSITION 旋钮,以改变扫描时间及波形水平位置.
8	探棒补偿	调整探棒上的补偿螺钉,直到 CRT 出现最佳、最平坦的方波为止.
9	完成	示波器设置到此完成.

(13)单一频道基本操作法见表 1.2.23.

表 1.2.23　单一频道基本操作法

步骤	1. 连接输入信号到 CH1 或 CH2 输入端.	
	2. 设置输入信号耦合方式：AC 或 DC.	
	3. 配置触发设置.	
	4. 调整 VOLTS/div 及 POSITION 旋钮，以改变垂直衰减挡位及波形垂直位置.	
	5. 按下 AUTO TIMEBASE 键，将自动切换扫描时间至适当的挡位.	
	6. 如有需要，可以手动调整 TIME/div 至合适的挡位、调整 Horizontal POSITION 旋钮来改变波形位置.	

（14）双频道操作法见表 1.2.24.

表 1.2.24　双频道操作法

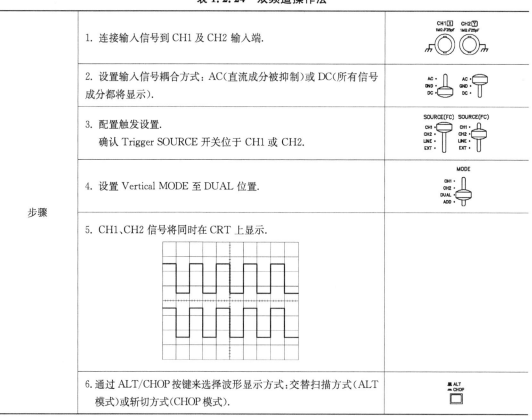

步骤	1. 连接输入信号到 CH1 及 CH2 输入端.	
	2. 设置输入信号耦合方式：AC(直流成分被抑制)或 DC(所有信号成分都将显示).	
	3. 配置触发设置. 　确认 Trigger SOURCE 开关位于 CH1 或 CH2.	
	4. 设置 Vertical MODE 至 DUAL 位置.	
	5. CH1、CH2 信号将同时在 CRT 上显示.	
	6. 通过 ALT/CHOP 按键来选择波形显示方式：交替扫描方式(ALT 模式)或斩切方式(CHOP 模式).	

续表

步骤	7. 如有需要,可调整 VOLTS/div 及 POSITION 旋钮,以改变垂直衰减挡位及波形垂直位置.	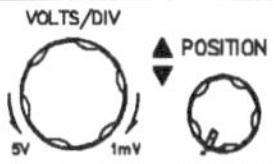
	8. 如有需要,可调整 TIME/div 及 Horizontal POSITION 旋钮,以改变扫描时间及波形水平位置.	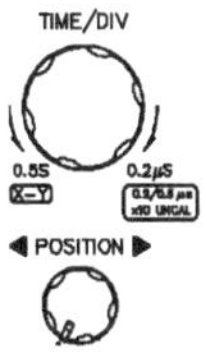
注意 ⚠	请勿在 CHOP 模式时按下 TRIG. ALT 键,因为 TRIG. ALT 功能仅适用于 ALT 模式.	

(15)波形相加/相减见表1.2.25.

表 1.2.25 波形相加/相减步骤

步骤	1. 请确认 CH1、CH2 双频道都有波形显示.	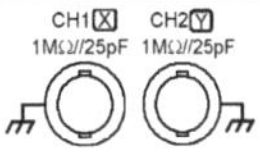
	2. 设置 Vertical MODE 至 ADD 位置. 两波形相加后以一个信号的形式显示.	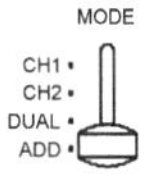
	3. 按下 CH2 INV 键,则会显示 CH1 及 CH2 信号之差.	

(16)频率测量见表1.2.26.

表 1.2.26 频率测量

| LCD 频率显示 | 输入信号的频率在 LCD 上显示并持续更新. 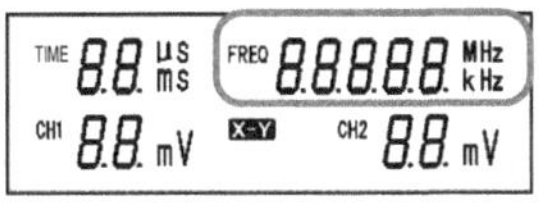 | |
| CH1 输出信号频率测量 | CH1 输出信号可以用其他仪器(例如计频器)来测量其频率. | 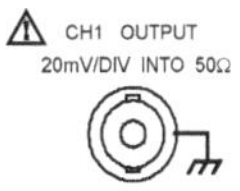 |

(17)X-Y 模式见表1.2.27.

表 1.2.27 X-Y 模式

背景	X-Y 模式可以对两个信号(CH1 & CH2)进行相当多的测量,一个作为 X 轴(CH1),另一个作为 Y 轴(CH2). X-Y 模式在测量两个信号的相位差、视频彩色图案、频率响应时很有用.	
步骤	1. 请确认 CH1、CH2 双频道都有波形显示.	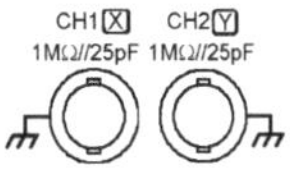
	2. 将 TIME/div 旋钮设定至 X-Y 模式.	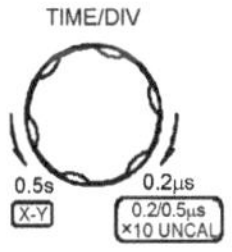

续表

步骤	3. CH1、CH2 以 *X-Y* 模式显示,LCD上 *X-Y* 指示器 (X-Y) 显示. 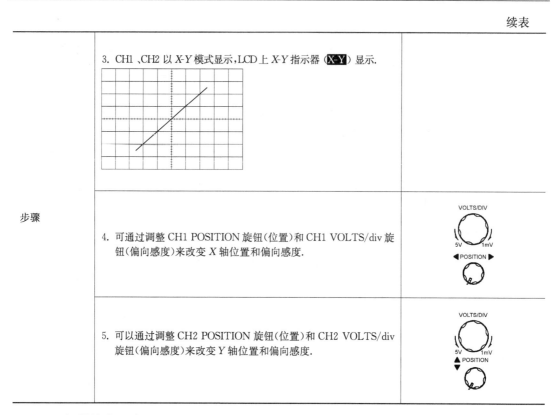	
	4. 可通过调整 CH1 POSITION 旋钮(位置)和 CH1 VOLTS/div 旋钮(偏向感度)来改变 *X* 轴位置和偏向感度.	
	5. 可以通过调整 CH2 POSITION 旋钮(位置)和 CH2 VOLTS/div 旋钮(偏向感度)来改变 *Y* 轴位置和偏向感度.	

(18)扫描放大见表 1.2.28.

表 1.2.28　扫描放大

背景	本示波器可以在水平方向上将波形放大 10 倍.此功能对观察复杂波形很有用处.	
步骤	1. 确认波形在 CRT 上稳定显示.	×10 MAG
	2. 按下×10 MAG 按键,波形将在水平方向上放大 10 倍.	

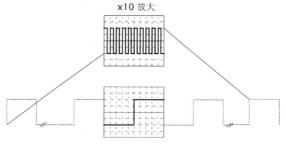

以 POSITION 键控制可显示波形任一部分

(19)探棒波形扭曲.

请对探棒进行补偿.请注意:此参考信号并未指定其频率精确度和占空比,所以请勿将其作标准信号源使用.

(20)CRT 无波形显示.

请确认触发模式处于 AUTO 模式.在 NORMAL 模式下,扫描线维持在待备状态,直到有触发信号产生.

(21)交替触发(TRIG. ALT 键)无法工作.

请确认 ALT/CHOP 开关未按下（ALT 模式）. TRIG. ALT 不能工作于 CHOP 模式.

(22)LCD 频率计无法工作.

请确认 TRIG. ALT 键未按下. 频率计数器无法工作于交替触发模式.

(23)电视触发无法工作.

请确认电视同步信号极性. TV-V/TV-H 触发仅适用于负极性电视复合影像信号.

(24)输入信号无法显示.

检验如下设置：

· 确认信号耦合模式开关未置于 GND . 在 GND 模式下,波形将不在 CRT 上显示.

· 触发源选择是否确当.

(25)示波器性能不符合规格.

请确认示波器在环境温度为＋20℃到＋30℃范围内开启时间不少于 30min,这样示波器性能才能够稳定.

电源电压、保险丝替换如下：

(1) 拔出电源线(图 1.2.58).

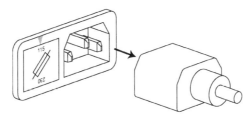

图 1.2.58　更换保险丝步骤 1

(2) 用"一"字起拨出保险丝座(图 1.2.59).

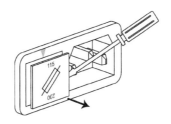

图1.2.59　更换保险丝步骤 2

(3) 旋转保险丝座,改变 AC 选择开关到需要的电源电压位置(图 1.2.60).

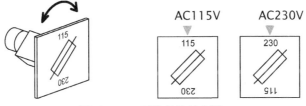

图 1.2.60　更换保险丝步骤 3

（4）电源电压的改变也可能要求相应的保险丝值的改变,请按照后面板列出值安装正确的保险丝(图 1.2.61).

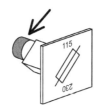

图 1.2.61　更换保险丝步骤 4

（5）把保险丝座压入连接器(图 1.2.62).

图 1.2.62　更换保险丝步骤 5

保险丝额定值 AC115V：T0.63A/250V,AC230V：T0.315A/250V.

关于 CA9020 型双踪示波器,详见实验 10 的实验仪器介绍.

TDS200 数字存储式示波器(图 1.2.63)介绍如下.

1)数字存储式示波器的主要技术指标

（1）最大取样速率.单位时间内完成的完整 A/D 转换的最高次数,常以频率表示.取样速率越高,反映仪器捕捉信号的能力越强.取样速率主要由 A/D 转换速率来决定.数字存储式示波器在测量时刻的实时取样速率可根据被测信号所设定的扫描时间因素(t/div)来推算.其推算公式为 $f = N/(t/\mathrm{div},)$,N 为每格的取样数,t/div 为扫描时间因素,即扫描一格所占用的时间.例如,扫描时间因素为 $10\mu\mathrm{s}$/div,每个取样数为 100 时,此时的取样速率等于 10MHz.

图 1.2.63　TDS200 数字存储式示波器

（2）存储带宽(B).存储带宽与取样速率密切相关,根据取样定理,如果取样速率大于或等于信号频率的 2 倍,便可重现原信号波形.实际上,为保证显示波形的分辨率,往往要求增加更多的取样点,一般取 4～10 倍或更多.

（3）分辨率.分辨率是反映存储信号波形细节的综合特性,它包括垂直分辨率(电压分辨率)和水平分辨率(时间分辨率).垂直分辨率与 A/D 转换器的分辨率相对应,常以屏幕每格的分级数(级/div)或百分数表示.一示波器屏幕上的坐标刻度为 8×10div,如果采用 8 位 A/D 转换器(256 级),则仪器垂直分辨率表示为 32 级/div,或用百分数表示为 1/256≈0.39％.水平分辨率由存储器的容量来决定,常以屏幕每格含多少取样点或以百分数来表示.如果采用容量为 1k(1024 个字节)的存储器,屏幕水平显格为 10 格,则仪器的水平分辨率为 1024/10≈100 点/div,或用百分数表示为 10/1024≈1％.

（4）存储容量. 存储容量又称记录长度, 它由采集存储器（主存储器）的最大存储容量来表示, 常以字（word）为单位. 存储容量与水平分辨率在数值上有互为倒数的关系. 在数字存储器中, 采集存储器通常采用 256、512、1k、4k 等容量的高速半导体存储器. 由于仪器最高取样速率的限制, 若存储容量选取不当, 往往会因时间窗口缩短而失去信号的重要成分, 或者因时间窗口增大而使水平分辨率降低.

（5）读出速度. 读出速度指将存储的数据从存储器中读出的速度, 常用（时间）/div 来表示. 其中, 时间等于屏幕中每格内对应的存储容量×读脉冲周期. 使用中应根据显示器、记录装置或打印机等对速度的不同要求, 选择不同的读出速度.

2）数字存储式示波器的特点

（1）数字存储式示波器对波形的采样和存储与波形的显示是可以分离的. 在存储工作阶段, 对快速信号采用较高的速率进行取样与存储, 对慢速信号采用较低速率进行取样与存储. 但在显示工作阶段, 其读出速度可以采取一个固定的速率, 并不受取样速率的限制, 因而可以获得清晰而稳定的波形. 这样我们就可以无闪烁地观察极慢信号, 这是模拟示波器无能为力的. 对于观测极快信号来说, 模拟示波器必须选择带宽很高的阴极射线示波管, 这就使造价上升, 并且带宽高的示波管一般显示精度和稳定性都较低. 而数字存储式示波器采用低速显示, 从而可以使用低带宽、高精度、高可靠性而低造价的光栅扫描式示波管或液晶显示屏, 若采用彩色显示, 还可以很好地分辨各种信息.

（2）数字存储式示波器能长时间地保存信号. 这种特性对观察单次出现的瞬变信号尤为有利. 有些信号, 如单次冲击波、放电现象等都是在短暂的一瞬间产生, 在示波器的屏幕上一闪而过, 很难观察到. 数字存储式示波器问世以前, 屏幕照相是“存储”波形所采取的主要方法. 数字存储式示波器是把波形用数字方式存储起来, 因而其存储时间在理论上可以是无限长的.

（3）具有先进的触发功能. 数字存储式示波器不仅能显示触发后的信号, 而且能显示触发前的信号, 并且可以任意选择超前或滞后的时间, 这为材料强度、地震研究、生物机能实验提供了有利的工具. 除此之外, 数字存储式示波器还可以向用户提供边缘触发、组合触发、状态触发、延迟触发等多种方式, 来实现多种触发功能, 方便、准确地对电信号进行分析.

（4）测量精度高. 模拟示波器水平精度由锯齿波的线性度决定, 故很难实现较高的时间精度, 一般限制在 3‰~5‰. 而数字存储式示波器由于使用晶振作高稳定时钟, 有很高的测时精度, 采用多位 A/D 转换器也使幅度测量精度大大提高. 尤其是能够自动测量直接读数, 有效地克服了示波管对测量精度的影响, 使大多数数字存储式示波器的测量精度优于 1‰.

（5）具有很强的处理能力. 这是由于数字存储式示波器内含微处理器, 因而能自动实现多种波形参数的测量与显示, 如上升时间、下降时间、脉宽、频率、峰-峰值等参数的测量与显示. 能对波形实现多种复杂的处理, 如取平均值、取上下限值、频谱分析以及对两波形进行＋、－、×等运算处理; 同时还能使仪器具有许多自动操作功能, 如自检与自校等, 使仪器使用很方便.

（6）具有数字信号的输入输出功能, 可以很方便地将存储的数据送到计算机或其他外部设备, 进行更复杂的数据运算或分析处理. 同时, 还可以通过 GPIB 接口与计算机一起构成强有力的自动测试系统.

数字存储式示波器也有它的局限性, 如在观测非周期信号时, 由于 A/D 转换器最大取样速率等因素的影响, 数字存储式示波器目前还不能用于较高的频率范围.

3)TDS200 数字式示波器性能概述

200MHz、100MHz、60MHz 三种带宽、七种型号,最高采样速率达 2GS/s;2 或 4 条独立通道,8 位垂直分辨率;良好的时基系统;灵巧的捕获方式;强大的触发系统,使高级触发功能成为标准配置完备的测量系统,11 种自动测量功能,可选 4 种参数实时显示;更多的数学计算功能,标准配置增加 FFT 算法;菜单模式的"AutoSet"功能,让自动设置也可选,操作更加简便;可靠的探头校验向导;多种语种界面支持,多语种上、下文相关帮助;彩色、单色 LCD 显示,多种显示模式;轻巧、便携的物理特性;良好的安全特性,标准的电磁兼容性.

可编程的 GPIB(IEEE-488—1987 接口),通过接口可控制和设置示波器,进行自动化测量.可编程 RS232 接口,通过接口可控制和设置示波器,速度可达 19200bit/s,九针、DTE;标准并行端口(Centronics),用于连接打印机.打印机类型:Bubble Jet、DPU-411、DPU-412、DPU-3445、Thinkjet、Deskjet、LaserJet 和 Epson(9 或 24 针);打印方向:横向或纵向.图形格式:TIFF、PCX、BMP、EPS、RLE.

4)TDS200 数字式示波器捕获方式

(1) 峰值检测.以每两个采样周期为一个峰值检测周期,在一个峰值检测周期内,采样最大、最小值,以此作为恢复波形的采样点.本捕获方式应用于捕获高频和随机毛刺.在 $5\mu s/div\sim$ $50s/div$ 的所有时间分度下,可捕获窄至 12ns 的毛刺.

(2) 取样.等时间间隔的数据取样.

(3) 平均值.平均计算捕获的波形数据,4、16、64、256 可选择.

(4) 单次捕获.仅仅触发一次,用于捕获单个波形状态或一个脉冲序列.

5)TDS200 数字式示波器触发系统

(1) 主要触发方式.自动(支持 40ms/div 和更慢的滚动模式)、正常,单序列.

(2) 触发类型.

边沿:常规式电平驱动触发,可选择任何通道上的上升或下降沿;耦合选择:DC、噪声抑制、高频抑制、低频抑制.

视频:可在非同步复合视频的场(field)或线(lines)上触发,在 NTSC、PAL 或 SECAM 广播标准视频上触发.

脉冲宽度或毛刺触发:当脉冲的宽度大于、小于、等于或不等于选择设定的脉冲宽度时,进行触发;脉冲宽度的设定范围是 33ns~10s.

(3) 触发源:任意通道、外触发通道、外触发通道/5、市电.

(4) 触发显示:可以显示触发电平,预览触发源的频率情况.

(5) 光标:水平光标(电压)、垂直光标(时间),可以测量$[\Delta]T$(时间)、$1/[\Delta]T$(频率)和$[\Delta]V$ 等参数值.

6)TDS200 数字式示波器测量系统

(1) 自动波形测量.自动测量 11 个参数:周期、频率、正脉冲宽度、负脉冲宽度、上升时间、下降时间、最大值、最小值、峰-峰值、平均值、周期均方根值,可在线显示四种任意组合的波形测量值.

(2) 阈值设定.可按百分比或电压值来设置各种阈值,如上升沿从 10% 到 90%,或者设定为上升沿从 0.1V 到 0.9V.

(3) 数学运算功能.

加、减运算如下.

两通道:CH1—CH2,CH2—CH1,CH1+CH2;

四通道:CH1—CH2,CH2—CH1,CH1+CH2,

　　　　CH3—CH4,CH4—CH3,CH3+CH4;

FFT.数学分析如下.

视窗:汉宁窗、矩形窗.

取样点:2048点.

7)TDS200数字式示波器菜单模式的自动设置"AutoSet"功能

自动设置功能,是对垂直方向、水平时基、触发方式、采集方式等基本的功能进行设置,自动适应被测信号,能大体地、稳定地捕获波形(通常为五个周期),为进一步优化观察波形提供方便.

使用菜单模式,可以把在"AutoSet"模式下捕获的波形分成三类:方波、正弦波、视频信号,并可以在菜单中直接选择期望观察的角度.

方波:单个周期、多个周期、上升沿、下降沿.

正弦波:单个周期、多个周期、FFT运算.

视频信号:场(所有场、奇数、偶数)、行(所有行、指定行).

8)技术指标

具体见表1.2.29.

表1.2.29　TDS2000与TDS1000系列存储示波器技术参数

	TDS1002	TDS1012	TDS2002	TDS2012	TDS2014	TDS2022	TDS2024
带宽	60MHz	100MHz	60MHz	100MHz	100MHz	200MHz	200MHz
通道	2	2	2	2	4	2	4
每条通道采样率	1GS/s	1GS/s	1GS/s	1GS/s	1GS/s	2GS/s	2GS/s
垂直分辨率	8位(所有型号)						
垂直灵敏度	5~10mV/div(2mV/div时20M带宽限制器自动打开)						
最大记录长度	2.5K点(所有型号)						
垂直精确度	±3%(所有型号)						
最大输入电压(1MΩ)	300VRMS CAT II;3MHz以上,在100kHz至$13V_{P-P}$AC之上减额至20dB/十进制						
位置范围	2~200mV/div时,±2V;>200mV/div~5V/div时,±50V						
带宽BW限制器	20MHz						
输入阻抗	1MΩ//20pF						
输入耦合	AC,DC,GND(所有型号)						
时基范围	5ns/div~50s/div	5ns/div~50s/div	5ns/div~50s/div	5ns/div~50s/div	5ns/div~50s/div	2.5ns/div~50s/div	2.5ns/div~50s/div
水平精度	50ppm						
显示器(1/4VGA LCD)	单色			彩色			
安全标准	UL3111-1,IEC61010-1,IEC61010-1,CSA1010.1						
环境——温度	操作:0~+50℃;非操作:−40~+70℃						
环境——湿度	操作状态:+30℃以下,90%RH,+41~+50℃,60%RH;非操作状态:+50℃以下,60%RH						
环境——高度	操作:2000m;非操作:15000m						

2.6.3　信号发生器

1. XFD-7A 型低频信号发生器

XFD-7A 型低频信号发生器是一种稳定性比较高的 RC 信号发生器,能产生声频和超声频正弦波的电振荡.

仪器使用频率范围为 200～200000Hz,最大输出功率为 5W,输出阻抗有 50Ω、150Ω、600Ω 和 5000Ω 4 挡(其中 600Ω 备有内部负载).为了在输出端得到实际应用中所需要的微小电压(或功率),本仪器还设电阻式可变衰减器,最大衰减值达 100dB.此外,本仪器还设有量程分别为 15V、30V、75V 和 150V 的电子管电压表.其面板图如图 1.2.64 所示.

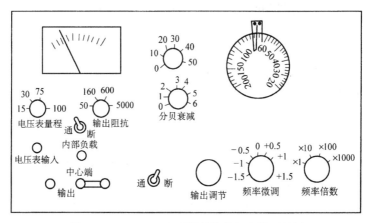

图 1.2.64　XFD-7A 型低频信号发生器面板图

1)主要技术特性

(1) 频率.

① 频率范围:20～200000Hz.

② 全部频率分 4 个频段:×1,20～200Hz;×10,200～2000Hz;×100,2000～20000Hz;×1000,20000～200000Hz.

③ 频率基本误差:$\pm(0.02f+1)$Hz.

④ 频率微调范围:$\pm0.015f$Hz.

⑤ 频率微调误差:$\pm0.003f$Hz.

⑥ 频率漂移(预热 30min 后):第 1h 内不超过 $0.004f$Hz;在其后的 7h 内附加误差不超过 $0.008f$Hz.

(2) 频率特性曲线的不均匀性.匹配负载 600Ω,相对 400Hz 的电平,不应超过下列值.

① 输出功率 0.5W.

a.频率 20～60000Hz:±0.5dB.

b.频率 60～200kHz:±1.0dB.

② 输出功率 5W.

a.频率 20～60000Hz:±1.0dB.

b.频率 60～200kHz:±3.0dB.

匹配负载 50Ω、150Ω 和 5000Ω,频率 20～200000Hz 时,不超过下列数值.

① 输出功率 0.5W:±1.0dB.

② 输出功率 5W:±3.0dB.

(3) 非线性失真.

输出功率 0.5W:

① 频率 400～5000Hz,≤0.3%.

② 频率 60～390Hz 和 5.1～15kHz,≤0.7%.

输出功率 5W:频率 60～15kHz,≤1.6%.

频率在 15kHz 以上时,输出波形仍应接近正弦波.

(4) 输出.

输出功率:

① 额定输出功率 0.5W.

② 最大输出功率 5W.

输出阻抗:50Ω、150Ω、600Ω 和 5000Ω.

(5) 衰减器.由每步衰减为 1dB 和 10dB 组成,最大可衰减至 100dB.衰减器的误差如下.

频率 20～60000Hz:

① 衰减不超过 80dB,±1.0dB.

② 衰减到 100dB,±3.0dB.

频率 60～200kHz:

① 衰减不超过 80dB,±3.0dB.

② 衰减到 100dB,±6.0dB.

(6) 电子管电压表.量程:15V、30V、75V 和 150V.

基本误差(满刻度):

① 频率 20～1000000Hz,±5%.

② 频率 1000000～2000000Hz,±10%.

温度在 +10～+35℃变化时的附加误差:±0.3%.

电源电压变化±10%时的附加误差:±3.0%.

被测波形失真 5%时的附加误差:±2.0%.

输入电阻:>500kΩ.

输入电容:<50pF.

2)使用说明

(1) 将电源线接入 220V、50Hz 的市电电源上,接通电源开关.如欲得频率的足够准确度与稳定度,仪器在正常工作前必须预热 30min.

(2) 输出信号的频率调节.输出音频信号的频率可从频率倍数和度盘刻度上获得:输出频率 $f=A$(频率倍数)$\times C$(频率度盘上刻度示值).如果使用频率微调旋钮,一般大度盘应取整数示值,这时输出频率 $f=A(1\pm E\%)C$,E 为频率微调的示值.

(3) 输出电压调节,有两种调节方式.

① 连续变化:可调节输出调节旋钮.注意在使用仪器之前或用毕后,都应检查调节旋钮是否已旋至输出幅度最小的位置.

② 跳步输出:可调节"分贝衰减器".分贝衰减器 $X(\mathrm{dB})$ 与电压比的关系为

$$X = 20\lg\frac{U_\text{入}}{U_\text{出}}$$

例如,分贝衰减旋在 20,则信号发生器产生的正弦电压 $U_\text{入}$ 经过衰减 10 倍后再输出,即输出电压 $U_\text{出}=\dfrac{U_\text{入}}{10}$.

为读出输出电压值,须用一短线将信号输出端与电压表输入连接.选择适当的电压表量程即可从电压表上读出电压值.

(4) 为了使负载上能获得最大的输出功率,本仪器输出部分装有阻抗变换器,可与 50Ω、150Ω、600Ω 和 5000Ω 4 种阻抗的负载相接.由于本仪器还装有 600Ω 内部负载电阻,故须获得功率输出,内部负载开关应放在断的位置.一般仅需电压输出时,则内部负载放在通的位置.

(5) 当发生器与高阻抗网络相连接时,必须把内部负载开关先放到通的位置,并把输出阻抗旋钮按需要电压的大小旋到适当的一挡上,发生器的输出电压随输出阻抗值的不同而改变.按表 1.2.30 可知,将负载为 600Ω 时的电压值乘以相应的系数,便得到不同输出阻抗时的输出电压值.

表 1.2.30　系数数值表

发生器的输出阻抗/Ω	电压变化的倍数
50	0.289
150	0.500
600	1.00
5000	2.89

图 1.2.65　SC2000-Ⅱ功率函数发生器

2. SC2000-Ⅱ功率函数发生器(图 1.2.65)

1)性能参数

波形种类:正弦波、正弦半波、正弦余波、方波、梯形波、反锯齿波、锯齿波、三角波、正负脉冲波、正脉冲波、负脉冲波、积分波.

频率范围:正弦波为 20Hz~200kHz;其他波形为 20Hz~50kHz.

频率调节步长:1Hz.

相位调节:步长 1°,调节范围 0°~360°.

电压输出范围:输出电压峰值为 0.02~5.0V 可调,调节步长为 0.02V.

频率误差:$\pm0.037\mathrm{Hz}+0.1‰$.

电压误差:$<10\%$.

正弦波失真度:$<0.7\%$.

参考波形输出:波形为正弦波;频率为 100.58Hz;电压为 1.0~3.0V 峰值.

功率输出:峰值电压 0.06~15V,最大输出电流 0.5A(正弦有效值).

电源:AC220V$\pm5\%$,50Hz.

2)使用方法

(1) 信号输出.仪器前面右侧有两个 BNC 输出接口,上面为信号输出接口,下面为参考频率输出接口.功率输出接口位于后面板上,输出为 BNC 接口和接线柱两种方式.

功率输出与信号输出波形、频率都相同,功率输出口电压为信号输出口电压的 3 倍(前面板上显示的电压为信号输出端口的电压).

参考频率输出为 100.58Hz 正弦波,半峰值电压为 2.5V. 参考频率输出与信号输出相位差可在 0～360°任意调节.

(2) 操作按键介绍. 前面板上共用八个操作按键,分为调节、位选择、设置、电压/频率/相位、波形选择、功率开关六组:

调节按钮 ⊿ ▽ 用于修改波形参数(电压、频率、相位);

位选择按钮 ▷ 用于选择参数修改步长;

设置按钮 ⑤ 进入参数设置状态;

电压/频率/相位切换按钮 ⊙ 切换电压、频率和相位的显示;

波形选择按钮 ◁ ▷ 选择输出波形;

功率开关按钮 ⊙ 用于切换功率输出与参考频率输出.

(3) 频率设置.

① 按电压/频率/相位切换按钮 ⊙ 切换显示器为频率显示(kHz 指示灯亮).

② 按设置按钮 ⑤ 进入频率设置状态,此时频率显示最高位开始闪烁.

③ 按位选择按钮 ▷ 改变闪烁位到所需步长.

④ 按调节按钮 ⊿ ▽ 修改频率,如果闪烁位在 100.000kHz 位,则频率增加或减少 100.000kHz;如果闪烁位在 10.000kHz 位,则频率增加或减少 10.000kHz,其余类推.

⑤ 再次按设置按钮 ⑤ 退出频率设置状态.

在参数设置状态,除以上的按钮和电压/频率/相位切换按钮 ⊙,其余按钮均无效. 在频率设置状态,按电压/频率/相位切换按钮 ⊙,进入频率比设置方式,kHz 指示灯闪烁,此时设置/显示的频率值为实际频率与参考频率(100.58Hz)之比乘 100Hz. 在频率设置状态再次按电压/频率/相位切换按钮 ⊙,则回到正常频率设置状态.

为了观察到稳定的李萨如图形,必须使用频率比设置方式设置频率.

SC2000-Ⅱ功率函数发生器,输出正弦波频率为 20Hz～200kHz,其余波形为 20Hz～50kHz. 功率输出正弦波不失真频率为 20Hz～80kHz.

(4) 电压设置.

① 按电压/频率/相位切换按钮 ⊙ 切换显示器为电压显示(V 指示灯亮).

② 按设置按钮 ⑤ 进入电压设置状态,此时电压显示最高位开始闪烁.

③ 按位选择按钮 ▷ 改变闪烁位到所需步长.

④ 按调节按钮 ⊿ ▽ 修改电压,若闪烁位在 1.00V 位,则电压增加或减少 1.00V;若闪烁位在 0.10V 位,则频率增加或减少 0.10V;若闪烁位在 0.01V 位,则频率增加或减少 0.02V.

⑤ 再闪按设置按钮 ⑤ 退出电压设置状态.

设置/显示的电压为波形的峰值电压,调节范围为 0.02～5.00V,电压精度优于 10%.

(5) 相位设置.

① 按电压/频率/相位切换按钮 ⊙ 切换显示器为相位显示(DEG 指示灯亮).

② 按设置按钮 ⑤ 进入相位设置状态,此时相位显示最高位开始闪烁.

③ 按位选择按钮 ▷ 改变闪烁位到所需步长.

④ 按调节按钮 ⊙ ⊙ 修改相位,若闪烁位在 100°位,则相位差增加或减少 100°;若闪烁位在 10°位,则相位增加或减少 10°;其余类推.

⑤ 再次按设置按钮 ⑤ 退出相位设置状态.

设置/显示的相位为信号输出与参考频率输出相位差的改变量,不是输出信号与参考频率的绝对相位差. 相位调节范围为 0°～360°. 要显示绝对相差,可以如下操作:开机后,调节相位,使信号输出与参考频率输出同相,在相位设置状态按 ⊙ 按钮,相位清零,这样面板上显示的相位值就是信号输出与参考频率的绝对相位差.

(6) 改变输出波形. 波形选择按钮 ⊙ ⊙ 改变输出变形,SC2000-Ⅱ功率函数发生器可以输出十二种波形,输出波形标记在前面板上. 由于正弦波的频率范围为 20Hz～200kHz,其余波形为 20Hz～50kHz,在改变输出波形时,输出信号频率可能改变. 如输出正弦波时,频率设置大于 50kHz,当切换到其他波形时,输出频率将改为 50kHz. 在参数设置状态时,不能改变输出波形.

(7) 功率输出. 按功率开关按钮 ⊙ 将接通功率输出,前机板功率开关指示灯亮. 当切换到功率输出时,为了保护外部设备,信号输出电压自动降为 0.02V. (功率输出端 0.06V),此时必须重新设置输出电压到所需值. 再次按 ⊙ 按钮,将关闭功率输出,信号输出自动恢复到进入功率输出前的电压.

SC2000-Ⅱ功率函数发生器设有功率输出过流保护装置,当功率输出负载电流超过 0.5A (正弦有效值)时,电路自动进入保护状态,关闭功率输出,同时输出电压降为 0V,此时显示 P-Erro 标志,按功率开关按钮 ⊙ 可恢复正常.

2.7 常用光学仪器

光学是物理学的一个重要部分,因此光学实验也是物理实验的内容之一. 物理实验中常常接触测微目镜、读数显微镜、分光计和迈克耳孙干涉仪等光学仪器. 现分别介绍这些光学仪器的性质和使用方法.

2.7.1 测微目镜

测微目镜是测量微小长度的常用仪器,它也可以作为测微自准直管、测微望远镜和测微显微镜、工具显微镜、维氏硬度计等仪器的部件. 总之,实验室里经常要使用它.

1. 仪器结构

测微目镜的种类很多,常见的有丝杆式测微目镜,如图 1.2.66(a)所示. 其中 1 是滚花紧固螺钉,2 是壳体,3 是目镜管,目镜就安装在其末端;4 是如图 1.2.66(b)所示的固定分划板,5 是活动分划板,其图形见图 1.2.66(c),6 是读数鼓轮. 固定分划板是一个毫米分度的光学刻尺,范围是 0～8mm. 当旋动鼓轮,活动分划板做平动,这时从目镜视场中就可以看到叉丝交点和两竖直平行线在固定分划板的刻尺上移动.

2. 使用方法

(1) 旋松滚花紧固螺钉 1,将测微目镜套入仪器(如显微镜)的测量系统的目镜管内,使目

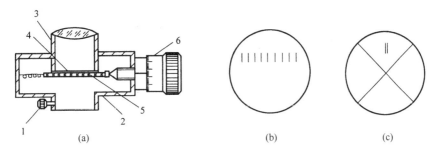

图 1.2.66　测微目镜

(a)丝杆式测微目镜;(b)固定分划板;(c)活动分划板

1—滚花紧固螺钉;2—壳体;3—目镜管;4—固定分划板;5—活动分划板;6—读数鼓轮

镜管端面与测微目镜的端面相接触,再拧紧滚花紧固螺钉 1.

（2）调节仪器的升降机构,使被测物表面在目镜视场内成清晰像.

（3）调节目镜管 3 使活动分划板 5 上的十字叉线及双刻线在目镜视场内成清晰的像（这时被测物表面的像可能模糊了）.再调节仪器的升降机构,使被测物表面在目镜视场内重新成清晰像.

（4）拧松滚花紧固螺钉 1,转动壳体 2 使活动分划板 5 上的双刻线垂直于所测的方向,再拧紧滚花紧固螺钉 1.

（5）转动与读数鼓轮 6 相连的手轮,用活动分划板上的十字叉线交点瞄准待测对象的被测部分,此时视场内双刻线位于固定分划板刻线尺的某两数字刻线之间.毫米以上的整数就取这两个数字中较小的数字,毫米以下的小数从读数鼓轮（分度值 0.01mm）上读出,这两处读数之和就是十字叉线交点的坐标.例如,图 1.2.67 给出的叉线交点坐标为 3.439mm,也就是被测物的起点（边）坐标 x_1. 转动手轮使十字叉

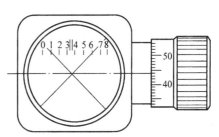

图 1.2.67　测微目镜叉线交点坐标

线交点瞄准被测物的终点边,读取坐标 x_2,则被测物的长度为 $l=|x_2-x_1|$.

注意在测定物的起点（边）和终点（边）坐标时,手轮只能向一个方向旋转（十字叉线向一个方向移动）.否则,将产生回程误差,使测量值严重偏离被测物的真实尺寸,其原因在于丝杆与螺母之间存在间隙.

2.7.2　读数显微镜

读数显微镜是物理实验的常用必备光学仪器.它的用途广泛,根据不同需要可完成下列测试工作:

（1）既可测量长度也可作低倍数放大观察使用,如测孔距、直径、线距及线宽度等.

（2）配备测微目镜和物方测微器,还可测量显微镜的放大率和平板玻璃的折射率.

（3）改变显微镜的位置,还能组成各种测试与观察装置.

1. 仪器结构

读数显微镜的种类较多,但功能类似.图 1.2.68 所示为 JCD₃ 型读数显微镜.图中目镜 2

可用锁紧螺钉 3 固定于任一位置.为了使用方便,棱镜室 19 可在 360°方向上旋转.物镜组 15 用丝扣拧入镜筒内,调焦手轮 4 可使镜筒 16 上下移动完成调焦.转动测微鼓轮 6,显微镜就会沿燕尾导轨移动.旋动锁紧手轮 7,可将方轴 9 固定在接头轴十字孔中.接头轴 8 可在底座 11 中旋转、升降,用锁紧手轮 10 可以使其固定.根据使用要求的不同,方轴可插入接头轴的另一十字孔中,使镜筒处于水平位置.压片 13 用来固定被测元件.旋转反光镜旋轮 12 可调节反光镜方位.半反镜组 14 是专为牛顿环实验配备的.

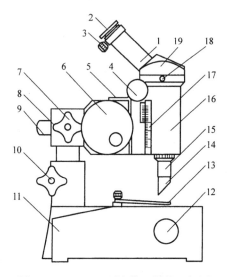

图 1.2.68　JCD₃ 型读数显微镜正视图

1—目镜接筒;2—目镜;3—锁紧螺钉;4—调焦手轮;5—标尺;6—测微鼓轮;7—锁紧手轮Ⅰ;8—接头轴;
9—方轴;10—锁紧手轮Ⅱ;11—底座;12—反光镜旋轮;13—压片;14—半反镜组;15—物镜组;16—镜筒;
17—刻尺;18—锁紧螺钉;19—棱镜室

2. 使用说明

现以测量细小物体长度为例说明本仪器的使用方法.先调节反光镜旋轮 12 使目镜内观察到的视场明亮均匀,将被测件放在工作台面上,用压片 13 固定.旋转棱镜室 19 至最舒适位置,用锁紧螺钉 18 固定,调节目镜 2 进行视度调整,使分划线清晰.转动调焦手轮 4,使镜筒自下而上地移动直到从目镜中观察的被测件成像清晰为止.调整被测件使其被测部分的轮廓线与显微镜目镜内的纵向叉丝平行(即与显微镜的移动方向平行).转动测微鼓轮 6,使十字分划板的纵叉丝与被测件的起点(边)重合,记下此值 x_1,沿同方向转动测微鼓轮,使纵叉丝与被测件的终点(边)重合,记下此值 x_2,则所测件长度为 $L=|x_2-x_1|$.

读数显微镜的读数由两部分组成,毫米以上的整数在标尺 5 上读出,毫米以下的小数在测微鼓轮上读出.以上两数之和即纵叉丝的位置坐标.纵叉丝沿燕尾导轨的有效活动范围是 0～50mm,这就是读数显微镜的测量范围.从测微鼓轮上可看到仪器的最小读数值为 0.01mm.

2.7.3　分光计

分光计是一种能精确测量角度的光学仪器,利用它能直接测定反射角、折射角、衍射角、劈尖的角度.要想利用它准确地进行测量,就必须了解它的结构并掌握它的调整方法.

1. 分光计的构造及各部分的作用

分光计由望远镜、平行光管、载物平台、读数装置（包括读数盘和游标盘）和底座组装成，如图 1.2.69 所示.

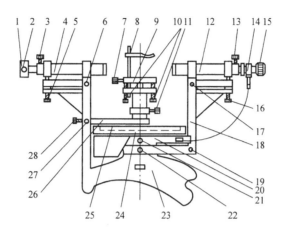

图 1.2.69 分光计结构正视图

1—可调狭缝；2—狭缝宽度调节手轮；3—狭缝套筒锁紧螺钉；4—平行光管镜筒；5—平行光管高低调节螺钉；6—平行光管水平微调螺钉；7—夹持弹簧片锁紧螺钉；8—夹持弹簧片；9—载物平台；10—载物平台调平螺钉（三个）；11—载物平台锁紧螺钉；12—望远镜镜筒；13—望远镜套筒锁紧螺钉；14—照明小灯、分划板及全反射棱镜；15—望远镜目镜调节手轮；16—望远镜高低调节螺钉；17—望远镜水平调节螺钉；18—望远镜支臂；19—望远镜微调螺钉；20—望远镜转座；21—望远镜与读数盘联结螺钉；22—望远镜制动螺钉；23—三角底座；24—读数盘（刻度盘）；25—游标盘；26—游标盘制动架；27—游标盘微调螺钉；28—游标盘制动螺钉

（1）三脚架座，是分光计的底座，架座中心有垂直方向的转轴，望远镜、载物平台、游标盘和读数盘（即刻度盘）都可绕该中心轴转动.

（2）平行光管，是产生平行光的部件.平行光管镜筒 4 固定在架座的一只脚上，镜筒的一端装有一个消色差的胶合透镜，另一端是装有可调狭缝 1 的套筒，调节狭缝宽度调节手轮 2 可改变狭缝的宽度.旋松狭缝套筒锁紧螺钉 3 可使套筒前后移动，改变狭缝和透镜间的距离，使狭缝落在透镜的主焦面上，就可产生平行光.若平行光管的主光轴与中心转轴偏离或倾斜，可分别通过平行光管水平微调螺钉 6 和平行光管高低调节螺钉 5 来调整.

（3）望远镜.本仪器采用阿贝式自准直望远镜，如图 1.2.70（a）所示，它由镜筒、物镜（消色差凸透镜）、分划板、阿贝式目镜、套筒、全反射式棱镜以及小灯组成.分划板装在套筒中间部位，阿贝式目镜装在套筒的一端，并能转动，以便调焦看清楚分划板上的十字叉丝和消除视差.图 1.2.70（b）是分划板示图.它的原理是接通电源小灯发光，经全反射式棱镜照亮分划板上的十字刻线，当分划板位于物镜焦平面上时，十字刻线发出的光经物镜后形成平行光，成像于无限远处.若在前面放置一个垂直于望远镜主光轴的平面反射镜，则平行光被反射回来，再经物镜聚焦在分划板上方十字叉丝处形成亮十字像.望远镜镜筒 12 固定在望远镜支臂 18 上方，望远镜支臂和望远镜转座 20 固定在一起、旋松望远镜制动螺钉 22，望远镜支臂就可带动望远镜转动.拧紧望远镜与读数盘（刻度盘）联结螺钉 21，则读数盘就跟着望远镜一起转动.旋松望远镜套筒锁紧螺钉 13，套筒可前后移动，以调节分划板在物镜的焦平面处.转动望远镜目镜调节手轮 15 可调焦看清楚分划板上的叉丝.在调整望远镜的过程中,若望远镜的主光轴与中心轴之间存在倾斜和偏离,则可分别调节望远镜高低调节螺钉 16 和望远镜水平调节螺钉 17.在调整反射回来的亮十字像与分划板上方十字叉丝精确重合时,若需要微转望远镜,则可拧紧望远镜制动螺钉 22,调节望远镜微调螺钉 19.

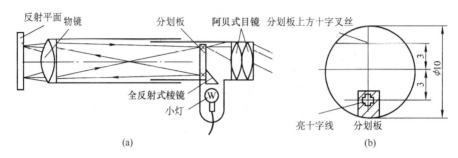

图 1.2.70　阿贝式自准直望远镜原理图

(a)阿贝式自准直望远镜;(b)分划板

(4) 载物平台.夹持弹簧片 8 用以夹持待测元件,由锁紧螺钉 7 来锁紧.载物平台 9 的下方有 3 个等分圆的调平螺钉 10,用来调节载物平台与中心转轴的倾斜度.整个载物平台可升降,以适应待测物不同大小的需要,升降后用锁紧螺钉 11 锁定,使载物平台与中心转轴连在一起.

(5) 读数装置.由刻度盘 24 和游标盘 25 组成,且与中心转轴垂直.拧紧联结螺钉 21 可把刻度盘,即读数盘与望远镜支臂联结成一体,望远镜转动时,读数盘也跟着转动.游标盘和中心转轴固定在一起,旋紧游标盘制动螺钉 28,它们不能转动,只能通过调节游标盘微调螺钉 27 实现微转动.读数盘分为 360°,每一度又分两个小格,每格为 0.5°(即 30′)称半度格.游标盘上有两个游标,位于直径两端与刻度盘相接触,其目的是消除偏心差.游标共分 30 格,其弧长与刻度盘上 29 小格相等,两者的每个小格相差 1′,故此角游标尺的精度为 1′.读数方法与直线游标卡尺相似,即以角游标的零线为准读出度,再找游标上与刻度盘上刚好重合的刻线,读出其分数.如图 1.2.71 所示,游标尺上 22 与刻度盘上的刻度重合,故读为 149°22′.

又如图 1.2.72 所示,游标尺上 14 与刻度盘上的刻度重合,但零线过了刻度的半度线,故读数为 149°44′.

图 1.2.71　分光计圆游标读数(一)

图 1.2.72　分光计圆游标读数(二)

2. 分光计的调整

为了精确测量角度,事前必须将分光计调整好.调节分光计的要求是:使平行光管发出平行光,望远镜能接收平行光(聚焦无穷远);平行光管和望远镜的主光轴与仪器中心转轴垂直,被测物的主截面与仪器中心转轴垂直.

1)目测粗调

先用眼睛观察估计平行光管、望远镜是否在一直线上,是否水平,载物平台是否水平.若不是,则可分别调节平行光管高低调节螺钉 5 和水平微调螺钉 6,望远镜高低调节螺钉 16 和水平微调螺钉 17,以及载物平台下面的 3 个调平螺钉 10.目测粗调对于能否顺利调整好分光计是至关重要的.

2)望远镜的调节

(1) 目镜调焦:旋动望远镜目镜调节手轮 15,使眼睛能清楚地看到分划板上的十字叉丝线.

(2) 望远镜调焦:接上电源,开亮小灯,分划板上的十字刻线被照亮.在载物平台上放上平面平镜,放法如图 1.2.73 所示.旋紧望远镜制动螺钉 22,旋松游标盘制动螺钉 28,转动游标盘使平面平镜的一个面(如 b_1 所对面)对着望远镜,观察有无反射回来的亮十字像或亮光斑.如果没有,则来回微转游标盘边调节调平螺钉(如 b_1)使看到反射回来的亮斑或不清楚的亮十字像.旋松望远镜套筒的锁紧螺钉 13,前后移动套筒进行调焦,使能清楚地看到亮十字像,再旋紧锁紧螺钉 13.

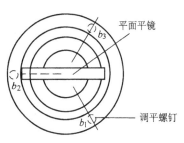

图 1.2.73 平面平镜的放法

(3) 调整望远镜主光轴与中心转轴垂直:将在望远镜调焦的过程中所看到的亮十字像调到视场中央,转动游标盘使另一面正对着望远镜,观察有无亮十字像.如没有,则来回微转动游标盘边调节调平螺钉 b_3,使能看到被反射回来的亮十字像.当两个面反射回来的亮十字像都能看到时,确定它是在分划板上方横向叉丝的同侧还是在两侧,如果在同侧,则说明望远镜主光轴是俯仰着,这时需调节望远镜高低调节螺钉 16,使两亮十字像分居在上方横向叉丝的两侧,然后,分别将两亮十字像与上方横向叉丝间的距离缩小 1/2;这样重复几次,采用逐渐逼近法将两亮十字像横线调到与上方横向叉丝精确重合.此时,望远镜主光轴已与中心转轴垂直,到此为止望远镜已调好.同时平面镜两面的法线也和中心转轴垂直(注意:望远镜调好后切忌再调望远镜的高低调节螺钉 16,否则前功尽弃).

3)平行光管的调整

点亮钠光灯,使平行光管正对着钠光灯窗口,取下平面平镜,旋松望远镜制动螺钉 22 转动望远镜,使它与平行光管在同一直线上,从望远镜中观察狭缝光源的亮线条,调节平行光管高低调节螺钉 5 使亮线条被望远镜分划板上中间横向叉丝平分.如看到亮像线模糊不清,旋松狭缝套筒锁紧螺钉 3 前后移动套筒,直至观察到清晰亮线条.如亮线条太粗则可调节狭缝宽度,调节螺钉 2 使亮线条等于 1mm 左右.这时平行光管已调整好,光轴与中心转轴垂直.

2.7.4 迈克耳孙干涉仪

迈克耳孙干涉仪是现代干涉仪之母.它是用分振幅的方法获得双光束干涉的精密光学仪器,在近代物理和计量技术中有着广泛的应用.使用它可以观察光的等厚、等倾干涉现象,还可以用来测定单色光波长,测定光的相干长度等.迈克耳孙干涉仪的结构如图 1.2.74 所示,它由一套精密的机构传动系统和 4 个高质量的光学镜片装在底座上组成,其光路图如图 1.2.75 所示.其中 G_1 是一块后表面镀有铬半反射膜的平行平面镜,亦叫做分光镜.来自光源 S 的光束到达 O 点时一半透射,一半反射,分成(1)、(2)两路进行,分别被与 G_1 成 45° 角的平面反射镜 M_1 和 M_2 反射,又在 O 点会合射向观察位置 E.由于(1)、(2)两束光来自光源 S 上同一点,满足相干光的条件,因而在 E 处可以观察到干涉图样. G_2 是一块与 G_1 的厚度和折射都相同的平行平板玻璃,且与 G_1 平行放置. 它的作用是使(1)、(2)两光束在玻璃中经过的色散完全相同,所以叫补偿板. 有了它,在计算两光束的光程差时,只要计算它们在空气中的几何路程之差就可以了. 平面反射镜 M_2 是固定的,M_1 可沿导轨前后移动,以改变(1)、(2)两光束的光程差. M_1 由一个精密丝杆控制,其移动的距离可由转轮上读出. 仪器前方转轮上最小刻度读数为 $10^{-2}\,\mathrm{mm}$,右侧微调手轮的最小刻度读数为 $10^{-4}\,\mathrm{mm}$,可估计到 $10^{-5}\,\mathrm{mm}$. M_1 和 M_2 背面各有三颗螺钉,用来调节 M_1 和 M_2 平面的方位,M_2 下方有两个相互垂直的拉簧螺钉,以便用来对 M_1 和 M_2 的方位作更细微的调节.

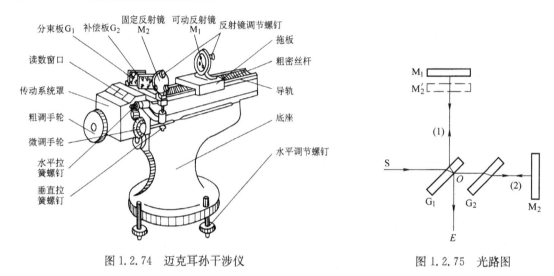

图 1.2.74　迈克耳孙干涉仪　　　　　　　　图 1.2.75　光路图

实验使用的 WSM-100 型迈克耳孙干涉仪的主要性能如下.

(1) 动镜移动范围:0~100mm.

(2) 动镜移动最小读数:0.0001mm.

(3) 丝杆导轨直线性误差:$\leqslant 16''$.

(4) 干涉条纹变形量:$\leqslant 1/3$ 条干涉带宽.

(5) 当计数干涉条纹级次 $\Delta K \geqslant 100$ 时,波长测量精度 $\leqslant 2\%$.

2.8　常用光源

光源是光学实验系统中不可缺少的组成部分,对于不同的光学实验常使用不同的光源. 现将光学实验中的常用光源介绍如下.

2.8.1　白炽灯

白炽灯是以热辐射形式发射光能的电光源. 它通常用钨丝作为发光体,为防止钨丝在高温下蒸发,在真空玻璃泡内充进惰性气体,通电后温度约 2500K,达到白炽发光. 白炽灯的光谱是连续光谱,其光谱能量分布曲线与钨丝的温度有关. 白炽灯可做白光光源和一般照明用. 光学实验中所用的白炽灯一般多属于低电压类型,常用的有 3V、6V、12V. 使用低压灯泡时,要特别注意供电电压必须与灯泡的标称值相等,否则会使灯泡亮度不足、烧毁甚至发生爆炸. 在白炽灯中加入一定量的碘、溴就成了碘钨灯或溴钨灯(统称卤素灯),这种灯有其特别的优点:①泡壳不发黑、光较稳定;②玻壳清洁,允许使用较高的稀有气体气压;③灯的体积小,可选用氪气达到高光效. 卤素灯常被用作强光源,使用时除注意工作电压外,还应考虑到电源的功率及散热的问题.

2.8.2　汞灯

汞灯是一种气体放电光源.它是以金属汞蒸气在强电场中发生游离放电现象为基础的弧光放电灯.

汞灯有低压汞灯与高压汞灯之分,实验室中常用低压汞灯.这种灯的汞蒸气压通常在一个大气压以下,正常点燃时发出汞的特征光谱,其波长见表 1.2.31.

表 1.2.31　低压汞灯光谱线波长表

颜色	波长/nm	相对强度	颜色	波长/nm	相对强度
紫	404.66	弱	绿	546.07	很强
紫	407.78	弱	黄	576.96	强
蓝	435.83	很强	黄	579.07	强
青	491.61	弱			

在低压汞灯内壁上涂荧光粉,使涂层转变成可见辐射,选择适当荧光物质,则发出的光与日光接近,这种荧光灯称为日光灯.日光灯点燃时发出的光谱既有白光光谱又有汞的特征光谱线.使用汞灯时必须在电路中串联一个符合灯管参数要求的镇流器后才能接到交流电源上去.严禁将灯管直接并联到 220V 的市电上去,否则会即刻烧坏灯丝.灯管点燃后,一般要等10min 甚至 30min 发光才趋稳定;灯管熄灭后,若想再次点燃,则必须等待灯管冷却,汞蒸气压降到适当程度之后.为了保护眼睛,不要直接注视汞灯光源,以防紫外线灼伤.

2.8.3　钠光灯

钠光灯也是一种气体放电光源.它是以金属钠蒸气在强电场中发生游离放电现象为基础的弧光放电灯,实验室常用低压钠灯.点燃后,当管壁温度为 260℃ 时,管内钠蒸气压为 3×10^{-3} Torr(1Torr＝135.3Pa),发出波长为 589.0nm 和 589.6nm 两种黄光谱线.由于这两种单色黄光波长较接近,一般不易区分,故常以它们的平均值 589.3nm 作为钠黄光的波长值.钠光灯可作为实验室一种常用的单色光源.钠光灯的使用方法与汞灯相同.

2.8.4　氦-氖激光器

He-Ne 激光器是 20 世纪 60 年代发展起来的一种新型光源.它与普通光源相比,具有单色性好、相干长度大、发光强度大、方向性好(几乎是平行光)等优点.

实验室常用的 He-Ne 激光器,由激光工作物质(He、Ne 混合气体)、激励装置和光学谐振腔 3 部分组成.放电管内的 He、Ne 混合气体在直流高压激励作用下产生受激辐射形成激光,经谐振腔加强到一定程度后,从谐振腔的一端面反射镜发射出去.谐振腔的两端各装有一块镀有多层介质膜面对面平行放置的反射镜,它是激光管的重要组成部分,必须保持清洁,防止灰尘和油污的污染.

在光学实验中,可以利用各种光学元件将激光管射出的激光束进行分束、扩束或改变激光束的方向,以满足实验的不同要求.

另外,He-Ne 激光器的形式颇多,因此,输出的激光特性也各不相同. 例如装有布儒斯特窗的外腔式激光管输出的激光为线偏振光,而内腔式激光管输出的则是圆偏振光.

由于激光管射出的激光束发散角小,能量集中,故切勿迎着激光束直接观看激光. 直视未充分扩束的少许光将造成人眼网膜的永久损伤. 另外,激光器工作时激光管两端加有直流高压(1200~8000V),实验中不得触摸,以防电击事故发生.

第 2 篇　基础性实验

实验 1　长度和密度的测量

【实验目的】

1. 学习游标卡尺、千分尺的原理和使用方法.
2. 学习物理天平的使用方法和不规则固体密度的测量方法.
3. 学习一般仪器测量的读数规则,学习直接测量和间接测量的不确定度的计算.

【实验原理】

长度的测量是最基本的测量,实验室常用的测量长度的仪器有米尺、游标卡尺、千分尺. 这些仪器的规格常用量程和分度值(精度)表示. 量程指仪器测量的最大范围,分度值指仪器标示的最小单位.

长度测量仪器和其他指针类测量仪器测读数据时应注意:尽量避免视差、检查或校准零点示数;估读小于分度值的量,记录的数据最末位应是估读位(恰好对齐刻度线也要用有效数字表示这种情况). 数据较大或较小时要用科学计数法来表示测量的结果,例如,1.30×10^3 mm 和 4.770×10^{-3} kg,不要写成 1300mm 和 0.004770kg.

1. 游标卡尺

游标卡尺的结构如图 2.1.1 所示,它由一个主尺和一个套在主尺上且可沿主尺滑动的副尺组成,副尺也称为游标. 在主尺和副尺上各有一个钳口,钳口 A 和 B 用于测量物体的长度或外径,钳口 E 和 F 用来测量内径,尾尺 C 用来测量深度,M 为锁紧螺钉.

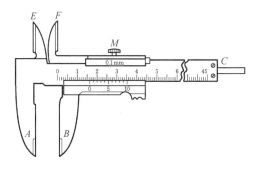

图 2.1.1　游标卡尺结构

实验室常用的游标卡尺,主尺的分度值为 1mm,游标的分度值有 0.1mm、0.05mm、0.02mm 等几种规格,它们的原理和读数方法都一样.

若 y 表示主尺上最小分度的长度,x 表示游标上最小分度的长度,N 表示游标的分度数目,如果 N 个游标分度与主尺($N-1$)个分度的长度相等,则

$$Nx = (N-1)y \qquad (2.1.1)$$

主尺最小分度与游标最小分度的长度之差为

$$y - x = \frac{y}{N} \tag{2.1.2}$$

主尺最小分度与游标最小分度的长度差,就是游标的分度值,如图 2.1.2 所示游标卡尺,游标上 10 个分度是主尺的 9 个分度即 9mm,则游标分度值为 1/10mm. 分度值一般都标注在游标卡尺上. 游标卡尺的测量原理就是利用主、副尺的最小分度值之差来获得长度的精密测量.

图 2.1.2　10 分度游标卡尺读数示意图

如图 2.1.2 所示,测量物体长度时,游标零点(B 处)左侧的主尺整毫米刻线的数值 L 为 52.0mm(C 处),游标上第 8 条线与主尺的一条刻线对得最齐(A 处),那么 $\overline{CB}$ 的长度 ΔL 为

$$\Delta L = \overline{AC} - \overline{AB} = 8 - 8 \times \frac{9}{10} = 0.8 (\text{mm})$$

物体长度为

$$L + \Delta L = 52.0 + 0.8 = 52.8 (\text{mm})$$

测量时,如果游标"0"刻度线左侧的主尺上整毫米刻线的读数值是 L,游标上第 n 条刻线与主尺上的某一刻线对齐,则游标"0"刻度线与主尺"0"刻度线的间距,即被测物的长度为

$$L + n(y - x) = L + n\frac{y}{N} = L + \Delta L \tag{2.1.3}$$

游标卡尺的读数方法:先读出游标"0"刻度线左侧的主尺上整毫米刻线的读数值,再加上游标上读出的毫米以下部分的数值. 毫米以下的读数值由与主尺某一刻线对齐的游标上的刻线确定.

（1）使用游标卡尺的注意事项如下.

① 使用游标卡尺测量前,首先应把钳口 A、B 合拢,检查游标的"0"线与主尺的"0"线是否重合. 如果不重合,应记下零点的读数,并加以修正.

② 保护钳口,防止钳口磨损. 为此不能用游标卡尺测量转动物体. 测量静物时,应轻推游标,使钳口接触被测物表面即可. 测量时被测物体的长度要与主尺平行,钳口不要歪斜.

（2）游标卡尺的仪器误差.

测量范围在 300mm 以下的游标卡尺不分精密度等级,一般取其游标分度值作为仪器误差.

2. 螺旋测微器

螺旋测微器又称为千分尺,量程为 25mm,分度值为 0.01mm. 螺旋测微器的结构如图 2.1.3 所示. 它的主要结构是螺旋套管中有一根精密的螺距为 0.5mm 的螺杆 A;固定的套管 F 上有两排刻度作为标尺,毫米刻度线和 0.5mm 刻度线分别刻在水平基准线的上下两侧;螺杆后端带有一个圆周刻成 50 个分度的套筒 C,称为鼓轮(或微分筒). 每当套筒旋转一周,螺杆便沿其

轴线方向前进或后退一个螺距的距离.因此套筒转过一个分度时,螺杆沿轴线方向移动的距离为

$$\frac{0.5\mathrm{mm}}{50} = 0.01\mathrm{mm}$$

此值即为螺旋测微器的分度值.可见,螺旋测微器应用了螺旋运动将螺杆的直线位移变为套筒角位移而得到机械放大的原理.这里将一个 0.5mm 螺距的小刻度转换成较大的 50 分度的圆周的周长,从而提高了测量精度.

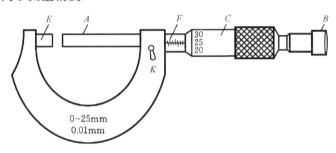

图 2.1.3　螺旋测微器

(1) 螺旋测微器的读数方法如下.

① 把待测物体夹在钳口 EA 内,轻轻转动其尾部棘轮 B 推动螺杆,当发出摩擦声时表示测量面已经与物体接触紧密,即可读数.读数时,由固定套管 F 上读出 0.5mm 以上的数值,由鼓轮上读出 0.5mm 以下的数值,并估读到千分之一毫米(0.001mm)那一位,两者相加即为该物体的长度值.如图 2.1.4 所示,(a)中的读数为 5.500mm+0.250mm=5.750mm,(b)中读数为 5.000mm+0.250mm=5.250mm.

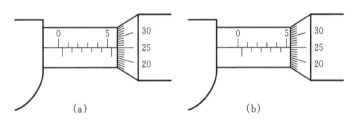

图 2.1.4　螺旋测微器的读数

② 测量前要检查螺旋测微器的零位,并记录"0"点的读数,以便对测量值进行零点修正,即从测量读数中减去"0"点读数才是被测物的实际尺寸.鼓轮(C 尺)上 0 刻度线在固定套管水平基准线以下,"0"点读数取正值,如图 2.1.5(a)所示,$x_0=0.002\mathrm{mm}$;鼓轮上 0 刻度线在固定套管水平基准线以上,"0"点读数取负值,如图 2.1.5(b)所示,$x_0=-0.004\mathrm{mm}$.

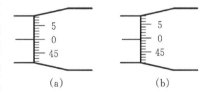

图 2.1.5　螺旋测微器的零点误差

(2) 使用螺旋测微器的注意事项如下.

① 由于螺旋测微器的螺纹非常精密,旋转时不能用力过猛.旋转时必须旋转棘轮,当听到摩擦声时,立即停止旋转.

② 螺旋测微器用毕,钳口间要留一定的空隙,防止热膨胀损坏螺纹.

3. 物理天平

物理天平外形如图 2.1.6 所示,横梁 B 上装有 3 个刀口,主刀口 A 置于支柱上,两侧刀口 b 和 b' 分别悬挂盘 M 和 M',整个天平横梁是一个等臂杠杆,横梁下面固定一个指针 C,当横梁摆动时,指针尖端就在支柱下方的标尺 S 前摆动.制动旋钮 H 可使横梁上升或下降.横梁下降时,支柱上的制动架会把它托住,以避免磨损刀口,横梁两端的两个平衡螺母 E 和 E' 是天平空载时调节平衡用的.横梁上装有游码 D,用于 1g 以下的称衡.支柱左边的托板 G 可以托住不被称衡的物体.底座上有指示天平水平放置的水准仪 K,并装有水平调节螺钉 F 和 F'.

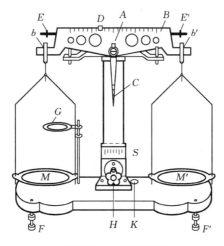

图 2.1.6　物理天平

(1) 物理天平的两个技术指标如下.

① 称量:天平允许称衡的最大质量.

② 感量及灵敏度:感量是指天平的指针在标度盘上偏转一个分度格时,天平秤盘上应增加(或减少)的砝码值.感量的倒数称为天平的灵敏度.

天平的误差一般可以用其感量来表示.我们在实验室中使用的 TW-02 型物理天平的误差限是 0.01g,TW-05 型物理天平的误差限是 0.025g.

(2) 物理天平的调节和使用如下.

① 调节水平:使用前应调节天平底座调节螺钉 F 和 F',使底座上水准器中的气泡处于正中心,以保证支架铅直.

② 调零点:将游码移到横梁左端零点,旋转 H 使横梁架起,观察天平是否平衡,即指针左右摆动幅度是否相等或指针 C 是否能停在标尺 S 中央刻度线,如果不平衡,需要旋转 H 使横梁放下,调节螺母 E 和 E',再升起横梁,观察天平是否平衡,直至调到平衡.

③ 称衡:先制动横梁,将待测物放入左盘中央,根据对待测物的估计,从大到小依次将砝码放入右盘中央,旋转 H 架起横梁,观察天平是否平衡,如不平衡,则再制动横梁,并适当地增减砝码或移动游码位置,直至指针左右摆动幅度相等为止.记下砝码和游码的读数.

④ 称衡完毕,将横梁放下,把砝码放回砝码盒中.

(3) 使用物理天平的注意事项如下.

① 取放物体、砝码和移动游码时,一定要先旋转 H 将横梁制动后才能进行操作,以免损坏刀口;

② 取砝码和移动游码时,必须使用镊子,严禁用手;

③ 称衡时秤盘 M 和秤盘 M' 要依次放好,不要混淆;

④ 天平都有规定的最大负荷量,所称物体质量不得大于此量.

4. 用流体静力称衡法测量不规则固体的密度

设实心的固体质量为 m,体积为 V,则由密度定义知固体的密度 ρ 为

$$\rho = \frac{m}{V}$$

若不考虑空气浮力作用,固体在空气中的重量为 $W=mg$,它完全浸没于液体中的视重为 $W_1=m_1 g$,则固体受到液体的浮力 F 的大小为

$$F = W - W_1 = (m - m_1)g$$

式中,m,m_1 都可以用天平称衡得到. 根据阿基米德原理,固体受到的浮力 F 等于它排开同样体积的液体的重量,即

$$F = \rho_0 V g$$

其中,ρ_0 为液体的密度. 由上面三式联立可得

$$\rho = \frac{m}{m - m_1} \rho_0$$

本实验所用液体为水,其密度常温下可设为 1.00g/cm^3.

【实验仪器】

游标卡尺,千分尺(螺旋测微器),物理天平,待测物体等.

【实验内容与步骤】

(1)熟悉游标卡尺、千分尺(螺旋测微器)、物理天平的结构和使用方法,记录游标卡尺、千分尺的零点示数,调节好天平的底座水平和空载平衡.

(2)用游标卡尺测量铜杯的内径、外径、深度和高度,重复 6 次(注意测量位置要变化). 计算各个量的平均值及不确定度. 写出测量结果.

(3)用游标卡尺测量圆柱体的高度,用千分尺测量其直径,各重复 6 次,用物理天平测量其质量(测 1 次). 计算各个量的平均值及不确定度,计算圆柱体的密度和不确定度. 写出测量结果.

(4)用流体静力称衡法测量金属片的密度. 注意金属片 m、m_1 测量的先后顺序,测量 m_1 时金属片要完全浸没于水中.

【数据记录与处理】

仪器规格(单位:mm 或 g)

游标卡尺的量程_____,分度值_____,仪器误差 $\Delta_仪 = 0.02$mm(可作仪器测量的 B 类不确定度),零值误差_____.

千分尺的量程_____,分度值_____,仪器误差 $\Delta_仪 = 0.004$mm(可作仪器测量的 B 类不确定度),零值误差_____.

物理天平的量程_____,游码的分度值_____,仪器误差 $\Delta_仪 = $游码的分度值/2(可作仪器测量的 B 类不确定度).

(1)用游标卡尺测量铜杯的尺寸(单位:mm)(表 2.1.1).

表 2.1.1　铜杯的尺寸数据记录　　　　　　　　　　　(单位:mm)

次序	外径 D	内径 d	高度 H	深度 h
1				
2				
3				
4				
5				
6				
平均值				
不确定度				
结果				

(2)用游标卡尺和千分尺测量圆柱体的尺寸(单位:mm),用天平测量其质量(单位:g)(表 2.1.2).

表 2.1.2　圆柱体的尺寸数据记录

次序	高度 H/mm	直径 D/mm	质量 M/g
1			—
2			—
3			—
4			—
5			—
6			—
平均值			
不确定度			
结果			

$$\rho = \frac{4 \times M}{\pi \times H \times D^2} = \underline{\hspace{2cm}}$$ (ρ 值暂时保留 4 位有效数字,最后结果与不确定度对齐).

(3)用流体静力称衡法测量金属片的密度(单位:g/cm³).

$m = \underline{\hspace{2cm}}$;$m_1 = \underline{\hspace{2cm}}$;$\rho_0 = 1.00$g/cm³.

$$\rho = \frac{m}{m - m_1} \rho_0 = \underline{\hspace{2cm}}$$ (ρ 值暂时保留 4 位有效数字,最后结果与不确定度对齐).

【附录】

不确定度的计算(示例)

(1)游标卡尺测量铜杯外径 D 的不确定度 $u(D)$ 的计算.

按测量置信度 0.95 估算外径 D 的 A 类不确定度,令 $u_A(D) = t_{0.95} s(\bar{D})$,对 6 次重复测量查表可知 $t_{0.95} = 2.57$, $s(\bar{D}) = \dfrac{s(D)}{\sqrt{n}}$. $s(D) = \sqrt{\dfrac{\sum\limits_{i=1}^{6} (D_i - \bar{D})^2}{n-1}}$ 在一般科学函数型计算器中都有其计算功能,使用方法可参考第 1 章附录. B 类不确定度 $u_B(D)$ 按实验室提供的数值 $u_B(D) = 0.02\text{mm}$. 根据不确定度 $u(D)$ 是 A、B 两类不确定度的合成,即需用方和根合成法计算

$$u(D) = \sqrt{u_A^2(D) + u_B^2(D)} = \sqrt{(2.57 \times s(D)/\sqrt{6})^2 + (0.02)^2} \text{(单位:mm)}$$

注意不确定度 $u(D)$ 一般只保留一位有效数字.

(2)圆柱体和金属片 ρ 的测量不确定 $u(\rho)$ 的估算.

请参考第 1 章的例 2 和例 4. 由于是一次性测量质量,A 类不确定度可认为等于 0,B 类不确定度按天平的游码分度值的 1/2 估算. $u(m)$ 等于 B 类不确定度(计算不确定度中间过程保留 2~3 位,最后只保留一位有效数字).

实验 2　动量守恒定律的验证

【实验目的】

1. 了解气垫导轨结构,学会调节使用气垫导轨及光电计时测速系统.
2. 验证一维方向上的动量守恒定律.
3. 了解弹性碰撞与完全非弹性碰撞的特点.

【实验原理】

1. 动量守恒定律

由相互作用的物体组成的力学系统,如果它不受外力或所受的合外力为零,则系统总动量保持不变,即

$$\sum m_i \boldsymbol{V}_i = 恒矢量 \qquad (2.2.1)$$

若在某方向上不受外力或合外力在该方向上分量之和为零,则系统在该方向上动量的分量保持恒定,即

$$\sum m_i \boldsymbol{V}_i = 恒量 \qquad (2.2.2)$$

2. 在气垫导轨上验证动量守恒定律

实验中研究的系统由两个能相碰撞的滑块组成. 两滑块在气垫导轨上被空气垫起时,运动时受到的空气阻力很小,对碰撞过程可忽略不计. 对于弹性碰撞,应在两个滑块的碰撞面装上弹性良好的碰簧;对于完全非弹性碰撞,则应在碰撞面上贴有橡胶泥等黏合材料,使之相碰后连为一体. 无论是哪种情况都必须是对心碰撞,即碰撞的一瞬间相互作用力必须在两滑块质心的连线上,使滑块无横向运动趋势. 为保证研究系统在水平方向上所受合外力为零,必须使气垫导轨保持良好的水平状态,这时对弹性碰撞有

$$m_1 V_{10} + m_2 V_{20} = m_1 V_1 + m_2 V_2 \qquad (2.2.3)$$

对完全非弹性碰撞有

$$m_1 V_{10} + m_2 V_{20} = (m_1 + m_2)V \qquad (2.2.4)$$

根据光电测速系统的特点,实验开始需使 m_2 静止于光电门 P_1、P_2 之间,即 $V_{20}=0$,如图 2.2.1 所示.

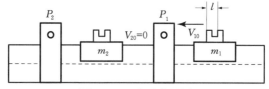

图 2.2.1　实验装置图

设 $P=$ 系统碰后动量之和/系统碰前动量之和,则实验中计算弹性碰撞动量比值为

$$P = \frac{m_1 V_1 + m_2 V_2}{m_1 V_{10}} \qquad (2.2.5)$$

计算完全非弹性动量碰撞比值为

$$P = \frac{(m_1 + m_2)V}{m_1 V_{10}} \tag{2.2.6}$$

两滑块构成的系统在运动过程中总动量保持不变,理想情况是 $P=1$. 但考虑实验仪器和实验者等各个原因,$P=1$ 或 $|1-\bar{P}|=0$ 情况总有偏差. 本实验当 $|1-\bar{P}|<5\%$ 时,则认为 $\bar{P}=1$. 按 P 的定义可知在实验条件下,证明了一维方向的动量守恒定律.

3. 碰撞前后的动能损耗

设系统碰撞后与碰撞前动能之比为 R,若 $V_{20}=0$,即有

$$R = \frac{m_1 V_1^2 + m_2 V_2^2}{m_1 V_{10}^2} \tag{2.2.7}$$

当 $|1-\bar{R}|<5\%$ 时,可认为 $\bar{R}=1$,按 R 定义知在实验条件下,无动能损耗,即动能守恒;$R<1$,则有动能损耗.

理论上可证明,对于弹性碰撞,$R=1$;对于非弹性碰撞,$0 \leqslant R < 1$.

【实验仪器】

气垫导轨(含滑块、光电门、挡光片),通用电脑计数器,气源,电子天平等.

【实验内容与步骤】

1. 实验系统的设置与调试

(1) 测定各滑块的质量 m_1,m_2,m_3(要求 $|m_1 - m_2| < 0.5\text{g}$).

(2) 气垫导轨水平的调节.

首先调节导轨前部的两底脚螺钉,使导轨横向无明显左右倾斜. 然后打开气源,当滑块垫起来后,考虑运动气流对碰簧的作用,可让两滑块粘连在一起,停在两光电门之间,调节导轨后面的升降螺杆,使之基本静止,则导轨水平.

(3) 电脑通用计数器的使用.

以 MUJ-ⅡB 型电脑通用计数器为例.

① "功能"键可设置测量功能和对数据清零(有数据按其清零,无数据则改变功能),本实验选"碰撞".

② "转换"键可转换单位和设置挡光片宽度(需按下 5s 以上),本实验选择单位为"cm/s". 完成上述设置后,碰撞滑块的挡光片通过光电门时,即可将其速度测出,并循环显示. 例如

$$P1.2 \quad 48.3$$

表示滑块第二次通过 P_1 光电门的速度是 48.3cm/s.

③ 仪器背面有 P_1、P_2 两个接口,每个接口有两个光电门插座. 同一接口可记录两次遮光的时间间隔.

2. 利用弹性碰撞验证动量守恒定律

(1) 取质量相等的两滑块($m_1 = m_2$).

① 滑块 2 静止停放在光电门 P_1、P_2 之间的导轨上（$V_{20}=0$），滑块 1 置于两光电门的外侧，推动它，使其通过光电门后与滑块 2 相撞.

② 测出 m_1，m_2 碰前、碰后的速度 V_{10}，V_2.

③ 重复实验 5 次.

（2）取质量不相等的两滑块（$m_3 > m_2$）. m_2 静止停放在两光电门之间（$V_{20}=0$），用 m_3 碰 m_2，类似（1）的操作测量 V_{30}，V_3，V_2，重复 5 次测量.

3. 利用完全非弹性的碰撞验证动量守恒定律

类似上述操作，测量碰撞速度.

（1）$m_1 = m_2$，$V_{20}=0$，重复 5 次实验.

（2）$m_3 > m_2$，$V_{20}=0$，重复 5 次实验.

【操作注意事项】

1. 一定要保证 $V_{20}=0$ 条件，否则式（2.2.5）～式（2.2.7）不成立.

2. 滑块碰撞初速度保持在 $30\sim50\text{cm/s}$，不能太快，以免弹簧变形和滑块跌落.

【数据记录与处理】

$m_1 = $ _____ g，$m_2 = $ _____ g，$m_3 = $ _____ g，挡光片的宽度 $l = $ _____ cm（参见图 2.2.1）.

1. 弹性碰撞

（1）$m_1 = m_2$，$V_{20}=0$，记录见表 2.2.1.

表 2.2.1　质量相等的两滑块弹性碰撞

次序	1	2	3	4	5
$V_{10}/(\text{cm/s})$					
$V_2/(\text{cm/s})$					
P					
R					

$\overline{P}=$ ____，$\overline{R}=$ ____. $|1-\overline{P}|=$ ____，$|1-\overline{R}|=$ _____，实验结论：_____

（2）$m_3 > m_2$，$V_{20}=0$，记录见表 2.2.2.

表 2.2.2　质量不相等的两滑块弹性碰撞

次序	1	2	3	4	5
$V_{30}/(\text{cm/s})$					
$V_3/(\text{cm/s})$					
$V_2/(\text{cm/s})$					
P					
R					

$\overline{P}=$ ____，$\overline{R}=$ ____. $|1-\overline{P}|=$ _____，$|1-\overline{R}|=$ ____，实验结论：_____

2. 完全非弹性碰撞

（1）$m_1 = m_2$，$V_{20} = 0$，记录见表 2.2.3.

表 2.2.3　质量相等的两滑块完全非弹性碰撞

次序	1	2	3	4	5
$V_{10}/(\text{cm/s})$					
$V_2(=V_1)/(\text{cm/s})$					
P					
R					

$\overline{P} = $＿＿，$\overline{R} = $＿＿．$|1 - \overline{P}| = $＿＿＿＿，$|1 - \overline{R}| = $＿＿，实验结论：＿＿＿＿＿＿＿＿

（2）$m_3 > m_2$，$V_{20} = 0$，记录见表 2.2.4.

表 2.2.4　质量不相等的两滑块完全非弹性碰撞

次序	1	2	3	4	5
$V_{30}/(\text{cm/s})$					
$V_2(=V_3)/(\text{cm/s})$					
P					
R					

$\overline{P} = $＿＿，$\overline{R} = $＿＿．$|1 - \overline{P}| = $＿＿＿＿，$|1 - \overline{R}| = $＿＿，实验结论：＿＿＿＿＿＿＿＿

【思考题】

1. 如果考虑空气阻尼的存在，两光电门是尽量靠近好还是稍远好？为什么？在导轨水平情况下，按 P、R 定义，P、R 的实验值与理论值相比是偏大还是偏小，为什么？

2. 以实验数据为基础，对碰撞过程进行讨论. ①系统的动量关系；②两滑块碰撞前后的相对速度关系；③系统的动能损失情况；④对完全非弹性碰撞系统，动能损失大小与两物体的质量之比有何关系等.

【选做实验】

滑块在气垫导轨上运动，由于气垫层空气流速分布不同，所以它总是受到空气阻尼（黏滞阻力）的作用，速度比无阻尼的理想情况要小. 精确测量速度有必要考虑这一系统误差.

实验原理：滑块在速度不太大时，受到的空气阻力 f 与其速度 v 成正比，即

$$f = -bv \qquad (2.2.8)$$

式中，b 是阻尼常数，负号表示 f 与 v 方向相反. 如图 2.2.2 所示，滑块向下运动受到重力分量 F 和阻尼 f 的作用，运动方程为

$$Ma = F - f \quad （设运动方向为正）$$

由式（2.2.8）可知

$$M\frac{\mathrm{d}v}{\mathrm{d}t} = F - b\frac{\mathrm{d}x}{\mathrm{d}t} \qquad (2.2.9)$$

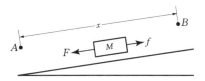

图 2.2.2　滑块在气垫轨上运动

以 B 点为计时零点，$t_B=0$，$x_B=0$，$v_B=v_0$，$t_{BA}=t$，$x_{BA}=x$，$v_A=v$，则由式(2.2.9)解得

$$v = v_0 + \frac{F}{M}t - b\frac{x}{M} \qquad (2.2.10)$$

在水平导轨上 $F=0$，则

$$v = v_0 - b\frac{x}{M} \qquad (2.2.11)$$

式(2.2.11)表明滑块运动 x 距离后，其速度 v 比初速 v_0 要小 $b\dfrac{x}{M}$.

又假定滑块运动到下端反弹通过 A，B 光电门，且，$t_{BA}=t'$，$v_A=v'_0$，$v_B=v'$，$x_{BA}=x$，由方程 $Ma=-F-f$ 可解得

$$v' = v_0 - \frac{F}{M}t' - \frac{b}{M}x \qquad (2.2.12)$$

由式(2.2.10)和式(2.2.12)联立消去不易测量量 F 可得

$$b = \frac{[(v'_0 - v')t - (v - v_0)t']M}{x(t + t')} \qquad (2.2.13)$$

式(2.2.13)表明，让滑块在倾斜导轨上运动，测得相关量即可算出空气阻尼常数 b. 再由式(2.2.11)的修正可得到水平导轨上运动的滑块相碰前后的瞬间速度大小.

实验 3　用三线摆法测定刚体的转动惯量

转动惯量是刚体转动惯性大小的量度,是表征刚体特性的一个物理量.转动惯量的大小除与物体的质量有关外,还与转轴的位置和质量分布(即形状、大小和密度)有关.如果刚体形状简单,且质量分布均匀,则可直接计算出它绕特定轴的转动惯量.但在工程实践中,我们遇到的是大量形状复杂且质量分布不均匀的刚体,理论计算将极为复杂,因此通常采用实验方法来测定.关于转动惯量的测量,一般都是使刚体以一定的形式运动,通过表征这种运动特征的物理量与转动惯量之间的关系进行转换测量.测量刚体转动惯量的方法有多种,三线摆法是具有较好物理思想的实验方法,它具有设备简单、直观、测试方便等优点.

【实验目的】

1. 学会用三线摆法测定物体的转动惯量.
2. 学会用累积放大法测量周期运动的周期.
3. 验证转动惯量的平行轴定理.

【实验原理】

如图 2.3.1 所示,支架 1 上面安装着可以转动的上盘 4(启摆盘),在上盘中有 3 个铰线小轴 3,用以绕丝线 5 悬挂悬盘 6,旋转铰线小轴 3 可以改变悬线的长度,螺钉 2 用来固定铰线小轴,底脚螺钉 7 用来调节上盘水平,支架上的小平面镜 8 用于测周期时确定摆动盘悬线的位置.

实验时,悬盘(下盘)由 3 根悬线悬挂于启摆盘(上盘)铰线小轴处,两圆盘圆心重合于同一竖轴上.转动启摆盘使三线悬挂的圆盘绕其中心竖轴旋转一小角度,在悬线张力的作用下,悬盘将绕其中心竖轴在一确定的平衡位置附近做往复扭摆转动,其重心也将沿转轴做微小的上、下移动,转动周期与其转动惯量有关.

设悬盘质量为 m_0,当它沿某一方向扭转时,悬盘中心 O' 上升到 O'',上升的高度为 h,如图 2.3.2 所示.其势能增量为 $m_0 g h$;当反转回到平衡位置时,势能为零,角速度 ω_0 最大,悬盘的动能为 $I_0 \omega_0^2 / 2$(I_0 为悬盘的转动惯量),由机械能守恒定律有

$$m_0 g h = \frac{I_0 \omega_0^2}{2} \tag{2.3.1}$$

因为转角 θ 很小,扭摆转动可视为简谐振动,则角位移、角速度与时间的关系为

$$\theta = \theta_0 \sin\left(\frac{2\pi}{T_0} t + \varphi\right), \quad \omega = \frac{\mathrm{d}\theta}{\mathrm{d}t} = \frac{2\pi}{T_0} \theta_0 \cos\left(\frac{2\pi}{T_0} t + \varphi\right)$$

式中,θ_0 为转动的最大角位移;T_0 为转动的周期.

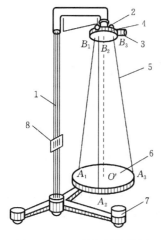

图 2.3.1 三线摆的结构图

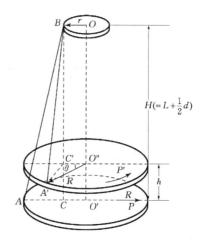

图 2.3.2 三线摆的原理

在通过平衡位置时的最大角速度为

$$\omega_0 = \frac{2\pi}{T_0}\theta_0 \tag{2.3.2}$$

由图 2.3.2 通过几何分析，可知 $h = \overline{CC'} = \overline{BC} - \overline{BC'}$，而

$$\overline{BC}^2 = \overline{AB}^2 - \overline{AC}^2 = \overline{AB}^2 - (R-r)^2$$

$$\overline{BC'}^2 = \overline{A'B}^2 - \overline{A'C'}^2 = \overline{A'B}^2 - (R^2 + r^2 - 2Rr\cos\theta_0)$$

考虑到 $\overline{AB} = \overline{A'B}$，$\overline{BC} + \overline{BC'} \approx 2H$，则

$$h = \overline{BC} - \overline{BC'} = \frac{\overline{BC}^2 - \overline{BC'}^2}{\overline{BC} + \overline{BC'}} = \frac{Rr(1-\cos\theta_0)}{H} = \frac{Rr}{H}2\sin^2\frac{\theta_0}{2}$$

其中，R 是 3 根线在悬盘的 3 个悬挂点 A_1、A_2、A_3 的外接圆的半径；r 是 3 根线在上盘的 3 个悬挂点 B_1、B_2、B_3 的外接圆的半径. 显然，这两个外接圆半径都应小于或等于实际的上、下盘的半径，仅当悬挂点处于盘的边缘时才相等.

$\triangle A_1A_2A_3$ 和 $\triangle B_1B_2B_3$ 都是等边三角形，其边长记为 a 和 b，外接圆半径与边长的关系是

$$R = \frac{\sqrt{3}}{3}a, \quad r = \frac{\sqrt{3}}{3}b$$

在摆角很小时，$\sin\theta_0 \approx \theta_0$，$2\sin^2\frac{\theta_0}{2} \approx \frac{\theta_0^2}{2}$，则有

$$h = \frac{Rr\theta_0^2}{2H} \tag{2.3.3}$$

将式 (2.3.1)～式 (2.3.3) 联解，得到

$$I_0 = \frac{m_0 gRrT_0^2}{4\pi^2 H} \tag{2.3.4}$$

此式即为悬盘转动惯量的实验测量公式，其理论计算公式为

$$I_0' = \frac{1}{2}m_0 R_0^2 \tag{2.3.4'}$$

式中，R_0 为悬盘的实际半径.

在悬盘上加上质量为 m 的圆环后，测出悬盘及圆环系统的转动周期 T_1，则悬盘及圆环系

统的转动惯量为

$$I_1 = \frac{(m_0 + m)gRrT_1^2}{4\pi^2 H}$$

由此可得到圆环的转动惯量为

$$I = I_1 - I_0 = \frac{gRr}{4\pi^2 H}\big[(m_0 + m)T_1^2 - m_0 T_0^2\big] \tag{2.3.5}$$

此式即为圆环转动惯量的实验测量公式. 其理论计算公式为

$$I' = \frac{1}{2}m(R_1^2 + R_2^2) \tag{2.3.5'}$$

式中, R_1、R_2 为圆环的内、外半径.

　　用三线摆法还可以验证平行轴定理. 若质量为 m' 的物体绕过其质心轴的转动惯量为 I_c, 当转轴平行移动距离 x 时, 则此物体对新轴 OO' 的转动惯量为 $I_{OO'} = I_c + mx^2$. 这一结论称为转动惯量的平行轴定理. 实验时将质量均为 m', 形状和质量分布完全相同的两个圆柱体对称地放置在下圆盘上, 如图 2.3.3 所示. 按同样的方法, 测出两个圆柱体及悬盘系统绕中心轴 OO' 的转动周期 T_x, 则可求出每个圆柱体对中心转轴 OO' 的转动惯量为

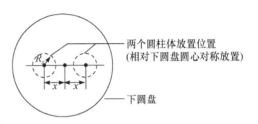

图 2.3.3　三线摆法验证平行轴定理

$$I_x = \left[\frac{(m_0 + 2m')gRr}{4\pi^2 H}T_x^2 - I_0\right]/2 \tag{2.3.6}$$

　　如果测出小圆柱中心与悬盘中心之间的距离 x 以及小圆柱体的半径 R_x, 则由平行轴定理可求得

$$I'_x = \frac{1}{2}m'R_x^2 + m'x^2 \tag{2.3.6'}$$

比较 I'_x 与 I_x 的大小, 可验证平行轴定理.

【实验仪器】

三线摆, 秒表, 游标卡尺, 水准器, 圆环, 形状和质量相同的两个圆柱体.

【实验内容与步骤】

　　(1)将水准器置于三线摆上盘悬架上方, 调节底脚螺钉, 使立柱铅直; 置水准器于悬盘中心, 调三悬线长度, 使悬盘水平.

　　(2)让悬盘静止不动, 微微扭动启摆盘(上盘), 使悬盘在悬线张力的作用下做扭摆转动, 并让其中一根悬线以小镜面的中心竖线为平衡位置做扭摆转动.

　　(3)让悬盘做稳定的扭摆运动, 其摆角约为 5°, 在选定的那一根悬线经过平衡位置时启动秒表, 然后该悬线以相同方向每经过平衡位置一次就数一个周期, 数到第 50 个周期时按停秒表, 记下完全摆动 50 次的总时间. 重复 5 次, 分别记录 5 次 50 个周期的总时间值.

　　(4)将圆环置于悬盘正中, 重复(2)、(3)步骤, 得到盘环系统的 5 次 50 个周期的总时间值.

　　(5)取下圆环, 按图 2.3.3 放上两圆柱体, 重复(2)、(3)步骤, 得到圆柱系统的 5 次 50 个周

期的总时间值.

（6）用钢直尺测量上、下盘间垂直距离 L，用游标卡尺测出悬盘的厚度 d，则摆高 $H=L+1/2d$；用游标卡尺分别测上、下盘悬线孔间距各 5 次，并测出悬盘的直径、圆环的内、外直径及小圆柱体直径与悬盘小圆直径，分别记录悬盘、圆环和圆柱体的质量.

（7）求出各分量的最佳值和不确定度，分别求出悬盘、圆环和圆柱的转动惯量及不确定度，写出结果表达式；分别计算出圆盘、圆环和圆柱转动惯量的理论值并与测量值进行比较，求出其相对误差，并进行分析讨论. 平行轴定理是否得到验证？ 如果没有，是什么原因？

【数据记录与处理】

1. 实验数据记录（表 2.3.1 和表 2.3.2）

悬盘质量 $m_0=$ _____，待测圆环质量 $m=$ _____，圆柱体质量 $m'=$ _____，$L=$ _____，$d=$ _____.

表 2.3.1　累积法测周期数据记录

	悬盘		悬盘加圆环		悬盘加两圆柱体	
摆动 50 次所需时间单位/s	1		1		1	
	2		2		2	
	3		3		3	
	4		4		4	
	5		5		5	
	平均		平均		平均	
周期/s	T_0		T_1		T_x	

表 2.3.2　有关长度多次测量数据记录项目

项目　次数	悬盘悬孔间距 a/mm	悬盘悬孔间距 b/mm	悬盘的直径 $2R_0$/mm	待测圆环外径 $2R_1$/mm	待测圆环内径 $2R_2$/mm	小圆柱体直径 $2R_x$/mm	两圆柱体中心间距 $2x$/mm
1							
2							
3							
4							
5							
平均							

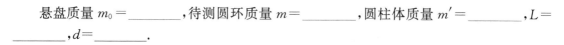

$$R=\frac{\sqrt{3}}{3}\bar{a}=\underline{\qquad}, \quad r=\frac{\sqrt{3}}{3}\bar{b}=\underline{\qquad}.$$

2. 实验数据处理(表 2.3.3)

表 2.3.3　数据处理

项目　　　物体	用三线摆测得值 I/(kg・m²)	理论计算所用公式	公式计算的原始数据	公式计算值 I'/(kg・m²)	$E = \dfrac{\mid I' - I \mid}{I'} \times 100\%$
悬盘		$I'_0 = \dfrac{1}{2} m_0 R_0^2$	$m_0 =$ $R_0 =$		
圆环		$I' = \dfrac{1}{2} m(R_1^2 + R_2^2)$	$m =$ $R_1 =$ $R_2 =$		
圆柱体		$I'_x = m'x^2 + \dfrac{1}{2} m'R_x^2$	$m' =$ $x =$ $R_x =$		

【注意事项】

1. 转动惯量实验测量公式成立的条件是:3 根悬线等长,线上张力相等;上、下盘水平,下盘绕其中心轴线做扭摆转动,且扭动的角度 $\theta \leqslant 5°$.

2. 要正确启动摆盘,不允许悬盘在扭摆的同时出现晃动.

3. 正确使用游标卡尺,游标卡尺没有估读位;要先熟悉机械秒表的使用后,才可开始进行测量.

4. 放置小圆柱时一定要对称放置.

【思考题】

1. 用三线摆测刚体转动惯量时,为什么必须保持下盘水平?

2. 在测量过程中,如下盘出现晃动,对周期的测量有影响吗? 如有影响,应如何避免?

3. 三线摆放上待测物后,其摆动周期是否一定比空盘的转动周期大? 为什么?

4. 测量圆环的转动惯量时,若圆环的转轴与悬盘转轴不重合,对实验结果有何影响?

5. 如何利用三线摆测定任意形状的物体绕某轴的转动惯量?

6. 三线摆在摆动中受空气阻尼,振幅越来越小,它的周期是否会变化? 对测量结果影响大吗? 为什么?

实验 4　用扭摆法测定物体的转动惯量

刚体定轴转动时,具有以下特征:首先是轴上各点始终静止不动;其次是轴外刚体上的各个质点,尽管到轴的距离(即转动半径)不同,相同的时间内转过的线位移也不同,但转过的角位移却相同.因此,可以在刚体上任意选定一点,以该点绕定轴的角位移来描述刚体的定轴转动.

转动惯量是刚体转动时惯性大小的度量,是表明刚体特性的一个物理量.刚体转动惯量除了与物体的质量有关外,还与转轴的位置和质量分布(即形状、大小和密度分布)有关.如果刚体形状简单,且质量分布均匀,可以直接计算出它绕特定转轴的转动惯量.对于形状复杂、质量分布不均匀的刚体,计算将极为复杂,通常采用实验方法来测定.

【实验目的】

1. 用扭摆测定不同形状物体的转动惯量并与理论值进行比较.
2. 测涡卷弹簧的扭转弹性系数.
3. 验证转动惯量平行轴定理.

【实验原理】

扭摆的构造见图 2.4.1,在其垂直轴 1 上装有一根薄片状的涡卷弹簧 2,用以产生恢复力矩.在轴的上方可以装上各种待测物体.垂直轴与支座间装有轴承,使摩擦力矩尽可能降低.

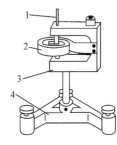

图 2.4.1　扭摆支架
1—垂直转轴;2—涡卷弹簧;
3—U 形架;4—底座

设轴上装待测物体(载物圆盘)的转动惯量为 I,将物体在水平面内转过一角度 θ 后,在弹簧的恢复力矩作用下,物体就开始绕垂直轴做往返扭转运动.根据胡克定律,弹簧受扭转而产生的恢复力矩 M 与所转过的角度成正比,即

$$M = -K\theta \tag{2.4.1}$$

式中,K 为弹簧的扭转常数.根据转动定律

$$M = I\beta$$

式中,I 为物体绕转轴的转动惯量;β 为角加速度.由上式得

$$\beta = \frac{M}{I} \tag{2.4.2}$$

令 $\omega^2 = \dfrac{K}{I}$,且忽略轴承的摩擦阻力矩,由式(2.4.1)与式(2.4.2)得

$$\beta = \frac{\mathrm{d}^2\theta}{\mathrm{d}t^2} = -\frac{K}{I}\theta = -\omega^2\theta$$

上述方程表示扭摆运动具有角简谐振动的特性,即角加速度与角位移成正比,且方向相反.此方程的解为

$$\theta = A\cos(\omega t + \varphi)$$

式中,A 为谐振动的角振幅;φ 为初相位角;ω 为角速度. 此谐振动的周期为

$$T=\frac{2\pi}{\omega}=2\pi\sqrt{\frac{I}{K}} \tag{2.4.3}$$

根据式(2.4.3),弹簧的弹性系数 K 一定,扭摆振动周期的平方 T^2 与转动惯量 I 成正比.

再在载物圆盘上加上一个转动惯量为 I_1 物体,此时扭摆的转动惯量为 $I+I_1$,由式(2.4.3),此时振动周期为

$$T_1=2\pi\sqrt{\frac{I+I_1}{K}} \tag{2.4.4}$$

(2.4.3)、(2.4.4)两式相除可得

$$I=\frac{T^2}{T_1^2-T^2}\cdot I_1 \tag{2.4.5}$$

本实验采用一个圆柱体,其转动惯量可以根据质量 m_1 和直径 D_1 算出,即 $I_1=\frac{1}{8}m_1 D_1^2$. 将圆柱体同轴加载到转动惯量 I 未知的载物圆盘上,分别测出加载圆柱前后的振动周期 T 和 T_1,按(2.4.5)即可得到载物圆盘的转动惯量 I,进而可得弹簧的扭转弹性系数

$$K=\frac{4\pi^2}{T^2}\cdot I=\frac{4\pi^2 I_1}{T_1^2-T^2} \tag{2.4.6}$$

在 SI 制中 K 的单位为 $kg\cdot m^2\cdot s^{-2}$(或 $N\cdot m$).

理论分析证明,若质量为 m 的物体绕通过质心轴的转动惯量为 I_c,当转轴平行移动距离 x 时,则此物体对新轴线的转动惯量变为 I_c+mx^2. 这称为转动惯量的平行轴定理.

【仪器与器材】

实验仪器由扭摆、待测刚体、带光电门的计频计时仪组成.

1. 扭摆

如图 2.4.2(a)所示,在扭摆 U 形支架上,用轴承支承竖直轴,用涡卷弹簧提供回复力矩,使轴上端固定的刚体做角振动.

2. 待测刚体

待测刚体有圆筒、圆柱、圆球、带有两个可移动物块的金属杆. 利用带物块的金属杆验证转动惯量的平行移轴定理.

3. 计数计时器

数字式计数计时器带有光电门,扭摆振动时其上挡光杆来回遮挡光电门,触发计数计时器计数. 每两次挡光电门为一个振动周期. 按下"开始"按钮后,周期数显示为"—",第一次挡光电门开始计周期数和时间,计数器达到设定周期数停止计时,时间精确到毫秒. 按"设置"按钮后,用方向按钮设置测量周期数;再次按"设置"按钮,结束周期数设置. 按"功能"按钮,切换时间测量值,按周期显示还是按设定周期数的总时间显示. 按"结束"按钮,退出未完成的计时测量.

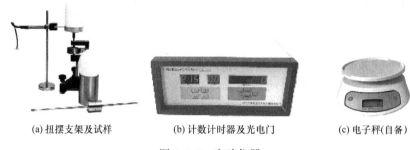

(a) 扭摆支架及试样　　　　　(b) 计数计时器及光电门　　　　　(c) 电子秤(自备)

图 2.4.2　实验仪器

4. 电子秤

数字式电子秤是由数字电路和压力传感器组成的一种台秤.本实验所用电子秤,称量为1.999kg,分度值为1g,(仪器误差为1g).称重前应检查读数是否为"0".若显示值在空载时不是"0"值,可在空载情况下重开电源,电子秤自动校零.

【实验内容与步骤】

(1)用电子秤、游标卡尺测量待测物体的质量和必要的几何尺寸,例如,圆筒的内径和外径、圆柱体的外径、圆球的直径等,记入表 2.4.1 中.

(2)测量载物圆盘的振动周期 T,以此数据计算载物圆盘的转动惯量.

①调节扭摆支架底座螺钉,使 U 形架上的水准器水平.

②在转轴上装载物圆盘,让挡光杆在 U 形架的缺口方向,以便放置光电门支架.

③放置光电门,调节光电门的高度和到扭摆转轴的距离,使挡光杆位于光电探头间隙处并挡住光电探头(光电门支架上的"工作指示"灯变暗).

④若此时功能指示区为"P**",则为正常周期模式,按"设置"按钮,功能指示区开始闪烁,此时按上或下箭头按钮,可以调整预设的计数周期数,P01~P99 之间任意值可设,通常设置为15 个周期.

⑤将载物圆盘偏离平衡位置约 90°释放,按"开始"按钮计时,数码管周期数区域指示"——",待光电门被触发后,开始计时与周期计数,当周期数达到预设周期数时,周期数及时间显示停止,此时按"功能"按钮,功能指示区域切换为"EAn"(平均值 mean 缩写),则此时时间显示区显示的是刚刚实验周期的平均值;当功能指示区回复到"P**"状态时,按左或右按键,可以回显查看上一次实验每一次周期的具体时间值.实验计时完成后将平均周期 T 值记入表2.4.2 中.

⑥重复步骤⑤三次.

(3)分别测量载物圆盘+圆柱、载物圆盘+圆筒的振动周期 T_1、T_2,进而计算圆筒的转动惯量(本实验中圆柱作为已知转动惯量的试样):

⑦分别在载物圆盘上加载圆柱和圆筒,确保柱和环的轴与载物圆盘的轴重合.

⑧参照内容(2)的步骤⑤、⑥操作.此时扭摆的转动惯量分别为载物圆盘加圆柱的转动惯量 $I_盘+I_柱$ 和载物圆盘加圆筒的转动惯量 $I_盘+I_筒$.

(4)测量圆球的振动周期 T_3,以此数据计算球的转动惯量.

⑨从扭摆转轴上卸下载物圆盘换上圆球,调整光电门位置让挡光杆在光电探头间隙处挡住探头.

⑩参照内容(2)的步骤⑤、⑥测量振动周期.因球下连接头回转半径小,可以忽略其转动惯量,此时扭摆的转动惯量近似为球的转动惯量 $I_{球}$.

(5)验证转动惯量平行轴定理,将测量数据记入表 2.4.3 中.

⑪将连接头固定在细杆的中间,安装到扭摆支架转轴上,调整光电门的位置使细杆的端头挡住光电门.

⑫分别将两物块中心滑动到距杆中点 10cm、15cm、20cm 处(让滑块上的限位销卡入细杆上的卡槽内,卡槽间距为 5cm),测量细杆物块组合绕质心的振动周期.

⑬将连接头固定在细杆上距杆中点 5cm 的卡槽内,调整好光电门,分别将两物块中心滑到距杆中点 10cm、15cm、20cm 处,测量细杆物块组合绕平移轴的振动周期.

⑭将连接头固定在细杆上距杆中点 10cm 的卡槽内,调整好光电门,分别将两物块中心滑到距杆中点 15cm、20cm 处,测量细杆物块组合绕平移轴的振动周期.

【思考题】

1. 放置光电门应该注意哪些?

2. 若已知载物圆盘的转动惯量 I,如何测其上加载物的转动惯量 I_x?写出测量步骤和计算公式.

3. 实验中,为什么在称衡细杆的质量时必须将连接头取下?为什么它的转动惯量在计算中又未考虑?

4. 在弹簧的恢复力矩范围内,若物体在水平面内转过的角度大小不同,请问实验测得的扭摆摆动周期是否相同?

5. 如何用本装置来测定任意形状物体绕特定轴的转动惯量?

【注意事项】

1. 挡光杆必须通过光电探头间隙内的两个小孔.光电探头应放置在挡光杆的平衡位置处.

2. 在称细杆物块组合的质量时,必须将细杆的连接头取下,因为连接头并未与细杆物块组合一起平行移轴.

3. 转轴必须插入载物圆盘,并将螺钉旋紧,使它与弹簧组成牢固的体系.如果发现转动数次之后便停下,原因即在于螺钉未旋紧.

4. 由于弹簧有一定的使用寿命和强度,所以千万不可随意玩弄弹簧,实验时初始振幅不要太大(约±90°).

5. 将圆柱体和圆筒放在载物圆盘上时,必须放正,即与载物圆盘共轴.

【数据记录及处理】

表 2.4.1　试样参数测量

试样	质量 m/kg	直径 D/m				平均值/m	$I_{理}$/(10^{-3} kg·m²)	
圆柱		—					$mD^2/8$	
圆筒		内径 D_1					$m(D_1^2+D_2^2)/8$	
		外径 D_2						
圆球		—					$mD^2/10$	
杆与滑块		—	—	—	—	—	—	—

表 2.4.2　试样振动周期测量数据

试样名称	振动周期 T/s					平均值/s	备注
载物圆盘							T
盘＋圆柱							T_1
盘＋圆筒							T_2
圆球							T_3

根据式(2.4.6),涡卷弹簧的弹性系数为

$$K=\frac{4\pi^2 I_1}{T_1^2-T^2}=\underline{\qquad}(\text{N}\cdot\text{m})$$

载物圆盘的转动惯量为

$$I=\frac{T^2}{4\pi^2}\cdot K=\underline{\qquad}(\text{kg}\cdot\text{m}^2)$$

根据上述求得的弹性系数及圆盘转动惯量,验证圆筒、圆球的转动惯量及相对误差,圆筒转动惯量计算如下:

$$I_2=\frac{T_2^2}{4\pi^2}\cdot K-I=\underline{\qquad}(\text{kg}\cdot\text{m}^2),\quad E=\frac{I_2-I_{理}}{I_{理}}=\underline{\qquad}\%$$

圆球的转动惯量及相对误差分别为

$$I_3=\frac{T_3^2}{4\pi^2}\cdot K=\underline{\qquad}(\text{kg}\cdot\text{m}^2),\quad E=\frac{I_3-I_{理}}{I_{理}}=\underline{\qquad}\%$$

表 2.4.3　平行轴定理验证数据

转轴位置	物块距杆中点	振动周期 T/s			$\overline{T}$/s	I/(10^{-2} kg·m²)	$I_{理}$/(10^{-2} kg·m²)	相对误差
过质心	10cm						—	—
	15cm						—	—
	20cm						—	—
距质心 5cm	10cm							
	15cm							
	20cm							
距质心 10cm	15cm							
	20cm							

　　由表 2.4.3 可以看出,平行移轴后实测的转动惯量与用平行移轴定理算出的振动惯量符合,因此平行移轴定理得到验证.

　　附样品参考值:

　　测量质量中未加螺钉.

　　(1)载物台直径:110mm,内径:99.5mm,质量:0.304kg .

　　(2)实心圆柱(塑料)直径:100mm,高:100mm,质量:1.113kg.

　　(3)金属圆柱直径:100mm,内径:94mm,高:100mm,质量:0.710kg .

　　(4)圆球(塑料)直径:110mm,质量:1.006kg.

　　(5)砝码直径:35mm,高:33mm,质量:0.241kg,金属细杆质量:0.116kg.

实验 5　用拉伸法测量金属丝的杨氏弹性模量

【实验目的】

1. 学会用拉伸法测量杨氏弹性模量.
2. 掌握用光杠杆测量微小长度变化的原理.
3. 学会用逐差法处理数据.

【实验原理】

1. 杨氏模量的测量原理

物体在外力作用下发生形状的变化称为形变. 形变分为弹性形变和塑性形变两大类. 如果外力撤去后, 物体能恢复到原来的形状和大小, 这种形变称为弹性形变; 如果外力撤去后, 物体不能完全恢复原状而留下剩余的形变, 就称为塑性形变. 根据胡克定律, 材料在弹性限度内, 应力的大小 σ 与应变 ε 成正比, 即

$$\sigma = E\varepsilon$$

式中, E 为弹性模量, 又称杨氏模量. E 与材料的性质有关, 它反映了材料抵抗形变的能力, 单位为 N/m^2. 对于长为 L、截面积为 S 的均匀金属丝或棒, 在沿长度方向的外力 F 作用下伸长 ΔL, 则 $\sigma = F/S, \varepsilon = \Delta L/L$, 代入上式有

$$\frac{F}{S} = E\frac{\Delta L}{L} \tag{2.5.1}$$

对直径为 d 的金属丝, $s = \frac{\pi d^2}{4}$ 代入式(2.5.1)得

$$E = \frac{4FL}{\pi d^2 \Delta L} \tag{2.5.2}$$

式中, F, L, d 均可用一般方法测出, 唯有 ΔL 甚小, 用一般方法不易测出, 需采用光杠杆测微小长度变化的方法进行测量. 根据光杠杆原理 $\Delta L = \frac{b}{2D} \cdot \Delta n$, 将其代入式(2.5.2), 则

$$E = \frac{8FLD}{\pi d^2 b \Delta n} \tag{2.5.3}$$

2. 光杠杆测微小长度的原理

光杠杆测微小长度的原理见图 2.5.1(图中尺的刻度实际是对着光杠杆的), 假定开始时, 平面镜 M 的法线 On 水平对准望远镜, 标尺 S 上的刻度线 n_0 发出的光通过平面镜 M 的反射进入望远镜, 便可观察到 n_0 的像. 当金属丝伸长后, 光杠杆的后支点 B 随金属丝下降 ΔL 到 B', 带动 M 转一角度 θ 而至 M', 法线 On 也转同一角度 θ 至 On'. 根据光的反射定律, 从 n_0 发出的光反射至 n_1, 且 $\angle n_0 On' = \angle n_1 On' = \theta$, 由光线的可逆性, 从 n_1 发出的光经平面镜反射后进入望远镜而被观察到.

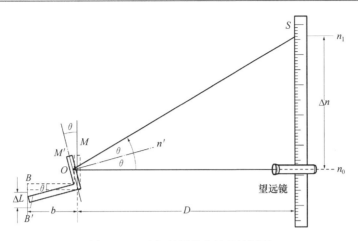

图 2.5.1　光杠杆测微小长度的原理

由图 2.5.1 可知,

$$\tan\theta = \Delta L/b, \quad \tan 2\theta = \Delta n/D$$

由于 θ 很小,所以

$$\theta \approx \Delta L/b, \quad 2\theta \approx \Delta n/D$$

由此得

$$\Delta L = \frac{b}{2D} \cdot \Delta n \qquad (2.5.4)$$

ΔL 原是很难测的微小长度,但当取 D 远大于 b 后,经光杠杆转换后的 Δn 是较大的量,可以从刻度尺上直接读得. 光杠杆装置的放大倍数为 $\dfrac{\Delta n}{\Delta L} = \dfrac{2D}{b}$. 若 D 越大, b 越小,则放大倍数越大.

【实验仪器】

杨氏模量测定仪,游标卡尺,千分尺,卷尺,砝码.

杨氏模量测定仪是由金属丝拉伸支架、光杠杆及尺读望远镜系统两部分组成,如图 2.5.2 所示.

1. 拉伸支架

由上、下两个圆柱形的夹具将金属丝夹定,上夹具固定在支架上部的横梁上,而下夹具自由穿过固定平台上的圆孔,并在下端悬挂砝码钩及砝码,使金属丝得以伸长,固定平台是用来放置光杠杆的前支点的.

2. 尺读望远镜

构造见图 2.5.3,它由底座、望远镜及刻度尺组成. 在仪器调节适当时,刻度尺可经光杠杆的反射在望远镜中成像. 望远镜筒内设有带十字叉丝的分划板、用作观察时的基准线.

望远镜筒上方设有缺口、准心,通过缺口观察准心,若准心在缺口中央且与缺口上沿平齐(图 2.5.4),则视线方向即为望远镜的光轴方向,位于此线周围的物体也就处于望远镜的视野之中.

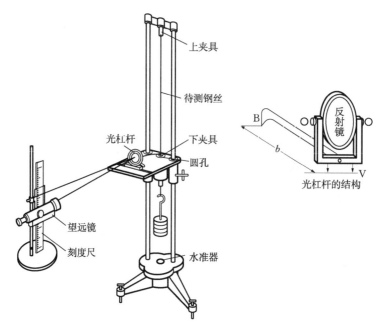

图 2.5.2   杨氏模量测定仪

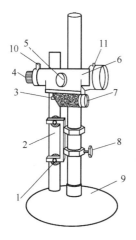

图 2.5.3   尺读望远镜
1—尺夹;2—刻度尺;3—望远镜俯仰调节螺钉;4—目镜;
5—调焦手轮;6—内调焦望远镜;7—锁紧手轮;
8—锁紧手轮;9—底座;10—缺口;11—准心

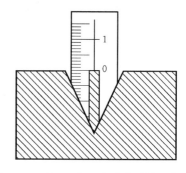

图 2.5.4   缺口、准心在瞄准时的正确关系

　　调节目镜,可在望远镜视野中清晰地看到分划板.而转动调焦手轮,可使望远镜对不同距离的观测物聚焦,在望远镜中形成刻度尺的清晰的像.锁紧手轮 7 用来固定望远镜的位置,松开手轮 7,望远镜可上下移动或转向.

　　使用尺读望远镜时应注意,在调整仪器时,要用手托住移动部分后再旋松锁紧手轮,避免相互撞击.调整完毕,切记要拧紧锁紧手轮.对望远镜调节时,调焦手轮应轻轻旋动,切勿过分用力扳扭,以防损坏器件.

3. 仪器调整

仪器调整的关键是要在望远镜中清楚地看到刻度尺的像. 根据光杠杆原理及尺读望远镜的结构可知,几个器件应呈下述状态:① 光杠杆反射镜面保持铅直;② 望远镜光轴保持水平;③尺读望远镜的中央立柱恰在反射镜面的法线方向上,如图 2.5.5 所示.

在调整光学仪器时应先认真地进行目测粗调,然后才能通过光学系统作进一步细调,本实验中调整的关键在于目测粗调.

图 2.5.5　光杠杆观测系统的光路

1) 目测粗调

粗调的目的是能在反射镜中看到刻度尺的像,并将望远镜的光轴对准这个像. 为此,首先要仔细调节反射镜面的方位,使其尽可能铅直;调整望远镜的俯仰调节螺钉,使其光轴呈水平;调节望远镜的高度,使其与反射镜面等高(用尺量或将望远镜移至平面镜前);然后左右移动整个尺读望远镜,使其立柱处在反射镜面的正前方. 若上述调节做得好,从望远镜的稍上方直接看反射镜,镜内应能看到刻度尺的像. 若左右移动整个尺读望远镜并沿望远镜上方观察,反射镜里总是看不到刻度尺的像(也看不到尺读望远镜),则说明反射镜面未呈铅直,可根据此时镜内看到的东西来判断倾斜的方向并加以调整. 在看到刻度尺的像后,才可以通过望远镜的缺口、准心系统来调整望远镜的光轴,使之对准望远镜内刻度尺的像(微微转动望远镜或调节其俯仰调节螺钉),直到缺口准心保持正确关系时(图 2.5.4)视线恰对准反射镜内刻度尺的像,这时目测粗调才算完成,可以转入下步细调.

2) 细调

首先调节目镜能看清叉丝,然后转动调焦手轮,使视野中能看到反射镜的镜框,转动望远镜并微调俯仰调节螺钉将反射镜框调到视野中央(这时望远镜调焦在反射镜面上,而刻度尺的像并不在镜面上而位于反射镜后面距离 D 处,所以这时看不到刻度尺). 接着再缓缓调节调焦手轮,即可在望远镜视野中看到刻度尺的像. 观察此时分划板横线对准刻度尺的读数 n,正确位置是读数 n 基本与望远镜等高处的刻线 n_0 对齐. 如分划板对准刻度偏高或偏低较多,则应进一步调整平面反射镜的方位.

【实验内容与步骤】

(1)调节拉伸支架的底脚螺钉使支架水平,使钢丝的下夹具能无摩擦地通过固定平台上的小圆孔.

(2)按前述仪器调节的方法调整光杠杆及尺读望远镜系统. 仪器调整好后,在整个测量过程中,应注意不得触动尺读望远镜和光杠杆,否则碰动前后数据不连贯,应重新测量.

(3)测量.

①记下砝码盘上未放砝码时与分划板对准的刻度尺读数 n_0.

②逐次增加 1kg 砝码,分别读出读数 $n_1,n_2,\cdots,n_7$. 然后每次减少一个砝码,读出 $n_6',n_5',\cdots,$ n_0',并记入表格中. 注意加减砝码时要轻且不碰动光杠杆.

③用卷尺测出平面镜到刻度尺的距离 D 和金属丝原长 L.

④用游标卡尺测出光杠杆的臂长 b.

⑤用千分尺在金属丝的不同位置测直径 6 次.

【数据记录与处理】

1. Δn 的测量(表 2.5.1)

表 2.5.1 Δn 的测量数据记录

砝码/kg	望远镜中刻度尺的读数/mm				每加 4kg 刻度尺示数的变化 Δn/mm	误差
	n	加砝码时	减砝码时	平均		
0	n_0				$\Delta \bar{n}_1 = \bar{n}_4 - \bar{n}_0 =$	
1	n_1				$\Delta \bar{n}_2 = \bar{n}_5 - \bar{n}_1 =$	
2	n_2				$\Delta \bar{n}_3 = \bar{n}_6 - \bar{n}_2 =$	
3	n_3				$\Delta \bar{n}_4 = \bar{n}_7 - \bar{n}_3 =$	$u_{\overline{\Delta n}}$
4	n_4					
5	n_5				$\overline{\Delta n} =$	
6	n_6					
7	n_7					

2. 其他参数的测量(表 2.5.2)

表 2.5.2   其他待测量的数据记录

待测量	1	2	3	4	5	6	平均	误差 Δ
d/mm								
D/mm								
L/mm								
b/mm								

按上述表格里的数据用逐差法计算出杨氏模量的值及相对误差、绝对误差,并写出结果表达式(逐差法见第 1 章 1.4 节).

计算 $F = Mg$ 时,取 $g = 9.792 \text{m/s}^2$.

【思考题】

1. 实验中各直接测量量中,哪几个对测量的误差影响较大,试分析之.

2. 怎样提高光杠杆的放大倍数,你所使用的光杠杆能分辨的最小长度变化是多少?

3. 说明本实验中几个长度测量为什么分别用米尺、游标卡尺及千分尺. 为什么米尺、游标卡尺只要测量一次或两次,而千分尺测金属丝直径要测量多次?

实验 6　不良导体热导率的测定

【实验目的】

1. 学习热学实验的一些基本知识和技能.

2. 学习测量不良导体热导率的基本原理和方法.

3. 通过作物体的冷却曲线和求稳恒态温度下物体的冷却速度,以加深理解数据图示法的应用.

【实验原理】

热传导是热量传播的三种方式之一,它是由物体直接接触而产生的.热导率是反映物体热传导性能的一个物理量,热导率大的物体具有良好的导热性能,称为热的良导体,热导率小的物体则称为热的不良导体.一般说来,金属的热导率比非金属大,固体的热导率比液体大,气体的热导率最小.测定物体的热导率对于了解物体的传热性能具有重要意义.本实验是测定热的不良导体的热导率.

设有一厚度为 l,底面积为 S_0 的薄圆板,上、下两面的温度分别为 T_1、T_2,且 $T_1 > T_2$,则有热量自上底面传向下底面,如图 2.6.1 所示.由冷却定律知其热流速率可表示为

$$\frac{\mathrm{d}Q}{\mathrm{d}t} = -\lambda S_0 \frac{\mathrm{d}T}{\mathrm{d}l} \tag{2.6.1}$$

式中,$\frac{\mathrm{d}Q}{\mathrm{d}t} = \varphi$ 为热流速率,它代表单位时间内流过薄圆板的热量;$\mathrm{d}T/\mathrm{d}l$ 为薄板内热流方向上的温度梯度;负号表示热流方向与温度梯度方向相反;λ 为待测薄圆板的热导率,它是由薄圆板的传热性质所决定的常数.如果能保持上、下两面的温度不变(这种状态称为稳恒态)和传热面均匀(l 很小,薄圆板侧面的散热可忽略),则

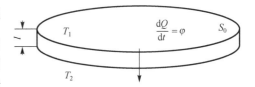

图 2.6.1　薄圆板的热流速率

$$\frac{\mathrm{d}T}{\mathrm{d}l} = \frac{\Delta T}{\Delta l} = \frac{T_2 - T_1}{l}$$

于是有

$$\varphi = \frac{\mathrm{d}Q}{\mathrm{d}t} = -\lambda S_0 \frac{T_2 - T_1}{l} \tag{2.6.2}$$

由上式即得到

$$\lambda = \frac{\varphi}{S_0(T_1 - T_2)/l} \tag{2.6.3}$$

所以,测量 λ 的关键是:①使待测圆板中的热传导过程保持为稳恒态;②测量稳恒态时的热流速率 φ.

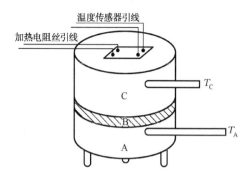

图 2.6.2 　待测薄圆板稳恒态的建立

1. 建立稳恒态

为了实现稳恒态,在实验中将待测薄圆板 B 置于两个直径与 B 相同的金属圆柱 A、C 之间,且紧密接触,如图 2.6.2 所示,C 内有加热用的电阻丝和用作温度传感器的热敏电阻,前者用来作热源.首先,导热系数测定仪将 C 内的电阻丝加热,并将其温度稳定在设定的温度值上.B 的热导率尽管很小,但并不为 0,故有热量通过 B 传递给 A,使 A 的温度 T_A 逐渐升高,当 T_A 高于周围空气的温度时,A 将向四周空气中散发热量.由于 C 的温度恒定,随着 A 的温度升高,一方面从 C 通过 B 流向 A 的热流速率不断减小,另一方面 A 向周围空气中散热的速率则不断增加,当单位时间内 A 从 B 获得的热量等于它向周围空气中散发的热量时,A 的温度就稳定不变,这样就建立了 B 上、下两面所需要的稳恒态.

2. 测量稳恒态时的热流速率

因为流过 B 的热流速率 φ 就是 A 从 B 获得热量的速率,而稳恒态时流入 A 的热流速率与它散热的热流速率相等,所以可以通过测 A 在稳恒态时散热的热流速率来测 φ.当 A 单独存在时,它在温度 T_2 时向周围空气散热的速率为

$$\varphi_{自} = \frac{\mathrm{d}Q}{\mathrm{d}t} = \frac{\mathrm{d}(cmT_A)}{\mathrm{d}t}\bigg|_{T_2} = cm\frac{\mathrm{d}T_A}{\mathrm{d}t}\bigg|_{T_2} = cmn \qquad (2.6.4)$$

式中,c 为 A 的比热;m 为 A 的质量;$n = \dfrac{\mathrm{d}T_A}{\mathrm{d}t}\bigg|_{T_2}$ 称为在稳恒温度 T_2 时 A 的冷却速度,所以只要测出 n,就可以得到 $\varphi_{自}$.

A 的冷却速度可通过作冷却曲线的方法求得.具体测法是:当 A、C 达稳恒态后,记下它们各自的稳恒温度 T_2、T_1;再停止加热并将 B 移开,使 A、C 接触数秒钟,将 A 的温度升高至 $T_2 +$ 5 ℃以上,再移开 C,任 A 自然冷却;当 T_A 高于 T_2 约 4 ℃时开始计时读数,每隔 1min 测一次温度 T_A,直到 T_A 低于 T_2 约 4℃止;作冷却曲线,过曲线上纵坐标为 T_2 的点作此冷却曲线的切线,见图 2.6.3,则此切线的斜率就是 A 在 T_2 时的自然冷却速度,即

$$n = \frac{\mathrm{d}T_A}{\mathrm{d}t}\bigg|_{T_2} = \frac{T_C - T_B}{t_C - t_B} \qquad (2.6.5)$$

于是有

$$\varphi_{自} = -cmn = -cm\frac{T_C - T_B}{t_C - t_B} \qquad (2.6.6)$$

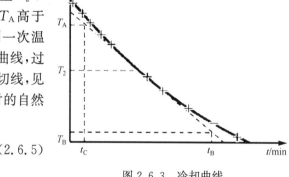

图 2.6.3 　冷却曲线

但要注意,A 自然冷却时所测出的 $\varphi_{自}$ 与实验中稳恒态时 A 散热的热流速率 φ 是不同的.因为 A 在自然冷却时,它的所有外表面都暴露在空气中,都可以散热,而在实验中的稳恒态

时,A 的上表面是与 B 接触的,故上表面不散热. 由传热学定律,物体因空气对流而散热的热流速率与物体暴露在空气中的表面积成正比,设 A 的上、下底面直径为 D,厚度为 d,则有

$$\frac{\varphi}{\varphi_{自}} = \frac{\frac{\pi}{4}D^2 + \pi Dd}{2 \times \frac{\pi}{4}D^2 + \pi Dd} = \frac{D+4d}{2D+4d}$$

$$\varphi = \varphi_{自} \cdot \frac{D+4d}{2D+4d} = cmn \cdot \frac{D+4d}{2D+4d} \tag{2.6.7}$$

将此 φ 代入式(2.6.3)即得

$$\lambda = \frac{\varphi}{s_0(T_1 - T_2)/l} = \frac{2cml(D+4d)}{\pi D^2(D+2d)} \frac{n}{T_2 - T_1} \tag{2.6.8}$$

【实验仪器】

导热系数测定仪,待测薄圆板,电子秤,游标卡尺,测温计,计时器,电压表,传感器等.

1. 测量装置

如图 2.6.2 所示,在 A、C 的侧面有小孔,用以插入测温计测量 A、C 的温度 T_A 和 T_C.

2. FD-FC-Ⅱ 导热系数测定仪

FD-FC-Ⅱ 导热系数测定仪是一种用于测量不良导体导热系数的设备,实验装置如图 2.6.4 所示. 固定于底座上的 3 个测微螺旋头支撑着铜散热盘,主要用来调节散热盘和圆筒加热盘之间的距离和平整度;小电风扇用来散热;铜-康铜热电偶、数字式毫伏表是测温装置. 圆筒发热体的底盘和散热盘的侧面,都有供安插热电偶的小孔,安装发热筒、散热盘时此二小孔都应与杜瓦瓶在同一侧,以免线路错乱. 热电偶插入小孔时,要抹上些硅油,并插入到洞孔底部,保证接触良好. 热电偶冷端插入冰水中的细玻璃管内,玻璃管内要灌入适当的硅油. 实验选用铜-康铜热电偶,温差 100℃时,温差电动势约 4mV. 故应选用量程 0~10mV 并能测到 0.01mV 的数字电压表.

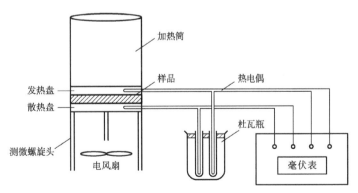

图 2.6.4　FD-FC-Ⅱ 导热系数测定仪

3. FD-TC-B 导热系数测定仪

FD-TC-B 导热系数测定仪的实验装置如图 2.6.5 所示. 加热盘原手工操作改为单片机自

适应控制测温传感器,读数显示为摄氏度,精度是 0.1℃,散热盘测温传感器由另一单片机控制,读数精度也为 0.1℃.

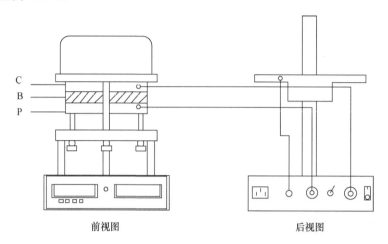

前视图　　　　　　　　　　　　后视图

图 2.6.5　　FD-TC-B 导热系数测定仪

【实验内容与步骤】

(1)建立稳恒态.将待测薄圆板 B 置于两个直径与 B 相同的金属圆柱 A、C 之间,且紧密接触,接通电源对 C 加热时,等待约 40min 后,注意观察 T_A 的变化,若 T_A 在 5min 内变化 $\Delta T_A \leqslant$ 1℃,即认为已达到稳恒态,记下 C、A 的温度 T_1、T_2(为缩短实验时间,在接通电源对 C 加热时,可先将待测薄圆板 B 移开,将 C 与 A 接触,直接通过 C 将 A 加热 15min,然后再将 B 插入继续加热到稳恒态).

(2)在 A 自然冷却的情形下,测量它的温度随时间的变化(具体做法见原理介绍中有关测 $\varphi_{自}$ 的内容),记录数据从 $T_2+4℃$ 左右开始,直到 $T_2-4℃$ 左右结束,每 60s 记一个温度.

(3)测量待测薄片 B 的厚度 l,圆柱 A 的厚度 d 和直径 D,以及圆柱 A 的质量.

(4)在坐标纸上作 A 的冷却线,过稳恒温度 T_2 处作此曲线的切线,求出切线的斜率 $n=\dfrac{\mathrm{d}T_A}{\mathrm{d}t}\bigg|_{T_2}$.

(5)计算出薄圆板的热导率 λ.

【数据记录】

数据记录见表 2.6.1.

$l=$＿＿＿＿＿＿ mm,　$m_A=$＿＿＿＿＿＿ g,　$C_A=$＿＿＿＿＿＿.

$D_A=$＿＿＿＿＿＿ mm,　$d_A=$＿＿＿＿＿＿ mm.

$T_1=$＿＿＿＿＿＿℃,　$T_2=$＿＿＿＿＿＿℃.

表 2.6.1　数据记录

t/s								
$T_\text{A}/℃$								
t/s								
$T_\text{A}/℃$								

【注意事项】

一定要等到稳恒态建立后,并且准确地记下 A、C 的稳恒温度 T_2、T_1,才能停止加热,测 A 的自然冷却速度.

【思考题】

1. 本次实验所测量的热导率 λ,①实际上就是热容量;②是决定传热状态是否达到稳恒态的物理量;③是由绝缘材料传热性能所决定的物理量,但因要在稳恒态时才能测量,所以 λ 也与传热状态有关;④是完全由绝缘材料传热性能所决定的物理量. 我们在稳恒态进行测量是为了使 $\dfrac{\text{d}T}{\text{d}l} = \dfrac{\Delta T}{\Delta l} = \dfrac{T_2 - T_1}{l}$,这使测量和计算都极大简化,而不能说 λ 与稳恒态有关.

试指出上述 4 种看法中,哪种正确?

2. 本实验中稳恒态的标志是:①T_A 和 T_C 都不变;②T_A 和 T_C 都变,但 $\Delta T = |T_\text{A} - T_\text{C}|$ 不变;③T_C 不变,T_A 在变;④$T_\text{A} = T_\text{C}$. 请问哪种说法正确?

3. 本实验的关键是使系统达到稳恒态和测量稳恒态时热流速率 φ. 测量 φ 的方法是:①任 A 自然冷却,作 A 的冷却曲线,由此曲线的切线就可将 φ 求出;②因为 A 在自然冷却中,T_A 等于 T_2 时刻的冷却速度 n 与 φ 成正比,所以可以通过测量 n 来测 φ,而 n 的测量方法是作 A 的冷却曲线,再过 T_2 点作此曲线的切线,则此切线的斜率即为 n;③作冷却曲线上过 T_2 点的切线,求出冷却速度 n,则稳恒态时的热流速率 $\varphi = cmn$;④因为 $\varphi = \text{d}Q/\text{d}t$,所以要测 φ 就应先测出 Q,然后再微分.

以上哪种说法较确切? 其他的说法有什么不对?

4. 这种测 λ 的方法是否适用于测热的良导体? 为什么?

5. 为什么要在通过纵坐标为 T_2 和 $T_\text{A}\text{-}t$ 曲线上的点作切线,此切线的斜率代表什么? 如果不通过 T_2 点作切线,则用此切线的斜率代入式(2.6.7)和式(2.6.8)来计算 λ,将会产生什么不良后果?

实验 7　电学元件伏安特性的测量

在某一电学元件两端加上直流电压,元件内就会有电流通过.通过元件的电流与端电压间的函数关系称为电学元件的伏安特性.以电压为横坐标,电流为纵坐标,作出元件的电压-电流关系曲线,此曲线称为该元件的伏安特性曲线.伏安特性曲线所遵循的规律就是该元件的导电特性.电路中有各种电学元件,如碳膜电阻、线绕电阻、半导体二极管和三极管及光敏和热敏元件等,实际工作中常需要了解它们的伏安特性曲线,以便正确地选用它们.伏安特性曲线的测绘中所用的实验方法、仪器及分压电路都是电学实验中最基本的知识,我们将这个实验作为电学的基本训练.

【实验目的】

1.了解分压器电路的作用及调节特性.
2.掌握测量伏安特性的基本方法、线路特点及其误差估算.
3.通过测绘电阻和半导体二极管的伏安特性曲线,了解其导电特性.

【实验原理】

1.分压电路及其调节特性

1)分压电路的接法

如图 2.7.1 所示,将变阻器 R 的两个固定端 A 和 B 接到直流电源 E 上,而将滑动端 C 和任一固定端(A 或 B,此图中 B)作为分压的两个输出端接至负载 R_L.图中 B 端电势最低,C 端电势较高,C、B 间的分压大小 U 随滑动端 C 的位置改变而改变,U 值可用电压表来测量.变阻器的这种接法通常称为分压接法.分压器的安全位置一般是将 C 滑至 B 端,这时分压为零.

2)分压电路的调节特性

如果电压表的内阻大到可忽略它对电路的影响,那么根据欧姆定律很容易得出分压为

$$U = \frac{R_{BC}R_L}{RR_L + (R - R_{BC})R_{BC}} \cdot E \tag{2.7.1}$$

从式(2.7.1)可见,因为电阻 R_{BC} 可从零变到 R,所以分压 U 的调节范围为零到 E,分压曲线与负载电阻 R_L 的大小有关.在理想情况下,即当 $R_L \gg R$ 时,$U = ER_{BC}/R$,分压 U 与阻值 R_{BC} 成正比,亦 R_L 即随着滑动端 C 从 B 滑至 A,分压 U 从零到 E 线性增大.

当 R_L 比 R 不是大很多时,分压电路输出电压就不再与滑动端的位移成正比了.实验研究和理论计算都表明,分压与滑动位置之间的关系如图 2.7.2 中的曲线所示.R_L/R 越小,曲线越弯曲,这就是说当滑动端从 B 端开始移动,在很大一段范围内分压增加很小,接近 A 端时分压急剧增大,这样调节起来不太方便.因此,作为分压电路的变阻器通常要根据外接负载的大小来选用,必要时还要同时考虑电压表内阻对分压的影响.

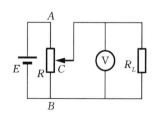

图 2.7.1　分压电路

2. 电学元件的分类

在通常情况下,通过碳膜电阻、金属膜电阻、线绕电阻等电学元件的电流与加在元件两端的电压成正比关系,其伏安特性曲线为一直线,如图 2.7.3 所示,这类元件称为线性元件.通过半导体二极管、稳压管等元件的电流与加在其两端的电压不成线性关系,其伏安特性为一曲线,如图 2.7.4 所示,这类元件称为非线性元件.

在设计测量电学元件伏安特性的线路时,必须了解待测元件的规格,使加在它上面的电压和通过的电流均不超过额定值.此外,还必须了解测量时所需其他仪器(如电源、电压表、电流表、滑线变阻器等)的规格,也不得超过其量程或使用范围.根据这些条件所设计的线路,应尽可能将测量误差减到最小.

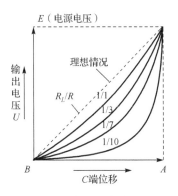

图 2.7.2 分压电路输出电压与滑动端位置的关系

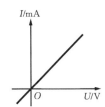

图 2.7.3 线性元件的伏安特性曲线

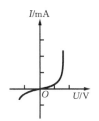

图 2.7.4 非线性元件的伏安特性曲线

3. 实验电路的比较与选择

在测电阻 R_x 伏安特性的电路中,通常有两种接法,即图 2.7.5 中电流表的外接和图 2.7.6 中电流表的内接.由于电压表和电流表都有一定的内阻(分别设为 R_V 和 R_A),如作简化处理时,直接以电压表的读数 U 除以电流表读数 I,得到 $R_x = \dfrac{U}{I}$,这样处理会引入一定的系统误差,下面分别进行讨论.

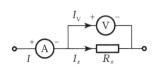

图 2.7.5 电流表外接法

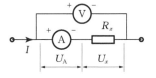

图 2.7.6 电流表内接法

1)电流表外接

对于电流表的外接法,由图 2.7.5 所示,电压表的读数 U 等于电阻 R_x 两端的电压 U_V,电流表的读数 I 不等于 I_x,而是 $I = I_x + I_V$. R_V 是线性元件,因此,由欧姆定律得

$$R = \frac{U}{I} = \frac{U_x}{I_x + I_V} = \frac{U_V}{I_x(1 + I_V/I_x)} \tag{2.7.2}$$

如果 $R_x \ll R_V$(电压表的内阻),则 $I_V \ll I_x$,因此可将 $(1 + I_V/I_x)^{-1}$ 用二项式定理展开,略去二

次幂以上的项后,式(2.7.2)变为

$$R \approx \frac{U_x}{I_x}\left(1 - \frac{I_V}{I_x}\right) = R_x\left(1 - \frac{R_x}{R_V}\right) \tag{2.7.3}$$

$\dfrac{R_x}{R_V}$ 是电压表的内阻给测量带来的相对误差.

由式(2.7.3)可见,选用电流表外接法时,若简单地用 U/I 值作为被测电阻值,则比实际值 R_x 略小些,应作如下修正.

若 R_V 值已知,则

$$R_x = \frac{U_x}{I - I_V} = \frac{U_x}{I(1 - I_V/I)} \approx \frac{U_x}{I}\left(1 + \frac{I_V}{I}\right) = R\left(1 + \frac{I_V}{I}\right)$$

$$= R\left(1 + \frac{R}{R_V}\right) \tag{2.7.4}$$

2)电流表内接

对于电流表内接法,如图 2.7.6 所示.

$$R = \frac{U}{I} = \frac{U_x + U_A}{I_x} = R_x + R_A = R_x\left(1 + \frac{R_A}{R_x}\right) \tag{2.7.5}$$

其中,R_A 为电流表的内阻;R_A/R_x 为电流表的内阻给测量带来的相对误差.

由式(2.7.5)可见,若简单地用 U/I 值作为被测电阻值,则比实际值 R_x 略大些,应作如下修正.

若 R_A 值已知,则

$$R_x = \frac{U - U_A}{I} = R - R_A = R\left(1 - \frac{R_A}{R}\right) \tag{2.7.6}$$

综上所述,不论哪种连接方法,误差总是难免的.该误差是由选用的实验方法引起的,故称为系统误差.用伏安法进行测量时,应根据被测电阻的阻值范围及所用电表的内阻来合理选择电路,使系统误差尽可能减小.通常可作如下选择:当 $R_x \gg \sqrt{R_A R_V}$ 时,可采用电流表内接法;当 $R_x \ll \sqrt{R_A R_V}$ 时,可采用电流表外接法;当 R_x 与 $\sqrt{R_A R_V}$ 近似时,两种方法可任意选取.要得到待测电阻的准确值,可分别按式(2.7.4)或式(2.7.6)加以修正.

在本实验中所用电压表、电流表的准确等级一定时,设其绝对误差为 ΔU 和 ΔI,那么用 $R = \dfrac{U}{I}$ 进行简化计算时,电阻的误差传递式为

$$\frac{\Delta R}{R} = \frac{\Delta U}{U} + \frac{\Delta I}{I} \tag{2.7.7}$$

可见要使电阻测量得准确,线路参数的选择应使电表读数尽可能接近满量程.

【实验仪器】

直流稳压电源,电压表,毫安表,微安表,滑线变阻器,电阻,半导体二极管,开关,导线,电阻箱.

【实验内容与步骤】

1. 测绘电阻的伏安特性曲线

对给定电阻进行测量.

（1）用万用电表粗测待测电阻的阻值，估计毫安表和伏特表的内阻，选择实验线路.

（2）按图 2.7.7 所示接好线，接线前断开电源开关，并将起分压作用的滑线变阻器的滑动端置于安全位置（输出电压开始为零）.电表量程要选择适当.

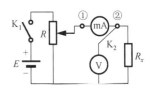

图 2.7.7　测量电阻线路图

（3）经教师检查线路后，接通电源，调节滑线变阻器，使电压指示值为 0.00V，0.50V，1.00V，1.50V，…测出相应的电流值，将测量数据填入表 2.7.1 中.

（4）以电压 U 为横坐标，电流 I 为纵坐标，选择适当的单位长度，绘出电阻的伏安特性曲线.

2. 测绘半导二极管的伏安特性曲线

测量线路如图 2.7.8 和图 2.7.9 所示，图中"—▮◀—"符号表示半导体二极管，其正负极性在图中元件上已标出.

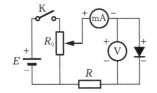
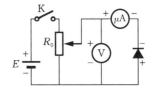

图 2.7.8　测二极管正向伏安特性　　　　图 2.7.9　测二极管反向伏安特性

（1）测二极管的正向伏安特性曲线，电流是由二极管的正极流向负极（即加有正向电压），由于二极管正向电阻很小，因此图 2.7.8 中串联有电阻 R 作为保护二极管的限流电阻.按图 2.7.9 连线，电源电压 E 约为 5.0V，合理地选择好电流表和电压表的量程，经教师检查认可后，接通电源.

调节滑线变阻器，使电流表的指示值为 0.00mA，1.00mA，2.00mA，3.00mA，…直到电流变化较大为止.测出相应值，填入表 2.7.2 中.

（2）测量二极管的反向特性曲线，电流是由二极管的负极流向正极（即加有反向电压），由于二极管的反向电阻很大，通过的电流一般只有几微安左右，因此，图 2.7.9 中电流表采用微安表.按图 2.7.9 连线，电压表的量程换为 10V 以上，经检查后，接通电源，逐步增加电压为 0.00V，1.00V，2.00V，3.00V，…测出相应的电流值，并填入表 2.7.3 中.

确认所有数据无遗漏和错误后，断开电源，拆除线路，将仪器归整好.

（3）以电压 U 为横坐标，电流 I 为纵坐标，根据测得的正、反向电压和电流的数据，绘出二极管的伏安特性曲线.由于正向、反向的电压和电流值的对比很大，可以在电压、电流轴的负方向取不同的单位长度（如伏、微安）画反向伏安特性曲线，并注明单位.

3. 测绘小灯的伏安特性曲线（选做）

小灯的工作电压不得超过 6V，6V 时电流约为 100mA，电路自己考虑.将小灯的伏安特性曲线与二极管伏安特性曲线比较.

【数据记录】

表 2.7.1　测电阻的伏安特性

电压表准确度等级 K_1＿＿＿＿＿,电压表量程＿＿＿＿＿.

电流表准确度等级 K_2＿＿＿＿＿,电流表量程＿＿＿＿＿.

U/V	0.00	0.50	1.00	1.50	2.00	2.50	3.00	3.50	4.00	4.50	5.00
I/mA											

表 2.7.2　测二极管的正向特性

电压表准确度等级 K_1＿＿＿＿＿,电压表量程＿＿＿＿＿.

电流表准确度等级 K_2＿＿＿＿＿,电流表量程＿＿＿＿＿.

I/mA	0.00	1.00	2.00	3.00	4.00	5.00	6.00	7.00	8.00	9.00	10.0
U/V											

表 2.7.3　测二极管的反向特性

电压表准确度等级 K_1＿＿＿＿＿,电压表量程＿＿＿＿＿.

电流表准确度等级 K_2＿＿＿＿＿,电流表量程＿＿＿＿＿.

U/V	0.00	1.00	2.00	3.00	4.00	5.00	6.00	7.00	8.00	9.00	10.00
$I/\mu\text{A}$											

【注意事项】

1. 每次连接线路时要断开电源,不要带电操作.

2. 测量前应事先将电阻箱数值拨到给定阻值上.

3. 每做一个实验内容的数据测量时,电表都应选择适当的量程. 尽量使指针指示在满量程的 2/3 以上.

【预习思考题】

1. 滑线变阻器在电路中主要有几种基本接法? 它们的功用分别是什么?

2. 由于电表内阻的影响,无论是用内接法还是用外接法测电阻都会产生系统误差,本实验中系统误差是如何修正的? 写出修正公式.

【复习思考题】

用伏安法测电阻 R_x,阻值约为 200Ω(忽略电表内阻引起的误差),用内接法测量,要求:

(1) 画出所用线路图;

(2) 选择电表(包括级别和量程).

实验 8   单臂电桥原理与应用

测量电阻有多种方法,利用电桥测量电阻是常用的方法之一,它是在电桥平衡的条件下将标准电阻与待测电阻相比较以确定待测电阻的数值.用电桥测电阻具有测试灵敏、测量精确、使用方便等优点,已广泛用于工程技术测量中.

电桥可分为直流电桥和交流电桥,物理实验中常使用直流电桥.直流电桥又分为单臂电桥和双臂电桥.单臂电桥又称惠斯通电桥,主要用于精确测量中值电阻($1 \sim 10^6 \, \Omega$);双臂电桥又称开尔文电桥,只适用于测量 1Ω 以下的低值电阻.

【实验目的】

1. 了解单臂电桥的结构,掌握单臂电桥的工作原理.
2. 掌握使用箱式直流单臂电桥测量电阻.
3. 掌握逐步逼近的实验方法.

【实验原理】

单臂电桥(即惠斯通电桥)原理图如图 2.8.1 所示. 4 个电阻 R_1、R_2、R_s、R_x 通过导线连接组成一个四边形,在四边形的两个对角线上分别连接检流计(BD 支路)和电源 E(AC 支路). 连接检流计的支路称为"桥路",它的作用是通过检流计来检测 BD 支路中是否有电流,从而判断 B、D 两点的电势是否相等.若 BD 中有电流,则 B、D 两端存在电压(即 $V_B \neq V_D$),此时电桥不平衡;若 BD 支路中无电流,则 $V_B = V_D$,此时电桥处于平衡状态.

电桥平衡时有:$V_{AB} = V_{AD}$,$V_{BC} = V_{DC}$,因此得到如下方程:

$$I_1 R_1 = I_2 R_2 \qquad (2.8.1)$$
$$I_x R_x = I_s R_s$$

又因为 BD 支路中无电流,故 $I_1 = I_x$,$I_2 = I_s$.将其代入式(2.8.1)可推得

$$R_x = \frac{R_1}{R_2} R_s \qquad (2.8.2)$$

因此,当电桥中的电阻满足关系式(2.8.2)时,称电桥已达到平衡.当 R_s 和 R_1/R_2 为已知时,就可以由式(2.8.2)求出 R_x.通常把桥式电路中四边形的每个边称为桥路的一个臂,电阻 $R_1 R_2$ 所在的边称为比例臂,标准电阻 R_s 所在的边称为比较臂,而被测电阻 R_x 所在的边称为测量臂.R_1/R_2 称为电桥的倍率.倍率的选择原则是既

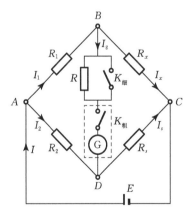

图 2.8.1   单臂电桥原理图

要使 $R_x = \dfrac{R_1}{R_2} R_s$ 成立,又要使标准电阻 R_s 的最高位不为零(标准电阻实际为 5 个旋钮的标准电阻箱),以提高电桥的精度.电桥中设置了若干个不同的倍率以适应测量不同大小电阻的需

要.上述原理表明,用电桥测量电阻是通过桥式电路将电阻与标准电阻直接比较来实现的,与电流或电压的值无关.虽然使用了一个检流计,但它只是用来检查电流是否为零的指示器,用以确定电桥是否已达到平衡状态.由于标准电阻箱的准确度较高,所以用电桥测量电阻与用万用表和伏安法测量电阻比较,可以达到较高的准确度.我国现用的电桥分为0.01、0.02、0.05、0.1、0.5、1等几个级别.

【实验仪器】

直流稳压电源,箱式电桥,检流计,待测电阻几个.

1. 箱式电桥

1)QJ-19型单双臂电桥介绍

QJ-19型单双臂电桥准确度的等级为0.05级.在作单臂电桥使用时,可测量$10^2 \sim 10^6 \Omega$中等大小的电阻;在作双臂电桥使用时,可测量$10^{-5} \sim 10^2 \Omega$的低值电阻.

图2.8.2为QJ-19型单双臂电桥的面板和作单臂电桥使用时的接线方法.R_1、R_2是两个比例臂的旋钮,它们每一个都可以取4个不同的值:10Ω、$10^2 \Omega$、$10^3 \Omega$、$10^4 \Omega$.因此,用它们可以组成16种不同的倍率(R_1/R_2),R_{s1}、R_{s2}、R_{s3}、R_{s4}、R_{s5}为5位可变电阻,它们组成5位的标准电阻作为电桥的比较臂,相当图2.8.1中的R_s.

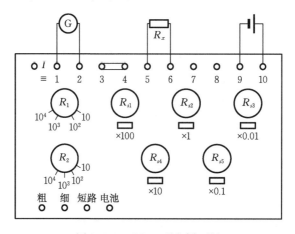

图2.8.2   QJ-19型电桥面板

电源、检流计和待测电阻都是外接在面板的接线柱上,接线位置如图2.8.2所示.面板左下方有4个按钮开关:"电池"是电桥的电源通断开关,不按下此开关,即使9、10两个电源接线柱上接入了电源,也无电流通过电桥."粗""细""短路"都是检流计的开关."粗"调和"细"调的作用相当于图2.8.1中的$K_粗$、$K_细$,其中细调时两开关都闭合.使用时只有在"粗"调已经显示平衡后,才去按"细"调开关,目的是保护检流计.按下"短路"开关使检流计短路.电源电压大小取决于被测电阻的值和检流计的灵敏度,实验中一般取$10 \sim 15V$.

2)电桥的使用方法

(1)电桥倍率的选取:由式(2.8.2)可知,R_x的有效数字由倍率R_1/R_2和标准电阻R_s的有效数字来决定.由于电阻R_1和R_2的准确度足够高,倍率R_1R_2具有足够的有效位数,可视为常数.因此R_x的有效数字就由R_s来决定.

标准电阻 R_s 的调节旋钮的位数是有限的,在 QJ-19 型单双臂电桥中,R_s 的调节旋钮有 $\times 100$、$\times 10$、$\times 1$、$\times 0.1$、$\times 0.01$ 五挡. 为了使测量值有 5 位有效数字,不论测多大的电阻,R_s 应在 $100.00 \sim 999.99\Omega$(百欧姆级)范围内调节. 在这个条件下,必然要恰当地选取倍率 $R_1 R_2$ 值才能使电桥平衡,即关系式 $R_x = \dfrac{R_1}{R_2} R_s$ 成立. 例如,用这种电桥来测量几万欧姆的电阻,倍率应为 100;测量几千欧姆的电阻,倍率应为 10;测量几十欧姆的电阻,倍率应为 0.1. 这样 R_x 的测量值就都有 5 位有效数字.

可见倍率选取的意义就在于充分利用标准电阻箱的各个调节旋钮,不论测量电阻是多少,标准电阻箱的调节旋钮的最高位都不应置于零上,使 R_x 的测量值总和 R_s 有同样的有效数位. 所以用电桥测量电阻时,应该先估计所测电阻的大概值(可观察电阻上标注的值或用万用表粗略测量出来),根据这个估计值来确定应采取的倍率.

(2)电桥平衡的调节方法——逐步逼近法. 倍率确定后,应调节 R_s 使电桥平衡. 调节的依据是:电桥平衡时,检流计中无电流通过($I_g = 0$),而当 R_s 大于或小于平衡时应取的值时,检流计中电流的方向就恰恰相反. 因而在调节电桥平衡时,应从 R_s 的最高位(百位)开始依次向低位调节. 在调节 R_s 的每一数位时,旋转 R_s 对应数位的旋钮,观察在哪两个值时,检流计中显示的数字符号刚好相反,而平衡点一定就在这两个值之间(这些数位在调节前,除最高位外,它们的初始位置必须置于零位),然后将这一位保留在这两个值中较小的一个值上. 再用同样的方法调节下一位.

这种方法就是利用在平衡点两边的相反效应(如符号相反),从高位到低位调节仪器的值,以逐步缩小仪器偏离平衡值的范围,这就是逐步逼近法的实质. 在其他实验项目的仪器调整中(如电势差计、分光计等)也用到了该实验方法. 图 2.8.3 为检流计保护电路.

2. 检流计

(1)检流计的保护电路. 当电桥尚未调节到接近平衡时,检流计两端的电压会很大,可能会损坏检流计,因此检流计应串接一个保护电路. 保护电路一般采用图 2.8.3 所示的形式. 当按下"$K_粗$"时,检流计串联了一个阻值较大的电阻 R,这时,即使 B、D 间电压较大,但电流却较小,可以保护检流计,我们称之为"粗调". 但粗调降低了检流计的灵敏度,所以在粗调平衡后应再按下"$K_细$",进一步调电桥平衡,这一步称为"细调".

(2)FB3801 型直流数字式检流计的基本技术数据表见表 2.8.1.

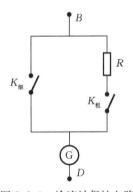

图 2.8.3　检流计保护电路

表 2.8.1　**FB3801 型直流数字式检流计的基本技术数据表**

量程/A	输入阻抗/Ω	分辨率/μA
1999×10^{-5}	10	10
1999×10^{-6}	10	1
1999×10^{-7}	1k	0.1
1999×10^{-8}	10k	0.01

(3) FB3801 型直流数字式检流计(图 2.8.4)的使用.

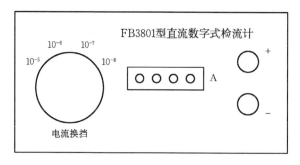

图 2.8.4　FB3801 型直流数字式检流计

① 将电源插头插入仪表机箱后部的插座中,开启电源,通电预热 15min(经过剧烈条件变化或长期不使用,首次使用时应预热 1h).

②测量:在面板两插座中插好专用导线,根据被测对象的量程范围,按下相应的量程选择按键,再用专用导线接上被测对象,即可开始测量.

③使用时周围应无严重的振动及电磁波干扰.

④仪器使用完毕后,切断电源.

【实验内容与步骤】

(1)弄清 QJ-19 型单双臂电桥各部分的作用和使用方法,按图 2.8.2 要求连接好电路. 稳压电源电压取 10~15V.

(2)估计待测电阻 R_{x_1} 的值(可观察电阻上标注的值或用万用表粗略测量出来),再根据这个估计值来确定应采取的倍率. 把 QJ-19 型单双臂电桥上的 R_1、R_2 旋到适当位置. 参照表 2.8.2 确定比率臂旋钮的指示值.

表 2.8.2　QJ-19 型电桥比例臂倍率选择参考表

R_x 的粗测值/Ω	0~10	10~10^2	10^2~10^3	10^3~10^4	10^4~10^5	10^5~10^6
电桥比例臂倍率	0.01	0.1	1	10	100	1000

(3)按下电桥的“电池”按钮,按“先粗调后细调”的顺序,用逐步逼近法将电桥调至平衡. 记录此时 R_s 的值.

(4)根据选取的电桥倍率和测量出来的 R_s 值,由式(2.8.2)计算出 R_{x_1}.

(5)重复(2)~(4)实验步骤,测量出 R_{x_2} 的值.

【数据记录与处理】

1. 用 QJ-19 型箱式单臂电桥测电阻的数据记录表(表 2.8.3)

表 2.8.3　单臂电桥测电阻的数据记录表

被测电阻	R_1/R_2	R_s/Ω	R_x 测量值/Ω
R_{x_1}			
R_{x_2}			

2. 仪器误差

根据国家标准,若不考虑电桥的灵敏度带来的误差,箱式电桥的仪器误差为

$$\Delta R_x = \alpha\% \left(R_x + \frac{R_0}{10} \frac{R_0}{10} \right) (\Omega) \tag{2.8.3}$$

式中,α 是电桥的等级;R_0 是基准值,电桥各有效量程的基准值为该量程内最大的 10 的整数幂. 例如当测量示数为 111.10Ω 时,如果 $R_1/R_2 = 10$,则该有效量程为 1111.0Ω,即 1111.0 = 10lg1111.0,不大于 lg1111.0 的最大整数为 10^3,则其基准值为 10^3Ω;如果 $R_1/R_2 = 1$,则该有效量程为 111.10Ω,同理,其基准值则为 10^2Ω.

3. 数据处理

本实验采用的是单次测量,测量误差只要求考虑电桥的仪器误差. 在实验报告中必须给出测量电阻的最终结果表达式.

【注意事项】

1. 电源电压不要过高.
2. 实验前先要估算待测电阻 R_x 的大小,选择好倍率,不要盲目调节.
3. 测量时要先粗调、后细调. 先用分辨率较低的检流计的挡位,再用分辨率较高的挡位.
4. 刚开始调节电桥时,注意不要让检流计长时间通电,要用"跳接法",即瞬时接通法.
5. 要养成良好的实验习惯,实验完毕,必须及时关闭电桥的电源,并整理好仪器.

【思考题】

1. 不论如何调节电桥,检流计总是显示为正或总是显示为负,请分析其原因.
2. 电桥测电阻时,若倍率选择不好,对测量结果有何影响?
3. 什么是逐步逼近法? 在调整电桥平衡的过程中,为什么要采用逐步逼近法?

实验 9　模拟法测绘静电场

随着静电应用、静电防护和静电现象研究的日益深入,常需要确定带电体周围的电场分布情况.用计算方法求解静电场的分布一般比较复杂和困难,而且直接测量静电场需要复杂的设备,对测量技术的要求也高,所以常采用模拟法来研究和测量静电场.

【实验目的】

1. 学习用模拟法描述和测绘静电场分布的概念和方法.
2. 测量等势线,描绘电场线.
3. 加深对静电场强度、电势和电势差概念的理解.

【实验原理】

1. 用电流场模拟静电场

带电体在其周围空间所产生的电场,可用电场强度 E 和电势 U 的空间分布来描述.为了形象地表示电场的分布情况,常采用等势面和电场线来描述电场.电场线是按空间各点电场强度的方向顺次连成的曲线,等势面是电场中电势相等的各点所构成的曲面.电场线与等势面是相互正交的,有了等势面的图形就可以画出电场线;反之亦然.我们所说的静电场测量就是指测绘出静电场中等势面和场线的分布图形.它是了解电场中的一些物理现象或控制带电粒子在电磁场中的运动所必须解决的问题,对科研和生产都是十分有用的.例如,用测量电子管、示波管、显像管和电子显微镜等多种电子束管内部电场的分布来研究其电极的形状等.

用电流场来模拟静电场是研究静电场的一种方法.由电磁学理论可知,电解质中恒定电流的电流场与电介质(或真空)中的静电场具有相似性.在电流场的无源区域中,电流密度矢量 $\boldsymbol{j}$ 满足

$$\oiint \boldsymbol{j} \cdot \mathrm{d}\boldsymbol{s} = 0$$

$$\oint \boldsymbol{j} \cdot \mathrm{d}\boldsymbol{l} = 0 \tag{2.9.1}$$

在静电场的无源区域中,电场强度矢量 E 满足

$$\oiint_s \boldsymbol{E} \cdot \mathrm{d}\boldsymbol{s} = 0$$

$$\oint_l \boldsymbol{E} \cdot \mathrm{d}\boldsymbol{l} = 0 \tag{2.9.2}$$

由式(2.9.1)、式(2.9.2)可看出,电流场中的电流密度矢量 $\boldsymbol{j}$ 和静电场中的电场强度矢量 $\boldsymbol{E}$ 所遵从的物理规律具有相同的数学形式,所以这两种场具有相似性.在相似的场源分布和边界条件下,它们解的表达式具有相同的数学形式.如果把连接电源的两个电极放在不良导体的溶液(水或导电纸、导电玻璃等)中,在溶液中将产生电流场.电流场中有许多电势相同的点,测出这些电势相同的点,描绘成面就是等势面,这些面也是静电场中的等势面.通常电场的分布是

在三维空间中,但在水(或导电纸、导电玻璃)中进行模拟实验时,测出的电场是在一个水平面内的分布.这样,等势面就成了等势线,根据等势线与电场线正交的关系,即可画出电场线.这些电场线上每一点的切线方向就是该点电场强度 E 的方向.这样就可以用等势线和电场线形象地表示静电场的分布(图 2.9.1).

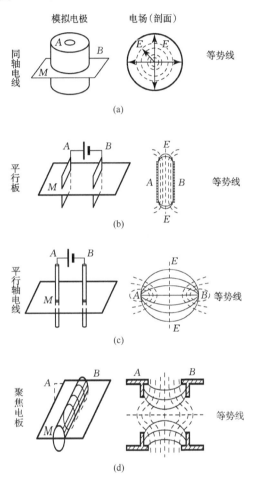

图 2.9.1　用等势线和电场线表示的静电场的分布

为了检测电流场中各等电势点时不影响电流线的分布,测量支路不能从电流场中取出电流,因此必须使用高内阻电压表或电势差计进行测绘.

2. 同轴圆柱形导体间的电场分布

现用同轴圆柱形电极具体说明电流场与静电场的相似性.如图 2.9.1(a)所示,将其置于电解质导电纸或水中,在电极之间加电压 U_0(A 为正,B 为负).由于电极形状是轴对称的,电流自 A 向 B 在水(导电纸、导电玻璃)中形成一个径向均匀的恒定电流场.静电场中带电导体的表面是等势面,模拟场中的电极的良导体(电导率)要远大于水(导电纸)的电导率,才能认为电极也是等势面.有了"模拟场",就可以分析它与静电场的相似性.

1)静电场

根据高斯定理,同轴圆柱面间的电场强度为

$$E = \frac{\tau}{2\pi\varepsilon_0 r} \qquad\qquad (2.9.3)$$

式中，τ 为圆柱面上电荷密度；r 为两圆柱面间任意一点距轴心的距离. 如图 2.9.2 所示，设 r_1 为内圆柱面半径，r_2 为外圆柱面半径，则两圆柱面间的电势差 U_0 为

$$U_0 = \int_{r_1}^{r_2} E \mathrm{d}r = \frac{\tau}{2\pi\varepsilon_0} \int_{r_1}^{r_2} \frac{\mathrm{d}r}{r} = \frac{\tau}{2\pi\varepsilon_0} \ln \frac{r_2}{r_1} \quad (2.9.4)$$

半径为 r 的任意点与外圆柱面间的电势差为

$$U_r = \int_r^{r_2} E \mathrm{d}r = \frac{\tau}{2\pi\varepsilon_0} \int_r^{r_2} \frac{\mathrm{d}r}{r} = \frac{\tau}{2\pi\varepsilon_0} \ln \frac{r_2}{r} \quad (2.9.5)$$

由式(2.9.4)和式(2.9.5)得

$$U_r = U_0 \frac{\ln \dfrac{r_2}{r}}{\ln \dfrac{r_2}{r_1}} \quad 或 \quad \frac{U_r}{U_0} = \frac{\ln \dfrac{r_2}{r}}{\ln \dfrac{r_2}{r_1}} \qquad (2.9.6)$$

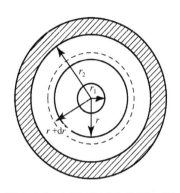

图 2.9.2　同轴圆柱面两圆柱面间任意一点距轴心的距离

2）电流场

为了计算电流场的电势分布，先计算两圆柱面间的电阻，后计算电流，最后计算任意两点间的电势差. 设不良导电介质薄层厚度为 l，电阻率为 ρ，则任意半径 r 到 $r+\mathrm{d}r$ 的圆周之间的电阻为

$$\mathrm{d}R = \rho \frac{\mathrm{d}r}{s} = \rho \frac{\mathrm{d}r}{2\pi r l} = \frac{\rho}{2\pi l} \cdot \frac{\mathrm{d}r}{r} \qquad (2.9.7)$$

将式(2.9.7)积分，得到半径 r 到半径 r_2 之间总电阻为

$$R_{rr_2} = \frac{\rho}{2\pi l} \int_{r_1}^{r_2} \frac{\mathrm{d}r}{r} = \frac{\rho}{2\pi l} \ln \frac{r_2}{r_1} \qquad (2.9.8)$$

同理，可得半径 r_1 到半径 r_2 之间的总电阻为

$$R_{r_1 r_2} = \frac{\rho}{2\pi l} \int_{r_1}^{r_2} \frac{\mathrm{d}r}{r} = \frac{\rho}{2\pi l} \ln \frac{r_2}{r_1} \qquad (2.9.9)$$

因此，从内圆柱面到外圆柱面的电流为

$$I_{12} = \frac{U_0}{R_{r_1 r_2}} = \frac{2\pi l}{\rho \ln \dfrac{r_2}{r_1}} U_0 \qquad (2.9.10)$$

则外圆柱面 $U_2 = 0$ 至半径 r 处的电势为

$$U_r = I_{12} R_{rr_2} = \frac{R_{rr_2}}{R_{r_1 r_2}} U_0 \qquad (2.9.11)$$

将式(2.9.8)和式(2.9.9)代入式(2.9.11)得

$$U_r = U_0 \frac{\ln \dfrac{r_2}{r}}{\ln \dfrac{r_2}{r_1}} \quad 或 \quad \frac{U_r}{U_0} = \frac{\ln \dfrac{r_2}{r}}{\ln \dfrac{r_2}{r_1}} \qquad (2.9.12)$$

比较式(2.9.12)和式(2.9.6)可知，静电场与模拟场的电势分布是相同的.

3. 模拟条件的讨论

模拟方法的使用有一定的条件和范围，不能随意推广，否则将会得到荒谬的结论. 用恒定

电流场模拟静电场的条件可以归纳为下列三点.

（1）恒定电流场中的电极形状应与被模拟的静电场中的带电体几何形状相同.

（2）恒定电流场中的导电介质应是不良导体且电导率分布均匀,并满足 $\sigma_{电极} \gg \sigma_{导电质}$,才能保证电流场中的电极（良导体）的表面也近似是一个等位面.

（3）模拟所用电极系统与被模拟电极系统的边界条件相同.

4. 静电场的测绘方法

由静电场理论可知,在同轴圆柱形的静电场中距轴心 r 处场强为 $E_r = \mathrm{d}U_r/\mathrm{d}r$. 场强 E 是矢量,而电势 U 是标量,从实验测量来讲,测定电势比测定场强容易实现,所以可先测绘等势线,然后根据电力线与等势线正交的原理,画出电力线. 这样就可由等势线的间距确定电力线的疏密和指向,将抽象的电场形象地反映出来.

【实验仪器】

EQL-2 型双层式静电场测绘仪一套,静电场描绘仪专用电源（10V,1A）一台,导线等.

EQL-2 型电场描绘仪（包括导电玻璃、双层固定支架、同步探针等）,如图 2.9.3 所示,支架采用双层式结构,上层放记录纸,下层放导电玻璃. 电极已直接制作在导电玻璃上,并将电极引线接到外接线柱上,电极间制作有电导率远小于电极且各向均匀的导电介质. 接通直流电源（10V）就可进行实验. 在导电玻璃和记录纸上方各有一探针,通过金属探针臂把两探针固定在同一手柄座上,两探针始终保持在同一铅垂线上. 移动手柄座时,可保证两探针找到等势待测点后,按一下记录纸上方的探针,在记录纸上留下一个对应的标记,移动同步探针在导电玻璃上找出若干电势相同的点,由此即可描绘出等势线.

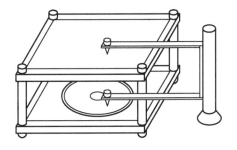

图 2.9.3　EQL-2 型电场描绘仪

【实验内容与步骤】

1. 测绘同轴电缆的静电场分布

（1）将白纸放在描绘仪上层,用磁条压牢.

（2）按照图 2.9.4,将导电玻璃上内外两电极分别与静电场描绘仪专用电源左侧的正、负极相连,将同步探针与右侧外接"正极"相连.

（3）接通专用电源,"指示选择"开关置于"内",电压表测量电源输出电压. 调节"电压调节"旋钮,使电压表指示为（10.00±0.01）V. 然后将"指示选择"开关置于"外",电压表测量探针电势.

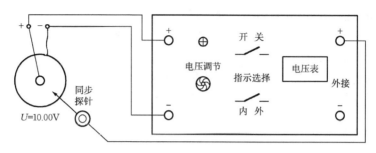

图 2.9.4　模拟装置电路

（4）移动同步探针,测绘同轴电缆的等势线簇.要求相邻两等势线间的电势差为 1V,共 6 条等势线,推荐测量 1V、2V、3V、4V、5V、6V 电势的等势线.每条等势线各测量点间距取 1cm 左右.

2. 描绘聚焦电极的电场分布

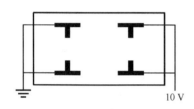

图 2.9.5　静电透镜聚焦场的模拟模型

利用图 2.9.5 所示模拟模型,测绘阴极射线示波管内聚焦电极间的电场分布.要求测出 5 条等势线,电势差的取值分别为 1.00V、3.00V、5.00V、7.00V、9.00V,该场为非均匀电场,等势线是一簇互不相交的曲线,每条等势线的测量点应取得密一些.画出电力线,可了解静电透镜聚焦场的分布特点和作用,加深对阴极射线示波管电聚焦原理的理解.

【数据记录与处理】

（1）对同轴电极,用圆规画出各等势线.

（2）根据等势线与电力线正交原理,画出电力线（至少 8 条）,并指出电场强度方向.

（3）用直尺测量各等势线的半径 r,在坐标纸上作 $\ln r$ 和 U_r 函数关系图,并验证其线性关系.相关测量数据见表 2.9.1.

（4）由式 $r=\dfrac{r_2}{\left(\dfrac{r_2}{r_1}\right)^{\frac{U_r}{U_0}}}$,计算各等势线半径的理论值 $r_理$,并与测量值 r 比较,求出百分误差.

$U_0=$＿＿＿＿＿ V,$r_1=$＿＿＿＿＿ cm,$r_2=$＿＿＿＿＿ cm

表 2.9.1　等势线半径的测量数据表

U_r/V						
U_r/U_0						
r/cm						
$\ln r$						
$r_理/\mathrm{cm}$						
百分误差/%						

【注意事项】

由于导电玻璃边缘处电流只能沿边缘流动,因此等势线必然与边缘垂直,使该处的等势线和电力线严重畸变,这就是用有限大的模拟模型去模拟无限大的空间电场时必然会受到的"边缘效应"的影响. 如要减小这种影响,则要使用"无限大"的导电玻璃进行实验,或者人为地将导电玻璃的边缘切割成电力线的形状.

【思考题】

1. 如果电源电压 U_0 增加一倍,等势线和电力线的形状是否发生变化? 电场强度和电势分布是否发生变化? 为什么?

2. 试举出一对带等量异号的线电荷的长平行直导线的静电场的"模拟模型",这种模型是否是唯一的?

3. 根据测绘所得等势线和电力线的分布,分析哪些地方场强 E 较强,哪些地方场强 E 较弱.

4. 从实验结果能否说明电极的电导率远大于电介质的电导率? 如不满足这个条件,会出现什么现象?

5. 在描绘同轴电缆的等势线簇时,如何正确确定圆形等势线簇的圆心,如何正确描绘圆形等势线?

6. 由式(2.9.6)可导出圆形等势线半径 r 表达式为

$$r = \frac{r_2}{\left(\dfrac{r_2}{r_1}\right)^{\frac{U_r}{U_0}}}$$

试讨论 U_r 及 E_r 与 r 的关系,说明电力线的疏或密随 r 值的不同如何变化.

附:新型电场描绘仪参数,$r_1 = 1.00\text{cm}$,$r_2 = 7.00\text{cm}$.

实验 10　示波器的原理及应用

电子示波器(简称示波器)能把随时间变化的电压信号在荧光屏上显示出来. 一切可以转化为电压的电学量、非电学量随时间而变化的过程,都可以用示波器观察和分析. 示波器可以直接测量电压信号的大小和频率,因此是一种用途广泛的电子仪器.

【实验目的】

1. 了解示波器的基本结构.
2. 掌握示波器各个旋钮的作用和使用方法.
3. 学习用示波器观察电压波形和李萨如图形.
4. 学习用示波器测量电信号参数方法.

【实验原理】

示波器的原理框图如图 2.10.1 所示.

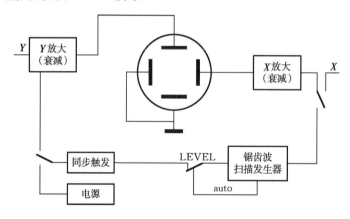

图 2.10.1　示波器的原理框图

示波器有各种型号,其基本结构包括两个部分:示波管和控制示波管工作的电路. 控制电路中有锯齿波扫描发生器、整步(同步)电路、衰减及放大电路、示波管电路及电源.

1. 示波管

示波管的结构如图 2.10.2 所示. 它是一个抽成高真空的喇叭形玻璃管,其内有电子枪、偏转板和荧光屏三部分.

1) 电子枪

它由灯丝 F、阴极 K、控制栅极 G、第一阳极 A_1、第二阳极 A_2 构成. 有些示波管在 A_1 和 G 之间还有加速极. 阴极 K 呈圆形,表面涂有氧化物层(如氧化钍),受灯丝加热便发射电子. 栅极 G 的电势比阴极低,用来控制从阴极发射出来的电子流密度,调节栅极电势可以控制荧光屏上光点的亮度.第一阳极和第二阳极都是圆筒形,第一阳极电势介于阴极和第二阳极之间,通常是第二阳极电势的 1/8~1/3,第二阳极电势有 1~2kV.电子枪内的这种电势分布可以对电子束起到聚集的作用,类似于光学透镜组对光线聚集.适当调节第一阳极和第二阳极之间的电势,可使电子束聚集正好落在荧光屏上,在荧光屏上得到清晰的亮点.

2）偏转系统

在电子枪和荧光屏之间,有两对互相垂直的偏转板,其中,横向的是一对称水平（X）偏转板,纵向的是一对称垂直（Y）偏转板,偏转板是用来控制亮光点或波形位置的,当板上不加任何电压时,电子束不发生偏转,电子束在荧屏上的亮点出现在荧光屏的中心.如果板上加有电压,则电子束通过偏转板时受静电场的作用,使电子束在荧光屏上的亮点的位置也跟着改变.调节面板上"水平移位"旋钮,可改变水平偏转板上的电压,使亮点在水平方向移动.调节"垂直移位"旋钮,使亮点在垂直方向移动.在一定范围内,亮点的位移与偏转板上加的电压成正比.

3）荧光屏

在示波管前面的玻璃内壁上涂有一层荧光剂.当它受到具有一定能量的电子束轰击时就发光,从而显示出电子束的位置.电子束停止作用以后,荧光剂的发光需要经过一定的时间才熄灭,称为余辉效应,所以在荧光屏上看到的不是光点的移动,而是电子束扫过的所有亮点的余辉连成一条发光线.电子束长久地打在屏上的一个地方,会损坏荧光屏,形成斑点.

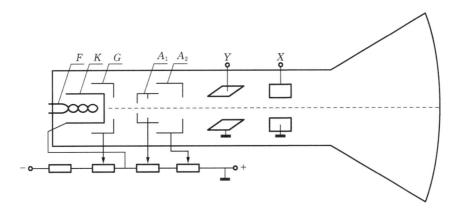

图 2.10.2　示波管的结构

F—灯丝;K—阴极;G—控制栅极;A_1—第一阳极;A_2—第二阳极;Y—竖直偏转板;X—水平偏转板

2. 扫描电路

通常我们把待观察的信号通过示波器的 Y 输入插座加到垂直偏转板上.如果只在垂直偏转板上加正弦电压（图 2.10.3(a)）,而水平偏转板上不加任何电压,则电子束产生的亮点只在垂直方向上随时间做正弦式振荡,在水平方向不动,我们看到的将只是一条垂直亮线,正弦波信号被压缩在垂直亮线中（图 2.10.3(b)）.

如果只在水平偏转板上加锯齿波电压（图 2.10.4(a)）,电子束在荧光屏上的亮点就会在水平方向来回往返运动.锯齿波电压的特点是:电压从负开始（$t=t_0$）,而后随时间成正比地增加到正（在 $t_0<t<t_1$ 内）,到达 t_1 后又突然返回到负,然后周期性地重复上述过程.这时电子束在荧光屏上的亮点做相应的运动,由左匀速地向右运动,到达右端（$t=t_1$）后马上又回到左端,然后又匀速地向右运动,在同一周期内亮点的位移与时间成正比.周而复始的重复前述过程,

形成扫描时间轴.亮点只在横向运动,我们看到的便是一条水平亮线(图 2.10.4(b)).

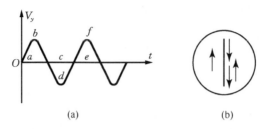

(a)　　　　　　　　　　　(b)

图 2.10.3　垂直偏转板上加正弦电压,水平偏转板上不加任何电压的情形

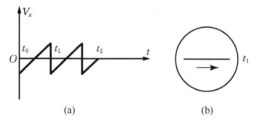

(a)　　　　　　　　　　　(b)

图 2.10.4　水平偏转板上加锯齿波电压的情形

　　如果在垂直偏转板上加正弦电压,又在水平偏转板上加锯齿波电压,则荧光屏上亮点将同时进行水平和垂直方向的两种位移,我们看到的将是亮点的合成位移的轨迹,即正弦图形. 其合成原理如图 2.10.5 所示. 在 t_0 时刻,正弦电压在 a 点,锯齿波电压在 a' 点,是负值,亮点在荧屏左边的 a'' 处. 在 $t=t_1$ 时刻,对应于 b 和 b',亮点在 b'' 处,照此方法可知亮点的轨迹由 a'' 经 b''、c''、d'' 到 e'',描出了正弦图形.

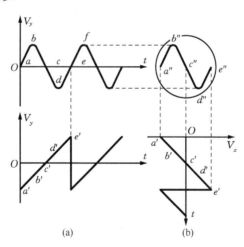

(a)　　　　　　　　　　　(b)

图 2.10.5　垂直偏转板上加正弦电压,水平偏转板上加锯齿波电压的情形

　　由以上叙述可以得出两点:

　　(1) 若想看见纵偏电压的图形,必须在水平偏转板上加锯齿波电压,把纵偏电压产生的垂直亮线“展开”来,这个过程称为“扫描”. 当扫描电压和时间成正比变化时,则称为线性扫描. 锯齿波扫描就是线性扫描. 线性扫描能把纵偏电压波形如实地扫描出来(为什么?). 如果横偏加非锯齿波电压,则为非线性扫描,描出来的图形将不是原来的波形.

（2）要想使纵偏电压在荧屏上显示的图形稳定,扫描电压的频率要满足一定的条件.如果纵偏电压(如正弦波)与横偏锯齿波电压的周期相同(即频率相同),则如图 2.10.5 所示.正弦电压到 e 时,锯齿波电压也正好到 e',完成一个周期,从而亮点描完一个整周期的正弦曲线.由于这时锯齿形电压马上变负,故亮点回到左边又重复前过程,亮点在第一次描出的轨迹上重复描同一条曲线,这时我们看到的是一条一个周期的简单正弦曲线稳定地停在荧光屏上.如果纵偏正弦电压的频率是横偏锯齿波频率的 2 倍(即锯齿波周期是正弦电压周期的 2 倍),则当锯齿波完成一个周期时,正弦电压正好完成两个周期,亮点正好描完两个完整周期的正弦曲线.亮点以后的运动都是在第一次描出的轨迹上重复进行,因此这时荧光屏上出现的是两个周期的简单稳定的正弦曲线.以此类推,如果纵偏电压的频率是横偏锯齿波电压频率的 n 倍,即 $f_y = nf_x$,则在荧光屏上将看到 n 个周期的简单稳定纵偏电压波形.如果纵偏电压的周期与横偏锯齿波电压的周期稍有不同,或纵偏电压的频率不是横偏锯齿波电压的整数倍,则第二次所描出的曲线将与第一次曲线位置错开,在荧光屏上所看到的是不稳定的图形或不断移动的图形,甚至是很复杂的图形.图 2.10.6 说明了扫描电压频率与纵偏电压频率不相同时图形发生移动的情况.

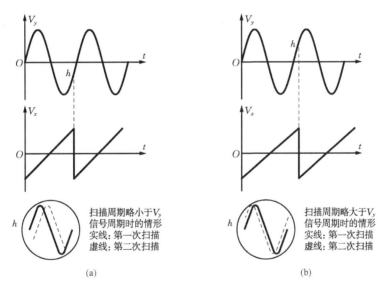

图 2.10.6　纵、横偏电压信号频率不是整数倍时,图形发生移动的情况

由上可见,只有纵偏电压的周期与横偏电压的周期严格相同,或后者是前者的整数倍,示波图形才会简单稳定.换言之,构成简单而稳定的示波图形的条件是纵偏电压频率与横偏电压频率的比值是整数,即

$$f_y / f_x = n(\text{或 } f_y = nf_x), \quad n = 1, 2, 3, \cdots \tag{2.10.1}$$

3. 整步电路

实际上,待观测的信号是从示波器的外部输入的,而扫描的锯齿波电压是示波器内的锯齿波发生器产生的,两者是相互独立的,它们之间的频率比不会自然满足简单的整数比.为了能调出稳定的波形,示波器的锯齿波扫描电压的频率必须可调,示波器面板上的"扫描速度"粗调及其微调旋钮就是起调节锯齿波电压频率的作用,所以细心调节它,就可使两者频率的比值大

体上满足式(2.10.1),荧光屏上的波形就可以较为稳定.但要准确地满足式(2.10.1),使波形完全稳定,仅靠人工调节还是不够的,特别是待测电压的频率越高,问题就越突出,人工调节就更困难.为此在示波器内部安装自动频率跟踪装置,也称为整步电路.它是从纵向放大电路中取出部分待测信号,经同步触发装置控制锯齿波扫描发生器,迫使锯齿波与待测信号同步.为了更有效地稳定显示波形,目前多数示波器都采用触发扫描电路来达到整步的目的.示波器面板上的"LEVEL"(电平)旋钮就起这个作用,改变该旋钮的位置,就是改变触发电平的大小.扫描的频率由扫描速度选择旋钮(粗调和微调)来控制.由于每次波形的扫描起点都在荧光屏的固定位置,所以显示的波形极为稳定.

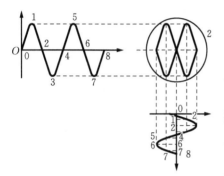

图 2.10.7　李萨如图形的合成

4. 李萨如图形

如果纵偏板上加正弦电压,横偏板上也加正弦电压,那么荧光屏上亮点的运动将是两个相互垂直的正弦振动的合成.当两个正弦电压的频率相等或成简单整数比时,荧光屏上亮点的轨迹为稳定的闭合曲线,称为李萨如图形.例如,当纵偏电压 V_y 的频率 f_y 为横偏电压 V_x 的频率 f_x 的 2 倍时,两者开始时的相位均为零时,亮点的轨迹如图 2.10.7 所示.图 2.10.8 是频率比成简单整数比时形成的若干李萨如图形.

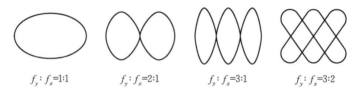

$f_y:f_x=1:1$　　　$f_y:f_x=2:1$　　　$f_y:f_x=3:1$　　　$f_y:f_x=3:2$

图 2.10.8　不同频率比的李萨如图形

利用李萨如图形可以比较两个电信号的频率.令 f_y 和 f_x 分别代表纵偏和横偏信号的频率,N_x 为一条假想水平线和李萨如图形相切的切点数,N_y 为一条假想竖直线和李萨如图形相切的切点数,f_y、f_x、N_x、N_y 有如下关系:

$$f_y:f_x = N_x:N_y \tag{2.10.2}$$

若利用示波器调节出两个电压信号的李萨如图形,其中一个电信号的频率又已知,利用这个关系就可以测定另一个电信号的频率.

【实验仪器】

CA9020 型双踪示波器,EE1641B 型函数信号发生器.

CA9020 型示波器是一通用的双踪示波器,它具有 0~20MHz 的频带宽度和 5mV/div(即每大格 5mV)的垂直输入灵敏度,扫描时基系统采用触发扫描,最快扫描速度达 20ns/div.仪器内附校准信号装置,可供垂直灵敏度和水平时基扫速校准之用,对被测信号能满足定性和定量测量的要求.它的面板上各控制旋钮、开关的位置如图 2.10.9 所示.

前面板的介绍可参见图 2.10.9.

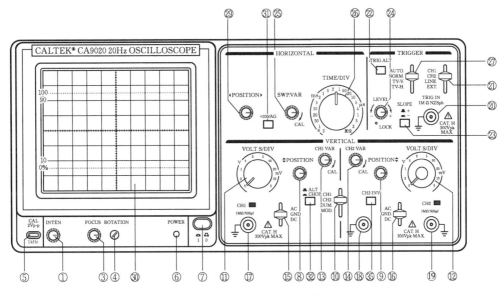

图 2.10.9　CA9020 型示波器面板

CRT：

⑦电源开关：当此开关开启时发光二极管⑥发亮.

①亮度：调节轨迹或亮点的亮度.

③聚焦：调节轨迹或亮点的粗细.

④轨迹旋转：半固定的电位器用来调整扫描线水平.

㉚滤色片：使波形看起来更加清晰.

垂直轴：

⑰ CH1(X)输入：在 X-Y 模式下，可作为 X 轴输入端.

⑱ CH2(Y)输入：在 X-Y 模式下，可作为 Y 轴输入端.

⑮⑯ AC-GND-DC：选择垂直轴输入信号的输入方式.

AC：交流耦合.

GND：垂直放大器的输入接地，输入端断开.

DC：直流耦合.

⑪⑫垂直衰减开关：调节垂直偏转灵敏度，从 5mV/div～5V/div，分 10 挡，div 是表示垂直方向一大格.

⑬⑭垂直微调：微调灵敏度大于或等于 1/2.5 标示值，在校正位置时，灵敏度校正为标示值.

⑧⑨▲▼垂直位移：调节光迹在屏幕上的垂直位置.

⑩垂直方式：选择 CH1 与 CH2 放大器的工作模式.

CH1 或 CH2：通道 1 或通道 2 的显示选择.

DUAL：两个通道同时显示.

ADD：显示两个通道的代数和 CH1＋CH2. 按下㉟按钮，为代数差 CH1－CH2.

㉜ ALT/CHOP：在双踪显示时，放开此键，表示通道 1 与通道 2 交替显示（通常用在扫描

速度较快的情况下);当按下此键时,通道 1 与通道 2 同时断续显示(通常用于扫描速度较慢的情况下).

㉟ CH2 INV:通道 2 的信号反向,当按下此键时,通道 2 的信号以及通道 2 的触发信号同时反向.

触发:

⑳外触发输入端子:用于外部触发信号.当使用该功能时,开关㉑应设置在 EXT 的位置上.

㉑触发信号源选择:选择信号内(INT)或外(EXT)触发.

CH1:当垂直方式选择开关⑩设定在 DUAL 或 ADD 状态下,选择通道 1 作为内部触发信号源.

CH2:当垂直方式选择开关⑩设定在 DUAL 或 ADD 状态下,选择通道 2 作为内部触发信号源.

㉒ TRIG ALT:当垂直方式选择开关⑩设定在 DUAL 或 ADD 状态下,而且触发源开关㉑选在通道 1 或通道 2 上,按下㉒时,它会交替选择通道 1 和通道 2 作为内部触发信号源.

LINE:选择交流电源作为触发信号.

EXT:外部触发信号接入作为触发信号源.

极性:

㉓触发信号的极性选择."+"为上升沿触发,"-"为下降沿触发.

㉔触发电平:显示一个同步稳定的波形,并设定一个波形的起始点.向"+"旋转,触发电平向上移,向"-"旋转,触发电平向下移.

㉗触发方式:选择触发方式.

AUTO:自动,当没有触发信号输入时,扫描在自由模式下.

NORM:常态,当没有触发信号时,踪迹在待命状态并不显示.

TV-V:电视场,当想要观察一场的电视信号时,选 TV-V.

TV-H:电视行,当想要观察一行的电视信号时,选 TV-H.

(仅当同步信号为负脉冲时,方可同步电视场和电视行).

㉔触发电平锁定:将触发电平旋钮向逆时针方向转到底听到"咔嗒"一声后,触发电平被锁定在一个固定电平上,这时改变扫描速度或信号幅度时,不再需要调节触发电平,即可获得同步信号.

时基:

㉖水平扫描速度开关:扫描速度分 20 挡,从 $0.2\mu s/div$ 到 $0.5s/div$. 当设置到"XY"位置时可用作 XY 示波器.

㉕水平微调:微调水平扫描时间,TIME/div 扫描速度可连续变化,当顺时针旋转到底为校正位置,使扫描时间被校正到与面板上 TIME/div 指示的值一致. 整个延时可达 2.5 倍甚至更多.

㉙◀▶水平位移:调节光迹在屏幕上的水平位置.

㉛扫描扩展开关:按下时扫描速度扩展 10 倍.

其他:

⑤CAL:提供幅度为 $2V_{pp}$、频率为 1kHz 的方波信号,用于校正 10∶1 探头的补偿电容器和检测示波器垂直与水平的偏转因数.

⑲ GND:示波器机箱的接地端子.

【实验内容与步骤】

1. 通过观察波形,熟悉示波器的使用

1)预习

认真预习教材或阅读实验室所提供的示波器使用说明书,弄清示波器面板上各旋钮、开关的作用.

2)接通示波器的电源,调出亮点

将触发信号源选择开关㉑置于"EXT",水平扫描速度开关㉖置于"XY",触发信号极性选择开关置于"＋",垂直输入灵敏度选择开关 VOLTS/div,"LEVEL"电平旋钮离开"LOCK"自动扫描,水平移位 26 和垂直移位⑧或⑨两旋钮都旋到中间位置,顺时针缓慢旋转亮度旋钮①,即可在荧光屏上看到一个亮斑.调节"亮度""聚焦""水平移位""垂直移位"等旋钮,熟悉它们的作用,调出清晰的亮点.

3)调出水平扫描线

将触发信号源选择开关㉑离开"EXT"外接位置,水平扫描速度开关㉖离开"XY"位置,触发方式选为"AUTO".此时在荧屏上会看到水平扫描线.将"t/div"扫描速度旋钮逆时针旋到扫描最慢的第一挡级,调节扫描微调旋钮,观察扫描亮点运动的变化,再调扫描速度旋钮,逐级调节扫描速度,观察水平线变化.

4)利用本机内的方波信号,调出较稳定的矩形波

用 10:1 探头将校正信号输入到 CH1 输入端.将 AC GND DC 开关设置在"AC"状态.一个如图 2.10.10 所示的方波将会出现在屏幕上,调整"聚焦"旋钮③使图形清晰.

5)观察正弦波、方波、锯齿波

将信号发生器的输出端和示波器的 Y 输入即通道 CH2 连接好,接通信号发生器的电源,将其频率调至 5Hz,衰减置于 0,输出电压调到 2V 左右.注意 Y 输入耦合开关离开"GND"接地位置,把 5Hz 的正弦信号加到示波器的垂直偏转板上,调节 Y 粗调(垂直输入灵敏度选择开关)及 Y 微调,使荧屏上的图形小适当.调节扫描速度和扫描微

图 2.10.10　方波信号

调旋钮,先在低速扫描时观察亮点描出正弦曲线的过程,然后将信号发生器的频率调到 50Hz,调出简单而且比较稳定的正弦曲线.再利用电平旋钮调出稳定的正弦图形(离开自动位置,进入触发扫描状态).然后调节扫描速度和微调,使荧屏上出现两个完整周期的正弦曲线,记下此时扫描速度旋钮的位置.改变扫描微调和扫描速度旋钮的位置,观察图形的变化情况.

改变 Y 输入信号频率,依次调出 50Hz、500Hz、5000Hz、50000Hz 时稳定的两个周期的正弦、方波、锯齿波图形,记下各频率时的扫描速度旋钮的位置(为什么应在这些位置?).调节信号发生器,使示波器分别输入方波、锯齿波,观察波形情况.

2. 观察并记录李萨如图形,检查低频信号发生器的频率

在示波器的 Y 输入端和 X 输入端上分别由信号发生器输入正弦电压信号,将扫描速度开

关顺时针置于 X-Y 位置,依次调节 $f_y:f_x=1:1$、$1:2$、$1:3$、$2:3$ 的李萨如图形,记下每次的 f_y、$f_{x显}$、N_y、N_x 及李萨如图形. $f_y:f_{x显}$ 可能不成简单整数比,这是由于信号发生器显示的频率不是很准确造成的. 利用公式计算出 $f_{x实}$,并与记录的 $f_{x显}$ 进行比较.

3. 测量交流信号的峰-峰值 $V_{p\text{-}p}$ 及周期 T

(1) 将待测交流信号从 Y 输入插座接入示波器,将 Y 微调和扫描速度微调两个旋钮都顺时针旋至最大(校准位置),在测量过程中两微调旋钮始终保持此校准位置. 调节 Y 粗调旋钮,使荧光屏上信号图形的大小在屏的格子范围内,再调节扫描速度粗调旋钮,使荧光屏上显示的波形数为 1～2 个.

(2) 数出图形波峰到波谷所占的纵向格数 n,读出 Y 粗调旋钮所示位置的标称值 K,则信号的峰-峰值 $V_{p\text{-}p}=K \cdot n$;数出图形一个整的周期所占的横向格数 m,读出扫描速度粗调旋钮所示位置的标称值 L,则信号的周期 $T=L \cdot m$. 记下图形的形状,将其所占格数 n、m 及 K、L 和计算出来的峰-峰值 $V_{p\text{-}p}$、周期 T 等值填入表 2.10.3 中.

【实验记录与处理】

1. 观察正弦波形、方波、锯齿波(表 2.10.1)

表 2.10.1　正弦波、方波、锯齿波的观察记录

信号频率/Hz	50	500	5000	50000
Y 轴灵敏度位置/(V/div)				
扫描速度开关位置/(t/div)				

2. 观察李萨如图形(表 2.10.2)

表 2.10.2　李萨如图形的观察记录

$f_y:f_x$	1:1	1:2	1:3	2:3
f_y/Hz				
$f_{x显}$/Hz				
$f_{x实}$/Hz				
Δf_x/Hz				
N_x				
N_y				
图形				

3. 测量信号电压 $V_{p\text{-}p}$ 及周期 T(表 2.10.3)

表 2.10.3　信号电压 $V_{p\text{-}p}$ 及周期 T 的观察记录

信号频率/Hz	100	1000	10000
Y 轴灵敏度位置 K/(V/div)			
纵向格数 n			
扫描速度开关位置 L/(t/div)			
横向格数 m			
$V_{p\text{-}p}$			
T/ms			

【思考题】

1. 如果示波器是好的，但由于某些旋钮的位置未调好，荧光屏上看不到亮点，问哪几个旋钮的位置不合适就有可能造成这种情况？应该怎样操作才能找到亮点？

2. 示波器上观察到正弦波图形不断向右跑，说明锯齿波频率偏高还是偏低？请加以说明．

3. 如果不用"触发电平"旋钮，即把触发方式开关调到"AUTO"自动扫描位置，仅靠人工小心调节锯齿波频率，问下列情况有无可能获得比较稳定的图形？

（1）待观测频率较低；

（2）待观测频率较高．

4. 调节李萨如图形时，能否用示波器的"触发电平"把图形稳定下来？为什么？

5. 用示波器观察周期为 0.02ms 的信号电压，若荧光屏上有 5 个完整的稳定波形，问扫描电压的频率是多少？

【附录】

（1）EE164/B 型函数信号发生器/计数器面板说明如图 2.10.11 所示．

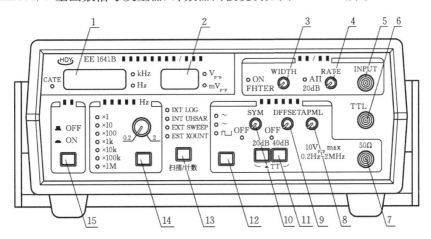

图 2.10.11　EE164/B 型函数信号发生器/计数器面板

1—频率显示；2—幅度显示；3—扫描宽度调节旋钮；4—扫描速度调节旋钮；5—外部输入插座；6—TTL 信号输出；
7—函数信号输出；8—输出幅度调节旋钮；9—输出信号电平预置调节旋钮；10—波形对称性调节旋钮；
11—输出幅度衰减开关；12—波形选择旋钮；13—扫描、计数按钮；14—频率范围选择按钮；15—电源开关

本实验 EE1641 型函数信号发生器使用方法．

按"电源开关"（15）仪器通电；按"波形选择旋钮"（12）可选择波形如正弦波；按"频率范围选择按钮"（14）和上面的频率调节旋钮，可获取实验要求的信号频率；调节"输出幅度调节旋钮"（8）可获取恰当的波形振幅．函数信号从"函数信号输出"50Ω 端口输出．

本实验中"扫描宽度调节旋钮"（3）、"扫描速度调节旋钮"（4）、"扫描、计数按钮"（13）不启用（显示灯不亮），"波形对称性调节旋钮"（10）、"输出信号电平预置调节旋钮"（9）逆时针关断，不启用；"输出幅度衰减开关"（11）弹起不启用．

（2）SFG-1023 合成函数信号发生器面板说明（图 2.10.12）.

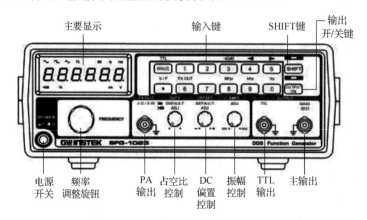

图 2.10.12　SFG-1023 合成函数信号发生器面板图

　　本实验合成函数信号发生器使用方法.

　　按下"电源开关"仪器通电；按"数字输入键"和"频率单位键"（SHIFT 键与 8、9、0 组合），或者直接旋转"频率调整旋钮"，可获取实验要求的信号频率；按"波形键"（WAVE）可选择正弦波波形；按"输出开关键"（灯亮），再旋转"振幅控制"旋钮即可从"主输出"端口得到适当的正弦波信号.若再按"输出开关键"（灯灭），信号关断，可以重新设置信号，获取新的信号.

　　当"占空比控制"拉出，旋转它可调节方波的时间占空比；"DC 偏置控制" 拉出，旋转它可调节正弦波、方波和三角波的直流偏压范围；"振幅控制"拉出，信号振幅衰减 40dB（每 20dB 衰减 10 倍，40dB 是衰减 100 倍）.本实验中不使用这些功能.

实验 11 电势差计的原理及应用

电势差计是用补偿的方法对电压进行测量的,是电学测量中较为精密、应用广泛的测量仪器之一. 它可以用来精密测量电动势、电压、电阻、电流、温度和校准电表,在自动控制中经常用到,因此学习使用电势差计是基础实验中的重要内容.

【实验目的】

1. 了解电势差计的工作原理、结构、特点和操作方法,加深对补偿法测量原理的理解和运用.

2. 掌握用电势差计校准直流电表的方法.

3. 掌握用电势差计测定电阻的方法,学会设计简单的测量电路.

【实验原理】

在图 2.11.1 所示的电路中,设 E_0 是电动势可调的标准电源,E_X 是待测电池,它们的正负极相对并接,在回路中串联上一只检流计 G,用来检测回路中有无电流通过. 设 E_0 的内阻为 r_0,E_X 的内阻为 r_X,根据欧姆定律,回路的总电流为

$$I = \frac{E_0 - E_X}{r_0 + r_X + R_g + R} \tag{2.11.1}$$

如果调节可调电源 E_0,使回路无电流,检流计指针不发生偏转,说明 E_0 和 E_X 相等. 由式(2.11.1)可知,此时 $I=0$,这时称电路的电势达到补偿. 若在电势补偿的情况下,已知 E_0 的大小就可确定 E_X 的大小,这种测定电动势或电压的方法就称为补偿法. 很显然,用补偿法测定 E_X,除要求 $E_0 > E_X$ 外,还必须要求 E_0 便于调节,且稳定,能准确读数,这个 E_0 称为补偿源. 本实验电路中是用一个分压器来代替图 2.11.1 中的 E_0,如图 2.11.2 所示.

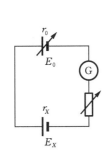

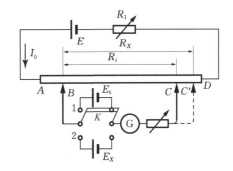

图 2.11.1 补偿原理　　　　　　图 2.11.2 电势差计原理图

由电源 E、限流电阻 R_1 以及均匀电阻丝 R_{AD} 构成的回路称为工作回路. 由它提供稳定的工作电流 I_0,并在电阻丝 R_{AD} 上产生接近于 E 值的均匀电压降. 改变 B、C 之间的距离,可以从中分出大小不同连续变化的电压来,起到和 E_0 相似的作用. 为了能够准确读数,采用一个换接开关 K,当开关倒向"1"端,接入标准电池 E_s,BKE_sGC 称为校准回路,调节 R_1 及 B、C 间的距离,

总可以找到一个位置(如图 2.11.2 中的位置),使校准回路的电流为零,即 R_s 上的电压降与 E_s 之间的电势差为零,即达到补偿. 由欧姆定律可知

$$E_s = I_0 R_{BC} = I_0 R_s \qquad (2.11.2)$$

这一过程就称为电势差计的"校准".

此时再把换接开关 K 置于"2"端,接入待测电池 E_X,于是 BKE_XGC' 构成了测量回路. 调节 BC 之间距离,总可以找到另一位置 BC' 使测量回路的电流为零,即 R_X 上的电压降和 E_X 之间的电势差为零,测量回路达到补偿. 于是有

$$E_X = I_0 R_{BC'} = I_0 R_X \qquad (2.11.3)$$

以上这种调节补偿的方法称为"定流变阻"调节法. 由式(2.11.2)、式(2.11.3)可得

$$E_X E_s = R_X R_s, \quad E_X = \frac{R_X}{R_s} E_s \qquad (2.11.4)$$

由于电阻丝 AD 粗细是均匀的,所以上式中的电阻 R_X、R_s 之比,可以用电阻丝的长度 $L_{BC} = L_X, L_{BC} = L_s$ 代替,即

$$E_X = \frac{L_X}{L_s} \cdot E_s \qquad (2.11.5)$$

只要精确测出 L_s 和 L_X 的长度,而标准电池的电动势 E_s 是准确知道的,就可以由式(2.11.5)精确地求出待测电池 E_X 的电动势,这就是用补偿法测电池电动势的原理.

用电势差计测量电动势与用伏特计测量相比有以下三个优点.

(1) 检流计 G 只作指零仪器,消除了利用偏转指示所产生的系统误差. 当选用高灵敏度的检流计作指零仪器时,测量器误差可以减至很小.

(2) 用伏特计测量电池电动势时,必定有电流流过伏特计,因此伏特计测量的是电源的路端电压,而不是电源的电动势. 用电势差计测量时,正是在回路中无电流的情况下(电势补偿)进行测量的,故测量结果就是电源的电动势. 精密测量电动势(如温差电动势)都用电势差计来进行.

(3) 电势差计在测量时,工作电流 I 一经调定就不能再动,保持为一常数. 由式(2.11.3)可知,待测电动势和电阻丝的电阻 R_X 保持一一对应的线性关系,只要电阻丝的电阻和作校准用的标准电池保证高度的准确(实际上这两者都非常容易做到 0.05% 的准确度或更高),电势差计的测量准确度就可以提高,一般可达到 0.05%. 而伏特计由于受到制造工艺上的限制,准确度达到 0.5% 就很不容易了,要再提高准确度就更困难.

【实验仪器】

UJ-31 型箱式电势差计或 UJ-37 型箱式电势差计,AC5/2 型检流计,标准电池,BZ3 型 1Ω 标准电阻,电阻箱,滑线变阻器,稳压电源(双路输出),待校验直流电表(C31 型毫安表),单刀、双刀开关,导线若干.

UJ-31 型低电势直流电势差计及测量原理:

(1) 此电势差计是从滑线式电势差计改进而来,用它测量低电势差更精确,使用更方便.

其面板(矩形框内)及外部仪器连线如图 2.11.3 所示(图 2.11.4 为其内部电路简图),测量范围为 $1\mu V \sim 17mV$(K_0 旋至"×1")和 $10\mu V \sim 170mV$(K_0 旋至"×10"),准确度等级为 0.05,在 20℃左右的室温条件下,基本误差限 ΔU_X 为

$$\Delta U_X = \pm(0.05\%U_X + 0.5\Delta U) \tag{2.11.6}$$

式中,U_X 为测量盘示值;ΔU 为测量盘的最小分度值,对应于"×1"和"×10"的倍率分别取 $1\mu V$ 和 $10\mu V$.

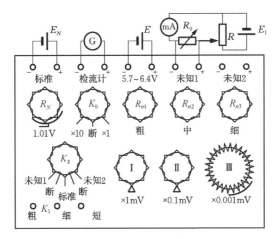

图 2.11.3　UJ-31 型低电势直流电势差计

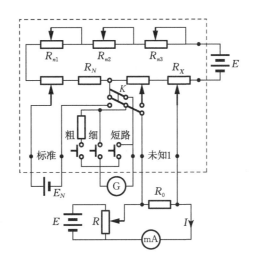

图 2.11.4　电势差计内部电路图

图 2.11.3 所示的面板图上方的 5 对接线端钮从左到右依次接入标准电池、电流计、5.7~6.4V 直流电源和待测电压("未知 1"和"未知 2").面板上各旋钮、开关及调节盘的名称、作用及操作注意事项见表 2.11.1.

表 2.11.1　UJ-31 型低电势直流电势差计

图中标记		名　称	作用、特点及操作注意事项
K_2		操作步骤 选择开关	不用时应旋至"断"位置；校准时旋至"标准"；测量时旋至"未知 1（或 2）"
校准	R_N	温度补偿盘	"校准"前根据室温求出标准电池电动势 $E_N(t)$，再将 R_N 盘旋至对应位置，该盘已直接按电池电动势值标定刻度，$R_N = E_N(t)/0.010000\Omega$
	$R_{n1} \sim R_{n3}$	电流调节盘	校准时旋转粗、中、细调节盘，使检流计零，这时 $I_0 = 10.000\text{mA} = 0.010000\text{A}$，称为工作电流校正
测量	K_0	倍率选择开关	测量前由"未知电压÷测量盘首位值"来预选
	Ⅰ、Ⅱ、Ⅲ	测量盘	测量未知电压用的粗、中、细调节盘，已按"×1"时的电压值标定刻度，可直接读数。操作时调节 3 个测量盘，使检流计指零，得出测量结果
K_1		粗、细、短路检流计 "点"按式开关	操作时应选接"粗"按钮，这时检流计串有 10kΩ 的电阻，调节分压电阻，待其几乎指零后再接"细"按钮。如果检流计指针（或光标）摆动太厉害，按"短路"钮，指针会很快停止摆动

当检流计精确指零时，被测电压 $U_X = （Ⅰ读数×1＋Ⅱ读数×0.1＋Ⅲ读数×0.001＋游标卡尺读数×0.0001）×倍率$，单位是 mV.

（2）测量回路及校验毫安表的外部电路（未知 1 或 2）如图 2.11.4 所示，R 为滑线变阻器，用来均匀调节细小电压，精密电阻 R_0 的作用是将电流 I 转换成待测电压 $U_X(=R_0I)$，由电势差计测出 U_X，即可求得实际流过该回路的电流 I. 本实验要鉴定的是量程为 100.0mA、级别 $S = 1.0$ 的毫安表.

【实验内容与步骤】

1. UJ-31 型电势差计校准直流电表（毫安表）

1）电势差计的校准

（1）依据图 2.11.3 连线，注意 U_X 正、负极不可反接.

（2）检查并调节毫安表和直流检流计零点；根据室温算出标准电池的电动势 $E_N(t)$，并将温度补偿盘 R_N 旋至对应位置；K_0 置于非"断"处，K_2 旋至"标准"；接通工作电源（5.7～6.4V，不在此范围的电压达不到校准和测量的目的）.

（3）校准：为防止非平衡电流过大损坏检流计，先按 K_1"粗"按钮，根据检流计指针的偏转方向及摆动的快慢程度，调节 R_{n1}、R_{n2} 和 R_{n3} 旋钮，使指针指零；后按 K_1"细"按钮，再调节 $R_{n1} \sim R_{n2}$ 旋钮，使指针精确指至零. 工作电流即校正至 $I_0 = 0.010000\text{A}$.

2）校验毫安表

（1）选择辅助回路电源及 K_0：实验中标准电阻 R_0 取 1.000Ω，毫安表的量程是 100mA，R_0 上的压降 U 为多少？对照表 2.11.1 中介绍，确定 K_0 取哪一挡？电源 E_1 取多少？本实验中控制调整部分的滑线变阻器采取限流接法，是否方便调节电压？

（2）K_2 旋至"未知 1". 接通电源，在每检验毫安表的一个刻度线之前，应先估算被测电压，并将测量盘Ⅰ、Ⅱ和Ⅲ旋至估算位置处，然后按"校准"的步骤（调节测量盘Ⅰ、Ⅱ和Ⅲ而不是 $R_{n1} \sim R_{n3}$）进行操作，参考"电表的改装与校正"实验，"由小到大，再由大到小"，对 20mA、30mA、40mA、50mA、60mA、70mA、80mA、90mA、100mA 刻度线（注意要使指针精确地指向所校验的刻度)进行校验.

（3）由于工作电源电阻丝上触点的波动(工作电流不等于 0.010000A)、外界条件的变化等因素的影响,每次测量前都应重新校准.

（4）做完实验,检流计应旋至"短路",关闭所有电源,应先拆除标准电池两端的导线.

2. 用 UJ-37 型箱式电势差计测定未知电阻(选做)

本实验是用 UJ-37 型箱式电势差计测电阻.线路结构如图 2.11.5 所示,由图可知箱式电势差计线路组成与滑线式电势差计相同,箱式电势差计的各元件(包括电源 E)均装在箱子里便于携带,使用时只需扳动面板开关(或旋钮),使检流计指针指零,即可从刻度盘上读出待测电压值,使用十分方便.该电势差计准确度等级为 0.1.图 2.11.6 为 UJ-37 型箱式电势差计面板图,各元件与图 2.11.5 一一对应.

测量电压时,先将待测电压接在输入端.注意正负极性不能接错! 调节好检流计 G 的零点,打开电源开关,将 K 倒向"标准"(E_s),即校准回路接通,调节工作电流旋钮(R_1),当 R_s 上的电压降与标准电池 E_s 达到补偿时,检流计指针指零,工作电流则校准为一定值(5.000mA).然后再将开关 K 倒向"未知"(E_X),调节 B 旋钮和 R 转盘,当 R_X 上的电压与待测电压达到补偿时,检流计指零,此时 B 上示数与 R 盘上读数之和为待测电压值.实际测量时,同样是先估测、后精测.

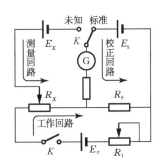

图 2.11.5　UJ-37 型箱式电势差计线路结构图

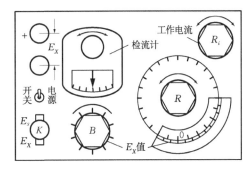

图 2.11.6　UJ-37 型箱式电势差计面板图

用箱式电势差计测量未知电阻,是通过测电阻两端的电压降而间接得出的,这就要求电势差计必须与精密可调、可读的电阻箱配合使用.其测量线路如图 2.11.7 所示.

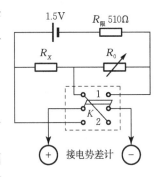

图 2.11.7　测电阻线路图

（1）首先把上述所介绍的箱式电势差计校准好.

（2）按图 2.11.7 连接线路.

（3）双刀双掷开关 K 合在"1"位上,测出标准电阻 R_0 端的电压降 U_0(注意 R_0 为指定数值的位置).

（4）保持所有条件不变,再将双刀双掷开关 K 倒向"2"端,测出待测电阻 R_X 两端的电压降 U_X.因为 R_X 和 R_0 是串联,故通过 R_0 和 R_X 的电流相等,因此有

$$\frac{U_0}{R_0} = \frac{U_X}{R_X} \quad \Rightarrow \quad R_X = \frac{U_0}{U_X}U_0 \tag{2.11.7}$$

保持 R_0 之值不变,重复步骤(3)、(4)测 3 次,代入式(2.11.7)计算出 R_X,并算出 ΔR_X.测

量结果用标准表达式表示,自行设计表格.

注意:由于 UJ-37 型箱式电势差计测量电压的量程很小(10^3 mV),因此在回路中应串入较大的限流电阻(本实验用 $R_限 = 510\Omega$),同时所测电阻的阻值也应较小(一般为几十欧).

【数据记录与处理】

1. 校准毫安表

(1) 根据表 2.11.2,以被校毫安表的示数 I_X 为横坐标,ΔI_X($= I_s - I_X$)为纵坐标,作出校准曲线.

(2) 找出绝对值最大的 ΔI_X,即$(|\Delta I_X|)_{max}$,并由此确定该电表的级别(准确度等级).

$$级别\ S' = \frac{(|\Delta I_X|)_{max}}{I} \times 100 \qquad (2.11.8)$$

式中,I 为被校电表的量程.

表 2.11.2　数据记录

$R_0 = \underline{\hspace{2em}}$ Ω,室温 $t = \underline{\hspace{2em}}$ ℃,$E_N(t) = \underline{\hspace{2em}}$ V.

I_X/mA	20.0	30.0	40.0	50.0	60.0	70.0	80.0	90.0	100.0
U_0/mV									
$\overline{U}_0$/mV									
I_s/mA									
$\Delta I_X = I_s - I_X$/mA									

2. 测定未知电阻

表格自拟.

结论:$R_X = \overline{R}_X \pm \Delta R_X$

由于测量次数较少,不考虑偶然误差

$$E = \frac{\Delta R_X}{\overline{R}_X} = \frac{\Delta U_X}{\overline{U}_X} + \frac{\Delta U_0}{\overline{U}_0} + \frac{\Delta R_0}{R_0} \qquad (2.11.9)$$

$$\Delta R_X = \overline{R}_X E \qquad (2.11.10)$$

式(2.11.9)中的 ΔU_X、ΔU_0 由式(2.11.6)估算,ΔR_0 是标准电阻 R_0 的误差.

【注意事项】

1. 原则上每次测量之前,均需校准电势差计工作电流.

2. 无论是校准还是测量,都要采用先粗调、后细调逐步逼近的方法.

3. 检流计 G 不允许通过过大的电流,也不可通电时间过长,所以检流计的操作通常采用跳接法(瞬时接通法).

4. 为防止电流过大损坏检流计,测量时要根据估算先预置好测量盘的电势差值,然后再开始按流程进行测量,简称为先估测、后精测.

【预习思考题】

1. 补偿法的原理是什么?采用补偿法测量应满足什么条件?

2. 电势差计由几个回路组成,它们各起什么作用?

3. 测量时要根据估算先预置好测量盘的电势差值,这是为什么?

【思考题】

1. 给你一个已知阻值的标准电阻,能否用电势差计测量某一未知电阻? 试画出电路图,并简述其原理.

2. 如何校准箱式电势差计的工作电流?

3. 若在校准工作电流的过程中,检流计指针总是偏向一边,试分析有哪些可能的原因.

【附录】

标准电池的特点是其电动势稳定性非常好,一级标准电池在一年时间内电动势的变化不超过几微伏,因此常用它来作为电压测量的比较标准. 最常用的 Weston 标准电池,其结构如图 2.11.8 所示,正极为汞,上面放置硫酸铜和硫酸汞糊剂,负极为镉汞剂,上面放置硫酸镉晶体,最后在 H 形玻璃管内注入硫酸镉溶液,就构成了标准电池. 它的电动势随温度变化也是很小的,在 20℃ 时,它的标准电动势为 1.0186V,该温度下,可由下列经验公式修正:

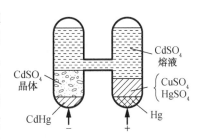

图 2.11.8　Weston 标准电池的结构

$$E_N = 1.0186 \times [1 - 4.06 \times 10^{-5} \times (t - 20) - 9.5 \times 10^{-7}$$

$$\times (t - 20)^2 + 1 \times 10^{-9} (t - 20)^3]$$

在 t 与 20℃ 相差不远时,只用前两项已足够精确了.

标准电池只能用作电动势测量的比较标准,绝不允许作电能能源使用,用它与电势差计配合使用时,应严格遵守下列 3 项要求:

(1) 绝对不能倒置,不能振动.

(2) 绝不允许电池在使用中的电流超过 10^{-6}A.

(3) 绝对不允许用伏特计或万用电表测量其电动势.

一旦违反上述 3 项要求,标准电池将立即失去"标准"而变成废物. 二级以上的标准电池每件都装有 A、B 两个电池,A 电池叫"比较"标准,B 电池叫"工作"标准,平时只能接 B,长时间使用后再用 A 校准 B.

注:UJ-37 型箱式电势差计中的标准电池电动势 E_s 为

$$E_s(20℃) = (1.0193 \pm 0.0005)V$$

室温在 (20±10)℃ 范围内,仪器可确保测量精度,无须调节温补电阻.

实验 12 铁磁材料特性的研究

【实验目的】

1. 熟悉铁磁材料在磁场中磁化的原理及其磁化规律.
2. 了解用示波器法显示磁滞回线的基本原理.
3. 学习用示波器法测绘铁磁材料基本磁化曲线和磁滞回线.

【实验原理】

铁磁材料分为硬磁质和软磁质两类. 硬磁材料(如铸钢)的磁滞回线宽, 剩磁和矫顽磁力较大(在 120~20000A/m, 甚至更高), 因而磁化后, 它的磁感应强度能保持, 适宜于制作永久磁铁. 软磁材料(如硅钢片)的磁滞回线窄, 矫顽磁力小(一般小于 120A/m), 但它的磁导率和饱和磁感应强度大, 容易磁化和退磁, 故常用来制造电机、变压器和电磁铁导. 可见铁磁材料的磁化曲线和磁滞回线反映了铁磁材料的重要特性, 用它来表示铁磁材料的磁特性和磁化规律较为适宜.

测绘磁化曲线和磁滞回线常用冲击电流计法和示波器法, 它们都是磁测量的基本方法. 前一种方法的准确度较高, 但较复杂; 而后一种方法虽准确度低些, 但却具有直观、方便、迅速以及能在循环磁化下测量的优点. 本实验采用示波器法.

1. 起始磁化曲线、基本磁化曲线和磁滞回线

铁磁材料(如铁、镍、钴和其他铁磁合金)具有独特的磁化性质. 取一块未磁化的铁磁材料, 以外面密绕线圈的钢质圆环样品为例, 如果流过线圈的磁化电流从零逐渐增大, 则该样品中的磁感应强度 B 随励磁磁场强度 H 的变化, 如图 2.12.1 中 Oa 段所示, 这条曲线称为起始磁化曲线. 此后继续增大磁化电流, 即增加磁场强度 H 时, B 的上升将变得十分缓慢. 接下来如果逐渐减小 H, 则 B 也会相应减小, 但并不沿原路径 Oa 段下降, 而是沿另一条曲线 ab 下降.

B 随 H 变化的全过程如下:

当 H 按

$$O \rightarrow H_m \rightarrow O \rightarrow\!\!\!- H_c \longleftarrow H_m \rightarrow O \rightarrow H_c \rightarrow H_m$$

的顺序变化时, B 相应沿

$$O \rightarrow B_m \rightarrow B_r \rightarrow O \rightarrow\!\!\!- B_m \longrightarrow\!\!\!- B_r \rightarrow O \rightarrow B_m$$

的顺序变化. 将上述变化过程各点连接起, 就得到一条封闭曲线 $abcdefa$, 这条曲线称为磁滞回线.

从图 2.12.1 还可以看出:

(1) 当 $H=0$ 时, B 不为零, 铁磁材料还保留一定值的磁感应强度 B_r, 通常称 B_r 为铁磁材料的剩磁.

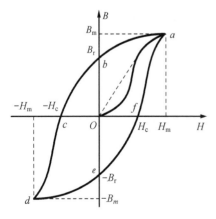

图 2.12.1 磁滞回线

（2）要消除剩磁 B_r 使 B 降为零，必须加一个反方向磁场 H_c，H_c 称为该铁磁材料的矫顽磁力.

（3）H 上升到某一值和下降到同一数值时，铁磁材料内的 B 值不相同，即磁化过程与铁磁材料过去的磁化经历有关.

对于同一铁磁材料，若开始不带磁性，当依次选取磁化电流为 $I_1,I_2,\cdots,I_m(I_1<I_2<\cdots<I_m)$，则相应的磁场强度为 $H_1,H_2,\cdots,H_m$. 在每个选定的磁场强度下，使其方向发生两次变化（即 $H_1\rightarrow-H_1\rightarrow H_1,\cdots,H_m\rightarrow-H_m\rightarrow H_m$ 等），则可得到一组逐渐增大的磁滞回线，如图 2.12.2 所示. 把原点 O 和各个磁滞回线的顶点 $a_1,a_2,\cdots,a_m$ 连成曲线，这条曲线称为铁磁材料的基本磁化曲线. 一般可用基本磁化曲线近似代替起始磁化曲线. 可以看出，铁磁材料的 B-H 函数曲线不是直线，即铁磁材料的磁导率 $\mu=B/H$ 不是常数.

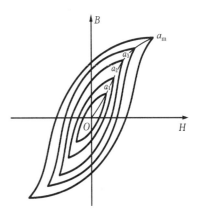

图 2.12.2　基本磁化曲线

2. 示波器法显示磁滞回线的原理和测量电路

示波器法已广泛用于在交变磁场下观察、拍摄和定量测绘铁磁材料的磁滞回线. 但怎样才能使示波器显示出磁滞回线（即 B-H 曲线）呢？我们采取在示波器 X 偏转板输入正比于样品中的励磁磁场强度 H 的交变电压，同时又在 Y 偏转板输入正比于样品的磁感应强度 B 的交变电压，其结果是在显示屏上得到样品的 B-H 曲线. 图 2.12.3 是用示波器法做实验的电路图.

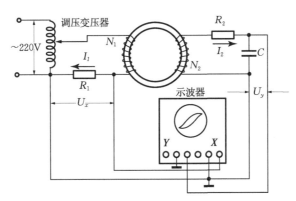

图 2.12.3　示波器法实验电路图

如将电阻 R_1（要求 R_1 比线圈 N_1 的阻抗小很多，通常取 1 欧至十几欧）上的电压降 $U_x=I_1R_1$（注意 I_1 和 U_x 是交变的）加在示波器 X 偏转板上，则电子束在水平方向的偏移与磁化电流 I_1 成正比. 按照 $H=NI/L$ 有 $I_1=HL/N_1$（N_1 为原线圈的匝数），所以

$$U_x=\frac{LR_1}{N_1}H \tag{2.12.1}$$

式（2.12.1）表明，在交变磁场下的任一瞬时，电子束的水平偏转正比于励磁磁场强度 H.

为了获得与样品中磁感应强度 B 值成正比的电压 U_y，采用电阻 R_2 和电容 C 组成的积分电路，并将电容 C 两端的电压 U_C 接到示波器 Y 轴输入端．因交变磁场强度 H 在样品中产生交变的磁感应强度 B，结果是在副线圈 N_2 内出现感应电动势，其大小为

$$\varepsilon_2 = \frac{\mathrm{d}\varphi}{\mathrm{d}t} = N_2 A \frac{\mathrm{d}B}{\mathrm{d}t} \tag{2.12.2}$$

式中，N_2 为副线圈匝数；A 为钢质圆环的截面积．

忽略自感电动势后，对于副线圈回路有

$$\varepsilon_2 = U_C + I_2 R_2 \tag{2.12.3}$$

为了便于如实地绘出磁滞回线，要求：

（1）积分电路的时间常数 $R_2 C$ 应比 $1/(2\pi f)$（其中 f 为交流电的频率）大 100 倍以上，即要求 R_2 比 $1/(2\pi fC)$（电容 C 的阻抗）大 100 倍以上．例如，当 C 取为 $10\mu F$ 时，R_2 的值应在 $30\mathrm{k}\Omega$ 以上（实际参数选择应综合考虑各种因素）．这样 U_C 与 $I_2 R_2$ 相比可忽略（由此带来的误差小于 1%），于是式（2.12.3）简化为

$$\varepsilon_2 \approx I_2 R_2 \tag{2.12.4}$$

（2）在满足上述条件下，U_2 的振幅很小，若将它直接加在 Y 偏转板上，则得不到大小合适的磁滞回线，为此需将 U_C 经过 Y 轴放大器增幅后输入至 Y 偏转板．这就要求在实验磁场的频率范围内，放大器的放大系数必须稳定，不带来较大的相位畸变和频率畸变，以满足上述要求．

利用式（2.12.4）的结果，电容 C 两端的电压为

$$U_C = \frac{Q}{C} = \frac{1}{C}\int I \mathrm{d}t = \frac{1}{CR_2}\int \varepsilon_2 \mathrm{d}t$$

它表示输出电压 U_C 是输入电压对时间的积分．

将式（2.12.2）代入上式得到

$$U_C = \frac{N_2 A}{CR_2}\int \frac{\mathrm{d}B}{\mathrm{d}t}\mathrm{d}t = \frac{N_2 A}{CR_2}\int_0^B \mathrm{d}B = \frac{N_2 A}{CR_2}B \tag{2.12.5}$$

上式表示，接在示波器 Y 轴输入端电容 C 上的电压 U_C（即 U_y）正比于磁感应强度 B．

这样，在磁化电流变化的一个周期内，电子束的径迹描出了一条完整的磁滞回线．

还可以采取逐渐增大调压变压器的输出电压的方法，使屏上的磁滞回线由小到大扩展，经测量记录后，把逐次在坐标纸上记录的磁滞回线顶点的位置连成一条曲线，这条曲线就是样品的基本磁化曲线．

3. 测定磁滞回线上任一点的 B、H 值

为了得到磁滞回线所求点的 B、H 值，需要测出该点的坐标 (x,y)（cm），再进行计算得到加在示波器偏转板上的电压 $U_x = xD_x$，$U_y = yD_y$．D_x、D_y 为示波器的偏转因数，可直接从示波器上读出，然后按式（2.12.1）和式（2.12.5）计算出

$$H = \frac{N_1 D_x}{LR_1}x, \quad B = \frac{R_2 CD_y}{N_2 A}y \tag{2.12.6}$$

式中，各量的单位分别为：若 R_1、R_2 为 Ω，L 为 m，A 为 m^2，C 为 F，D_x、D_y 为 V·cm^{-1}，x、y 为 cm（注：屏幕上一大格（div）为 1cm），则 H 为 A·m^{-1}，B 为 T．

【实验仪器】

CA9020 型双踪示波器，TH-MHC 型磁滞回线测试仪．

【实验内容与步骤】

测绘铁磁材料的基本磁化曲线和饱和磁滞回线,同时归纳铁磁材料的磁化特性.

(1)按图 2.12.3 连接电路,调节示波器,使电子束光迹呈现在荧光屏中央.将示波器上两个输入通道增益微调旋钮置于"校准"位置(微调旋钮顺时针旋到底),设置好 D_x 和 D_y 值(一般 D_x 为 0.1V/div,D_y 为 0.2V/div).

(2)接通测试仪电源,把调压变压器输出电压先调到零,然后逐渐升高电压直至 100V 左右,在铁磁材料达到磁饱和状态后,逐渐减小输出电压直至为零,目的是对被测样品退磁.

(3)测绘铁磁材料的基本磁化曲线.从零开始,分 8 次逐步增加调压变压器输出电压,直至 100V(或 30~100V),磁滞回线将由小变大,直至磁饱和状态.分别测定每条磁滞回线顶点 a_i 的坐标(x,y),依据式(2.12.6)换算为 H、B 参量.用图示法在 H-B 坐标轴上描点,并将所描各点连成曲线,就得到基本磁化曲线了.

(4)测绘磁饱和状态下的磁滞回线.

把调压变压器输出电压调到 100V 左右,使铁磁材料样品达到磁饱和状态,得到一个包围面积最大的磁滞回线.测定回线上 a、b、c、d、e、f 等有代表性的 12(或 12 以上)个点的坐标(x_i,y_i);利用式(2.12.6)换算为 H_i、$B_i(i=1,2,3,\cdots,12)$;用坐标作在 H-B 坐标图上,描出 12(或 12 以上)个点,将其光滑连接便是饱和磁滞回线.

【注意事项】

1.为了避免样品磁化后温度过高,初级线圈通电的时间应尽量缩短,通电电流也不可过大.

2.为了便于提高测量数据的精度,可以用小格为单位测定 x,y 坐标值,1 小格 $=\dfrac{1}{5}$div$=\dfrac{1}{5}\times$1cm$=$0.2cm,式(2.12.6)中 x,y 前系数也要作相应调整.

3.由式(2.12.6)计算 H、B;所需参数(N_1、N_2、L、C、R_1、R_2 和 A 的参数)参见仪器说明书或附录.

【思考题】

1.试述铁磁材料的基本磁化曲线和磁滞回线的物理意义.

2.试确定样品材料的特征磁学物理量:剩磁 B_r,矫顽力 H_c,饱和磁感应强度 B_m.

3.依据实验,说明铁磁材料退磁的道理?

【附录】

TH-MHC 型磁滞回线测试仪的重要技术参数如下:

$A=354$mm^2,　　　$N_1=1150$T,　　　$N_2=381$T,　　　$R_1=12\Omega$,

$R_2=16$kΩ,　　　$L=78$mm,　　　$C=10\mu$F.

实验 13　等厚干涉原理与应用

光的干涉是光学的主要内容之一,光的干涉条纹可以将在可见光波长数量级的微小长度差别和变化反映出来,因此为科学研究与精密计量提供了一种重要的方法,且广泛应用于现代科技和生产等领域.

在光的干涉现象中,等厚干涉是一种常见的物理现象.通过实验观测牛顿环这个等厚干涉特例,可以加深对光的干涉的认识和理解,了解光的等厚干涉的一些应用.

【实验目的】

1. 理解光的干涉原理,观察光的等厚干涉现象.

2. 学会熟练使用钠光灯及读数显微镜.

3. 掌握用牛顿环测量球面镜曲率半径的原理和方法,了解用劈尖干涉测量厚度的原理和方法.

【实验原理】

1. 牛顿环

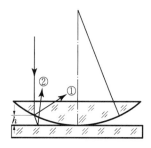

图 2.13.1　干涉光路示意图

曲率半径很大的平凸透镜的凸面和一个平面玻璃接触在一起时,透镜与玻璃之间形成的空气薄膜层的厚度,从中心接触点到边缘逐渐增加,如图 2.13.1 所示.当波长为 λ 的光线照射到空气形成的薄膜上时,在薄膜的上表面被分割成反射和折射两束光,折射光在薄膜的下表面反射后,又经上表面折射,与上表面的反射光交叠,发生干涉.两束光交叠处空气薄膜层的厚度很小,若将其设为 h,则两相干光线的光程差为

$$\Delta L = 2h + \frac{\lambda}{2} \tag{2.13.1}$$

式中,$\lambda/2$ 是光线由光疏介质到光密介质反射时产生的附加光程差.

两条光线相互干涉的条件是

$$\Delta L = 2h + \frac{\lambda}{2} = \begin{cases} k\lambda, & k = 1,2,3,\cdots \text{加强(亮纹)} \\ (2k+1)\dfrac{\lambda}{2}, & k = 0,1,2,\cdots \text{减弱(暗纹)} \end{cases} \tag{2.13.2}$$

由于光程差 ΔL 是随空气薄膜层的厚度 h 改变的,空气厚度相同处的干涉状态相同,即厚度相同处产生同一级干涉条纹,厚度不同处产生不同级次的干涉条纹,称为等厚干涉.

同理,由空气薄膜下表面折射出来的透射光束同样会产生干涉,只是干涉加强和减弱的条件有所不同,折射光束没有 $\lambda/2$ 的附加光程差.

牛顿环仪是由一个曲率半径很大的平凸透镜与一个平板玻璃叠在一起构成的.当单色平行

光垂直照射到牛顿环仪的平凸透镜上时,透镜的凸面附近就会发生等厚干涉现象.如果用显微镜来观察,便可清楚地看到许多明暗相间的、间隔逐渐减小的、同心的圆干涉条纹,如图 2.13.2 所示,这种等厚干涉条纹称为牛顿环.

由反射光干涉的光路分析以及干涉条件可知,如果透镜与平板玻璃间的接触良好,则在接触点 O 处的空气层厚度 $h=0$,光程差 $\Delta L=\lambda/2$,因此反射光干涉产生的等厚圆干涉条纹的中心是一暗点(实际为一暗斑).如果在透射方向观察,也可以看到透射光干涉产生的牛顿环.

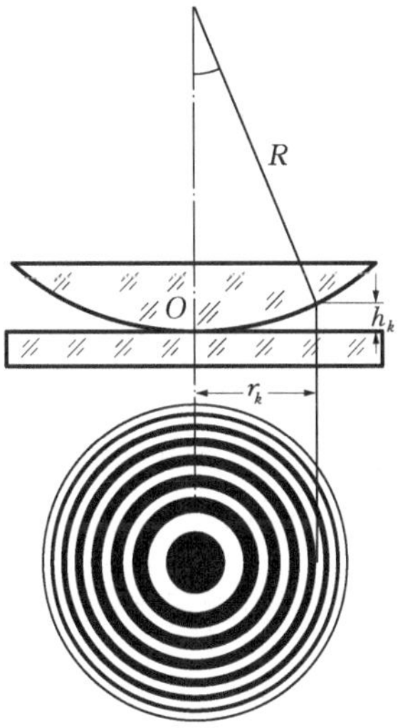

2. 用牛顿环测透镜的曲率半径

在图 2.13.2 中,透镜的曲率半径为 R,与空气层厚度 h_k 对应的第 k 级干涉圆条纹的半径为 r_k,由几何关系可得

$$R^2 = (R - h_k)^2 + r_k^2 \tag{2.13.3}$$

图 2.13.2　牛顿环几何关系图

所以 $r_k^2 = 2h_k R - h_k^2$,由于 $R \gg h_k$,h_k^2 可忽略,因此得到

$$h_k = \frac{r_k^2}{2R} \tag{2.13.4}$$

上式说明:h_k 与 r_k^2 成正比,即离开中心越远,光程差增加越快,因此干涉圆环越密.

由式(2.13.2)可知,对反射光干涉产生的 k 级暗环有

$$\Delta L = 2h_k + \frac{\lambda}{2} = (2k+1)\frac{\lambda}{2}, \quad k = 0,1,2,\cdots \tag{2.13.5}$$

将式(2.13.4)代入式(2.13.5),整理后可得

$$r_k^2 = kR\lambda$$

或

$$R = \frac{r_k^2}{k\lambda} \tag{2.13.6}$$

由式(2.13.6)可知,若已知入射光波长 λ,测出第 k 级暗条纹的半径 r_k,便可算出透镜的曲率半径 R;若已知 R,测出 r_k 后,可算出光波波长 λ.但在实验中,如果直接用此公式,会给测量带来较大的误差,其原因有两个:

(1)实际观察牛顿环时发现,牛顿环的中心不是一个点,而是一个不甚清晰或暗或亮的圆斑.其原因是透镜与平板玻璃接触时,由于接触压力引起形变,接触处为一圆面,而圆面的中心很难定准,因此 r_k 不易测准.

(2)镜面上可能有灰尘等存在而引起一个附加厚度,从而形成附加的光程差,这样干涉条纹的绝对级数就不易确定.

为了克服上述困难,需对式(2.13.6)进行变换,取暗环直径 D_k 替代半径 r_k,$D_k = 2r_k$,则式(2.13.6)可写成

$$D_k^2 = 4kR\lambda$$

或

$$R = \frac{D_k^2}{4k\lambda} \tag{2.13.7}$$

若 m 与 n 级暗环直径分别为 D_m 与 D_n，有

$$D_m^2 = 4mR\lambda \tag{2.13.8}$$

$$D_n^2 = 4nR\lambda \tag{2.13.9}$$

式(2.13.8)和式(2.13.9)相减,得

$$R = \frac{D_m^2 - D_n^2}{4(m-n)\lambda} \tag{2.13.10}$$

式(2.13.10)中,只出现相对级数$(m-n)$,无需知道待测暗环的绝对级数,而且涉及的只是与牛顿环的直径有关的量 $D_m^2 - D_n^2$,即使牛顿环中心无法定准,也不会影响对 R 的测量.

3. 用劈尖测量细丝的直径

将两块光学平面玻璃板叠在一起,在一端插入一直径为 D 的细金属丝,则在两玻璃板间形成一端薄、一端厚的空气薄层,这一薄层称为空气劈尖,如图 2.13.3 所示. 当用单色光垂直照射时,在劈尖薄膜上下两表面反射的两束光发生干涉. 显然,其干涉图样为明暗相间、互相平行且都平行于两平板玻璃交线的干涉条纹.

与牛顿环类似,产生暗纹的条件为

$$\Delta = 2e_k + \frac{\lambda}{2} = (2k+1)\frac{\lambda}{2}, \quad k = 0,1,2,3,\cdots$$

由上式可以看出,第 k 级暗条纹对应的厚度为

$$e_k = k\frac{\lambda}{2} \tag{2.13.11}$$

由此可知,$k=0$ 时,$e_k=0$,即在两玻璃片接触线处为零级暗条纹. 如果细丝处呈现 $k=N$ 级暗条纹,如图 2.13.4 所示,则待测细丝的直径为

$$D = N\frac{\lambda}{2} \tag{2.13.12}$$

在干涉条纹非常多的情况下,不必直接数条纹数,而是测出单位长度上的干涉条纹数 N_0 及劈尖的长度 L,则总条纹数 $N = N_0 L$,代入式(2.13.12)得

$$D = N\frac{\lambda}{2} = N_0 L\frac{\lambda}{2} \tag{2.13.13}$$

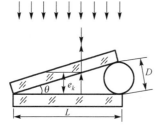

图 2.13.3　空气劈尖

图 2.13.4　干涉条纹

【实验仪器】

钠光灯及电源,读数显微镜,牛顿环仪,劈尖.

【实验内容与步骤】

1. 用牛顿环测量平凸透镜的曲率半径

（1）将牛顿环仪托在手上，调节牛顿环仪上的 3 颗螺钉，用肉眼看到牛顿环形成在玻璃的中央区域，但绝不要将 3 颗螺钉拧得过紧，以免玻璃变形甚至破裂．

（2）把牛顿环仪 3 颗螺钉朝上放在读数显微镜筒下的载物台上，点燃钠光灯，调节镜筒，使镜筒有适当高度．调节镜筒下方的透光反射镜 12（起半反射半透射镜的作用）的倾斜度，并注意其倾斜方向，使其与光源方向成 45°角．钠黄光经透光反射射入牛顿环装置，显微镜视场应均匀充满钠黄光，如图 2.13.5 所示．反光镜调节轮 11 不使用．

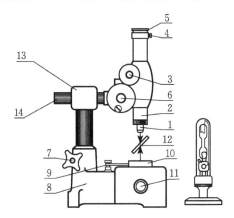

图 2.13.5　测牛顿环的装置图

1—物镜；2—镜筒；3—显微镜镜筒高度微调鼓轮；4—目镜锁紧螺钉；5—目镜；6—测微鼓轮；7—镜筒高度粗调鼓轮；8—底座；9—弹簧压片；10—牛顿环仪；11—反光镜调节轮；12—透光反射镜；13—柱；14—横杆

（3）调整读数显微镜．首先调节显微镜目镜 5 的焦距，使其能清晰地看到叉丝．然后缓慢调节显微镜镜筒高度微调鼓轮 3，直到从显微镜内能看到牛顿环．

（4）再适当调节钠光灯的位置以及透光反光镜 12 调节轮改变显微镜内视场亮度，使其能清晰地看到牛顿环．然后将显微镜目镜分划板上的叉丝交点落在牛顿环中心处，再转动目镜筒，使其中一根叉丝与镜筒移动的方向平行．

（5）转动测微鼓轮 6，使镜筒从中心向任意一侧移动（如向右），同时数出叉丝扫过的环数，直到 22 环后，再转向左移动．在叉丝分别与第 20、19、18、17、16、15、14、13 环相切时记录各环在标尺中的位置，紧接着记录下中心另一侧 13、14、15、16、17、18、20 各环的位置．注意在读数过程中禁止逆向旋转测微鼓轮，否则会产生空程误差（或回程误差），应重新测量．

2. 用劈尖测细丝的直径（选做）

（1）将牛顿环仪换成劈尖，调节显微镜的目镜、物镜、物距、反射镜的角度及光源高度，使干涉条纹清晰且无视差．适当挪动劈尖，使其干涉条纹与叉丝的竖直线平行，旋转读数显微镜鼓轮，使叉丝走向与条纹垂直．

（2）自劈尖中央条纹起始处开始测量，逐一测出每间隔 10 条条纹的位置坐标，至第 50 条条纹为止.用逐差法求出干涉条纹的间距 l.

（3）测量劈尖端头到夹细丝处的总长度 L,测量 5 次以上,取平均值.

（4）按式(2.13.13)计算细丝的直径(其中 $N_0 = 1/l$).

【数据记录与处理】

1. 用牛顿环测量平凸透镜的曲率半径(表 2.13.1)

表 2.13.1   用牛顿环测量平凸透镜的曲率半径

环序	环左端位置 x/mm	环右端位置 x'/mm	环直径 D/mm	D^2/mm^2	$D_m^2 - D_n^2$	$m - n$
13					—	—
14						
15						
16						
17						
18						
19						
20						

（1）用最小二乘法处理数据.

由式(2.13.10)有

$$D_m^2 - D_n^2 = 4\lambda R(m - n)$$

设

$$y_i = Bx_i + A \tag{2.13.14}$$

令

$$y_i = D_m^2 - D_n^2, m = n+1, n+2, \cdots, 7 \quad (\text{其中 } n \text{ 取 } 13)$$

$$B = 4\lambda R$$

$$x_i = m - n$$

$$A = 0$$

（2）将表 2.13.1 中有关数据代入式(2.13.14),通过最小二乘法处理数据便可求出两个参数,即该方程组的斜率 B 和线性相关系数 γ.此计算过程可通过函数计算器完成,参见第 1 章附录,即有

$$R = \frac{B}{4\lambda} \tag{2.13.15}$$

由于 R 的相对误差与 B 的相对误差相同,即 $E_R = \dfrac{\Delta R}{R} = \dfrac{\Delta B}{B}$,故 R 的不确定度计算公式可简写为

$$u(R) = R\left(\frac{1/\gamma^2 - 1}{n' - 2}\right)^{1/2}, \quad n' = 7 \tag{2.13.16}$$

式中,n' 为数据组的个数;γ 为线性相关系数.

2. 用劈尖测细丝的直径(表 2.13.2)

表 2.13.2　用劈尖测细丝的直径

条纹序数 n	条纹位置 x/mm	条纹间距 l/mm	总长度 L/mm	
0			1	
10			2	
20			3	
30		平均值 $\bar{l}$	4	
40			5	
50			平均值	

【思考题】

1. 实验中无论如何调节目镜、物镜及镜筒位置均看不到干涉条纹,可能是什么原因?

2. 劈尖干涉条纹与牛顿环相比有何异同点?

3. 用透射光观察劈尖干涉和用反射光观测会有什么区别?

4. 为什么不直接用 $R=\dfrac{r_k^2}{k\lambda}$ 测量球面曲率半径,而改用 $R=\dfrac{D_m^2-D_n^2}{4(m-n)\lambda}$?

5. 公式 $R=\dfrac{D_m^2-D_n^2}{4(m-n)\lambda}$ 是用暗环的直径推导出来的:

(1) 如果牛顿环中心是亮斑而非暗斑,此公式是否适用?

(2) 测直径时,若叉丝交点不通过圆环中心,则测量的是弦而不是直径,仍用该式计算对结果有无影响?

实验 14　薄透镜焦距的测定

透镜是光学仪器中常用的元件,焦距是反映透镜性能的一个重要参数.通过透镜焦距的测定,掌握一些简单光路分析和调整的方法以及透镜成像的规律,将有助于了解各种光学仪器的功能、原理及使用方法.

【实验目的】

1. 学习测量薄透镜焦距的原理和方法.
2. 掌握简单光路的分析和调整方法,学会在光具座上各元件的共轴等高调节方法.
3. 加深对薄透镜成像公式的理解.

【实验原理】

1. 薄透镜的成像公式

透镜分为凸透镜和凹透镜两类,凸透镜对光线具有会聚作用.当一束平行于透镜主光轴的光线通过透镜后,光线将会聚于主光轴上一点,会聚点 F 称为该凸透镜的焦点.透镜光心 O 到焦点 F 的距离称为焦距,用 f 表示,如图 2.14.1(a)所示.凹透镜对光线具有发散作用,一束平行于透镜土光轴的光线入射到透镜上,经透镜折射后,变成发散光线,所以凹透镜又称为发散透镜.发散光线的延长线与主光轴的交点 F,是凹透镜的焦点,从焦点到透镜光心 O 的距离就是焦距 f,如图 2.14.1(b)所示.

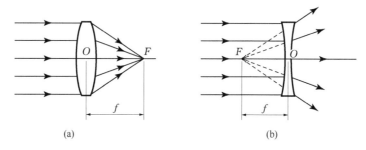

(a)　　　　　　　　　　　　　　　　(b)

图 2.14.1　薄透镜成像

透镜的厚度比它两球面中任何一个曲面的曲率半径小很多,这种比透镜焦距 f 小很多的透镜称为薄透镜.

在薄透镜近轴的区域内,当成像光束与透镜主光轴的夹角很小时,薄透镜的成像公式为

$$\frac{1}{u} + \frac{1}{v} = \frac{1}{f} \qquad\qquad (2.14.1)$$

式中,u 为物距,v 为像距,f 为焦距.u、v 及 f 都是从透镜光心 O 算起.

值得注意的是式(2.14.1)成立的条件为:

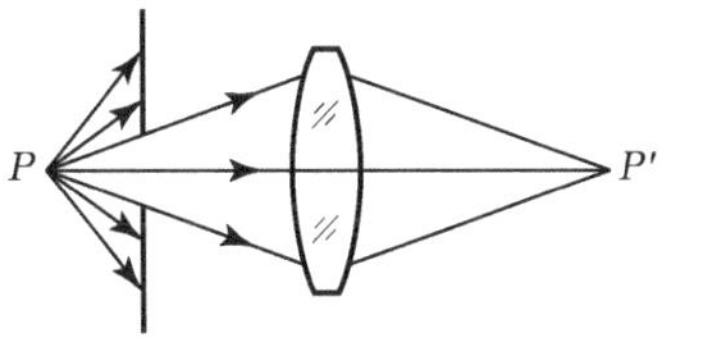

（1）透镜为薄透镜，即透镜厚度 d 远小于焦距 f.

（2）成像的光线为近轴光线，即在主光轴附近且与主光轴夹角很小的光线. 为满足这一条件，需要在透镜前加一光阑，以挡住边缘光线，如图 2.14.2 所示.

（3）有一定的符号规定，其符号见表 2.14.1.

图 2.14.2　薄透镜成像条件

表 2.14.1　透镜 u, v, f 的符号

符　号	物距 u	像距 v	焦距 f
正号＋	实物	实像	凸透镜
负号－	虚物	虚像	凹透镜

2. 凸透镜焦距的测量

测定薄透镜焦距的方法很多，原理也不尽相同，但最根本的出发点仍是物像公式. 现介绍如下.

（1）利用平行光测焦距. 利用明亮的远方物体（如太阳、远处房屋、树木、灯光等）发出的光线近似作为平行光，使其通过透镜成像. 由物像公式（2.14.1）

$$\frac{1}{u} + \frac{1}{v} = \frac{1}{f}$$

可知，当物距 u 趋于无穷大时的像距 v 即为薄透镜的焦距 f. 因此，只要将透镜面向远方物体，使其在与镜面平行的屏上呈现清晰的像，用米尺量出透镜中心至屏的距离，即为透镜的焦距. 此法简便迅速，但不够精确.

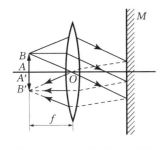

图 2.14.3　自准直法光路图

（2）自准直法. 当物 AB 处在透镜的焦平面上时，物体发出的光经透镜后成为一束平行光，遇到与主光轴相垂直的平面反向镜 M，将其反射回去. 反射光也是平行光，再次通过透镜后会聚，此时透镜的焦距即为

$$f = u \tag{2.14.2}$$

其光路图如图 2.14.3 所示.

（3）物距、像距法. 把式（2.14.1）改写成

$$f = \frac{uv}{u + v} \tag{2.14.3}$$

只要测物距 u 和像距 v，就可利用式（2.14.3）算出透镜的焦距 f，其光路图如图 2.14.4 所示.

（4）共轭法.

取物 AB 与像屏之间的距离 $L > 4f$，移动透镜，则必能在屏上两次成像，如图 2.14.5 所示. 当透镜在 O_1 位置时 $u_1 < v_1$，在屏上得到放大的实像 $A'B'$；当透镜在 O_2 位置时 $u_2 > v_2$，在屏上得到缩小的实像 $A''B''$. 设两次成像透镜的相对位移为 $l = |x_{01} - x_{02}|$. 透镜在 O_1 时，由式（2.14.1）可得

$$\frac{1}{f} = \frac{1}{u_1} + \frac{1}{L - u_1} \tag{2.14.4}$$

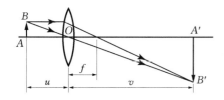

图 2.14.4　物距、像距法光路图

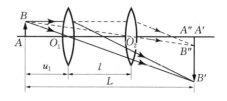

图 2.14.5　共轭法光路

透镜在 O_2 时,由式(2.14.1)可得

$$\frac{1}{f} = \frac{1}{u_1 + l} + \frac{1}{L - (u_1 + l)} \tag{2.14.5}$$

由式(2.14.4)和式(2.14.5)可得

$$u_1 = \frac{L - l}{2} \tag{2.14.6}$$

把式(2.14.6)代入式(2.14.4),整理后得

$$f = \frac{L^2 - l^2}{4L} \tag{2.14.7}$$

可见只需算出物、屏间及透镜两次成像位置间的距离 L 和 l,代入式(2.14.7),即可求出焦距 f.

3. 凹透镜焦距的测量

(1) 自准直法.

单独的一个凹透镜无法成像,需要用凸透镜来辅助. 把物点 A 放在凸透镜 L_1 的主光轴上,测出其对应的像点 F 的位置后,保持 L_1 位置不变,在 L_1 和 F 之间插入待测凹透镜 L_2 和平面反向镜 M,此时 F 为凹透镜 L_2 的虚物,如图 2.14.6 所示. 适当移动 L_2,使 F 处于 L_2 的焦平面上,则经凹透镜后的光为平行光,再经平面镜 M 反射后,从原路返回经 L_2 和 L_1 后仍成像在 A 点,测出此时 L_2 的位置 O_2,则 O_2F 即为凹透镜的焦距.

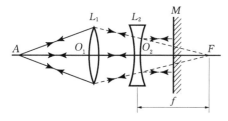

图 2.14.6　自准直法测凹透镜焦距光路图

(2) 物距、像距法物 AB 经凸透镜 L_1 成像于 $A'B'$. 在 $A'B'$ 和 L_1 之间放入待测的凹透镜 L_2,调整 L_2 和 L_1 的间距,由于凹透镜的发散作用,虚物 $A'B'$ 又成像于 $A''B''$,如图 2.14.7 所示. 由式(2.14.1)及 u、v、f 的正负号规定可得

$$f = \frac{uv}{u - v} \tag{2.14.8}$$

测出 u、v,即可算出 f. 注意,式中 u 和 v 都是绝对值,$f < 0$.

【实验仪器】

光具座及附件,会聚透镜,发散透镜,平面反射镜,光源,物屏,像屏等.

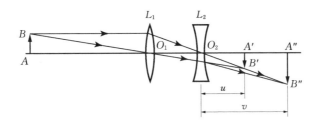

图 2.14.7　物距、像距法测凹透镜焦距光路图

【实验内容】

1. 操作要求

1）光学元件同轴等高的调整

光学元件之间的同轴等高调节是光学仪器调节的基础，必须很好地掌握.

透镜成像公式（2.14.1）只有在薄透镜、近轴光线的条件下才能成立. 所谓近轴光线，是指通过透镜中心部分并与主光轴夹角很小的那一部分光线. 为了满足这一条件，一般在光源前加一光阑以挡住边缘光线，光阑上的直线（或"＋"字线）便是实验中的物体. 对于一个透镜的装置，应使物光处于该透镜的主光轴上. 对于由多个透镜等元件组成的光路，应使各光学元件的主光轴重合. 这一步骤常称为同轴等高的调节. 显然，同轴等高的调节是光学实验必不可少的一个步骤. 因此，利用光具座上各光学元件进行实验时必须调节：①所有光学元件的光轴重合；②公共的光轴与光具座的导轨严格平行. 具体调节方法如下.

a. 粗调：将物和各光学元件靠拢在一起，调节它们的高低、左右位置，凭目测使它们的中心大致在一条和导轨平行的直线上，元件平面与导轨垂直. 这一步仅凭眼睛判断，称为粗调.

b. 细调：在粗调的基础上，再靠仪器或依成像规律来判断和调节，称为细调. 不同的实验装置，具体的调节方法也有所有不同. 下面介绍物与单个凸透镜的共轴调节方法.

使物与凸透镜共轴，是指把物上的某一点（物点 B）调到透镜的主轴上. 如图 2.14.8 所示，取物（AB）与屏间的距离 $L > 4f$（f 为透镜焦距）. 将透镜沿光轴方向移到 O_1 和 O_2，分别在屏上成大像 A_1B_1 和小像 A_2B_2. 物点 A 位于光轴上，两次所成像 A_1 和 A_2 也均在光轴上. 物点 B 不在光轴上，两次所成像 B_1、B_2 也都不在光轴上（物点 B 在光轴上方，B_1、B_2 在光轴下方）且不重合（B_1 在 B_2 下方）. 但小像的 B_2 点总比大像的 B_1 点更接近光轴. 据此可知，欲将 B 调至光轴上，只需记住屏上小像 B_2 点的位置（可在屏上画点记录位置）. 调节透镜的高低、左右，使 B_1 向 B_2 靠拢并稍超过（称"大像追小像"），反复调节几次，逐步逼近，直到 B_1 和 B_2 重合，物点 B 便与透镜共轴了.

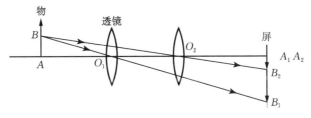

图 2.14.8　等高共轴调整

2)左、右逼近读数法

在实际测量中,由于透镜成像的清晰程度有一个范围,为了减少误差,可采用左、右逼近读数法,先使透镜由左向右移动到像刚清晰时记下透镜的位置,再将透镜由右向左移动到像刚清晰时记下透镜的位置,取两次读数的平均值作为成像清晰时透镜的位置.

3)系统误差

为了消除透镜光心和滑块不在垂直光具座的同一平面上所产生的系统误差,可将透镜转动 180°后重复,取平均值.

2. 测量内容

1)测定凸透镜的焦距

(1) 粗测.用远处灯光当作平行光,粗测凸透镜的焦距,测 3 次取平均值.

(2) 自准直法.

a. 按图 2.14.3 布置光路.为使成像清晰,平面镜要尽量靠近凸透镜.

b. 移动透镜,使物屏上形成倒立的清晰的像.记录透镜的位置 O,此时的物距 AO 即是透镜的焦距.

c. 为了减少判断成像是否清晰所产生的误差,可采用左、右逼近法读数.分别让透镜从左向右和从右向左逼近成像清晰的位置,改变物屏位置,重复上述步骤,共测量 3 次.

d. 固定凸透镜,改变平面镜和凸透镜之间的距离,观察成像有无变化.

e. 稍微改变平面镜的法线和光轴的相对位置,例如,使平面镜上下倾斜或左右偏转,观察像与物相对位置的偏移和平面镜转角变化之间有何关系.

f. 算出各次测量的 f 值,然后三者取平均值,求出 $\bar{f}$.

(3) 物距像距法.

a. 按图 2.14.4 布置光路.固定物点 A 和透镜位置 O,在物距 $u>2f$ 和 $2f>u>f$ 的范围内,各取一个 u 值,又取 $u=2f$.

b. 用左、右逼近法找到像点 A',记录下像点位置.

c. 取 $u<f$,观察能否用屏得到实像.

d. 利用式(2.14.3)算出各次测量的 f 值,然后三者取平均值,求出 $\bar{f}$.

(4) 共轭法.

a. 按图 2.14.5 布置光路.固定物点 A 和像点 A',使 $L>4f$.

b. 用左、右逼近法移动透镜,当像屏上形成清晰的放大像和缩小像时,分别记录下透镜所在位置 O_1 和 O_2.改变 L 值,重复上述步骤,共测量 3 次.

c. 利用公式(2.14.8)求出各次的 f,再求平均值.

2)测量凹透镜的焦距

(1) 自准直法.

a. 按图 2.14.6 布置光路.固定物点 A 和凸透镜 L_1,使物点到凸透镜的距离稍大于凸透镜焦距的 2 倍,即 $AO_1>2f_1$.

b. 移动凹透镜 L_2 的位置,用左、右逼近法找到能在原物屏上清晰呈现与原物大小相同的倒立实像时,凹透镜 L_2 的位置 O_2.

c. 撤去凹透镜 L_2 的平面反向镜 M,放上像屏,用左、右逼近法找到 F 点的位置,改变凸透镜的位置,重复上述步骤,共测量 3 次.

d. 计算出各次测量的 f 值,然后三者取平均值,求出 $\bar{f}$.

应该指出,自准直法测凹透镜焦距时,O_1F 必须大于凹透镜的焦距,否则无法在物屏上找到实像.

(2) 物距、像距法.

a. 按图 2.14.7 布置光路.先将凸透镜 L_1 及像屏置于导轨上,不放凹透镜 L_2,使 $AO_1 >2f_1$,固定物屏和 L_1.

b. 用像屏按左、右逼近法找到清晰的缩小实像的位置 A'.

c. 把 L_2 插入 L_1 和 A' 之间,固定 L_2,并记录下 L_2 的位置 O_2.

d. 移动像屏,用左、右逼近法找到成清晰的放大实像的位置 A''.改变凸透镜位置,重复上述步骤,共测量 3 次.

e. 利用式(2.14.8)求出各次的 f,再求平均值.

【数据记录】

1. 凹透镜焦距的测量

利用物距像距法测凹透镜的焦距,数据见表 2.14.2.

表 2.14.2　数据记录　　　　　　　　　　　　　　　　　（单位:cm）

	1	2	3
虚物位置			
凹透镜位置			
实像位置			
焦距			

2. 凸透镜焦距的测量

(1) 粗测.数据见表 2.14.3.

表 2.14.3　数据记录　　　　　　　　　　　　　　　　　（单位:cm）

	1	2	3
凸镜位置			
像位置			
焦距			

(2) 自准直法.数据见表 2.14.4.

表 2.14.4　数据记录　　　　　　　　　　　　　　　　　（单位:cm）

	1	2	3
物位置			
凸镜位置			
焦距			

（3）物距、像距法. 数据见表 2.14.5.

表 2.14.5　数据记录　　　　　　　　　　　　　（单位：cm）

	1	2	3
物位置			
凸镜位置			
像位置			
焦距			

（4）共轭法. 数据见表 2.14.6.

表 2.14.6　数据记录　　　　　　　　　　　　　（单位：cm）

	1	2	3
物位置			
凸镜位置1			
凸镜位置2			
像位置			
焦距			

【思考题】

1. 测量时，光具座上的光学元件必须进行共轴调节，为什么？

2. 共轭法测焦距时，要求必须满足条件 $L > 4f$，为什么？

3. 自准直法测凸透镜的焦距，利用了凸透镜的什么光学特性？

第 3 篇　综合性实验

实验 15　空气热机实验

　　热机是将热能转换为机械能的机器. 历史上对热机循环过程及热机效率的研究,曾为热力学第二定律的确立起了奠基性的作用. 斯特林 1816 年发明的空气热机,以空气作为工作介质,是最古老的热机之一. 虽然现在已发展了内燃机、燃气轮机等新型热机,但空气热机结构简单,便于帮助理解热机原理与卡诺循环等热力学中的重要内容,是很好的热学实验教学仪器.

【实验目的】

　　1. 理解热机原理及循环过程.
　　2. 测量不同冷热端温度时的热功转换值,验证卡诺定理.
　　3. 测量热机输出功率随负载及转速的变化关系,理解输出匹配的概念.

【实验仪器】

　　空气热机实验仪,空气热机测试仪,酒精灯,计算机(或双踪示波器).

【实验原理】

　　空气热机的结构及工作原理可用图 3.15.1 说明. 热机主机由高温区、低温区、工作活塞及汽缸、位移活塞及汽缸、飞轮、连杆、热源等部分组成.

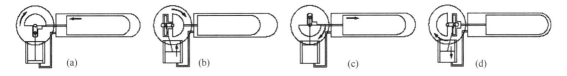

图 3.15.1　空气热机的结构及工作原理

　　热机中部为飞轮与连杆机构,工作活塞与位移活塞通过连杆与飞轮连接. 飞轮的下方为工作活塞与工作汽缸,飞轮的右方为位移活塞与位移汽缸,工作汽缸与位移汽缸之间用通气管连接. 位移汽缸的右边是高温区,可用电热方式或酒精灯加热,位移汽缸左边有散热片,构成低温区.

　　工作活塞使汽缸内气体封闭,并在气体的推动下对外做功. 位移活塞是非封闭的占位活塞,其作用是在循环过程中使气体在高温区与低温区间不断交换,气体可通过位移活塞与位移汽缸间的间隙流动. 工作活塞与位移活塞的运动是不同步的,当某一活塞处于位置极值时,它本身的速度最小,而另一个活塞的速度最大.

　　当工作活塞处于最底端时,位移活塞迅速左移,使汽缸内气体向高温区流动,如图 3.15.1(a)所示;进入高温区的气体温度升高,使汽缸内压强增大并推动工作活塞向上运动,如图 3.15.1(b)所示,在此过程中热能转换为飞轮转动的机械能;工作活塞在最顶端时,位移活塞迅速右移,使汽缸内气体向低温区流动,如图 3.15.1(c)所示;进入低温区的气体温度降低,使汽缸内压强减小,同时工作活塞在飞轮惯性力的作用下向下运动,完成循环,如图 3.15.1(d)所示. 在一次循环过程中气体对外所做净功等于 $p\text{-}V$ 图所围的面积.

根据卡诺对热机效率的研究而得出的卡诺定理,对于循环过程可逆的理想热机,热功转换效率为

$$\eta = A/Q_1 = (Q_1 - Q_2)/Q_1 = (T_1 - T_2)/T_1 = \Delta T/T_1 \tag{3.15.1}$$

式中,A 为每一循环中热机做的功;Q_1 为热机每一循环从热源吸收的热量;Q_2 为热机每一循环向冷源放出的热量;T_1 为热源的绝对温度;T_2 为冷源的绝对温度.

实际的热机都不可能是理想热机,由热力学第二定律可以证明,循环过程不可逆的实际热机,其效率不可能高于理想热机,此时热机效率为

$$\eta \leqslant \Delta T/T_1 \tag{3.15.2}$$

卡诺定理指出了提高热机效率的途径,就过程而言,应当使实际的不可逆机尽量接近可逆机;就温度而言,应尽量提高冷热源的温度差.

热机每一循环从热源吸收的热量 Q_1 正比于 $\Delta T/n$,n 为热机转速,η 正比于 $nA/\Delta T$. n、A、T_1 及 ΔT 均可测量,测量不同冷热端温度时的 $nA/\Delta T$,观察它与 $\Delta T/T_1$ 的关系,可验证卡诺定理.

当热机带负载时,热机向负载输出的功率可由力矩计测量计算而得,且热机实际输出功率的大小随负载的变化而变化. 在这种情况下,可测量计算出不同负载大小时热机实际输出功率.

【仪器介绍】

仪器主要包括空气热机实验仪(实验装置部分)和空气热机测试仪两部分.

1. 空气热机实验仪

图 3.15.2 为酒精灯加热型热机实验仪示意图.

飞轮下部装有双光电门,上边的一个用以定位工作活塞的最低位置,下边一个用以测量飞轮转动角度. 热机测试仪以光电门信号为采样触发信号.

汽缸的体积随工作活塞的位移而变化,而工作活塞的位移与飞轮的位置有对应关系,在飞轮边缘均匀排列 45 个挡光片,采用光电门信号上下沿均触发方式,飞轮每转 4° 给出一个触发信号,由光电门信号可确定飞轮位置,进而计算汽缸体积.

压力传感器通过管道在工作汽缸底部与汽缸连通,测量汽缸内的压力. 在高温和低温区都装有温度传感器,测量高低温区的温度. 底座上的三个插座分别输出转速/转角信号、压力信号和高低端温度信号,使用专门的线和实验测试仪相连,传送实时的测量信号.

热机实验仪采集光电门信号、压力信号和温度信号,经微处理器处理后,在仪器显示窗口显示热机转速和高低温区的温度. 在仪器前面板上提供压力和体积的模拟信号,供连接示波器显示 $p\text{-}V$ 图. 所有信号均可经仪器前面板上的串行接口连接到计算机(仅适用于微机型).

调节酒精灯火焰大小,可以改变热机的输入功率,直观反映为高温端温度及转速随之改变.

力矩计悬挂在飞轮轴上,调节螺钉可调节力矩计与轮轴之间的摩擦力,由力矩计可读出摩擦力矩 M,进而算出摩擦力和热机克服摩擦力所做的功. 经简单推导可得热机输出功率

$P = 2\pi n M$,式中 n 为热机转速,即输出功率为单位时间内的角位移与力矩的乘积.

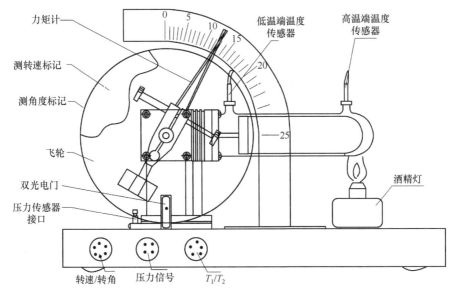

图 3.15.2　酒精灯加热型热机实验仪示意图

2. 空气热机测试仪

空气热机测试仪分为微机型和智能型两种型号. 微机型测试仪可以通过串口和计算机通信,并配有热机软件,可以通过该软件在计算机上显示并读取 $p\text{-}V$ 图面积等参数和观测热机波形;智能型测试仪不能和计算机通信,只能用示波器观测热机波形.

1) 测试仪前面板简介(图 3.15.3)

各部分仪器的连接方法如下.

将各部分仪器安装摆放好后,根据实验仪上的标识使用配套的连接线将各部分仪器装置连接起来. 其连接方法为:

用适当的连接线将测试仪的"压力信号输入"、"T_1/T_2 输入"和"转速/转角信号输入"三个接口与热机底座上对应的三个接口连接起来.

用一根 Q9 线将主机测试仪的压力信号和双踪示波器的 Y 通道连接,再用另一根 Q9 线将主机测试仪的体积信号和双踪示波器的 X 通道连接(智能型热机测试仪).

用 1394 线将主机测试仪的通信接口和热机通信器相连,再用 USB 线和计算机 USB 接口连接;热机测试仪配有计算机软件,将热机与计算机相连,可在计算机上显示压力与体积的实时波形,显示 $p\text{-}V$ 图,并显示温度、转速、$p\text{-}V$ 图面积等参数(微机型热机测试仪).

实验内容及步骤如下.

用手顺时针拨动飞轮,结合图 3.15.1 仔细观察热机循环过程中工作活塞与位移活塞的运动情况,切实理解空气热机的工作原理.

根据测试仪面板上的标识和仪器介绍中的说明,将各部分仪器连接起来.

使用酒精灯时需要注意:酒精灯里面的酒精不得超过酒精灯容积的 2/3;在酒精灯点燃的情况下不得向酒精灯内添加酒精;熄灭酒精灯时应用酒精灯帽盖灭. 将力矩计取下,调节酒精

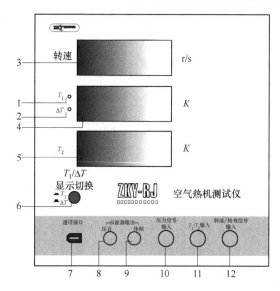

图 3.15.3　空气热机测试仪主机前面板示意图

1—T_1指示灯:该灯亮表示当前的显示数值为热源端绝对温度;2—ΔT指示灯:该灯亮表示当前显示数值为热源端和冷源端绝对温度差;3—转速显示:显示热机的实时转速,单位为"转/秒"(r/s);4—$T_1/\Delta T$显示:可以根据需要显示热源端绝对温度或冷热两端绝对温度差,单位为"开尔文"(K);5—T_2显示:显示冷源端的绝对温度值,单位为"开尔文"(K);6—$T_1/\Delta T$显示切换按键:按键通常为弹出状态,表示4中显示的数值为热源端绝对温度 T_1,同时 T_1指示灯亮.当按键按下后显示为冷热端绝对温度差 ΔT,同时 ΔT指示灯亮;7—通信接口:使用1394线热机通信器相连,再用 USB 线将通信器和计算机 USB 接口相连.如此可以通过热机软件观测热机运转参数和热机波形(仅适用于微机型);8—示波器压力接口:通过 Q9 线和示波器 Y 通道连接,可以观测压力信号波形;9—示波器体积接口:通过 Q9 线和示波器 X 通道连接,可以观测体积信号波形;10—压力信号输入口(四芯):用四芯连接线和热机相应的接口相连,输入压力信号;11—T_1/T_2输入口(五芯):用六芯连接线和热机相应的接口相连,输入 T_1/T_2温度信号;12—转速/转角信号输入口(五芯):用五芯连接线和热机相应的接口相连,输入转速/转角信号

灯火焰到适当大小.观察热机测试仪显示的温度,冷热端温度差在 100° 以上时,用手顺时针拨动飞轮,热机即可运转.

　2)测试仪后面板简介(图 3.15.4)

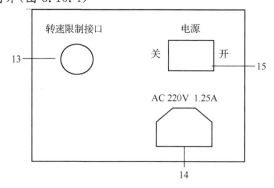

图 3.15.4　空气热机测试仪主机后面板示意图

13—转速限制接口:加热源为电加热器时使用的限制热机最高转速的接口;当热机转速超过 15n/s(会伴随发出间断蜂鸣声)后,热机测试仪会自动将电加热器电源输出断开,停止加热;14—电源输入插座:输入 AC 220V 电源,配 1.25A 保险丝;15—电源开关:打开和关闭仪器

调节酒精灯火焰,使转速在 8r/s 左右. 调节示波器,观察压力和容积信号,以及压力和容积信号之间的相位关系等,并把 p-V 图调节到最适合观察的位置. 等待约 10min,温度和转速平衡后,从热机测试仪(或计算机)上读取温度和转速,从双踪示波器显示的 p-V 图估算(或计算机上读取)p-V 图面积,记入表 3.15.1 中.

表 3.15.1　测量不同冷热端温度时的热功转换值

热端温度 T_1	温度差 ΔT	$\Delta T/T_1$	热机转速 n	A(P-V 图面积)	$nA/\Delta T$

逐步加大酒精灯火焰大小(最大不能使主机转速超过 15r/s),重复以上测量 4 次以上.

以 $\Delta T/T_1$ 为横坐标,$nA/\Delta T$ 为纵坐标,在坐标纸上作 $nA/\Delta T$ 与 $\Delta T/T_1$ 的关系图,验证卡诺定理.

用手轻触飞轮让热机停止运转,然后将力矩计装在飞轮轴上,拨动飞轮,让热机继续运转. 在热机空载转速(力矩计读数为零)达到最大时(但不得超过 15r/s),调节力矩计的摩擦力(不要停机),待输出力矩、转速、温度稳定后,读取并记录各项参数于表 3.15.2 中.

表 3.15.2　测量热机输出功率随负载及转速的变化关系

热端温度 T_1	温度差 ΔT	输出力矩 M	热机转速 n	输出功率 $P_o=2\pi nM$

在酒精灯加热功率不变的前提下,逐步增大输出力矩,重复以上测量 5 次以上.

以 n 为横坐标,P_o 为纵坐标,在坐标纸上作 P_o 与 n 的关系图,表示在同一输入功率下,输出耦合不同时输出功率随耦合的变化关系.

表 3.15.1 和表 3.15.2 中的热端温度 T_1、温度差 ΔT、热机转速 n、输出力矩 M 可以直接从仪器上读出来,p-V 图面积 A 可以根据示波器上的图形估算得到,也可以从计算机软件直接读出(仅适用于微机型热机测试仪),其单位为焦耳;其他的数值可以根据前面的读数计算得到.

示波器 p-V 图面积的估算方法如下. 根据仪器介绍和说明,用 Q9 线将仪器上的示波器输出信号和双踪示波器的 X、Y 通道相连. 将 X 通道的调幅旋钮旋到"0.1V"挡,将 Y 通道的调幅旋钮旋到"0.2V"挡,然后将两个通道都打到交流挡位,并在"X-Y"挡观测 p-V 图,再调节左右和上下移动旋钮,可以观测到比较理想的 p-V 图. 再根据示波器上的刻度,在坐标纸上描绘出 p-V 图,如图 3.15.5 所示. 以图中椭圆所围部分每个小格为单位,采用割补法、近似法(如近似三角形、近似梯形、近似平行四边形等)等方法估算出每小格的面积,再将所有小格的面积加起来,得到 p-V 图的近似面积,单位为"V^2". 根据容积 V,压强 p 与输出电压的关系,可以换算为焦耳.

示波器观测的热机实验p-V曲线图

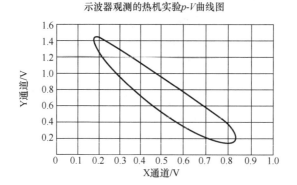

图 3.15.5　示波器观测的热机实验 $p\text{-}V$ 曲线图

容积(X 通道)：$1\text{V} = 1.333 \times 10^{-5}\,\text{m}^3$；

压力(Y 通道)：$1\text{V} = 2.164 \times 10^4\,\text{Pa}$；

则 $1\text{V}^2 = 0.288\text{J}$.

【注意事项】

1.加热端在工作时温度很高,而且在停止加热后 1h 内仍然会有很高温度,请小心操作,否则会被烫伤.

2.热机在没有运转状态下,严禁长时间大功率加热,若热机运转过程中因各种原因停止转动,必须用手拨动飞轮帮助其重新运转或立即移开酒精灯,否则会损坏仪器.

3.热机汽缸等部位为玻璃制造,容易损坏,请谨慎操作.

4.记录测量数据前需保证已基本达到热平衡,避免出现较大误差.等待热机稳定读数的时间一般在 10min 左右.

5.在读力矩时,力矩计可能会摇摆.这时可以用手轻托力矩计底部,缓慢放手后可以稳定力矩计.如还有轻微摇摆,读取中间值.

6.飞轮在运转时,应谨慎操作,避免被飞轮边沿割伤.

7.不可撕毁热机实验仪上贴的标签,否则保修无效!

【思考题】

为什么 $p\text{-}V$ 图的面积即等于热机在一次循环过程中将热能转换为机械能的数值.

实验 16　声速的测量

　　声波是一种在弹性介质中传播的机械波.在同一介质中,声速基本与频率无关.由于超声波具有波长短(其频率为 $2\times10^4\sim10^9\,\mathrm{Hz}$)、易于定向发射、不会造成听觉污染等优点,我们通过测量超声波来确定声速.超声波在测距、定位、测液体流速、测材料弹性模量、测量气体温度瞬间变化以及无损检测、医学诊断等方面有广泛的应用.

【实验目的】

　　1.学习用共振干涉法和相位比较法测量超声波在空气中的传播速度.
　　2.加深对相位、驻波和振动合成概念的理解.
　　3.了解超声压电陶瓷换能器的功能.

【实验原理】

1.测量声速的实验方法

　　声波的频率、波长、速度、相位等是声波的重要特性.对声波特性的测量是声学技术应用的重要内容,尤其是对声速的测定,在声波探伤、定位、测距、显示等方面都有重要的意义.测量声速最简单、最有效的方法之一是利用声速 v、振动频率 f 和波长 λ 之间的基本关系

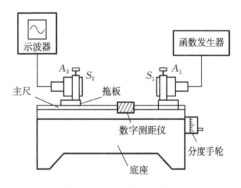

图 3.16.1　声速测量仪

$$v = f\cdot\lambda \qquad (3.16.1)$$

测出声波振动的频率 f 和声波的波长 λ,由式(3.16.1)就可计算出声速 v.

　　声速测量仪如图 3.16.1 所示.图中 A_1、A_2 为结构相同的一对超声压电陶瓷换能器.A_1 固定在底座上,可作超声波发射器,当把电信号加在换能器 A_1 的电输入端时,A_1 的端面 S_1 产生机械振动并在空气中激发出超声波.由于端面 S_1 的直径比波长大很多,可以近似地认为激发的超声波是平面波.A_2 固定在拖板上,可作超声波接收器.当声波传到换能器 A_2 的端面 S_2 时,S_2 接收到的振动会在换能器 A_2 的电输出端产生相应的电信号.由发射器发出超声波,被接收器反射后,将在两端面间来回反射并且叠加.叠加的波可近似看成具有驻波加行波的特性.转动分度手轮,用螺杆推进拖板,使换能器 A_2 移动,可以改变两个换能器之间的距离,换能器 A_2 的移动位置可从数字测距仪上直接读出.

　　实验室中常利用示波器观察超声波的振幅和相位,用驻波法(共振干涉法)和相位比较法测量波长,由信号源直接读出频率 f.下面分别介绍频率和波长的测量.

1)谐振频率

当一个振动系统受到另一系统周期性的激励时,若激励系统的激励频率与振动系统的固

有频率相同,振动系统将获得最多的激励能量,此现象称为共振(谐振).共振现象存在于自然界的许多领域.共振频率往往与系统的一些重要物理特征有关,而频率的测量可以达到很高的准确度,因此共振法在频率和物理量的转换测量中具有重要的应用.实验中使用的超声压电陶瓷换能器具有固有的谐振频率,当换能器系统的工作频率等于谐振频率时,换能器处于谐振状态,发射器发出的超声波功率最大,是最佳工作状态;当工作频率偏离其谐振频率时,系统的灵敏度将急剧下降,甚至会严重影响测量结果,致使实验无法正常进行.因此,调节谐振频率是顺利完成实验的重要环节.本实验使用的超声压电陶瓷换能器的谐振频率在 $36\sim38\mathrm{kHz}$.

2)驻波法测声波的波长

如前所述,由发射器发出的声波近似于平面波,经接收器反射后,波将在换能器的两端面间来回反射并且叠加.两列振动方向相同,振幅相等,沿相反方向传播的机械波的相干叠加将形成驻波.假设发射波和反射波为频率相同、振幅相等的两列波 y_1 和 y_2,它们的波方程分别为

$$y_1 = A\cos\left(\omega t - \frac{2\pi}{\lambda}x\right) \tag{3.16.2}$$

$$y_2 = A\cos\left(\omega t + \frac{2\pi}{\lambda}x\right) \tag{3.16.3}$$

应用三角公式可以得到合成波的波方程

$$y = y_1 + y_2 = 2A\cos\frac{2\pi}{\lambda}x\cos\omega t \tag{3.16.4}$$

式(3.16.4)所描述的运动形式称为驻波. 当 $\left|\cos\frac{2\pi}{\lambda}x\right| = 1$,即 $\frac{2\pi}{\lambda}x = n\pi$($n=0,\pm1,\pm2,\cdots$)时,振幅最大,也就是说,当两个换能器之间的距离等于半波长的整数倍时,将产生驻波现象,波幅达到极大.

由纵波的性质可知,振动的位移处于波节时,则声压处于波峰,如图 3.16.2 所示.接收器端面近似为一个波节,接收到的声压最大,经接收器转换成的电信号也最强.声压变化和接收器位置的关系可从实验中测出,如图 3.16.3 所示,当接收器端面移动到某个共振位置时,示波器上会出现最强电信号(振幅最大),如果继续移动接收器,将再次出现最强的电信号,两次共振位置之间的距离为 $\frac{1}{2}\lambda$.

从图 3.16.3 中还可以看出,声压的幅度随着接收器距声源位置变大而逐渐衰减.

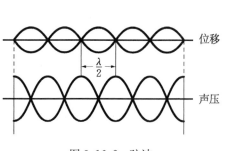

图 3.16.2　驻波

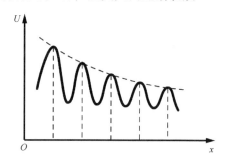

图 3.16.3　声压衰减示意图

3)相位法测声波的波长

波是振动状态的传播,也可以说是相位的传播.如图 3.16.4 所示,沿传播方向上的任何两

点,如果其振动状态相同(相位差为 2π 的整数倍),两点间的距离应等于波长 λ 的整数倍,即

$$l = n\lambda \quad (n \text{ 为正整数}) \tag{3.16.5}$$

利用这个公式可测量波长.由于发射器发出的是近似于平面波的超声波,当接收器端面垂直于波的传播方向时,其端面上各点都具有相同的相位.沿传播方向移动接收器时,总可以找到一个位置使得接收到的信号与发射的信号同相.继续移动接收器,直到接收的信号再一次和发射的信号同相时,移动的这段距离必然等于超声波的波长 λ.为了判断相位差并且测定波长,可以利用双踪示波器直接比较发射的信号和接收的信号,同时沿传播方向移动接收器寻找同相点.

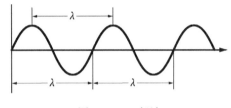

图 3.16.4　行波

4)李萨如图法

李萨如图法是相位法的一种.设信号发射器的输出信号为

$$x = A_1\cos(\omega t + \varphi_1) \tag{3.16.6}$$

接收换能器的输出电信号为

$$y = A_2\cos(\omega t + \varphi_2) \tag{3.16.7}$$

将这两路信号分别输入到示波器的两路通道 X 和 Y,形成的合成信号为

$$\left(\frac{x}{A_1}\right)^2 + \left(\frac{y}{A_2}\right)^2 - \frac{2xy}{A_1 A_2}\cos(\varphi_1 - \varphi_2) = \sin^2(\varphi_2 - \varphi_1) \tag{3.16.8}$$

当 $\varphi_2 - \varphi_1 = \Delta\varphi$ 满足某些特定条件时,示波器屏幕上会出现一些特定的图形.比如,当 $A_1 = A_2$,且 $\Delta\varphi = 2\pi n$ 时,我们看到的是斜率为 1 的直线,而 $\Delta\varphi = (2n+1)\pi$ 时,则是斜率为 -1 的直线;在其他情况下,则为不同的椭圆或圆.如果我们找到椭圆退化为相同斜率直线的点,根据式(3.16.5)就可以得到波长 λ.

2. 空气中的声速与空气的热力学参量

声波在空气中的传播速度与声波的频率无关,只取决于空气本身性质,相应的公式为

$$v = \sqrt{\frac{\gamma RT}{M}} \tag{3.16.9}$$

式中,γ 为绝热系数,即空气定压热容与定容热容之比;R 为摩尔气体常数;M 为空气分子的摩尔质量;T 为绝对温度.由此可见,气体中的声速 v 和温度 T 有关,还与绝热系数 γ 及摩尔质量 M 有关(后两个因素与气体成分有关).因此,根据测定出的声速还可以推算出气体的一些参量.在标准状态下,0℃时,声速为 $v_0 = 331.45\text{m/s}$.在 t℃时,干燥空气中声速的理论值为

$$v_t = 331.45\sqrt{\frac{273.15 + t}{273.15}} \tag{3.16.10}$$

【实验仪器】

超声声速测量仪（2KY-SS 型或 EM-1 型），信号发生器，示波器.

1. 超声波的获得——超声压电陶瓷换能器

产生和接收超声波用超声波传感器，其外形和内部结构如图 3.16.5 所示. 它是由压电陶瓷晶片、锥形辐射喇叭、底座、引线、金属外壳及金属网构成. 其中压电陶瓷晶片是传感器的核心，它是利用压电体的逆压电效应产生超声波，即在交变电压作用下，压电体产生机械振动，在空气中激出声波. 利用压电体的压电效应接收超声波. 锥形辐射喇叭使发射和接收超声波的能量比较集中，使发射和接收超声波有一定的方向角.

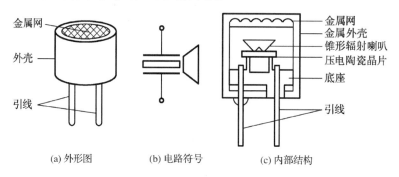

(a) 外形图   (b) 电路符号   (c) 内部结构

图 3.16.5 超声波传感器

2. ZKT-SS 型超声声速测量仪

仪器主要由支架、游标尺和两个超声压电换能器组成，图 3.16.6 所示为数显声速测量仪.

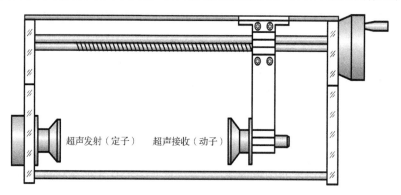

图 3.16.6 数显声速测量仪

两个超声压电换能器中，一个固定，用作发射声波（电声转换），以产生平面声波；另一个可移动，用作接收声波（声电转换），其端面也是声波的反射面. 它们的结构相同. 两个超声压电换能器分别与游标尺的主尺和游标尺相对固定，它们相对位置的距离变化量可由游标卡尺直接读出. 支架结构采取减振措施，避免了由于声波在支架中传播而引起的仪器误差. 仪器超声发射器固定，摇动丝杠摇柄可使接收器前后移动，以改变接收器与发射器之间的距离. 丝杠上方的数显游标尺（带机械游标尺）可直接显示位移量.

3. ZKY-SS 型信号发生器

ZKY-SS 型信号发生器为专用信号源,与 ZKY-SS 型超声声速测量仪配套使用,其连续波频率范围为 30～45 kHz,分辨率为 1Hz,有 5 位数字显示,如图 3.16.7 所示.

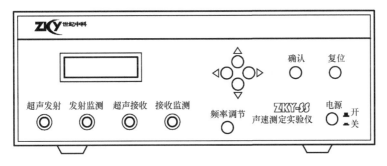

图 3.16.7　信号发生器

信号源面板上有一块 LCD 显示屏,用于显示信号源的工作信息,还具有上下按键、左右按键、确认按键、复位按键、频率调节旋钮和电源开关.上下按键用作光标的上下移动选择,左右按键用作数字的改变选择,确认按键用作功能选择的确认及工作模式选择界面与具体工作模式界面的交替切换.同时,还有超声发射驱动信号输出端口、超声发射监测信号输出端口、超声接收信号输入端口、超声接收信号监测输入端口.开机显示欢迎界面后,自动进入按键说明界面.按确认键后进入工作模式选择界面,可选择驱动信号为连续正弦波工作模式(共振干涉法与相位比较法)或脉冲波工作模式(时差法).选择连续波工作模式,按确认键后选择频率与增益调节界面,在该界面下显示输出频率值、发射增益挡位、接收增益挡位等信息,并可作相应的改动.用频率调节旋钮调节频率,显示屏显示当前输出驱动信号的频率值.增益可在 0～3 挡调节,初始值为 2 挡.发射增益调节驱动信号的振幅,接收增益将调节接收信号放大器的增益,放大后的接收信号由接收监测端口输出.

4. SW-1 型声速测量仪

仪器如图 3.16.1 所示.

5. EM1643 型信号发生器

EM1643 型信号发生器与 SW-1 型声速测量仪配套使用,其连续波频率范围为 2Hz～2MHz,4 位数字显示.

6. 示波器

参看"示波器的使用"实验.

【实验内容与步骤】

1. 调整测试系统的谐振频率

将信号源的输出驱动信号连接发射换能器,接收换能器信号接入示波器的通道 2(Y 通道).将发射换能器与接收换能器彼此靠近 5cm 左右,调节信号源的频率并稍稍移动接收换能器,观察示波器的电压幅度使其达到最大,此时信号源的输出频率等于测试系统的谐振频率.

2. 用共振干涉法(驻波法)测声速

(1) 连线:信号源输出端与发射换能器相连,接收换能器与示波器 Y 轴相连.

(2) 在谐振状态,移动接收换能器,增大与发射换能器的距离,当观察到示波器上正弦波幅度出现极大,记下接收换能器的位置和信号源显示的频率值.

(3) 依次移动接收换能器,记录振幅极大时接收换能器的位置及对应的信号源频率,测量 8 组数据.因驻波法的任意两个相邻共振态之间接收换能器移动的距离为 $\lambda/2$,可计算波长 λ.用逐差法处理数据,由公式(3.16.1)计算出声速.

(4) 测出室温.

3. 用相位比较法(行波法)测声速

(1) 连线:信号源输出端与发射换能器相连,接收换能器与示波器 Y 轴相连.信号源发射监测输出端口与示波器 X 轴相连.调节示波器到 X-Y 方式,观察李萨如图形.

(2) 为了准确判断相位关系,将接收换能器移动到使得与发射端的相位差为 2π 整数倍的位置,即李萨如图形显示为一正(或负)斜率直线,记录接收换能器的位置及相应的频率.移动接收换能器,使相位变化一周,则接收换能器所移动的距离就是声波的波长.

(3) 连续移动接收换能器,读取 10 组数据,用逐差法处理数据,计算声速.

(4) 测出室温.

【数据记录与处理】

1. 用驻波法测超声波在空气中的传播速度,数据如表 3.16.1 所示.

表 3.16.1　数据记录(温度 $t=$＿＿＿＿℃)

测量次数 i	1	2	3	4	5	6	7	8
频率/kHz								
接收器的位置/mm								
$2\lambda=n_{i+4}-n_i$/mm						$\overline{n_{i+4}-n_i}=$		

(1) 计算出 2λ 和频率 f 的平均值,并由 $v=\dfrac{1}{2}\cdot\overline{f}\cdot\overline{2\lambda}$ 求出声速 v.

(2) 由式(3.16.10)计算出声速理论值 $v_{理}$,并求相对误差.

2. 用相位比较法测超声波在空气中的传播速度,数据如表 3.16.2 所示.

表 3.16.2　数据记录(温度 $t=$＿＿＿＿℃)

测量次数 i	1	2	3	4	5	6	7	8	9	10
频率/kHz										
接收器的位置/mm										
$5\lambda=n_{i+5}-n_i$/mm								$\overline{n_{i+5}-n_i}=$		

(1) 计算出 5λ 和频率 f 的平均值,并由 $v=\dfrac{1}{5}\cdot\overline{f}\cdot\overline{5\lambda}$ 求出声速 v.

(2) 由式(3.16.10)计算出声速理论值 $v_{理}$,并求出相对误差.

【思考题】

1. 为什么要在谐振频率下测量声速? 怎么判断其处于谐振状态?

2. 用驻波法和相位比较法测声速,示波器的接线和操作有什么不同?

3. 对于用驻波测声速,在接收器移运过程中是否一直存在驻波场? 示波器显示波形幅度最大时,接收器处于什么特别的位置?

实验 17　电表的改装与校准

【实验目的】

1. 掌握一种测定电流表表头内阻的方法.
2. 学会将微安表表头改装成电流表和电压表.
3. 了解欧姆表的测量原理和刻度方法.

【实验原理】

电学实验中经常要用电表(电压表和电流表)进行测量,常用的直流电流表和直流电压表都有一个共同的部分,常称为表头. 表头通常是一只磁电式微安表,它只允许通过微安级的电流,一般只能测量很小的电流和电压. 如果要用它来测量较大的电流或电压,就必须进行改装,以扩大其量程. 经过改装后的微安表具有测量较大电流、电压和电阻等多种用途. 若在表中配以整流电路将交流变为直流,则它还可以测量交流电的有关参量. 我们日常接触到的各种电表几乎都是经过改装了的,因此学习改装和校准电表在电学实验部分是非常重要的.

1. 将微安表改装成毫安表

用于改装的微安表,习惯上称为"表头". 使表针偏转到满刻度所需的电流 I_g 称表头的

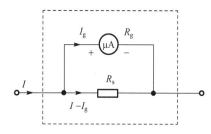

图 3.17.1　改装电流表原理图

(电流)量程,I_g 越小,表头的灵敏度就越高. 表头内线圈的电阻 R_g 称为表头的内阻. 表头的内阻 R_g 一般很小,欲用该表头测量超过其量程的电流,就必须扩大它的量程. 扩大量程的方法是在表头上并联一个分流电阻 R_s (图 3.17.1). 使超量程部分的电流从分流电阻 R_s 上流过,而表头仍保持原来允许流过的最大电流 I_g. 图中虚线框内由表头和 R_s 组成的整体就是改装后的电流表.

设表头改装后的量程为 I,根据欧姆定律得

$$(I - I_g)R_s = I_g R_g \tag{3.17.1}$$

$$R_s = \frac{I_g R_g}{I - I_g} \tag{3.17.2}$$

若 $I = nI_g$,则

$$R_s = \frac{R_g}{n - 1} \tag{3.17.3}$$

当表头的参量 I_g 和 R_g 确定后,根据所要扩大量程的倍数 n,就可以计算出需要并联的分流电阻 R_s,实现电流表的扩程. 如欲将微安表的量程扩大 n 倍,只需在表头上并联一个电阻值为 $\frac{R_g}{n-1}$ 的分流电阻 R_s 即可.

2. 将微安表改装成伏特表

微安表的电压量程为 I_gR_g，虽然可以直接用来测量电压，但是电压量程 I_gR_g 很小，不能满足实际需要. 为了能测量较高的电压，就必须扩大它的电压量程. 扩大电压量程的方法是在表头上串联一个分压电阻 R_H（图 3.17.2），使超出量程部分的电压加在分压电阻 R_H 上，表头上的电压仍不超过原来的电压量程 I_gR_g.

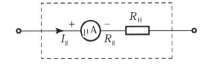

图 3.17.2　改装电压表原理图

设表头的量程为 I_g，内阻为 R_g，欲改成的电压表的量程为 V，由欧姆定律得

$$I_g(R_g + R_H) = V \tag{3.17.4}$$

可得

$$R_H = \frac{V}{I_g} - R_g \tag{3.17.5}$$

可见，要将量程为 I_g 的表头改装成量程为 V 的电压表，需在表头上串联一个阻值为 R_H 的附加电阻. 同一表头，串联不同的分压电阻就可得到不同量程的电压表.

3. 将微安表改装成欧姆表

将微安表与可变电阻 R_0（阻值大）、R_m（阻值小）以及电池、开关等组成如图 3.17.3 所示电路，就将微安表组装成了一只欧姆表. 图中 I_g、R_g 是微安表的量程和内阻，E、r 为电池的电动势和内阻. a 和 b 是欧姆表两表笔的接线柱.

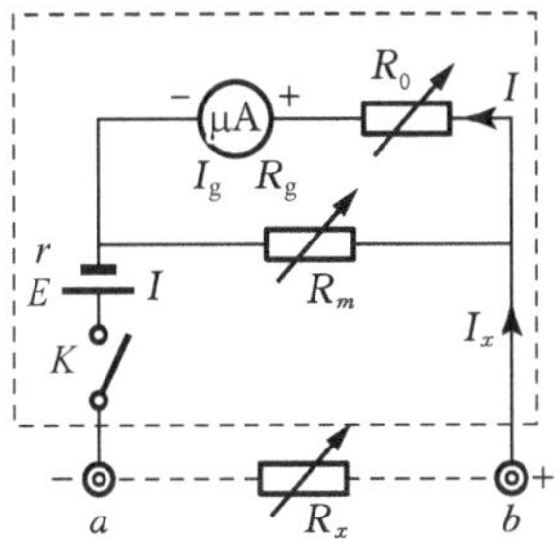

设 a、b 间由表笔接入待测电阻 R_x 后，通过 R_x 的电流为 I_x，流经微安表头的电流为 I，根据欧姆定律有

$$I_x = \cfrac{E}{R_x + r + \cfrac{R_m(R_0 + R_g)}{R_m + (R_0 + R_g)}}$$

$$\approx \frac{E}{R_x + R_m} \quad (R_m \ll R_0 \ll R_g, r \ll R_x) \tag{3.17.6}$$

$$I(R_0 + R_g) = (I_x - I)R_m \tag{3.17.7}$$

图 3.17.3　改欧姆表原理图

由式(3.17.6)、式(3.17.7)解得

$$I = \frac{R_m}{R_0 + R_g + R_m}I_x \approx \frac{R_m}{R_0 + R_g} \cdot \frac{E}{R_x + R_m} \quad (R_m \ll R_0 + R_g) \tag{3.17.8}$$

可以看出，当 R_m、R_0、R_g 和 E 一定时，I、R_x 之间有一一对应关系. 因此，只要在微安表电流刻度上侧标上相应的电阻刻度，就可以用来测量电阻了. 根据这种关系绘制的欧姆表刻度如图 3.17.4 所示. 由式(3.17.8)可以看出，欧姆表有如下特点：

(1) 当 $R_x = 0$（相当于外电路短路）时，适当调节 R_0（零欧调节电阻）可使微安表指针偏转到满刻度，此时

$$I = \frac{E}{R_0 + R_g} = I_g$$

当 $R_x = \infty$（相当于外电路断路）时，$I = 0$，微安表不偏转.

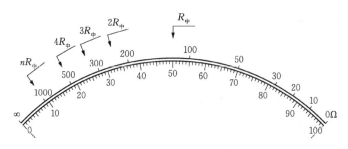

图 3.17.4　欧姆表刻度盘

可见,在欧姆表刻度尺上,指针偏转最大时示值为 0;指针偏转减小,示值反而变大;当指针偏转为 0 时,对应示值为 ∞.欧姆表刻度值的大小顺序与一般电表正好相反.

(2) 当 $R_x = r + \dfrac{R_m(R_0 + R_g)}{R_m + (R_0 + R_g)} \approx R_m$ 时, $I = \dfrac{R_m}{R_x + R_m} \cdot \dfrac{E}{R_0 + R_g} = \dfrac{1}{2} I_g$, 即当待测电阻等于欧姆表内阻时,微安表半偏转,指针正对着刻度尺中央.此时,欧姆表的示值习惯上称为中值电阻,即 $R_{中} = R_m$.

当 $R_x = 2R_{中}$ 时, $I = \dfrac{1}{3} I_g$;

当 $R_x = 3R_{中}$ 时, $I = \dfrac{1}{4} I_g$;

……

当 $R_x = nR_{中}$ 时, $I = \dfrac{1}{n+1} I_g$.

欧姆表的刻度是不均匀的,指针偏转越小处刻度越密.上述分析还说明为什么欧姆表测量前必须先将 ab 两端短路、调节 R_0 使指针偏到满刻度(对准 0Ω).

另外,由于欧姆表半偏转时测量误差最小,所以尽管欧姆表表盘刻度范围为 0~∞Ω,但通常只取中间一段(1/5$R_{中}$~5$R_{中}$)作为有效测量范围.若待测电阻阻值超出这个范围,可将 R_m 扩大 10 倍、100 倍……,从而使 $R_{中}$ 也扩大同样倍数.如图 3.17.4 所示,只要在欧姆表面板上相应标上 $R_x \times 10$、$R_x \times 100$……字样,就可以方便地测量出各挡电阻的阻值.测量时选用 $R_x \times 10$ 挡还是 $R_x \times 100$ 挡………,应由 R_x 的估计值决定,原则上应尽量使欧姆表指针接近半偏转(R_x 接近 $R_{中}$)为好.

上述欧姆表在理论上能够测量电阻,但实用上有问题.因为电池用久了电压会降低,若 a、b 间短路,将 R_0 调小才能使电表满量程,这样中值电阻发生了变化,读数就不准确.因此实用的欧姆表中加进了分流式调零电路,这里不再细述.

4. 电表的校准

电表在扩大量程或改装后,还需要进行校准.所谓校准是用被校电表与标准电表同时测量一定的电流(或电压),看其指示值与相应的标准值(从标准电表读出)相符的程度.从校准的结果得到电表各个刻度的绝对误差.选取其中最大的绝对误差 δ 除以量程,即得该电表的标称误差

$$\text{标称误差} = \frac{\text{最大绝对误差}}{\text{量程}} \times 100\%$$

根据标称误差的大小,将电表分为不同的等级,常记为 K.例如,若 $0.5\% <$ 标称误差 $\leqslant 1.0\%$,则该电表的等级为 1.0 级.电表的校准结果除用等级表示外,还常用校准曲线表示.即以被校电表的指示值 I_x 或 U_x 为横坐标,以校正值 ΔI_x 或 ΔU_x(ΔI_x, ΔU_x 分别等于标准电表的指示值 I_s、U_s 与被校表相应的指示值 I_x、U_x 的差值,即 $\Delta I_x = I_s - I_x$,$\Delta U_x = U_s - U_x$)为纵坐标,两个校正点之间用直线段连接,根据校正数据作出呈折线状的校正曲线,如图 3.17.5 所示.以后使用这个电表时,根据校准曲线可以修正电表的读数.

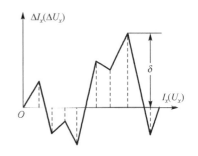

图 3.17.5　电流表(电压表)校正曲线

【实验仪器】

磁电式微安表头,标准电流表,标准电压表,滑线变阻器,电阻箱,电池,开关(单刀单掷和双掷)和导线等.

【实验内容】

1. 测量表头内阻

本实验用替代法测量表头内阻,电路图如图 3.17.6 所示.测量时先闭合 K_1,再将开关 K_2 扳向"1"端,调节 R_1 和 R_2,使标准表示值对准某一整数值 I_0(如 $80\mu A$),然后保持 U_{BC}(R_1 的 C 端)和 R_2 不变,将 K_2 扳向"2"端(以 R_3 代替 R_g).这时只调节 R_3,使标准表的示值仍为 I_0(如 $80\mu A$).这时,表头内阻就等于电阻箱 R_3 的读数.实验中要求按表 3.17.1 测量 3 次.

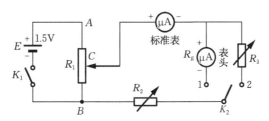

图 3.17.6　替代法测表头内阻电路图

注意:实验过程中表头和标准表的示值不同步并不影响 R_g 的测量,但标准表的电流不能超过 $100\mu A$!

2. 将 100μA 的表头改装成量程为 5mA 的电流表

按图 3.17.7 连接好线路.

(1) 根据测出的表头内阻 $\overline{R_g}$,求出分流电阻 R_s(计算值).然后将电阻箱 R_s 调到该值,图中的虚线框即为改装的 5mA 电流表.

(2) 校准电流表量程:先调好表头零点(机械零点),然后调节 R_1 和 R_2 使标准表的示值为 5mA.这时改装表的示值应该正好是满刻度值,若有偏离,可反复调节 R_1、R_2 和 R_s,直到标准表和改装表均和满刻度线对齐为止,这时改装表量程就符合要求了,此时 R_s 的值才为实验值,否则电流表的改装就没有达到要求.

（3）校正改装表：保持 R_s 不变，调节 R_1、R_2 使改装表示值 I_x 由 5.00mA、4.50mA……直到 0.50mA 变化，也就是表头示值由 $100\mu A$、$90\mu A$……直减到 $10\mu A$，按表 3.17.2 记下标准表的相应示值 I_s.

（4）以改装表示值 I_x 为横坐标，以修正值 $\Delta I_x = I_s - I_x$ 为纵坐标，相邻两点间用直线连接，画出折线状的校正曲线 $\Delta I_x\text{-}I_x$.

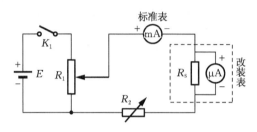

图 3.17.7　校正电流表电路图

3. 将 100μA 的表头改装成量程为 5V 的电压表

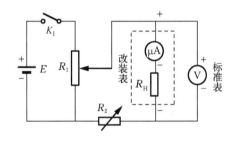

图 3.17.8　校正电压表电路图

　　参考改装电流表的步骤，先求出分压电阻 R_H（计算值），按图 3.17.8 接好线路，将表头组装成量程为 5V 的电压表；测出分压电阻 R_H 的实验值，并保持其不变，调节 R_1、R_2，使改装表由满刻度开始逐渐减小直到零（表头示值由 $100\mu A$、$90\mu A$……直减到 $10\mu A$）.同时记下改装表（U_x）和标准表（U_s）相应的电压读数，将数据填入表 3.17.3 中.同样画出折线状的电压表校正曲线 $\Delta U_x\text{-}U_x$.

4. 将 100μA 的表头改装成中值电阻为 120Ω 的欧姆表（选做）

（1）按图 3.17.3 连接好线路，组装好欧姆表，通电前应拨好电阻箱 R_0、R_m 的阻值.

（2）用电阻箱代替 R_x，$R_x = 0$ 时，微安表指针对准满刻度值.

（3）改变 R_x 值，按表 3.17.4 记录数据.

（4）画出欧姆表刻度盘.

【数据记录】

表 3.17.1　测量表头内阻

$I/\mu A$	60.0	80.0	90.0
R_g/Ω			
$\overline{R}_g/\Omega$			

表 3.17.2　电流表校正

分流电阻 R_s：计算值_____ Ω，实验值_____ Ω

I_x /mA	0.50	1.00	1.50	2.00	2.50	3.00	3.50	4.00	4.50	5.00
I_s /mA										
$\Delta I_x = I_s - I_x$/mA										

表 3.17.3　电压表校正

分压电阻 R_H：计算值_____ Ω，实验值_____ Ω

U_x /V	0.50	1.00	1.50	2.00	2.50	3.00	3.50	4.00	4.50	5.00
U_s /V										
$\Delta U_x = U_s - U_x$/V										

表 3.17.4　改装欧姆表

$R_0 =$ _____ Ω，$R_m =$ _____ Ω

R_x/Ω	0	20	30	40	50	80	120
$I/\mu A$							
R_x/Ω	150	200	300	400	500	1000	∞
$I/\mu A$							

【注意事项】

1. 接通电源前，应检查滑线变阻器的滑动挡是否在安全位置.

2. 注意电表极性与量程，以免指针反偏或过量程时出现"打针"现象.

【思考题】

1. 校正电流表时，如果发现改装表的读数相对于标准表的读数都偏高，试问要达到标准表的数值，此时改装表的分流电阻应调大还是调小？为什么？

2. 校正电压表时，如果发现改装表的读数相对于标准表的读数都偏低，试问要达到标准表的数值，此时改装表的分压电阻应调大还是调小？为什么？

3. 某量程为 $500\mu A$、内阻 $1k\Omega$ 的微安表，它可以测量的最大电压是多少？如果将它的量程扩大为原来的 N 倍，应如何选择扩程电阻？

实验 18　用双臂电桥测量导体的电阻率

【实验目的】

1. 了解双臂电桥测低电阻的原理和方法.
2. 了解附加电阻对低电阻测量的影响及消除方法.

【实验器材】

QJ-19 电桥,直流检流计,米尺,千分尺,直流稳压电源,双向换向开关,待测导体(铜、铝棒),标准电阻,电流表,滑线变阻器.

【实验原理】

用单臂电桥可测中等阻值的电阻($10^2 \sim 10^6\,\Omega$),而对于低电阻则不能由单臂电桥来测量. 这主要是因为连接导线的电阻和接点间的接触电阻(我们称之为附加电阻,数量级为 $10^{-2} \sim 10^{-4}\,\Omega$)的影响会使测量结果产生较大的误差. 为了减小误差,采用双臂电桥(亦称开尔文电桥)来测量低电阻.

1. 附加电阻对低电阻测量的影响和四端连接线法

我们先用毫伏表测量金属棒 P_1、P_2 间的电压来说明. 如图 3.18.1 所示,电流在接头 P_1 处分为 I_1 和 I_2,I_1 经电源和金属棒间的接触电阻 r_1 方能进入被测电阻 R_x,在通过 R_x 后,又要经过接触点 P_2 处的电阻 r_2 方能回到电源电路. 而 I_2 在 P_1 处经电源和毫伏表的接触电阻 r_3(r_3 还包括连接毫伏表导线的电阻)才进入毫伏表,并通过 P_2 处的接触电阻 r_4(r_4 也包括接线电阻)返回电源电路. 为便于分析,可将图 3.18.1 电路等效为图 3.18.2. 由于毫伏表的内阻很大,通过的电流 I_2 很小,所以附加电阻 r_3 和 r_4 对 R_x 两端电压测量的影响可以忽略不计. 毫伏表的示值为 r_1、R_x、r_2 三个串联电阻压降之和,而 R_x 是低电阻,所以 r_1、r_2 的影响自然不能忽略,因此这样测出的电压与 R_x 两端的电压相差较大,产生了明显的系统误差.

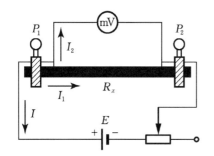

图 3.18.1　测低电阻两端的电压

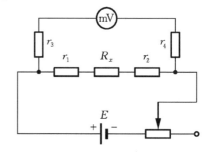

图 3.18.2　测低电阻电压等效电路

为了消除上述系统误差,我们可以在保持毫伏表所连接点 P_1,P_2 不变的情况下,将电源电

路接在 P_1、P_2 延长部分的 C_1、C_2 两处,这样接触电阻 r_1、r_2 就转移到电源电路中去了,不会影响原长 P_1 和 P_2 间电压的测量. 其接线情况及等效电路见图 3.18.3 和图 3.18.4.

这种把引入电流的接头放在测量电压接头外侧的接线方法称为四端接线法. 四端接线法是消除接线电阻和接触电阻对低电阻测量影响的有效方法,并且规定用 C_1、C_2 表示处于外侧的电流接头,用 P_1、P_2 表示处于被测位置的电压接头. 标准电阻就是采用了这种接线方法,所以在标准电阻上安装了 4 个接线柱,较大的一对为电流接线端,而较小的一对为电压接线端. 对采用四端接线法的电阻,我们称之为四端电阻.

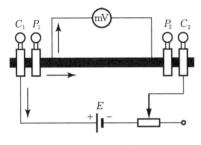
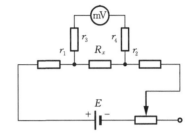

图 3.18.3　四端接线法　　　　　　　图 3.18.4　四端接线法的等效电路

2. 双臂电桥原理

由以上分析可见,四端接线法可以消除附加电阻对低电阻测量的影响. 如将该方法应用到单臂电桥中,则改进后的电桥就能准确地测量低电阻了,因此可将单臂电桥中的 R_2 和 R_x' 用 R_N 和 R_x 代替.

由于被测电阻 R_x 与标准电阻均为低电阻,因此 R_x、R_N 应该采用四端接线法,可将图 3.18.5 所示的单臂电桥电路改装成图 3.18.6 所示的双臂电桥电路,其中 R_2 用 R_N 代替.

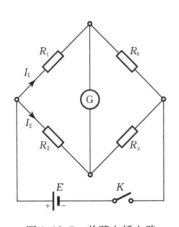
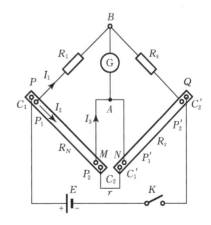

图 3.18.5　单臂电桥电路　　　　　　图 3.18.6　双臂电桥电路(一)

现在我们就图 3.18.6 的电路进行分析. 首先看一下 R_N 的 P 端对于 C_1 点的接线电阻,它串入到了电源电路中,不对 R_N 产生影响. 对于 P_1 点,它的附加电阻引入到 R_1 支路,而在 R_1 支路中,R_1 比较大,附加电阻与 R_1 比较可忽略,因此,在 P 端附加电阻的影响可消除. 同理 R_x 在 Q 端附加电阻的影响也可消除.

再来看一下 R_x 的 M 端,对于 P_2 点,它的附加电阻可引入到 P_2A 支路,若在此支路上加入

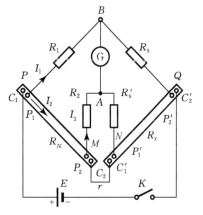

图 3.18.7　双臂电桥电路(二)

一个大电阻 R_2，如图 3.18.7 所示，即可消除 P_2 点附加电阻的影响. 对于 C_2 点的附加电阻，它与 C_1' 点的附加电阻和导线电阻暂计为 r. 同理，R_x 的 N 端中的 P_1' 与 P_2 情况相同. 因此，在 $P_1'A$ 支路也加上一个大电阻 R_s'，至此在图 3.18.7 中仅附加电阻 r 对测量的影响未消除.

再来看一下电桥平衡时的情况：在电桥平衡时检流计的电流为零，则通过 R_1、R_s 的电流相等，设为 I_1；通过 R_N 和 R_x 的电流相等，设为 I_2；通过 R_2 和 R_s' 的电流也相等，设为 I_3. 同时，$V_B = V_A$，则可得出方程组

$$I_1 R_1 = I_2 R_N + I_3 R_2 \qquad (3.18.1)$$

$$I_1 R_s = I_2 R_x + I_3 R_s' \qquad (3.18.2)$$

$$I_3(R_2 + R_s') = (I_2 - I_3)r \qquad (3.18.3)$$

解上述方程组可得

$$R_X = \frac{R_s}{R_1}R_N + \frac{rR_2}{R_2 + R_s' + r}\left(\frac{R_s}{R_1} - \frac{R_s'}{R_2}\right) \qquad (3.18.4)$$

若使 $\dfrac{R_s}{R_1} = \dfrac{R'}{R_2}$ 则式(3.18.4)变为

$$R_x = \frac{R_s}{R_1} \cdot R_N \qquad (3.18.5)$$

即可消除 r 的影响.

因此，只要使 R_1 与 R_2，R_s 与 R_s' 同步变化，即 $R_1 = R_2$，$R_s = R_s'$，就可达到目的.

在双臂电桥中，虽然 r 的大小不影响电桥的平衡，但 r 越大则电桥的灵敏度越低，所以在连接标准电阻和被测电阻的电流端，应采用短而粗的导线并尽量减小电阻，从而提高电桥的灵敏度. 同时要注意，在连接时一定要牢固，以便减小附加接触电阻的影响.

3. 电阻率的测量

已知一段导体的电阻 R 为

$$R = \rho \frac{L}{A}$$

$$\rho = \frac{RA}{L}$$

式中，L 为导体的长度；A 为导体的截面积；ρ 为电阻率，R 为 L 长导体的电阻.

对于圆柱体有

$$\rho = \frac{\pi D^2}{4L}R \qquad (3.18.6)$$

式中，D 为导体的直径.

【实验装置】

1. QJ-19 型单双臂电桥

QJ-19 型单双臂电桥在作单臂电桥使用时，可测量 $10^2 \sim 10^6\ \Omega$ 的中等阻值电阻，作双臂电

桥使用时,可测量 $10^{-5}\sim10^{2}\,\Omega$ 的低电阻,准确度等级为 0.05 级.

图 3.18.8 是 QJ-19 型单双臂电桥在作双臂电桥使用时的接线图,其中 R_1、R_2 为电桥中对应的倍率,R_1 和 R_2 在使用时要求调至相等.R_s 和 R'_s 为电桥中对应的测量臂电阻,只不过 R'_s 未在面板上标出,它被用一根轴与 R_s 同轴套牢,并与 R_s 完全相同,确保 R_s、R'_s 同步变化,即满足 $R_s=R'_s$,得以实现.

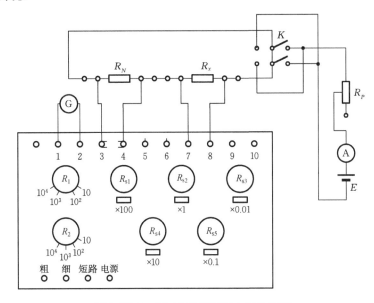

图 3.18.8　QJ-19 型单双臂电桥的面板

2. 标准电阻

标准电阻是用温度系数很小的锰铜丝或锰铜条采用适当的工艺和特殊方法绕制而成,准确度高,稳定性好.一般实验用的标准电阻可分为 0.005 级、0.01 级、0.02 级和 0.05 级等.因 OJ-19 型单双臂电桥为 0.05 级,故为了不降低测量的准确度,我们配用的标准电阻为 0.01 级.

BZ3 型 0.01 级标准电阻由 $10^5\,\Omega$,$10^4\,\Omega$,$\cdots$,$10^{-3}\,\Omega$ 九个电阻组成.额定功率为 0.1W,最大功率为 6W,使用温度为 10$\sim$30℃.使用标准电阻时应注意:

(1) 标准电阻在电路中的功率不应超过其额定功率(长时间使用时)或最大率(短时间使用时).即 BZ3 型 $0.1\,\Omega$ 的标准电阻,长时间使用时,电流不得超过 1A;短时间使用时,电流不得超过 7.8A.

(2) 分清电流接头(较大一对接线柱)和电压接头(较小一对接线柱),不要接错.

【实验内容与步骤】

(1)按图 3.18.8 接线,R_N、R_x 为四端电阻,电流接头、电压接头不能接错.滑线变阻器调至电阻最大.检查电桥面板上的"粗"、"细"、"短路"和"电源"按键开关,均应处于弹起断开的高位状态.

(2)调节 $R_1=R_2=10^4\,\Omega$.

(3)把换向开关 K 合至任一侧接通电路,再调节变阻器使电路中的电流为标准电阻的额定电流 1A.

(4)QJ-19 型单双臂电桥面板上的"粗"、"细"和"短路"等按钮均是用于控制检流计的开关.接通电桥的电计按钮"粗",用逐步逼近法调节电阻箱阻值,使检流计指零,再接通按钮"细",调节电阻箱使检流计再次指零.

(5)根据公式 $R_x = \dfrac{R_s}{R_1} \cdot R_N$ 可算出 R_x.

(6)用米尺测量金属导体上电压端两点之间的距离 L,即为待测电阻 R_x 的长度.

(7)用千分尺测量金属导体的直径 D,在不同位置上测 5 次,求出平均值.

(8)将测得的 R_x、L 值代入式(3.18.6),计算出金属导体的电阻率 ρ.

【数据记录与处理】

表 3.18.1　数据记录

待测值	1	2	3	4	5	平均	误差
D/mm							
L/mm							
R_s/Ω							
R_x/Ω							

【注意事项】

1.在电源电路中,电流不得超过 1A.

2.在调节电桥平衡时,必须用跳接法,不得将"粗""细"开关锁死.

3.当电桥始终调不平衡时,可将电桥上与"标准"接线柱所连的两根连接线互换,否则就是线路有断路的情况.

【思考题】

1.为什么用单臂电桥不能准确测量低电阻的阻值?怎样才能消除附加电阻对低电阻测量的影响?

2."四端接线法"的作用是什么?

3.双臂电桥的平衡条件是什么?保证这一平衡条件成立的前提又是什么?

实验 19 pn 结正向压降与温度变化的特性

【实验目的】

1. 了解 pn 结正向压降与温度变化之间的关系特性.

2. 在恒定正向电流条件下,测绘 pn 结正向压降随温度变化的曲线,并由此确定其灵敏度 S 及被测 pn 结材料的禁带宽度 $E_{g(0)}$.

3. 学习用 pn 结测量温度的方法.

【实验原理】

1. pn 结

(1)n 型半导体:在四价的本征半导体硅(或锗)中掺入微量的五价元素(如磷或砷),当硅与磷原子的外层价电子形成共价键时,磷元素则多余了一个电子,这些多余的电子为多数载流子,很容易参与导电,把这种半导体称为 n 型(电子型)半导体. 它的导电性主要取决于多数载流子电子数,其晶体结构如图 3.19.1 所示.

(2)p 型半导体:在本征半导体硅(或锗)中掺入微量的三价元素(如硼或镓),当硅与硼原子的外层价电子形成共价键时,硼因缺少一个电子而出现一个空穴,空穴使多数载流子很容易参与导电,把这种半导体称为 p 型(空穴型)半导体. 它的导电性主要取决于空穴数,其晶体结构如图 3.19.2 所示.

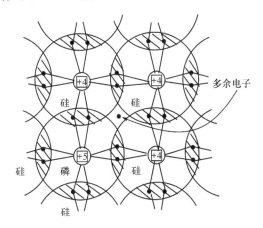
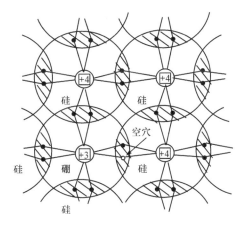

图 3.19.1 n 型硅半导体中的共价键结构　　　图 3.19.2 p 型硅半导体中的共价键结构

(3)pn 结及其形成过程:在一块完整的硅片上,用不同的掺杂工艺使其一边形成 p 型半导体,另一边形成 n 型半导体,那么在它们的交界处就会因各自多数载流子电子和空穴的浓度差,p 型区内的空穴和 n 型区内的电子分别从浓度高的地方向浓度低的地方扩散,即有些空穴要从 p 型区向 n 型区扩散,而另一些电子要从 n 型区向 p 型区扩散.电子和空穴带有相反的电荷,它们在扩散过程中要产生复合(中和),结果使 p 区和 n 区中原来的电中性被破坏.p 型区失去一些空穴留下带负电的离子,n 型区失去一些电子留下带正电的离子,这些离子因物质结构的关系,不能移动,因此称为空间电荷.它们集中处于 p 区和 n 区的交界面附近,形成了一个很薄的空间电荷区(p 区交界面附近带负电,n 区交界面附近带正电),在空间电荷区内,由于正负电荷之间的相互作用,在空间电荷区中会形成一个内建电场 E_0,其方向从带正电的 n 区

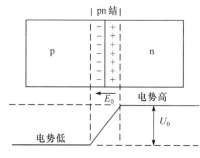

图 3.19.3 　pn 结的形成

指向带负电的 p 区.由于该电场是由载流子扩散后在半导体内部形成的,故称为内建电场.因为内建电场 E_0 的方向与电子的扩散方向相同,与空穴的扩散方向相反,所以它建立后会阻止多数载流子的扩散运动,当这种扩散与阻止运动达到动态平衡时,空间电荷区的宽度和内建电场 E_0 才能达到相对稳定,这个相对稳定的"空间电荷区"就称为 pn 结,如图 3.19.3 所示.

(4)外加正向电压:当外电源正极接 p 区,负极接 n 区时,称为给 pn 结加正向电压,如图 3.19.4 所示.由于 pn 结是高电阻区,而 p 区和 n 区的电阻很小,所以正向电压几乎全部加在 pn 结两端.在 pn 结上产生一个外电场 E,其方向与内建电场 E_0 相反,在 E 的推动下,n 区的电子要向 p 区扩散,并与原来空间电荷区的正离子中和,使空间电荷区变窄.同样,p 区的空穴也要向 n 区扩散,并与原来空间电荷区的负离子中和,使空间电荷区变窄.结果使内建电场 E_0 减弱,破坏了 pn 结原有的动态平衡.外电源不断向 p 区补充正电荷,向 n 区补充负电荷,结果在电路中形成了较大的正向电流 I_F,而且 I_F 随着正向电压的增加而增大.对 pn 结外加正向电压时,pn 结是导通电流的.

(5)外加反向电压:当外电源正极接 n 区、负极接 p 区时,称为给 pn 结加反向电压,如图 3.19.5 所示.反向电压产生的外加电场 E 的方向与内建电场 E_0 的方向相同,使 pn 结内电场加强,它把 p 区的多数载流子(空穴)和 n 区的多数载流子(自由电子)从 pn 结附近拉走,使 pn 结进一步加宽,pn 结的结电阻增大,使电荷更难以通过,几乎不导电(只有少量反向漏电流 I_R).对 pn 结外加反向电压时,pn 结是不导通电流的.

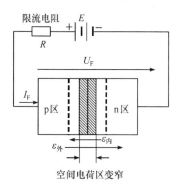

图 3.19.4 　pn 结外加正向电压而导通

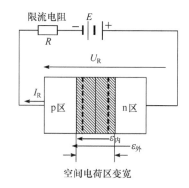

图 3.19.5 　pn 结外加反向电压而截止

2. pn 结正向压降 V_F 与温度 T 之间的关系特性

理想的 pn 结，其正向电流 I_F 和正向压降 V_F 存在如下近似关系式：

$$I_F = I_S \exp\left(\frac{eV_F}{kT}\right) \tag{3.19.1}$$

式中，e 为电子电荷量的绝对值；k 为玻尔兹曼常量；T 为绝对温度；I_S 为反向饱和电流. 可以证明

$$I_S = CT^r \exp\left(-\frac{eV_{g(0)}}{kT}\right) \tag{3.19.2}$$

式中，C 是与结面积、掺杂浓度等有关的常数；r 也是常数；$V_{g(0)}$ 是温度绝对零度时 pn 结材料的导带底与价带顶的电势差.

将式(3.19.2)代入式(3.19.1)，两边取对数可得

$$V_F = V_{g(0)} - \left(\frac{k}{e}\ln\frac{C}{I_F}\right)T - \frac{kT}{e}\ln T^r = V_1 + V_{n1} \tag{3.19.3}$$

其中

$$V_1 = V_{g(0)} - \left(\frac{k}{e}\ln\frac{C}{I_F}\right)T \tag{3.19.4}$$

$$V_{n1} = -\frac{kT}{e}\ln T^r \tag{3.19.5}$$

式(3.19.3)就是 pn 结正向压降作为电流和温度的函数表达式. 令 $I_F =$ 常数，则正向压降 V_F 只随温度 T 而变化. 但在式(3.19.3)中还包含了非线性项 V_{n1}，下面分析 V_{n1} 项所引起的非线性偏差的影响大小.

设温度由 T_1 变为 T 时，正向电压由 V_{F1} 变为 V_F，由式(3.19.3)可得

$$V_F = V_{g(0)} - (V_{g(0)} - V_{F1})\frac{T}{T_1} - \frac{kT}{e}\ln\left(\frac{T}{T_1}\right)^r \tag{3.19.6}$$

按理想的线性温度响应，$V_{F理想}$ 应取如下形式：

$$V_{F理想} = V_{F1} + \frac{\partial V_{F1}}{\partial T}(T - T_1) \tag{3.19.7}$$

$\frac{\partial V_F}{\partial T}$ 为曲线的斜率，且在 T_1 温度时的 $\frac{\partial V_{F1}}{\partial T}$ 等于 T 温度时的 $\frac{\partial V_F}{\partial T}$ 值.

由式(3.19.3)可得

$$\frac{\partial V_{F1}}{\partial T} = -\frac{V_{g(0)} - V_{F1}}{T_1} - \frac{k}{e}r \tag{3.19.8}$$

所以

$$\begin{aligned}V_{F理想} &= V_{F1} + \left(-\frac{V_{g(0)} - V_{F1}}{T_1} - \frac{k}{e}r\right)(T - T_1) \\ &= V_{g(0)} - (V_{g(0)} - V_{F1})\frac{T}{T_1} - \frac{k}{e}(T - T_1)r\end{aligned} \tag{3.19.9}$$

由理想线性温度响应式(3.19.9)和实际响应式(3.19.3)相比较，可得实际响应对线性的理论偏差为

$$\Delta = V_{理想} - V_F = -\frac{k}{e}(T - T_1)r + \frac{kT}{e}\ln\left(\frac{T}{T_1}\right)^r \tag{3.19.10}$$

设 $T_1 = 300K, T = 310K$，取 $r = 3.4$（经验值），由式(3.19.10)可算得 $\Delta = 0.048mV$，而此条件下相应的 V_F 的改变量 ΔV_F 约为 20mV，两者相比偏差甚小(0.048/20 = 0.24%)．在精度要求不高时，可以将式(3.19.3)中的非线性项 V_{n1} 忽略．

综上所述，在外电源恒流供电条件下，pn 结的正向压降 V_F 随温度 T 的变化关系主要取决于线性项 V_1，即正向压降几乎随温度升高而近似呈线性下降，式(3.19.4)即 $V_1 = V_{g(0)} - \left(\frac{k}{e}\ln\frac{C}{I_F}\right)T$ 是本实验的基本方程．

3. pn 结正向压降 V_F 与温度 T 的变换灵敏度 S

由式(3.19.4)可知，当 $I_F = $ 常数时，$\left(\frac{k}{e}\ln\frac{C}{I_F}\right)$ 亦为常量，令

$$S = \left(\frac{k}{e}\ln\frac{C}{I_F}\right) \tag{3.19.11}$$

称 S 为 pn 结正向压降 V_F 与温度 T 的变换灵敏度．通过实验测量和利用公式 $S_i = \Delta V_{Fi}/\Delta T_i$，可求出变换灵敏度 S 的数值（ΔT_i 为相邻两温度值之差）．

【实验器材】

1. 仪器示意图

图 3.19.6 是待测 pn 结管和测温传感器及加热部件的结构，可取下隔离圆筒的铜套（左手扶筒盖，右手扶筒套逆时针旋转）．图 3.19.7 是 FB302 型 pn 结正向压降温度特性实验仪面板，仪器总电源开关在后面板处．

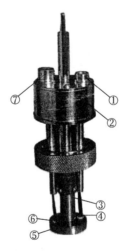

图 3.19.6　待测 pn 结管和测温传感器及加热部件的结构
①—加热电源插口；②—接线盒；③—加热管；④—温度传感器(AD590)；
⑤—加热铜块；⑥—pn 结管(1815 三极管)；⑦—信号输入接口

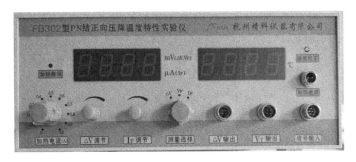

图 3.19.7　FB302 型 pn 结正向压降温度特性实验仪面板

2. 主要技术指标

(1)测试恒流源 I_F：输出电流 $0\sim1000\mu A$，连续可调.

(2)加热电流：$0.1\sim1A$，步进值 $0.1A$，最大负载电压 15V.

(3)温度传感器 AD590：测量范围为 218.2K(即 $-55\sim+150℃$)，测量精度为 $\pm0.1℃$. 输出电流为 $218.2\sim423.2\mu A$(即 $1\mu A$ 对应于绝对温度 1K).

(4)正向电流 I_F、正向压降 V_F 和温度 T 的值分别用两组三位半 LED 显示，精度为 0.5%.

3. 实验系统连接

用七芯插头导线连接实验仪的"加热电源"和测试架接线盒上的加热电源插口①，用二芯插头导线连接实验仪的"信号输入"和测试架接线盒上的信号输入接口⑦."加热电流"开关置"0"位置，在连接导线时，应先对准插头与插座的凹凸定位标记，即可插入. 带有螺母的插头待插入后与插座拧紧，导线拆除时，直插式的应该拉插头的可动外套，带有螺母的插头应旋松，决不可左右转动或硬拉，否则可能拉断引线，从而影响实验.

【实验内容与步骤】

(1)正确检查与连接实验系统，将加热电流置于 0 挡.

(2)打开仪器开关，转动"加热电流开关"，从"0A"至"0.1A"，预热几分钟后，此时测试仪上将显示出室温为 T_R，记录下此温度，然后切断加热电流.

(3)$V_F(T_R)$ 的测量和 ΔV 调零：

①将"测量选择"开关拨到"I_F 调节"使 $I_F=50\mu A$；

②然后将"测量选择"开关拨到 V_F，记录下 $V_F(T_R)$ 的值；

③再将"测量选择"开关置于 ΔV，由"ΔV 调节"使 $\Delta V=0$.

(4)测定 ΔV-T 曲线：

开启加热电流(指示灯亮)，并记录对应的 ΔV 和 T. 采用 ΔV 每改变 $-10mV$ 立即读取一组 ΔV、T 值，这样可以减少误差.

应该注意：在整个实验过程中升温速率要慢，且温度不宜过高，最好控制在 $120℃$ 以内.

(5)关闭加热电流，pn 结降温至室温.

(6)改变工作电流 $I_F=100\mu A$，重复(1)~(5)步骤，再次进行实验，比较两组测量结果.

(7)关好电源,整理实验仪器.

【数据记录与处理】

数据记录表见表 3.19.1.

实验起始温度:$T_R=$_____℃;

起始温度为 T_R 时压降:$V_F(T_R)=$_____ mV;

工作电流:$I_F=$_____ μA;

加热电流:_____ A.

表 3.19.1 **ΔV-T 数据记录表**

ΔV/mV	0	−10	−20	−30	−40	−50	−60	−70	−80	−90
T/℃										
ΔV/mV	−100	−110	−120	−130	−140	−150	−160	−170	−180	−190
T/℃										

(1)用图示法表示 I_F 等于 $50\mu A$ 和 $100\mu A$ 时的 ΔV-T 关系曲线. 以 T 为横坐标,ΔV 为纵坐标,建议用 Excle 作图(线性回归法).

(2)求 pn 结正向压降 V_F 随温度 T 变化的灵敏度 S(mV/℃).

(3)估算被测 pn 结材料的禁带宽度.

实际计算时将灵敏度 S、温度 T_1(单位为 K)及此时的 V_{F1} 代入 $V_{g(0)}=V_{F1}+ST_1$. 禁带宽度 $E_{g(0)}=eV_{g(0)}$. 将实验所得的 $E_{g(0)}$ 与公认值 $E_{g(0)}=1.21eV$ 比较,求其误差.

【注意事项】

1. 在整个电路连接好之后,才能打开电源开关.

2. 仪器连接线的芯线较细,所以要注意使用,不可用力过猛,严禁带电拔电缆插头.

3. 在整个实验过程中注意升温速率要慢,且温度不宜过高,最好控制在 120℃ 以内.

4. 加热装置加热较长时间后,隔离圆筒外壳会有一定温升,注意安全使用. 使用完毕后,一定要切断电源,避免温度过高造成安全事故.

【思考题】

1. 半导体 pn 结的用途很广,你能列举出有哪些? 简要说出各自用途的特点.

2. 为什么本实验的测量温度应当控制在 $T=-50\sim+150℃$ 范围内?

3. 在测量 pn 结正向压降 V_F 和温度 T 的变化关系时,温度高时 ΔV-T 线性好,还是温度低好?

4. 为什么能把 pn 结用做温度传感器?

实验 20　霍尔效应及其应用(1)

置于磁场中的载流体,如果电流方向与磁场垂直,则在垂直于电流和磁场的方向会产生一附加的横向电场,这个现象是霍普金斯大学研究生霍尔于 1879 年发现的,后被称为霍尔效应.如今,霍尔效应不但是测定半导体材料电学参数的主要手段,而且利用该效应制成的霍尔器件广泛用于非电量电测、自动控制和信息处理等方面.在工业生产中越来越多采用自动检测和控制的今天,作为敏感元件之一的霍尔器件将有更广阔的应用前景.了解这一富有实用性的实验,对日后的工作将大有益处.

【实验目的】

1. 了解霍尔效应实验原理以及有关霍尔器件对材料要求的知识.
2. 学习用"对称测量法"消除副效应的影响,测量半导体试样的 V_H-I_s 和 V_H-I_M 曲线.
3. 确定半导体试样的导电类型、载流子浓度以及迁移率.

【实验原理】

霍尔效应从本质上讲是运动的带电粒子在磁场中受洛伦兹力作用而引起的偏转.当带电粒子(电子或空穴)被约束在半导体材料中,这种偏转就导致在垂直电流和磁场的方向上产生正负电荷的聚积,从而形成附加的横向电场,即霍尔电场.对于如图 3.20.1(a)所示的 n 型半导体试样,若在 X 方向通以电流 I_s,在 Z 方向加磁场 B,试样中载流子(电子)将受洛伦兹力.

$$F_B = evB \tag{3.20.1}$$

则在 Y 方向即试样 A、A' 电极两侧就开始聚积异号电荷而产生相应的附加电场——霍尔电场.电场的指向取决于半导体试样的导电类型.

显然,霍尔电场是阻止载流子继续向侧面偏移的,当载流子所受的横向电场力 eE_H 与洛伦兹力 evB 相等时,样品两侧电荷的积累就达到平衡,故有

$$eE_H = evB \tag{3.20.2}$$

其中,E_H 为霍尔电场;v 为载流子在电流方向上的平均漂移速度.

设试样的宽度为 b,厚度为 d,载流子浓度为 n,则

$$I_s = nevbd \tag{3.20.3}$$

由式(3.20.2)、式(3.20.3)可得

$$V_H = E_H b = \frac{1}{ne} \frac{I_s B}{d} = R_H \frac{I_s B}{d} \tag{3.20.4}$$

即霍尔电压 V_H(A、A' 电极之间的电压)与 $I_s B$ 乘积成正比,与试样厚度 d 成反比.比例系数 $R_H = \frac{1}{ne}$ 称为霍尔系数,它是反映材料霍尔效应强弱的重要参数.只要测出 V_H(V),并知道 I_s(A)、B(Gs)和 d(cm),可按下式计算 R_H(cm³/C):

$$R_H = \frac{V_H d}{I_s B} \times 10^8 \qquad (3.20.5)$$

式中的 10^8 是由于磁感应强度 B 用电磁单位(Gs)而其他各量均采用 CGS 实用单位而引入的.

根据 R_H 可进一步确定以下参数.

(1) 由 R_H 的符号(或霍尔电压的正、负)判断样品的导电类型.

判断的方法是:按图 3.20.1 所示的 I_s 和 B 的方向,若测得的 $V_H = V'_{AA} < 0$(即点 A 的电势低于点 A' 的电势),则 R_H 为负,样品属 n 型,反之则为 p 型.

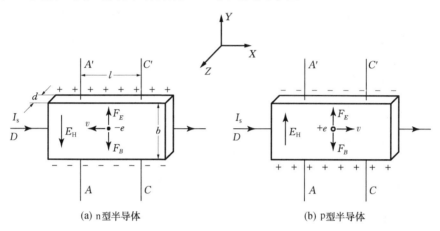

图 3.20.1　霍尔电压 E_H 示意图

(2) 由 R_H 求载流子浓度 n,即 $\sigma = ne\mu$.

应该指出,这个关系式是假定所有的载流子都具有相同的漂移速度得到的. 严格地讲,考虑载流子的速度统计分布,需引入 $\frac{3}{8}\pi$ 的修正因子(可参阅黄昆、谢希德著的《半导体物理学》).

(3) 结合电导率的测量,求载流子的迁移率 μ.

电导率 σ 与载流子浓度 n 以及迁移率 μ 之间有如下关系:

$$\sigma = ne\mu \qquad (3.20.6)$$

即 $\mu = |R_H|\sigma$,通过实验测出 σ 值即可求出 μ.

根据上述可知,要得到大的霍尔电压,关键是要选择霍尔系数大(即迁移率 μ 高、电阻率 ρ 亦较高)的材料. 因 $|R_H| = \mu\rho$,就金属导体而言,μ 和 ρ 均很低,而不良导体 ρ 虽高,但 μ 极小,因而上述两种材料的霍尔系数都很小,不宜用来制造霍尔器件. 半导体 μ 高,ρ 适中,是制造霍尔器件较理想的材料. 由于电子的迁移率比空穴的迁移率大,所以霍尔器件都采用 n 型材料. 另外,霍尔器件的大小与材料的厚度成反比,所以薄膜型的霍尔器件的输出电压较片状的要高得多. 就霍尔器件而言,其厚度是一定的,所以实际中采用

$$K_H = \frac{1}{ned} \qquad (3.20.7)$$

来表示器件的灵敏度.K_H 称为霍尔灵敏度,单位为 mV/(mA·T) 或 mV/(mA·kGs).

【实验仪器】

TH-H 型霍尔效应组合实验仪,它由实验仪和测试仪两大部分组成.

（1）实验仪，如图 3.20.2 所示.

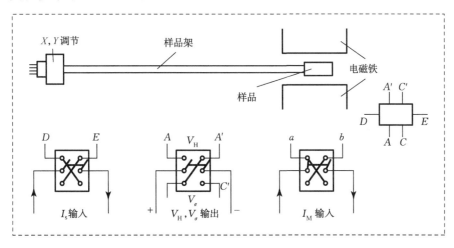

图 3.20.2　霍尔效应实验仪示意图

（2）测试仪，如图 3.20.3 所示.

"I_s 输出"为 0～10mA 样品工作电流源，"I_M 输出"为 0～1A 励磁电流源，两组电流源彼此独立，两路输出电流大小通过 I_s 调节旋钮及 I_M 调节旋钮进行调节，二者均连续可调. 其值可通过"测量选择"按键由同一只数字电流表分别进行测量，按键测 I_M，放键测 I_s.

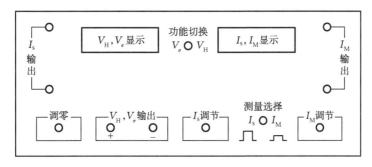

图 3.20.3　测试仪面板图

【实验内容与步骤】

1. 霍尔电压 V_H 的测量

事实上在产生霍尔效应的同时，也产生多种副效应，以致实验测得的 A、A' 两电极之间的电压并不等于真实的 V_H 值，而是包含着各种副效应引起的附加电压，因此必须设法消除. 根据副效应产生的机理（参阅附录）可知，采用电流和磁场换向的对称测量法，基本上能够把副效应的影响从测量的结果中消除，具体的做法是：I_s 和 B（即 I_M）的大小不变，并在设定好电流和磁场的正、反方向后，依次测量由下列四组不同方向的 I_s 和 B 组合的 A、A' 两点之间的电压 V_1、V_2、V_3 和 V_4，即

$$+I_s \qquad +B \qquad V_1$$
$$+I_s \qquad -B \qquad V_2$$

$$-I_s \qquad -B \qquad V_3$$
$$-I_s \qquad +B \qquad V_4$$

然后求上述四组数据中 V_1、V_2、V_3 和 V_4 的代数平均值,可得

$$\frac{V_1 - V_2 + V_3 - V_4}{4}$$

通过对称测量法求得的 V_H,虽然还存在个别无法消除的副效应,但其引入的误差甚小,可以略而不计.

(1) 测绘 V_H-I_s 曲线.

将实验仪的"V_H,V_σ"切换开关扳向 V_H 侧,测试仪的"功能切换"置 V_H. 保持 I_M 值不变(取 $I_M = 0.600$A),改变 I_s 大小,测绘 V_H-I_s 曲线,记入表 3.20.1 中.

I_s 取值:$1.00 \sim 4.00$mA

表 3.20.1　$I_M = 0.600$A 时的数据记录

I_s/mA	V_1/mV $+I_s, +B$	V_2/mV $+I_s, -B$	V_3/mV $-B, -I_s$	V_4/mV $-I_s, +B$	$V_H = \dfrac{V_1 - V_2 + V_3 - V_4}{4}$
1.00					
1.50					
2.00					
2.50					
3.00					
4.00					

(2) 测绘 V_H-I_M 曲线.

实验仪及测试仪各开关位置同上.

保持 I_s 值不变(取 $I_s = 3.00$mA),改变 I_M 大小,测绘 V_H-I_M 曲线,记入表 3.20.2 中. I_M 取值:$0.300 \sim 0.800$A.

表 3.20.2　$I_s = 3.00$mA 时的数据记录

I_M/mA	V_1/mV $+I_s, +B$	V_2/mV $+I_s, -B$	V_3/mV $-B, -I_s$	V_4/mV $-I_s, +B$	$V_H = \dfrac{V_1 - V_2 + V_3 - V_4}{4}$
0.300					
0.400					
0.500					
0.600					
0.700					
0.800					

2. 电导率 σ 的测量

测量 V_σ 值. 将"V_H,V_σ"切换开关扳向 V_σ 侧,"功能切换"置 V_σ. 在零磁场下,取 $I_s = 2.00$mA,测量 V_σ.

注意:I_s 取值不要过大,以免因 V_σ 太大使毫伏表超量程(此时首位数码显示为 1,后 3 位数码熄灭).

σ 可以通过图 3.20.1 所示的 A、C(或 A'、C')电极进行测量. 设 A、C 间的距离为 l,样品的

横截面积为 $S = bd$,流经样品的电流为 I_s,在零磁场下,若测得 A、$C(A'$、$C')$ 间的电势差为 V_σ (V_{AC}),可由下式求得 σ:

$$\sigma = \frac{I_s l}{V_\sigma S} \tag{3.20.8}$$

按图 3.20.4 连接测试仪和实验仪之间相应的 I_s、V_B 和 I_M 各组连线,I_s 及 I_M 换向开关扳向上方,表明 I_s 及 I_M 均为正值(即 I_s 沿 X 方向,B 沿 Z 方向),反之为负值.V_H,V_σ 切换开关扳向上方测 V_B,投向下方测 V_σ(样品各电极及线包引线与对应的双刀开关之间连线已由制造厂家连接好).将"V_H,V_σ"切换开关扳向 V_σ 侧,"功能切换"置 V_σ.在零磁场下,取 $I_s = 2.00\text{mA}$,测量 V_σ.

注意:I_s 取值不要过大,以免因 V_σ 太大使毫伏表超量程(此时首位数码显示为 1,后 3 位数码熄灭).

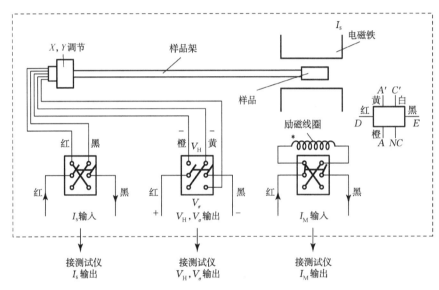

图 3.20.4　实验仪接线图

注意:严禁将测试仪的励磁电源"I_M 输出"误接到实验仪的"I_s 输入"或"V_H,V_σ 输出"处,否则一旦通电,霍尔器件即被损坏!

为了准确测量,应先对测试仪进行调零,即测试仪的"I_s 调节"和"I_M 调节"旋钮均置零位,待开机数分钟后若 V_H 显示不为零,可通过面板左下方小孔的"调零"电位器实现调零,使其显示为"0.00".

3. 确定样品的导电类型

将实验仪三组双刀开关均扳向上方,即 I_s 沿 X 方向,B 沿 Z 方向,毫伏表测量电压为 $V_{AA'}$.取 $I_s = 2\text{mA}$,$I_M = 0.600\text{A}$,测量 V_H 大小及极性,判断样品导电类型.

4. 求样品的 R_H,n,σ 和 μ 值

【思考题】

1. 列出计算霍尔系数 R_H、载流子浓度 n、电导率 σ 及迁移率 μ 的计算公式,并注明单位.

2.如已知霍尔样品的工作电流 I_s 及磁感应强度 B 的方向,如何判断样品的导电类型.

【附录】

霍尔器件中的副效应及其消除方法如下.

1.不等势电压 V_0

这是由于器件的 A、A' 两电极的位置不在一个理想的等势面上,因此即使不加磁场,只要有电流 I_s 通过,就有电压 $V_0 = I_s r$ 产生,r 为 A、A' 所在的两个等势面之间的电阻,结果在测量 V_H 时就叠加上了 V_0,使得 V_H 值偏大(当 V_0 与 V_H 同号)或偏小(当 V_0 与 V_H 异号).显然 V_H 的符号取决于 I_s 和 B 两者的方向,而 V_0 只与 I_s 的方向有关,因此可以通过改变 I_s 的方向予以消除,如图 3.20.5 所示.

2.温差电效应引起的附加电压 V_E

如图 3.20.6 所示,由于构成电流的载流子速度不同,若速度为 v 的载流子所受的洛伦兹力与霍尔电场的作用力刚好抵消,则速度大于或小于 v 的载流子在电场磁场作用下将各自朝对立面偏转,从而在 Y 方向引起温差 $T_A - T_A'$,由此产生的温差电效应在 A、A' 电极上引入附加电压 V_E,且 $V_E \propto I_s B$,其符号与 I_s 和 B 方向的关系与 V_H 是相同的,因此不能用改变 I_s 和 B 方向的方法予以消除,但其引入的误差很小,可以忽略.

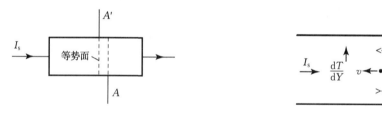

图 3.20.5　改变 I_s 的方向消除霍尔器件中的副效应　　　图 3.20.6　温差电效应引起的附加电压

3.热磁效应直接引起的附加电压 V_N

因器件两端电流引线的接触电阻不等,通电后在接点两处将产生不同的焦尔热,导致在 X 方向有温度梯度,引起载流子沿梯度方向扩散而产生热扩散电流,热流 Q 在 Z 方向磁场作用下,类似于霍尔效应在 Y 方向上产生一附加电场 E_N,相应的电压 $V_N \propto QB$,而 V_N 的符号只与 B 的方向有关,与 I_s 的方向无关,因此可通过改变 B 的方向予以消除热磁效应产生的温差引起的附加电压 V_{RL}.

如上文所述的 X 方向热扩散电流,因载流子的速度统计分布,在 Z 方向的磁场 B 作用下,同理将在 Y 方向产生温度梯度 $T_A - T_A'$,由此引入的附加电压 $V_{RL} \propto QB$,V_{RL} 的符号只与 B 的方向有关,亦能消除.

综上所述,实验中测得的 A、A' 之间的电压,除 V_H 外还包含 V_0、V_N、V_{RL}、V_E 各电压的代数和,其中 V_0、V_N 和 V_{RL} 均通过 I_s 和 B 换向对称测量法予以消除.设 I_s 和 B 的方向均为正向时,测得 A、A' 之间的电压记为 V_1,即当 $+I_s$、$+B$ 时,$V_1 = V_H + V_0 + V_N + V_{RL} + V_E$.将 B 换向,而 I_s 的方向不变,测得的电压记为 V_2,此时 V_H、V_N、V_{RL}、V_E 均改号而 V_0 符号不变,即当

$+I_s$，$-B$ 时，$V_2 = V_H + V_0 - V_N - V_{RL} - V_E$.

同理，按照上述分析，有

当 $-I_s$，$+B$ 时，$V_3 = V_H - V_0 - V_N - V_{RL} + V_E$；

当 $-I_s$，$-B$ 时，$V_4 = V_H - V_0 + V_N + V_{RL} - V_E$.

求以上四组数据 V_1、V_2、V_3 和 V_4 的代数平均值，可得 $V_H + V_E = \dfrac{V_1 - V_2 + V_3 - V_4}{4}$.

由于 V_E 符号与 I_s 和 B 两者方向关系和 V_H 是相同的，故无法消除，但在非大电流、非强磁场下，$V_H \gg V_E$，因此 V_E 可略不计，所以霍尔电压为

$$V_H = \frac{V_1 - V_2 + V_3 - V_4}{4}$$

实验 21　霍尔效应及其应用(2)

　　1879 年美国霍普金斯大学研究生霍尔在研究载流导体在磁场中受力性质时发现了一种电磁现象,此现象称为霍尔效应.半个多世纪以后,人们发现半导体也有霍尔效应,而且半导体的霍尔效应比金属强得多.近 30 多年来,由高电子迁移率的半导体材料制成的霍尔传感器已广泛用于磁场测量和半导体材料的研究.用于制作霍尔传感器的材料有许多种:单晶半导体材料有锗、硅;化合物半导体材料有锑化铟、砷化铟和砷化镓等.在科学技术发展中,磁的应用越来越被人们重视.目前霍尔传感器典型的应用有:磁感应强度测量仪(又称特斯拉计),霍尔位置检测器,无触点开关,霍尔转速测定仪,100~2000A 大电流测量仪,电功率测量仪等.电流体中的霍尔效应也是目前在研究中的"磁流体发电"的理论基础.近年来,霍尔效应实验不断有新发现.1980 年德国冯·克利青教授在低温和强磁场下发现了量子霍尔效应,这是近年来凝聚态物理领域最重要的发现之一.目前对量子霍尔效应正在进行更深入研究,并得到了重要应用.例如,用于确定电阻的自然基准,可以极为精确地测定光谱精细结构参数等.

【实验目的】

1. 了解霍尔元件测量磁场的原理和方法.
2. 利用霍尔元件测量载流螺线管内轴向方向的磁场强度分布.
3. 验证霍尔电势差与励磁电流成正比.
4. 学习消除系统误差的一种实验测量方法.

【实验原理】

1. 霍尔效应

1879 年美国年轻的物理学家霍尔(A. H. Hall)在研究载流导体在磁场中所受力的性质时

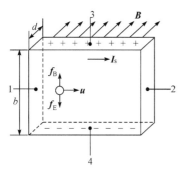

图 3.21.1　霍尔效应

发现了下述实验现象:将一块导电板放在垂直于它的磁场中,如图 3.21.1 所示,当有电流从它的 1、2 两端流过时,在平行于电流的两侧 3、4 之间会产生一个电势差,这个现象称为霍尔效应,这个电势差称为霍尔电压,用 V_H 表示.实验表明,在磁场不太强时,霍尔电压 V_H(3、4 两端的电势差)与电流强度 I_s 和磁感应强度 B 及导电板的几何尺寸等有如下关系:

$$V_H = R_H \frac{I_s B}{d} \qquad (3.21.1)$$

式中,比例系数 R_H 称为霍尔系数;d 为导电板的厚度.

　　霍尔效应可用洛伦兹力来解释:在磁场作用下,使导体内移动的载流子发生偏转,结果在 3、4 两侧分别聚集了正、负电荷,从而形成了电势差.设导体内载流子的平均定向移动速度为

u,电量为 q,则在磁场中所受到的洛伦兹力 f_B 的大小为

$$f_B = quB \qquad (3.21.2)$$

在 f_B 的作用下,正、负电荷向 3、4 两侧聚集,形成电势差,因而在 3、4 之间形成电场 E_H,电场 E_H 又给载流子一个与 f_B 相反方向的电场力 f_E,为

$$f_E = qE_H = q\frac{V_H}{b} \qquad (3.21.3)$$

式中,E_H 为霍尔电场;b 为导电板的宽度. 达到稳定状态时,电场力和洛伦兹力平衡,$f_E = f_B$,则有

$$quB = q\frac{V_H}{b} \qquad (3.21.4)$$

此外,设载流子的浓度为 n,对电流 I 与速率 u 有关系式

$$I_s = bdnqu \quad 或 \quad u = \frac{I_s}{bdnq} \qquad (3.21.5)$$

于是

$$V_H = \frac{I_s B}{nqd} \qquad (3.21.6)$$

将此式与式(3.21.1)比较,即可知道霍尔系数为

$$R_H = \frac{1}{nq} \qquad (3.21.7)$$

从式(3.21.7)可看出,载流子浓度 n 大,霍尔系数 R_H 小,霍尔电压 V_H 小,即霍尔效应弱;反之,霍尔效应就强. 由于半导体的载流子的浓度比金属导体的载流子的浓度小,故半导体的霍尔系数比金属导体大得多,所以一般霍尔元件都采用半导体材料制造. 从式(3.21.6)可以看出,3、4 两端的电势差 V_H 与载流子电荷的正负号有关. 如图 3.21.2(a)所示,若 $q > 0$,载流子的定向速度 u 的方向与电流方向一致,洛伦兹力 f_B 使它向上(即朝 3 侧)偏转,结果 $V_H > 0$;反之,如图 3.21.2(b)所示,若 $q < 0$,载流子的定向速度 u 的方向与电流方向相反,洛伦兹力也使它向上(即朝 3 侧)偏转,结果 $V_H < 0$. 半导体有电子型(n 型)和空穴型(p 型)两种,前者的载流子为电子,带负电,后者的载流子为"空穴",相当于带正电的粒子. 所以根据霍尔系数的正负号可以判断半导体的导电类型.

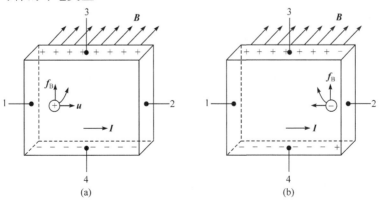

图 3.21.2　霍尔效应与载流子电荷正负的关系

在实际应用中,式(3.21.1)通常写成如下形式:

$$V_H = K_H I_s B \quad 或 \quad B = \frac{V_H}{K_H I_s} \tag{3.21.8}$$

式中,比例系数 $K_H = \dfrac{R_H}{d} = \dfrac{1}{nqd}$,称为霍尔元件的灵敏度;$I_s$ 称为控制电流.灵敏度 K_H 的物理意义是在单位磁感应强度和单位控制电流时霍尔元件产生的霍尔电压.在实际运用中,控制电流 I_s 的单位为 mA,霍尔电压 V_H 的单位为 mV,磁感应强度 B 的单位为 mT,灵敏度 K_H 的单位为 mV/(mA·mT).从式(3.21.8)可知,如果知道了霍尔元件的灵敏度 K_H,并测量出控制电流 I_s 及霍尔电压 V_H,就可计算出磁感应强度 B,这就是利用霍尔效应测量磁场的原理.

应当指出式(3.21.8)是在理想情况下的结果,实际上在霍尔元件上产生霍尔效应的同时还会产生其他副效应,这些副效应将使霍尔电压的测量产生误差.下面介绍这些副效应及如何消除这些副效应对测量所带来的影响.

1)埃廷斯豪森效应

在式(3.21.8)中假定载流子都以同一速度 u 沿 1、2 方向运动(图 3.21.1),而实际上霍尔元件内载流子速度服从统计规律分布,有快有慢.慢速的载流子和快速的载流子将在洛伦兹力和霍尔电场的共同作用下,向 3、4 相反的两侧偏转.向两侧偏转的载流子的动能将转化为热能,使两侧的温升不同,因而造成两侧存在温度差$(T_3 - T_4)$.因霍尔元件与引线是不同的材料,元件与引线之间就形成热电偶,这一温差在 3、4 之间会产生温差电动势 V_E,且 $V_E \propto I_s B$,V_E 的大小以及正、负与 I_s、B 的大小和方向有关.

2)能斯特效应

由于控制电流的引线与霍尔元件的接点 1、2 处的接触电阻不相等,那么在电流 I_s 通过后,1、2 处发热程度不一样,引起 1、2 两电极间产生温差电动势.此电动势又产生温差电流(称为热电流),热电流在磁场的作用下将发生偏转,产生类似霍尔电压的电压 V_N,V_N 的正负仅与磁场 B 有关.

3)里吉-勒迪克效应

在上述的热电流中,一般参加热电流的载流子速度不一样,在磁场和霍尔电场共同的作用下,同样也会使 3、4 点处的温度不同而产生温差电动势 V_R,V_R 的正负只与磁场 B 有关.

4)不等位电势差

在图 3.21.1 中,假定 3、4 两点是对称的,即 3、4 两点处于同一等势面,但实际制作时,很难将 3、4 两点焊在同一等势面上,因此当有电流流过时,即使不加磁场,3、4 两点之间也会出现电势差 V_0,V_0 的正负只与控制电流 I_s 的方向有关.

综上所述,在磁场 B 和控制电流 I_s 确定的条件下,实际测得的 3、4 两点的电压 V 应该是上述 5 种电压 V_H、V_E、V_N、V_R 和 V_0 的代数和,即

$$V = V_H + V_E + V_N + V_R + V_0$$

根据上述 5 种电压所具有的特点,在维持控制电流 I_s 和 I_M(I_M 为励磁电流,用来产生磁场 B)的大小不变的情况下,只改变 I_s 和 I_M 的方向进行测量,根据测量结果进行适当运算就可以消除和减小这些副效应所带来的影响,具体做法如下:

在$(+I_M, +I_s)$时,测得 3、4 两点的电压为

$$V_1 = V_H + V_E + V_N + V_R + V_0 \tag{3.21.9}$$

在$(+I_M, -I_s)$时,测得 3、4 两点的电压为

$$V_2 = -V_H - V_E + V_N + V_R - V_0 \qquad (3.21.10)$$

在$(-I_M, -I_s)$时,测得 3、4 两点的电压为

$$V_3 = V_H + V_E - V_N - V_R - V_0 \qquad (3.21.11)$$

在$(-I_M, +I_s)$时,测得 3、4 两点的电压为

$$V_4 = -V_H - V_E - V_N - V_R + V_0 \qquad (3.21.12)$$

由上面四式可得

$$V_H = \frac{1}{4}(V_1 - V_2 + V_3 - V_4) - V_E \qquad (3.21.13)$$

式(3.21.13)中 V_E 通常只占 V_H 的 5%,可以略去不计,所以可按

$$V_H = \frac{1}{4}|V_1 - V_2 + V_3 - V_4| \qquad (3.21.14)$$

计算 V_H 的大小.

2. 长直通电螺线管中心点磁感应强度理论值

根据电磁学毕奥-萨伐尔(Biot-Savart)定律,长直通电螺线管轴线上中心点的磁感应强度为

$$B_{中心} = \frac{\mu N I_M}{\sqrt{L^2 + D^2}} \qquad (3.21.15)$$

螺线管轴线上两端面上的磁感应强度为

$$B_{端} = \frac{1}{2} B_{中心} = \frac{1}{2} \frac{\mu N I_M}{\sqrt{L^2 + D^2}} \qquad (3.21.16)$$

式中,μ 为磁介质的磁导率,真空中 $\mu_0 = 4\pi \times 10^{-7}$ T・m/A;N 为螺线管的总匝数;I_M 为螺线管的励磁电流;L 为螺线管的长度;D 为螺线管的平均直径.

【实验仪器】

FB400 型霍尔效应法螺线管磁场测定仪;螺线管实验装置.

【实验内容与步骤】

1. 必做部分

如图 3.21.3 所示,根据图上的要求用专用连接线把 FB400 型螺线管磁场测定仪和螺线管实验装置连接好,接通电源.

(1)把测量探头置于螺线管轴线中心,即 0.0cm 刻度处,调节恒流源(I_s 调节),使霍尔元件的工作电流 $I_s = 3.00$mA,依次调节励磁电流为 $I_M = 0 \sim 1000$mA,每次改变 100mA,测量霍尔电压,填入表 3.21.1 中,按实验数据作 V_H-I_M 关系曲线.求出线性关系方程,并求出相关系数.

(2)调节励磁电流 I_M 为 500mA,霍尔元件的工作电流 I_s 仍为 3.00mA,测量螺线管轴线上刻度为 $X = 0.0 \sim \pm 17.0$cm,每次移动 1cm 测各位置的霍尔电势差(表 3.21.2).(注意,根

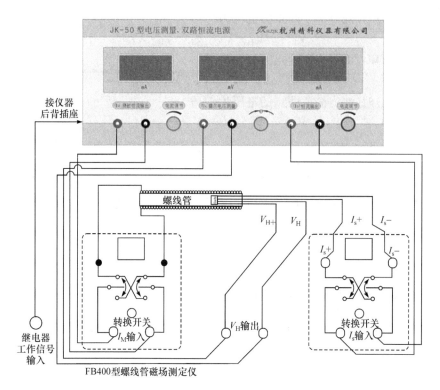

图 3.21.3　仪器连接线路

据仪器设计,螺线管轴线中心位置拉杆的刻度指示为:0.0cm,螺线管的端面距离零刻度线3cm).按给出的霍尔灵敏度计算出各位置的 B 值,作出磁场强度随位置的变化曲线 B-X.

2. 选做部分

放置测量探头于螺线管轴线中心,即 0.0cm 刻度处,固定励磁电流 1000mA,调节恒流源(I_s 调节),使 I_s=0～3.00mA,每次改变 0.50mA,测量对应的霍尔电压,填入表 3.21.3 中,按实验数据作 V_H-I_s 关系曲线,求出线性关系方程,并求出相关系数.

【数据记录与处理】

1. 验证霍尔电压与励磁电流成正比

用螺线管中心点磁感应强度的理论计算值,校准或测定霍尔传感器的灵敏度(计算出 K_H = _____ mV/(mA・T)).

螺线管匝数为 N=2690T,长度 L=0.28m,平均直径 D=0.024m.

表 3.21.1　V_H 与 I_M 关系数据记录表格

I_M/mA	V_1/mV $+I_M,+I_s$	V_2/mV $+I_M,-I_s$	V_3/mV $-I_M,-I_s$	V_4/mV $-I_M,+I_s$	V_H/mV
0					
100					
200					
300					
600					
700					
800					
900					
1000					

2. 测量通电螺线管轴向方向的磁场分布

霍尔电流 $I_s=3.00\text{mA}$,螺线管通电励磁电流 $I_M=500\text{mA}$,$K_H=$_____ mV/(mA · T).
记录数据于表 3.21.2 中,按实验数据作 B-X 关系曲线.

表 3.21.2　V_H 与 X 关系数据记录表格

X/cm	V_1/mV $+I_M,+I_s$	V_2/mV $+I_M,-I_s$	V_3/mV $-I_M,-I_s$	V_4/mV $-I_M,+I_s$	V_H/mV	B/mT
0.0						
+1.0						
+2.0						
+3.0						
+4.0						
+5.0						
+6.0						
+7.0						
+8.0						
+9.0						
+10.0						
+11.0						
+12.0						
+13.0						
+14.0						
+15.0						
+16.0						

续表

X/cm	V_1/mV $+I_\text{M},+I_\text{s}$	V_2/mV $+I_\text{M},-I_\text{s}$	V_3/mV $-I_\text{M},-I_\text{s}$	V_4/mV $-I_\text{M},+I_\text{s}$	V_H/mV	B/mT
+17.0						
−1.0						
−2.0						
−3.0						
−4.0						
−5.0						
−6.0						
−7.0						
−8.0						
−9.0						
−10.0						
−11.0						
−12.0						
−13.0						
−14.0						
−15.0						
−16.0						
−17.0						

3. 验证霍尔电压与霍尔电流成正比(表 3.21.3)

表 3.21.3 V_H 与 I_s 呈线性关系数据记录表格

I_s/mA	V_1/mV $+I_\text{M},+I_\text{s}$	V_2/mV $+I_\text{M},-I_\text{s}$	V_3/mV $-I_\text{M},-I_\text{s}$	V_4/mV $-I_\text{M},+I_\text{s}$	V_H/mV
0.00					
0.50					
1.00					
1.50					
2.00					
2.50					
3.00					
3.50					
4.00					

【注意事项】

1. 注意实验中霍尔元件不等位效应的观测,设法消除其对测量结果的影响.

2. 励磁线圈不宜长时间通电,否则线圈发热,会影响测量结果.

3. 霍尔元件有一定的温度系数,为了减少其自身发热对测量的影响,实验时工作电流不允许超过其额定值 5mA.

【思考题】

1. 用简略图形表示霍尔效应法判断霍尔片是属于 n 型还是 p 型的半导体材料?

2. 用霍尔效应测量磁场过程中,为什么要保持 I_s 的大小不变?

3. 若螺线管在绕制时,单位长度的匝数不相同或绕制不均匀,在实验时会出现什么情况? 绘制 B-X 分布图时,电磁学上的端面位置是否与螺线管几何端面重合?

4. 霍尔效应在科研中有何应用,试举几个实际例子说明?

【附录】

FB400 型螺线管磁场测定仪使用说明

1. 概述

霍尔效应是研究半导体材料性能、测定磁感应强度重要的基本方法之一,用霍尔效应法测定长直螺线管磁场,是高校理工科物理实验教学基本要求中的一个重要实验. 随着人们深入研究霍尔效应和半导体技术的迅速发展,新一代半导体霍尔元件性能得到进一步提高. FB400 型螺线管磁场测定仪就是采用新型塑封砷化镓(GaAs)霍尔元件作为实验测量探头,该传感器具有灵敏度高、线性好、工作电流小、温度系数好、封装坚固、使用方便等诸多优点,因此,该传感器也常用于压力、位移、转速测定等非电量测量,在工业控制、汽车、航天航空和磁计量等领域都得到广泛应用. 本实验仪器经过定标后可以用于应用性测量,测量磁性材料和电磁铁的磁感应强度等. 本仪器直观性强、操作方便,设计合理,装置牢固耐用,使用配套实验装置和电源,实验中不会因接线错误造成实验仪器损坏,因此特别适合学生实验的频繁操作.

2. 用途

主要用于高校物理实验,可做实验内容有:
(1)验证霍尔电势差与磁感应强度的线性关系(霍尔工作电流保持不变).
(2)验证霍尔电势差与霍尔工作电流的线性关系(磁感应强度保持不变).
(3)根据长直螺线管轴线中心点磁感应强度理论值校准霍尔传感器的灵敏度.
(4)测量长直螺线管中心轴线内磁感应强度与位置刻度之间的关系.

3. 仪器外形(图 3. 21. 4)

图 3.21.4 仪器外形

4. 技术指标

1)实验探头–砷化镓(GaAs)霍尔传感器,n型半导体材料

(1)最大额定工作电流:5mA(应尽量小于此值用).

(2)输入电阻:700Ω 左右.

(3)输出电阻:1000Ω 左右

(4)磁场测量范围:0~100mT.

(5)线性误差:<±0.5%.

(6)温度误差,零点漂移:<±0.06%/℃.

2)螺线管参数

(1)螺线管长度:$L=280$mm,螺线管内径 $D_内=14$mm,外径 $D_外=34$mm.

(2)螺线管层数 10 层,螺线管总匝数:$N=(2690\pm10)$匝.

(3)螺线管轴线中心最大均匀磁场>12mT.

3)JK50 型电压测量、双路恒流电源:

(1)数字式直流恒流源Ⅰ:输出电流 0~1000mA 连续可调,三位半数字显示,最小分辨率为 1mA.

(2)数字直流恒流源Ⅱ:输出电流 0~5.0mA 连续可调,三位半数字显示,最小分辨率为 0.01mA.

(3)四位半数字电压表:量程为:0~199.99mV.

(4)供电:AC 220V,50Hz

5. 使用说明

JK50 型电压测量、双路恒流电源. 电源插座装在机箱背面. 电源插座内装有 1A 保险丝管两个(一个备用).

实验仪面板从左到右分为三个部分:

左面为数字直流恒流源Ⅰ,由精密多圈电位器调节输出电流,调节精度 1mA,电流由三位半数字表显示,最大输出电流为 1000mA,用连接线与 FB400 测试架螺线管的 I_M 插座连接(用继电器换向),用于螺线管励磁.

中间为三位半电压表,用连接线与 FB400 测试架霍尔元件的 V_H 插座连接,用于测量霍尔元件的 V_H 值.

右面是数字直流恒流源Ⅱ,同样由精密多圈电位器调节输出电流,调节精度 0.01mA,电流由三位半数字表显示,最大输出电流为 5.0mA,用连接线与 FB400 测试架霍尔元件的 I_S 插座连接(用继电器换向),用于霍尔元件供电.

另用专用电缆将继电器工作信号输出(插座在测试仪后面板上)连接到螺线管测试架面板上的继电器工作信号输入插座.

继电器的工作原理如图 3.21.5 所示. 当继电器线包不加控制电压时,动触点与常闭端相连,当继电器线包加上控制电压继电器吸合时,动触点与常开端相连接.

螺线管磁场测试仪中,使用两个双刀双向继电器组成两个换向开关(I_S、I_M),由按钮开关控制. 当释放(未按下)按钮开关时,继电器线包不加电,常闭触点连接(常开触点断开);按下按

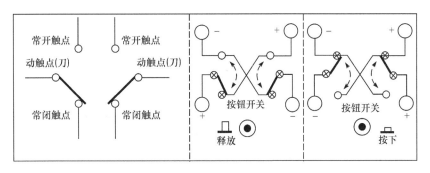

图 3.21.5　继电器工作状态示意图

钮开关时,继电器吸合,常开触点连接(常闭触点断开).接通的回路由相应点亮的指示灯指示.通过按下、释放按钮开关,实现与继电器相连的电路的换向功能.

6. 注意事项

(1)实验测量时,应仔细检查,不要使线路长时间处于接错状态.

(2)实验结束时应先关闭电源,再拆除接线.

(3)为保证实验质量,仪器应预热 10min,稳定后开始测量数据.

实验 22　分光计的调节与应用

分光计是一种精确测量角度的典型光学仪器,其构造精密、调节复杂、操作训练要求较高.通过对一些角度的测量,可以测定折射率、光栅常数、光波长、色散率等许多物理量.本实验通过分光计的调整,可测量出三棱镜的顶角.

【实验目的】

1. 了解分光计的结构,掌握调节和使用分光计的方法.
2. 掌握用自准直法测定三棱镜顶角.

【实验原理】

如图 3.22.1 所示,ABC 是三棱镜的主截面,AB 和 AC 是三棱镜的两个光学面,应用分光计上的自准直望远镜与读数装置,测出三棱镜两个光学面上法线间的夹角 φ,则三棱镜的顶角为

$$\alpha = 180° - \varphi \tag{3.22.1}$$

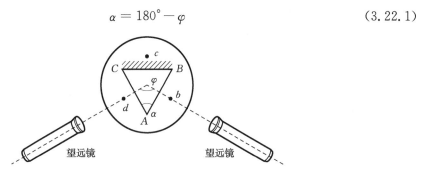

图 3.22.1　自准直法测量三棱镜顶角原理

为了减小由于分光计的游标盘和刻度盘不同心所带来的偏心差,分光计的读数装置采用双游标,即在游标盘上沿对径方向设置两个游标(游标 1 和游标 2).由两个游标先读出望远镜在 AB 面法线位置(该位置要通过调整分光计来确定)的角坐标 φ_1、φ_2,再转动望远镜,使望远镜在 AC 面法线位置,从两游标上再次读出望远镜的角坐标 φ'_1、φ'_2,则三棱镜顶角 α 为

$$\alpha = \angle A = 180° - \frac{1}{2}(\mid \varphi'_1 - \varphi_1 \mid + \mid \varphi'_2 - \varphi_2 \mid) \tag{3.22.2}$$

值得注意的是,绝对值中的值不能大于 180°,如有一个大于 180°,应用 360° 减去该角度后再进行计算.

【实验仪器】

分光计,平面镜,三棱镜.

1. 分光计的构造

分光计型号很多,结构基本相同,都由 5 个部件组成:底座,平行光管,望远镜,载物台和读数盘.其外形如图 3.22.2 所示.

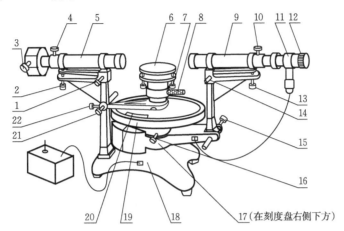

图 3.22.2　分光计结构示意图

1—平行光管左右调节螺钉;2—平行光管俯仰调节螺钉;3—狭缝宽度调节手轮;4—狭缝装置锁紧螺钉;5—平行光管;6—载物台;7—载物台面调节螺钉(3 个);8—载物台与游标盘锁紧螺钉;9—望远镜;10—目镜锁紧螺钉;11—阿贝式自准直目镜;12—目镜调焦手轮;13—望远镜俯仰调节螺钉;14—望远镜左右调节螺钉;15—望远镜微调螺钉;16—刻度盘与望远镜锁紧螺钉;17—望远镜止动螺钉(在刻度盘右侧下方);18—分光计底座;19—刻度盘;20—游标盘;21—游标盘微调螺钉;22—游标盘止动螺钉

（1）底座.

底座用来连接平行光管、望远镜、载物台和读数盘,其中心有一竖轴,称为分光计的主轴,望远镜、读数盘、载物台等可绕该轴转动.

（2）平行光管.

可产生平行光束.平行光管的一端装有会聚透镜,另一端装有狭缝的圆筒,旋松螺钉 4,狭缝圆筒可沿轴向前后移动和绕自身轴转动.平行光管的左右由螺钉 1 调节,平行光管的俯仰由螺钉 2 调节,狭缝宽度由手轮 3 调节.为避免狭缝损坏,只有在望远镜中看到狭缝的情况下才能调节手轮 3.当狭缝的位置正好处在会聚透镜的焦平面上时,凡是射进狭缝的光线经平行光管后都成平行光.

（3）载物台.

载物台是为放置光学元件而设置的平台.台面下的三个螺钉可调节台面与分光计的主轴垂直,下方还有一个锁紧螺钉 8,借此可以调节载物台的上下高度,旋紧该螺钉,载物台便可与游标盘一起转动.

（4）望远镜.

望远镜作观测用.它是一种带有阿贝目镜(图 3.22.3)的望远镜,由目镜、分划板和物镜三部分组成.分划板上刻有二横一竖的叉丝,下方紧贴一块 45° 全反射阿贝棱镜,其表面涂有不透明薄膜,薄膜上刻有一个透光的空心十字窗口,小电珠光从管侧射入棱镜,光线经棱镜全反射照亮透光空心十字窗口,调节目镜调焦手轮,可在望远镜目镜视场中看到清晰的准线像(图 3.22.3).

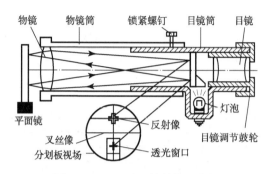

图 3.22.3　阿贝目镜结构示意图

　　若在物镜前放置一平面镜,前后调节目镜与物镜间的距离,使分划板处于物镜的焦平面上,此时小电珠发出透过空心十字窗口的光经物镜后成平行光射向平面镜,反射光经物镜后在分划板上形成十字窗口的像.若平面镜镜面与望远镜光轴垂直,此像将落在准线上方的交叉点上,如图 3.22.4 所示.值得注意的是,若平面镜法线与望远镜轴线夹角较大,将观察不到十字窗口的像.同时,若分划板远离物镜焦平面,观察到的十字窗口像将是十分模糊的.

　　(5)读数盘.

　　读数盘是测量角度用的读数装置,由各自绕分光计主轴转动的刻度盘和游标盘组成.刻度盘上刻有 720 等份刻线,每格对应为 $0.5°(30')$.在游标盘对径方向设有两个角游标,把刻度盘上 29 格(14.5°)细分成 30 等份,故分光计的最小分度值为 $1'$.固定刻度盘或游标盘中的一个,转动另一个,便可测出转过的角度.为消除因机械加工和装配时刻度盘和游标盘两者转轴不重合所带来的读数偏心差,测量角度时应同时读出两个游标值,分别算出两游标各自转过的角度,然后取其平均值.读数方法与游标卡尺相似.读数时,以角游标零线为准.读出刻度盘上的度数,再找游标与刻度盘上重合的刻线即为所读分值.如果游标零线落在半刻度线之外,则游标上的读数还应加上 $30'$.读数如图 3.22.5 所示,游标尺 0 刻度线左边所在主刻度盘刻度为232°,游标尺上与主刻度盘刻线对齐的那一条刻度线的读数为 13,故总读数为 232°43′.

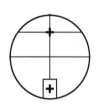

图 3.22.4　十字像在分划板上的最终位置

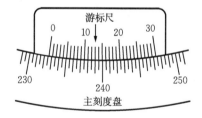

图 3.22.5　读数装置

2. 分光计的调节

　　分光计调节的要求是:必须使观察平面(望远镜光轴旋转时形成的平面)和光路平面(入射光和反射光所形成的待测光路平面)均与读数平面(刻度盘和游标盘所形成的平面)平行.由于制造仪器时已使读数平面垂直于分光计的中心轴,因而观察平面和光路平面也必须垂直于中心轴.为此,必须使望远镜光轴、平行光管光轴垂直于分光计的中心轴,待测元件的光学面应平行于分光计的中心轴.为保证满足这些条件,必须对分光计进行如下调节,其中尤以望远镜的调节最为重要,其他调节均以望远镜为准.

(1) 目测粗调将望远镜、载物台、平行光管用目测粗调成水平,并与分光计中心轴垂直(粗调是进行细调的前提和细调成功的保证).

(2) 用自准法调整望远镜,使其聚焦于无穷远.

①调节目镜调焦手轮,直到能够清楚地看到分划板"准线"为止.

②接上照明小灯电源,打开开关,可在目镜视场中看到如图 3.22.6 所示的"准线"和带有绿色小"十"字的窗口.

③将平面镜按图 3.22.7 所示方位放置在载物台上. 这样放置是出于这样的考虑:若要调节平面镜的俯仰,只需要调节载物台下的螺钉 a_2 和 a_3 即可,而螺钉 a_1 的调节与平面镜的俯仰无关.

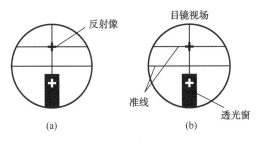
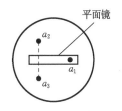

图 3.22.6　目镜视场图　　　　图 3.22.7　平面镜的放置

④沿望远镜外侧观察可看到平面镜内有一亮"十"字,轻缓地转动载物台,亮"十"字也随之转动. 但若用望远镜对着平面镜看,往往看不到此亮"十"字,这说明从望远镜射出的光没有被平面镜反射到望远镜中. 仍将望远镜对准载物台上的平面镜,调节镜面的俯仰,并转动载物台让反射光返回望远镜中,使由透明"十"字发出的光经过物镜后(此时从物镜出来的光不一定是平行光),再经过平面镜反射,由物镜再次聚焦,于是在分划板上形成模糊的像斑(注意:调节是否顺利,以上步骤是关键). 然后先调物镜与分划板的距离,再调分划板与目镜的距离,使从目镜中既能看清准线又能看清亮"十"字的反射像. 注意,使准线与亮"十"字的反射像之间无视差,如有视差,则需反复调节,予以消除,如果没有视差,说明望远镜已聚焦于无穷远.

(3) 调整望远镜光轴,使之与分光计的中心轴垂直.

具体调整方法为:平面镜仍竖直置于载物台上,使望远镜分别对准平面镜前后两镜面,利用自准法可以分别观察到两个亮"十"字的反射像. 如果望远镜的光轴与分光计的中心轴相垂直,而且平面镜的反射面又与中心轴平行,则转动载物台时,从望远镜中可以两次观察到由平面镜前后两个面反射回来的亮"十"字像与分划板准线的上部"十"字线完全重合,如图 3.22.8(c)所示. 若望远镜光轴与分光计中心轴不垂直,平面镜反射面也不与中心轴相平行,则转动载物台时,从望远镜中观察到的两个亮"十"字反射像必然不会同时与分划板准线上部"十"字线重合,而是一个偏低,一个偏高,甚至只能看到一个. 这时需要认真分析,确定调节措施,切不可盲目乱调. 重要的是必须先粗调,即先从望远镜外面目测,调节到从望远镜外侧能观察到两个亮"十"字像;然后再细调,从望远镜视场中观察,当无论以平面镜的哪一个反射面对准望远镜,均能观察到亮"十"字时,从望远镜中看到准线与亮"十"字像不重合. 它们的交点在高低方面相差一段距离,如图 3.22.8(a)所示. 此时调整望远镜高低倾斜螺钉使差距减小为 $h/2$,如图 3.22.8(b)所示. 再调节载物台下的水平调节螺钉,消除另一半距离,使准线的上部"十"字线与亮"十"字线重合,如图 3.22.8(c)所示.之后,再将载物台旋转 180°,使望远镜对着平面镜的另一面,采用同样的方法调节.如此反复调整,直至转动载物台时,从平面镜前后两表面反射回来的亮"十"字像都能与分划板准线的上部"十"字线重合为止.这时望远镜光轴和分光计的中心轴相垂直,常称这种方法为逐次逼近各半调整法.

至此,望远镜已调整好,在后面的仪器使用中,必须注意望远镜的相关螺钉不能任意转动,否则将破坏望远镜的工作条件,需要重新调节.

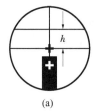 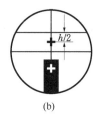 

图 3.22.8　亮"十"字像与分划板准线的位置关系

(4) 调整好载物台.旋转平面镜 90°,此时 a_2a_3 连线与平面镜平行,a_1 在平面镜的前面(图 3.22.7).只调 a_1,使"十"字像位于分划板的上水平刻线位置.此时,载物台平面基本与分光计中心轴相垂直.

*(5) 调整平行光管(本实验不用平行光管).用前面已经调整好的望远镜调节平行光管,当平行光管射出平行光时,狭缝成像于望远镜物镜的焦平面上,在望远镜中就能清楚地看到狭缝像,并与准线无视差.

①调整平行光管产生平行光.取下载物台上的平面镜,关掉望远镜中的照明小灯,用钠灯照亮狭缝,从望远镜中观察来自平行光管的狭缝像,同时调节平行光管狭缝与透镜间的距离,直至能在望远镜中看到清晰的狭缝像为止,然后调节缝宽使望远镜视场中的缝宽约为 1mm.

②调节平行光管的光轴与分光计中心轴相垂直.望远镜中看到清晰的狭缝像后,转动狭缝(但不能前后移动)至水平状态,调节平行光管倾斜螺钉,使狭缝水平像被分划板的中央"十"字线上、下平分,如图 3.22.9(a)所示.这时平行光管的光轴已与分光计中心轴相垂直.再把狭缝转至铅直位置,并需保持狭缝像最清晰而且无视差,位置如图 3.22.9(b)所示.

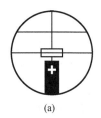 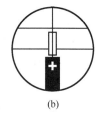

图 3.22.9　狭缝像与分划板位置

3. 三棱镜的调节

调节三棱镜的两个光学面,使之与分光计主轴平行.

(1) 三棱镜的放置.

如图 3.22.10 所示,之所以这样放置,与平面镜的放置原因相同:设棱镜 AB 和 AC 为光学面,因 AB 与 a_1a_2 的连线垂直,所以调 a_1、a_2 之一可改变 AB 的倾斜度.同理,调 a_2、a_3 之一可改变 AC 的倾斜度.

(2) 调节棱镜两个光学平面与望远镜光轴垂直.

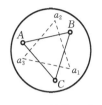

先使棱镜一个光学面 AB 面正对望远镜,调节载物台底部螺钉 a_1 或 a_2,使望远镜中绿"十"字叉丝的反射像位于分划板的上方横线处,此时切不可调节望远镜高低微调螺钉).再

图 3.22.10　三棱镜的放置方法

使棱镜的另一个光学面 AC 面与望远镜正对,只调节载物台底部螺钉 a_3,使望远镜中绿"十"字叉丝的反射像位于分划板的上方横线处.由于望远镜光轴已经调好,它是与分光计光轴垂直的,而现在望远镜又与棱镜的光学面垂直,所以棱镜的光学面已与分光计的主轴垂直平行,待测光路平面将与观察平面和读数平面平行.

值得注意的是,在进行这步调节时,必须要先找到从棱镜的两个光学面反射回来的绿"十"字叉丝像.许多初学者在进行这步调节时,有时只能从棱镜的一个光学面找到反射回来的绿"十"字叉丝像,有时甚至一面都没有,其原因为:一是棱镜反射率远小于平面镜,所以绿"十"字叉丝像比较暗,这需要仔细观察;二是在分光计前面的调试中偏差较大,这时需重复前面的调节.

【实验内容与步骤】

(1)在调整前,应先熟悉所使用的分光计中螺钉的位置.

①目镜调焦(看清分划板准线)手轮;②望远镜调焦(看清物体)调节手轮(或螺钉);③调节望远镜高低倾斜度的螺钉;④控制望远镜(连同刻度盘)转动的制动螺钉;⑤调整载物台水平状态的螺钉;⑥控制载物台转动的制动螺钉;⑦调整平行光管上狭缝宽度的螺钉;⑧调整平行光管高低倾斜度的螺钉;⑨平行光管调焦的狭缝套筒止动螺钉.

(2)目测粗调.

(3)用自准法调整望远镜,使其聚焦于无穷远.

(4)调整望远镜光轴,使之与分光计的中心轴垂直.

(5)将三棱镜置于载物台上,调节好三棱镜.

(6)用自准直法测量三棱镜的顶角.

【数据记录与处理】

1. 数据记录(表 3.22.1)

表 3.22.1　测定三棱镜顶角数据

顺序号	第Ⅰ边		第Ⅱ边		测得值	
	游标1 读数 φ_{I1}	游标2 读数 φ_{I2}	游标1 读数 φ_{II1}	游标2 读数 φ_{II2}	φ	顶角 α
1						
2						
3						
4						
平均						

$$\varphi = \frac{1}{2}\left[\mid \varphi_{\text{II}1} - \varphi_{\text{I}1} \mid + \mid \varphi_{\text{II}2} - \varphi_{\text{I}2} \mid\right]$$

2. 数据处理

（1）本实验为多次测量，误差分析在考虑仪器误差（$\Delta\varphi$ 仪 $=1'$）的同时，还要考虑测量的偶然误差.

（2）要求给出三棱镜顶角 α 的最终表达式.

【注意事项】

1. 望远镜和平行光管上的镜头、三棱镜和平面镜的镜面不能用手摸或揩. 如发现有尘埃，应该用镜头纸轻轻揩擦. 三棱镜和平面镜不准磕碰或跌落，以免损坏.

2. 分光计是较精密的光学仪器，要加倍爱护，不应在制动螺钉锁紧时强行转动望远镜，也不要随意拧动狭缝.

3. 在测量数据前必须检查分光计的几个止动螺钉是否锁紧，若未锁紧，取得的数据会不可靠.

【思考题】

1. 分光计调整的要求是什么？

2. 转动载物台上的平面镜时，望远镜中看不到由镜面反射的绿"十"字像，应如何调节？

3. 如何应用分光计测量三棱镜的顶角？除了用本实验的自准直法测量三棱镜的顶角外，还有其他方法吗？

4. 望远镜光轴与分光计的主轴相垂直的调节过程为什么要用各半调节法？

实验 23 偏振光现象研究

光不仅是横波,而且具有偏振性(在与光波传播方向垂直的平面内,光振动矢量的振幅随方向而变化的现象).偏振光的使用范围非常广,从日常生活中的摄影、灯光设计到地质结构、矿产的探测,从小到原子、分子、病毒微粒的结构分析到大至太阳系、银河系及整个宇宙物质结构的探索,无不在运用偏振光的知识.通过本实验,可了解光的偏振知识,掌握线偏振光、椭圆偏振光与圆偏振光的特征、产生和检验方法,为实际应用打下基础.

【实验目的】

1. 观察光的偏振现象,加深对偏振光的理解.
2. 掌握产生和检验线偏振光的原理和方法.
3. 了解椭圆偏振光、圆偏振光的产生方法及传播特点.

【实验原理】

1. 自然光与偏振光

光波是电磁波,是一种横波.实验表明,在光波的电场分量 E 振动和磁场分量 B 振动中,引起感光作用和生理作用的是 E 振动,所以一般把矢量 E 叫做光矢量,把 E 振动叫做光振动.光波在传播过程中,在与光波传播方向垂直的平面内,如果各个方向上都有 E 振动,且各方向上 E 的振幅都相等,这样的光叫做自然光.在除激光以外的一般光源发出的光中包含着各个方向的光矢量,而且没有哪一个方向比其他方向占优势,所以一般光源发出的光是自然光(图3.23.1(a)).

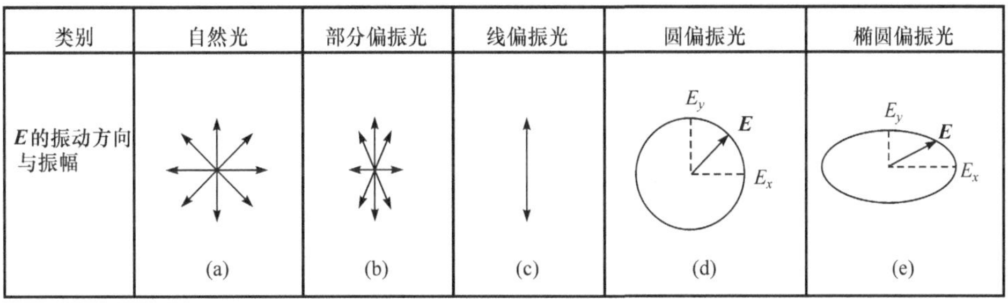

类别	自然光	部分偏振光	线偏振光	圆偏振光	椭圆偏振光
E 的振动方向与振幅	(a)	(b)	(c)	(d)	(e)

图 3.23.1 光的各种状态

自然光经过某些物质反射、折射或吸收后,可能只保留某一方向的光振动,这种在与光波传播方向垂直的平面内,光振动只沿某一固定方向振动的光,叫做线偏振光,简称偏振光,亦称完全偏振光(图 3.23.1(c)).在与光波传播方向垂直的平面内,如果各个方向上都有 E 振动,但各方向上 E 的振幅不相等(如果将各光振动分解到两个相互垂直的方向上,则必有一方向的光振动比与之相垂直方向的光振动占优势),这种光就叫做部分偏振光(图 3.23.1(b)).

由同一单色偏振光通过双折射物质后所产生的两束偏振光是相干的．这两束偏振光的振动方向相互垂直，且具有一定的相位差，所以与两个相互垂直的同周期振动的合成一样，这两束偏振光合成的光矢量 E 的端点将描绘出椭圆轨迹，称为椭圆偏振光(图 3.23.1(e))．在特殊情况下，如果两束偏振光的振幅相等，就合成圆偏振光(图 3.23.1(d))．

2. 起偏和检偏

在光学实验中，常采用某些装置除去自然光中的一部分振动获得偏振光．我们把从自然光获得偏振光的装置称为起偏振器，用来检验某一光束是否是偏振光的装置称为检偏振器．获得偏振光的常用方法有：

(1)自然光在两种介质的分界面上反射和折射时，反射光和折射光都将成为部分偏振光．在特定情况下，当自然光按起偏角(也称布儒斯特角)入射时，反射光将成为线偏振光．如利用玻璃片堆或透明塑料片堆，在起偏角下经多次反射和折射后，透射光也可获得线偏振光．

(2)利用晶体的双折射现象来获得线偏振光，如尼科耳棱镜．

(3)利用偏振片获得偏振光和检验偏振光，这种方法最简便实用，是一种应用较为普遍的方法(本实验就是用此法)．下面我们就介绍利用偏振片产生偏振光的方法．

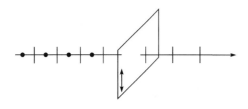

图 3.23.2　偏振光的产生

某些物质(例如硫酸金鸡纳碱晶体)能吸收某一方向的光振动，而只让与这个方向垂直的光振动通过．把这种晶体涂敷于透明薄片上，就成为偏振片．当自然光照射在偏振片上时，它只允许某一特定方向的光振动通过，这个方向叫做偏振方向．为了便于说明，在偏振片上标出记号"$\updownarrow$"，表示该偏振片允许通过的光振动方向，这一方向称为"偏振化方向"．图 3.23.2 表示自然光从偏振片射出后就成为光振动平行于这个特殊方向的偏振光，通常把这个偏振片装置叫做起偏振器．

起偏振器不但可以用来使自然光成为偏振光，而且也可以用来检验某一光是否为偏振光，这叫做检偏，亦即起偏振器也可以作为检偏振器来使用，如图 3.23.3 所示．

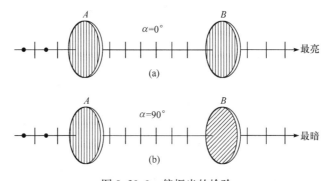

图 3.23.3　偏振光的检验

让通过偏振片 A 后的线偏振光射到偏振片 B 上，当 B 的偏振化方向与 A 的偏振化方向相同时，则该偏振光可继续透过偏振片 B 射出(图 3.23.3(a))，如果把偏振片 B 转过 $90°$ 角，即当 B 的偏振化方向与 A 的偏振化方向垂直时，则该偏振光就不能透过 B 片射出(图 3.23.3(b))．

　　如果以光的传播方向为轴,不停地旋转偏振片 B,就会发现透过 B 的偏振光,经历着由明变暗,再由暗变亮的变化过程. 如果射向 B 的不是偏振光而是自然光,则上述现象不会出现.

3. 圆偏振光与椭圆偏振光

　　我们用图 3.23.4 所示的装置说明获得椭圆偏振光的方法,图中 A 是偏振片,C 是双折射晶片(光轴与晶面平行),由起偏器 A 射出的偏振光垂直入射到晶片面,因而也垂直于光轴. 这时如果入射偏振光的振动面与晶片 C 光轴之间的尖角为 α,则偏振光入射到晶片 C 后,又将分成振动面互相垂直的 o 光和 e 光. 这两束光在晶片 C 中虽然沿同一方向传播,但具有不同的速度,因此两光束透过晶片之后,两者之间有一定的相位差. 如果以 n_0 和 n_e 分别表示晶片 C 对这两束光的折射率,d 表示晶片的厚度,λ 表示入射单色光的波长,那么 o 光和 e 光通过晶片 C 所产生光程差 $\delta = d(n_e - n_o)$,和它相应的相位差为 $\Delta\varphi = \dfrac{2\pi}{\lambda}(n_e - n_o)$(注:在负晶体中,$\Delta\varphi < 0$;在正晶体中,$\Delta\varphi > 0$).

　　图 3.23.5 中,PA(其大小用 A 表示)代表垂直于晶体表面(纸面)向里传播的偏振光的振动矢量,其振动方向与晶片光轴方向(PX 轴方向)成 α 角.

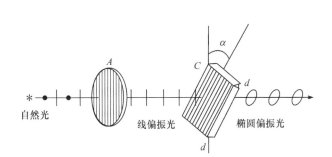

图 3.23.4　椭圆偏振光的产生

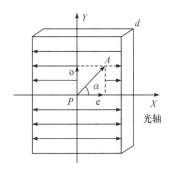

图 3.23.5　o 光和 e 光在晶体中光振动的矢量

　　在晶体中形成的 o 光和 e 光在刚刚进入晶体时,此二光的振动可分别表示如下:

$$x_0 = a\sin\left(2\pi\,\frac{t}{T}\right) \tag{3.23.1}$$

$$y_0 = b\sin\left(2\pi\,\frac{t}{T}\right) \tag{3.23.2}$$

当光刚穿过晶体时,两者的振动分别为

$$x = a\sin 2\pi\left(\frac{t}{T} - \frac{n_e d}{\lambda}\right) \tag{3.23.3}$$

$$y = b\sin\left[2\pi\left(\frac{t}{T} - \frac{n_o d}{\lambda}\right)\right] \tag{3.23.4}$$

式中,$a = A\cos\alpha$,$b = A\sin\alpha$. 设 $\delta = d(n_e - n_o)$,即 δ 为二光的光程差,合并两式消去 t,结果得到穿出晶体的合振动

$$\frac{x^2}{a^2}+\frac{y^2}{b^2}-\frac{2xy\cos\left(2\pi\dfrac{\delta}{\lambda}\right)}{ab}=\sin^2\left(\frac{2\pi\delta}{\lambda}\right) \tag{3.23.5}$$

当改变晶体厚度 d 时,光程差 δ 亦改变.

(1)当 $\delta=K\lambda(K=0,1,2,3,\cdots)$ 时,满足此条件之晶体片叫全波片.式(3.23.5)变为 $\dfrac{x}{a}-\dfrac{y}{b}=0$,即出射光变为线偏振光,且与原入射光振动方向相同,即通过全波片不发生振动状态的变化.

(2)当 $\delta=(2K+1)\dfrac{\lambda}{2}(K=0,1,2,3,\cdots)$ 时,满足此条件之晶体片叫 1/2 片或半波片.式(3.23.5)变为 $\dfrac{x}{a}+\dfrac{y}{b}=0$.出射光也是线偏振光,但振动方向与原入射光振动方向成 2α 的夹角.即线偏振光通过半波片后,振动面转过 2α 角,若 $\alpha=45°$,则出射光振动面与入射光的振动面垂直.

(3)当 $\delta=(2K+1)\dfrac{\lambda}{4}(K=0,1,2,3,\cdots)$ 时,满足此条件的晶片叫 1/4 波片.式(3.23.5)变为 $\dfrac{x^2}{a^2}+\dfrac{y^2}{b^2}=1$.出射光为椭圆偏振光,椭圆的两轴分别与晶体的主截面平行及垂直,即椭圆的两轴为图中的 X、Y 轴.

由于 o 光和 e 光的振幅是 α 的函数,所以通过 1/4 波片后合成偏振状态也将随角度 α 的变化而不同.

①当 $\alpha=0$ 时,则 $b=0$,出射光为振动方向平行于 1/4 波片光轴的线偏振光.

②当 $\alpha=\dfrac{\pi}{2}$ 时,则 $a=0$,出射光为振动方向垂直于 1/4 波片光轴的线偏振光.

③当 $\alpha=\dfrac{\pi}{4}$ 时,则 $a=b$,于是有 $x^2+y^2=a^2$,出射光为圆偏振光.

④当 α 为其他值时,出射光为正椭圆偏振光,即椭圆的两轴分别与图中的 X、Y 轴重合.

(4)若 δ 不为上述三种情况,出射光为某个特定方位的椭圆偏振光,即椭圆的两轴不与图中的 X、Y 轴重合.

【实验仪器】

光具座,He-Ne 激光器,起偏振器,检偏振器,1/4 波片,带小孔光屏,光屏光电转换器,微安表.

【实验内容与步骤】

1. 起偏与检偏、鉴别自然光与偏振光

(1)打开激光器电源预热,将光电转换器的输出接线端连接至微安表,红线端接微安表正极,黑线端接微安表负极.

（2）在光源与光电转换器间插入起偏振器 P_1，并使光电转换器接收到全部光照，即激光光斑必须落在光电转换器内底部中心的芯片中心.

（3）使 P_1 缓慢旋转 360°，观察光斑强度（即微安表读数）的变化情况，当光斑强度最大时，固定 P_1 的方位，在接下来的实验中不要转动 P_1.

（4）在起偏器 P_1 与光电转换器之间插入检偏器 P_2，用光电转换器接收由 P_2 射出的光束，缓慢旋转 P_2 一周，用光屏观察光斑强度的变化情况（图 3.23.6）.

（5）缓慢旋转 P_2，使完全消光时（即用白屏看不到光或微安表读数为 0），说明此时 P_1 与 P_2 偏振化方向相互垂直，对应 $\theta = 90°$，并记录微安表读数 0；以后 P_2 按同一方向每转过 10°，记录一次相应微安表读数并填入表 3.23.1 中，直至转过 90°，在坐标纸上作出 $I_0 \text{-} \cos^2\theta$ 关系曲线.

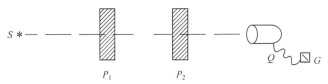

图 3.23.6

S 光源；P_1 起偏振片；P_2 检偏振片；Q 光电转换器；G 微安表

2. 观测椭圆偏振光和圆偏振光

（1）在光源与光电转换器间插入起偏振器 P_1，激光光斑必须落在光电转换器内底部中心的芯片中心附近.

（2）使 P_1 缓慢旋转 360°，观察光斑强度（即微安表读数）的变化情况，当光斑强度最大时，固定 P_1 的方位，在接下来的实验中不要转动 P_1.

（3）在 P_1 与光电转换器之间插入 P_2，并缓慢旋转 P_2，直至透过 P_2 完全消光（用白屏看不到光或微安表读数为 0），此时 P_1 与 P_2 偏振化方向正交.

（4）在 P_1 和 P_2 之间插入 1/4 波片 c（此时 P_2 后的光强不再为 0，其后的白屏上又出现光斑），转动 1/4 波片 c 直至透过 P_2 又完全消光，以此时波片 c 指针所指方位为起始方位，即其相对转过角度为 0°（图 3.23.7）.

（5）缓慢转动检偏器 P_2 一周，在转动 P_2 的过程中观察微安表读数的变化，并记录下微安表读数的两次极大值与最小值，并填入表 3.23.2 中的第一空行.

（6）以后先沿同一方向使 1/4 波片 c 每转过 15°，再将 P_2 转动一周，在转动 P_2 的过程中观察微安表读数的变化，记录下微安表读数的两次极大值与最小值，填入表 3.23.2 中，并判断出射光的偏振性.

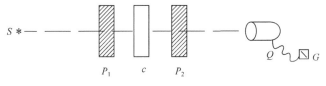

图 3.23.7

S 光源；P_1 起偏振片；P_2 检偏振片；c 1/4 波片；Q 光电转换器；G 微安表

【数据记录与处理】

(1)I_0-$\cos^2\theta$ 关系曲线的测量数据记录(表 3.23.1).

表 3.23.1 I_0-$\cos^2\theta$ 关系曲线的测量数据记录

$\theta/(°)$	90	80	70	60	50	40	30	20	10	0
$I_0/\mu A$										

(2)在坐标纸上作出 I_0-$\cos^2\theta$ 关系曲线.

(3)线偏振光通过 1/4 波片时现象的观察记录及偏振性质判断(表 3.23.2).

表 3.23.2   线偏振光通过 1/4 波片时现象的观察记录及偏振性质判断

1/4 波片转过角度/(°)	微安表读数/μA				偏振光的性质
	极大值	极小值	极大值	极小值	
0					
15					
30					
45					
60					
75					
90					

【注意事项】

1. He-Ne 激光器是通过支架放置于光具座轨道上,实验时注意不要碰到激光器,以免跌落.

2. 为使光电转换器接收到全部光照,激光光斑必须落在光电转换器内底部中心的芯片中心附近.

3. 严禁用眼睛迎着激光器的光路观察,以免损伤眼睛. 只能让激光照射于光屏上,用眼睛观察光屏上的激光现象.

【思考题】

1. 用一块偏振片来检验光源(如电灯)发出的光,当我们旋转偏振片改变其偏振化方向时,透射光的强度并不改变,这是为什么?

2. 如果在相互正交的偏振片 P_1、P_2 中间插入一块 1/2 波片,使其光轴跟起偏器 P_1 的偏振化方向平行,那么透过检偏振片 P_2 的光斑是亮的还是暗的? 将 P_2 转动 90° 后,光斑的亮暗是否变化? 为什么?

实验 24　迈克耳孙干涉仪的原理与应用

【实验目的】

1. 了解迈克耳孙干涉仪的结构、原理及调节方法.
2. 学会用迈克耳孙干涉仪测量 He-Ne 激光的波长.
3. 观察等倾、等厚干涉现象,加深对它们的理解.

【实验原理】

迈克耳孙干涉仪的光路如图 3.24.1 所示.由激光器发出一束光,经扩束镜 G 后,由 S 上的一点发出的光线射到分光板 G_1 后面的半反射半透膜 K 上,K 使反射光和透射光的光强基本相同,所以称 G_1 为分光板或分束板.被膜层 K 反射的光束 I 到达移动镜 M_1 后被反射回来,透过膜层 K 的光束 II 到达固定镜 M_2 后也被反射回来.由于 I、II 两束光满足光的相干条件,相遇后发生干涉,在屏 P 上即可观察到干涉条纹.G_2 是补偿板,它使光束 I 和 II 经过玻璃的次数相同,如果不放 G_2,光束 I 到达 P 时通过玻璃片 G_1 两次,光束 II 不通过,这样两光束到达 P 处会存在较大的光程差.放上 G_2 后,使光束 II 两次通过玻璃片 G_2,这样就补偿了光束 II 到达 P 的光路中所缺少的光程.

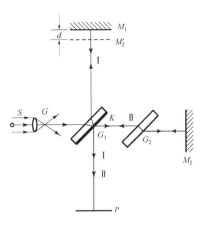

图 3.24.1　迈克耳孙干涉仪的光路原理图

在迈克耳孙干涉仪中可观察到:

（1）点光源非定域干涉条纹;
（2）面光源等倾干涉条纹;
（3）面光源等厚干涉条纹.

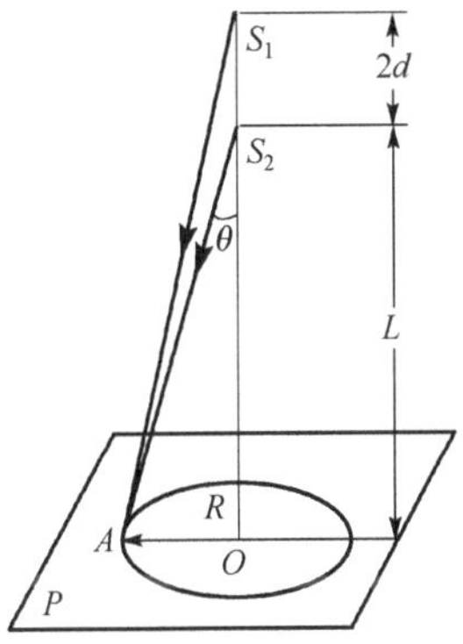

图 3.24.2　点光源非定域干涉

1. 单色点光源的非定域干涉条纹

如果使用激光作光源,激光束经透镜会聚后,是一个线度小、强度高的单色点光源,经 M_1、M_2 镜反射后,相当于由两个虚光源 S_1、S_2 发出的相干光束,如图 3.24.2 所示.S_1、S_2 的距离为 M_1、M_2' 距离的 2 倍,即 $2d$.虚光源 S_1、S_2 发出的球面波,在它们相遇的空间处处相干,因此为非定域干涉.在 P 处放一光屏,调节 M_1 和 M_2 的方位,就可以看到干涉条纹,通常调节 M_1 垂直于 M_2,并把屏放在垂直于 S_1 和 S_2 的连线上,对应干涉条纹是一组同心圆,圆心在 S_1、S_2 的延长线上的 O 点处,由 S_1、S_2 到屏上任意点 A 的光程差 δ 为

$$\delta = AS_1 - AS_2 = \sqrt{(L+2d)^2 + R^2} - \sqrt{L^2 + R^2}$$

$$= \sqrt{L^2 + R^2}\left(\sqrt{1 + \frac{4Ld + 4d^2}{L^2 + d^2}} - 1\right) \tag{3.24.1}$$

因 $L \gg d$，利用幂级数的展开式

$$\sqrt{1+x} = 1 + \frac{1}{2}x - \frac{1}{2^2}x^2 + \cdots$$

可将式(3.24.1)改写成

$$\delta \approx \sqrt{L^2 + R^2}\left(\frac{1}{2} \times \frac{4Ld + 4d^2}{L^2 + R^2} - \frac{1}{8} \times \frac{4Ld + 4d^2}{L^2 + R^2}\right)$$

$$\approx \frac{2Ld}{\sqrt{L^2 + R^2}}\left[1 + \frac{dR^2}{L(L^2 + R^2)}\right] \tag{3.24.2}$$

令 $\angle AS_2O = \theta$，则式(3.24.2)可写成

$$\delta = 2d\cos\theta\left(1 + \frac{d}{L}\sin^2\theta\right) \tag{3.24.3}$$

由式(3.24.3)可知，倾角相同的光线光程差相同，因而干涉情况相同. 当 M_1 与 M_2 完全垂直，即 $M_1 /\!/ M_2'$ 时，得到以 O 点为中心的环形干涉条纹. 当 $\theta = 0$ 时，光程差最大，O 点处的干涉级次最高，这与牛顿环干涉情况恰好相反. 在倾角不太大时，式(3.24.3)可简化为

$$\delta = 2d\cos\theta \tag{3.24.4}$$

第 k 级条纹对应的入射角应满足条件

$$\delta = 2d\cos\theta = \pm\begin{cases} k\lambda, & \text{亮纹} \\ \left(2k + \frac{1}{2}\right)\lambda, & \text{暗纹} \end{cases}, \quad k = 1,2,3,\cdots \tag{3.24.5}$$

由上式可见点光源非定域等倾干涉条纹的特点是:

(1) 当 d、λ 一定时，具有相同倾角 θ 的所有光线的光程差相同，所以干涉情况也完全相同，对应于同一级次，形成以光轴为圆心的同心圆环.

(2) 当 d、λ 一定时，如 $\theta = 0$，干涉圆环就在同心圆环中心处，其光程差 $\theta = 2d$ 为最大值，根据明纹条件，其 k 也为最高级数. 如 $\theta \neq 0$，θ 角越大，则 $\cos\theta$ 越小，k 值也越小，即对应的干涉圆环越往外，其级次 k 也越低.

(3) 当 k、λ 一定时，如果 d 逐渐减小，则 $\cos\theta$ 将增大，即 θ 角逐渐减少，也就是说，同一 k 级条纹，当 d 减少时，该级圆环半径减小，看到的现象是干涉圆环内缩；如果 d 逐渐增大，看到的现象是干涉圆环外扩. 对于中央条纹，当内缩或外扩 N 次，则光程差变化为 $2\Delta d = N\lambda$，其中 Δd 为 d 的变化量，所以有

$$\lambda = 2\Delta d/N \tag{3.24.6}$$

(4) 设 $\theta = 0$ 时，最高级次为 k_0，则

$$k_0 = 2d/\lambda$$

同时在能观察到干涉条纹的视场内，最外层的干涉圆环所对应的相干光的入射角为 θ'，则最

低的级次为 k',有

$$k' = \frac{2d}{\lambda} \cdot \cos\theta'$$

所以在视场内看到的干涉条纹总数为

$$\Delta k = k_0 - k' = 2d\lambda(1 - \cos\theta')$$

当 d 增加时,由于 θ' 一定,所以条纹总数增多,条纹变密.

2. 单色面光源等倾定域干涉条纹

若用扩展光源照射,当 $M_2{}'$ 与 M_1 互相平行(即 M_1 与 M_2 互相垂直)时,如图 3.24.3 所示. 面光源上有一光点 S_1 发出一束光,光束的入射角为 θ,经 M_1、$M_2{}'$ 反射后成为互相平行的 I、II 两束光,它们的光程差为

$$\delta = AB + BC - AD$$

因为

$$AB = d/\cos\theta$$
$$AD = AC\sin\theta = 2d\tan\theta \cdot \sin\theta$$

所以

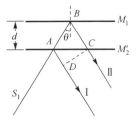

图 3.24.3　等倾定域干涉

$$\begin{aligned}
\delta &= \frac{2d}{\cos\theta} - 2d\tan\theta \cdot \sin\theta \\
&= \frac{2d - 2d\sin^2\theta}{\cos\theta} \\
&= \frac{2d(1 - \sin^2\theta)}{\cos\theta} \\
&= 2d\cos\theta
\end{aligned}$$

根据光的干涉明暗条纹的条件,有

$$\delta = 2d\cos\theta = \begin{cases} k\lambda, & \text{亮纹} \\ \left(2k + \dfrac{1}{2}\right)\lambda, & \text{暗纹} \end{cases}, \quad k = 1, 2, 3, \cdots \qquad (3.24.7)$$

若面光源上有另一光点 S_2 以同一入射角 θ 入射,经 M_1 和 $M_2{}'$ 反射后,同样可以得到与光线 I、II 互相平行的反射光;还可以有光点 $S_3, S_4, \cdots$,只要以同一入射角 θ 入射,经 M_1 和 $M_2{}'$ 反射后都互相平行,它们在无穷远处相遇而产生干涉. 如果在空间放置一块透镜,则在透镜焦面上将产生干涉条纹. 这些光线的干涉发生在空间某特定区域,所以称定域干涉. 同时,对于某一入射角相同的各光点构成同一级干涉条纹,所以又称等倾定域干涉.

由公式(3.24.7)还可以分析面光源等倾定域干涉条纹的特点,它与点光源等倾非定域干涉条纹的特点类似.

3. 单色面光源等厚定域干涉

当 M_1 与 $M_2{}'$ 有一个微小的角度时,它们之间形成楔形空气隙,如图 3.24.4 所示. 从面光源上某点 S 发出不同方向的光线 I 和 II,经 M_1 和 $M_2{}'$ 反射后,在镜面附近相交产生干涉. 把眼睛聚集在 M_2 镜面附近,即可观察到干涉条纹. 光线 I 和 II 的光程差为

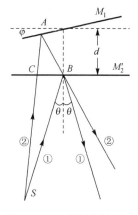

图 3.24.4　等厚定域干涉

$$\delta = SA + AB - SB$$

由于楔角 φ 很小,因此在入射点 B 的微小区域内,可近似看成平行平板,可以证明其光程差为

$$\delta = 2d\cos\theta$$

式中,d 为楔形平板在 B 点处的厚度;θ 为入射角.上式又可改写成

$$\delta = 2d\left(1 - 2\sin^2\frac{\theta}{2}\right)$$

当 θ 角很小时,可得

$$\delta = 2d\left(1 - \frac{\theta^2}{2}\right) = 2d - d\theta^2 \qquad (3.24.8)$$

θ^2 可以忽略,且由干涉条纹明暗条件,有

$$\delta = 2d\cos\theta = \begin{cases} k\lambda, & \text{亮纹} \\ \left(2k + \dfrac{1}{2}\right)\lambda, & \text{暗纹} \end{cases}, \quad k = 1, 2, 3, \cdots$$

可知在楔形空气层厚度 d 相同的地方干涉结果相同,形成等厚干涉条纹.

　　实际上,只有当 d 很小且接近等光程时,才能观察到平行于两镜面 M_2' 和 M_1 交线的直条纹.当 d 由等光程逐渐增大时,条纹发生凸向交线方向的弯曲,说明 θ 的影响已不可忽略.如果 M_1 和 M_2' 相交,在交线处 $d = 0$,$\delta = 0$,对应的干涉条纹称中央条纹.在中央条纹附近,因为 d 很小,$d\theta^2$ 项的作用不显著,光程差 $\delta \approx 2d$,即在同一厚度 d 的地方,光程差相等,条纹与 M_1、M_2' 的交线平行.离中央条纹较远处,由于 d 较大,$d\theta^2$ 不可忽略,对于同一级条纹,则用增加 $2d$ 来抵消由于 $d\theta^2$ 增大而造成的 δ 减小,以保持光程差不变,所以条纹发生弯曲,弯曲的方向凸向中央条纹(图 3.24.5).

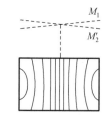

图 3.24.5　等厚干涉条纹

4. 等光程位置及白光干涉

　　在观察等厚干涉时,逐渐改变 M_1 的位置,可看到条纹由向一个方向弯曲逐渐变直,进而向相反的方向弯曲,中间的直条纹状态即为 M_1 与 M_2' 重合($d = 0$)的等光程位置.

　　由于白光的相干长度很短,只能在 $d = 0$ 附近观察到,所以当粗调到等光程后,改用白光照射,并用微调手轮缓缓调节,便可观察到对称的几条彩色条纹,中间的黑色条纹就是等光程的精确位置.

【实验仪器】

WSM-100 型迈克耳孙干涉仪,He-Ne 激光器,扩束镜.

　　迈克耳孙干涉仪是 1883 年美国物理学家迈克耳孙与其合作者莫雷为研究"以太漂移"而设计制造的精密光学仪器,它可以精密地测定微小长度.

　　利用迈克耳孙干涉仪原理,后人还制造了各种专用干涉仪.历史上,迈克耳孙干涉仪曾用于研究电场、磁场及介质的运动对光传播的影响,还证明了以太不存在,从而为爱因斯坦的相对论奠定了基础.

迈克耳孙干涉仪的结构如图 3.24.6 所示.M_1、M_2 是一对精密磨光的平面反射镜,M_1 的位置是固定的,M_2 可沿导轨前后移动.G_1、G_2 是厚度和折射率都完全相同的一对平行玻璃板,与 M_1、M_2 的夹角均为 $45°$.G_1 的一个表面镀有半反射半透射膜 K.

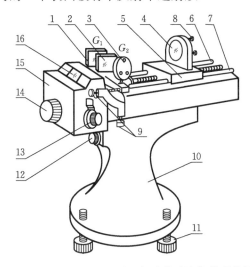

图 3.24.6　WSM-100 型迈克耳孙干涉仪外形简图

1—分光板 G_1;2—补偿板 G_2;3—固定反射镜 M_2;4—移动反射镜 M_1;5—拖板;6—精密丝杆;7—导轨;8—固定反射镜调节螺钉;9—固定反射镜水平拉簧螺钉和垂直拉簧螺钉;10—底座;11—底座水平调节螺钉;12—观察支撑杆插孔;13—微调手轮;14—粗调手轮;15—契合扳手或连动装置;16—读数窗

图 3.24.7 所示为迈克耳孙干涉仪的俯视图.导轨固定在一只稳定的底座上,底座由 3 个调平螺钉调平.丝杠螺距为 1mm,转动粗调手轮经一对传动比为 2∶1 的齿轮带动丝杠转动,进而带动移动镜 M_1 在导轨上滑动.移动距离在导轨左侧毫米尺上读出毫米整数部分,而在窗口中的刻度盘可读到 0.01mm.转动微调手轮,经 1∶100 的蜗杆传动可实现微动.微调手轮上的最小刻度为 0.0001mm,估读到 0.00001mm.M_1 位置由这 3 个读数之和表示.分光板 G_1 和补偿板 G_2 已固定在基座上,不得强扳.固定反射镜 M_2 和移动反射镜 M_1 背面各有 3 个滚花螺钉,用于粗调 M_1 与 M_2 相互垂直,不能拧得太紧或太松,以免使其变形或松动.M_2 的一侧和下部各有一个微调螺钉,用来微调 M_2 的左右偏转和俯仰,也不能拧得太紧或太松.丝杆的顶进力由滚花螺钉调整.

【实验内容与步骤】

1. 迈克耳孙干涉仪的调整

1)干涉仪的调整(图 3.24.6)

(1) 水平调整:调整干涉仪底座的 3 个调平螺钉,使干涉仪水平.

(2) 近似等光程调整:转动粗调手轮,移动 M_1 镜,使 M_1 镜到分光板 G_1 的距离与 M_2 到分光板 G_1 的距离大致相等(反射镜 M_1 大约位于 $30\sim40$mm).松开 M_1、M_2 背面的 3 个螺钉,将两个拉簧调节螺母旋至调节范围中间(不是很松又不是很紧).

(3) M_1 与 M_2 垂直的调整:用 He-Ne 激光束作光源,使激光束保持水平并基本垂直于仪

器导轨且入射到 M_1、M_2 反射镜中部. 这时在屏 P 上会看到如图 3.24.8 所示的两排反射像，调节 M_1、M_2 镜背面的 3 个螺钉，使两组反射像中最亮的两个像点重合，此时两个反射镜就相互垂直，M_1、M_2' 也就平行（注意：M_1、M_2 镜背面的 3 个螺钉不宜调得使压片变形过大，若出现此情况，应重新调节光源，重复上述步骤）.

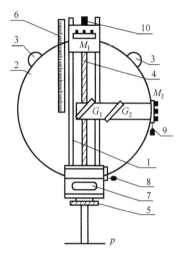

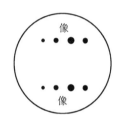

图 3.24.7　迈克耳孙干涉仪俯视图　　　　　　　图 3.24.8　屏上的像
1—导机；2—底座；3—调平螺钉；4—丝杠；5—粗调手轮；6—毫米尺；7—窗口；
8—微调手轮；9—微调螺钉；10—滚花螺钉

2）干涉条纹的调整（图 3.24.1）

（1）在上述调整完成后移入扩束镜（短焦距透镜），光束被扩之后散射到分光板上，则通过扩束镜的光可近似认为是点光源发的光，这时观察屏上就可能出现干涉条纹. 再仔细调节水平或垂直拉簧螺钉，直到看到位置适中、清晰的圆环状点光源非定域干涉条纹.

（2）向某一方向（如顺时针）转动微调手轮或粗调手轮，直到看到干涉圆环"内缩"或"外扩".

3）干涉仪读数系统的调整

因为转动微调手轮时粗调手轮随之转动，而转动粗调手轮时微调手轮不随之转动，因此要使读数指示正确需"调零"，方法是沿上面调节的方向（如顺时针）转动微调手轮，使"0"刻线与准线对齐，然后沿同一方向转动粗调手轮，从读数窗内观察使某一 1/100mm 刻线与其准线正对，则此时从毫米刻度尺上读取毫米数，从粗调手轮读数窗内读取 1/100mm 数，从微调手轮上读取 1/100mm 以下的数，这三者相加共同组成了干涉仪的零点读数. 这里需强调，在以后的测量中必须按上述方向转动，否则将产生不允许出现的空程误差. 如必须反转时则应按反方向重新"调零".

2. 测 He-Ne 激光的波长

按"调零"时的转动方向，转动微调手轮，在观察屏上的干涉条纹中心处会有圆环冒出（或缩进）. 记录圆环每"冒出"（或"缩进"）50 个时移动镜 M_1 的位置 d_i，共测 10 组数据. 用逐差法处理数据，计算波长的平均值 $\bar{\lambda}$，并与标准值（$\lambda_0 = 632.8$nm）比较，计算相对误差：

$$E_r = \frac{|\bar{\lambda} - \lambda_0|}{\lambda_0} \times 100\%.$$

3. 观察钠光灯面光源产生的定域等倾干涉条纹(选做)

(1) 在钠光灯前放一毛玻璃当成面光源.

(2) 转动粗调手轮,移动 M_1 镜,以使两干涉臂大致相等.

(3) 在面光源与 G_1 间放一凸透镜,在凸透镜与 G_1 间放一细针,从 P 处对着 G_1 看去,可看到细针的像. 分别调节 M_1、M_2 背面的螺钉来改变两镜的方位时,可看到细针像的移动. 当两组像相互重合时,视场内出现干涉条纹. 条纹的形状取决于 M_1 与 M_2 的方位,清晰程度取决于 M_1 的位置,疏密与两者均有关.

出现干涉条纹后,用拉簧螺钉调节 M_2 的方位可调出圆环条纹. 出现圆环条纹后,上下、左右移动眼睛,如条纹大小有变化,说明 M_1 与 M_2 未严格垂直,需再仔细调整 M_1,直到移动眼睛时条纹只有平动而无大小变化为止. 这就是等倾干涉条纹,它只能用眼睛观察或经凸透镜在屏上观察,而不能直接在屏上观察,因为它是定域在无限远的干涉条纹.

4. 观察面光源产生的等厚干涉条纹(选做)

(1) 将毛玻璃置于扩束镜与迈克耳孙干涉仪之间,调节 M_2 背面的 3 个粗调螺钉及两个微调螺钉,使 $M_2{}'$ 与 M_1 不互相平行,观察等厚干涉现象.

(2) 移动 M_1 镜,测量并记录等光程位置.

【数据记录与处理】

表 3.24.1　测 He-Ne 激光的波长

次数	条纹变化数 N_i/条	M_1 镜位置 d_i/mm	M_1 镜位置变化量 Δd_i/mm
1	50		
2	100		
3	150		
4	200		
5	250		
6	300		平均值 $\overline{\Delta d}$/mm
7	350		
8	400		
9	450		
10	500		

【注意事项】

1. 不能直接用眼睛观察激光.

2. 严禁用手触摸各光学器件的光学面.

【思考题】

1. 何谓非定域干涉? 何谓等倾定域干涉? 获得它们的主要条件是什么?

2. 干涉仪读数系统如何"调零"？如何防止引入"空程差"？

3. 为什么在观察点光源非定域干涉时通常看到的是弧形条纹？怎样才能看到圆环条纹？

【附录】

空气折射率的测定

迈克耳孙干涉仪中的两束相干光在空间各有一段光路是分开的，可以在其中一支光路中放入被研究对象而不影响另一支光路，这给它的应用带来极大的方便. 本实验利用 WSM-100 型迈克耳孙干涉仪和 WAN-12B 型数显空气折射率测量仪测量空气的折射率.

1. 实验原理

由图 3.24.9 可知，在迈克耳孙干涉仪中，当光束垂直入射至 M_1、M_2 镜面时，两光束的光

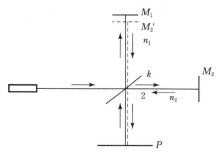

图 3.24.9 迈克耳孙干涉仪光路示意图

程差 δ 可以表示成

$$\delta = 2(n_1 L_1 - n_2 L_2) \qquad (3.24.9)$$

式中，n_1 和 n_2 分别是路程 L_1 和 L_2 上介质的折射率.

设单色光在真空中的波长为 λ_0，当

$$\delta = k\lambda_0, \quad k = 0, 1, 2 \qquad (3.24.10)$$

时产生相干干涉，相应地在接收屏 P 中心总光强为极大. 由式 (3.24.9) 可知，两束相干光的光程差不仅与几何路程有关，而且与路程上介质的折射率有关. 当 L_1 支路上介质折射率改变 Δn_1 时，因光程差的相应变化而引起的干涉条纹变化数为 N，由式 (3.24.9) 和式 (3.24.10) 可知

$$\Delta n_1 = \frac{N\lambda_0}{2L_1} \qquad (3.24.11)$$

由式 (3.24.11) 可知，如测出接收屏上某一处干涉条纹的变化数 N，就能测出光路中折射率的微小变化.

当管内压强由大气压强 p_b 变到 0 时，折射率由 n 变到 1，若屏上某一点（通常观察屏的中心）条纹变化数为 N，由式 (3.24.11) 有

$$n - 1 = \frac{N\lambda_0}{2L} \qquad (3.24.12)$$

通常在温度处于 15～30℃ 范围时，空气折射率可用下式求得：

$$(n-1)_{t,p} = \frac{2.9793p}{1 + 0.003671t} \times 10^{-9} \qquad (3.24.13)$$

式中，温度 t 的单位为 ℃；压强 p 的单位为 Pa. 因此在一定温度下 $(n-1)_{t,p}$ 可以看成是压强 p 的线性函数. 由式 (3.24.11)，从压强 p 变为真空时的条纹变化数 N 与压强 p 的关系也是线性函数，因而应有 $N/p = N_1/p_1 = N_2/p_2$，由此得

$$N = \frac{N_2 - N_1}{p_1 - p_2} p \qquad (3.24.14)$$

代入式 (3.24.12) 得

$$n - 1 = \frac{\lambda_0}{2L} \times \frac{N_2 - N_1}{p_2 - p_1} p \qquad (3.24.15)$$

只要测出管内压强由 p_1 变到 p_2 时的条纹变化数 $N_2 - N_1$，即可由式(3.24.15)计算压强为 p 时的空气折射率 n，管内压强不必从 0 开始.

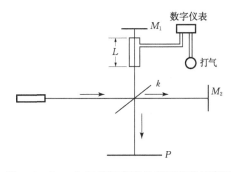

在迈克耳孙干涉仪的一支光路中加入一个与"打气"相连的密封管，其长度为 L，见图 3.24.10，数字仪表用来测管内气压，它的读数为管内压强高于室内大气压强的差值. 在 P 处用毛玻璃作接收屏，在它上面可看到干涉条纹.

调好光路后，先将密封管充气，使管内压强与大气压的差大于 0.09MPa，读出数字仪表数值 p_1，取对应的 $N_1 = 0$，然后拧开微调阀门缓慢放气，此时在接收屏上会看到条纹移动，当移动

图 3.24.10　空气折射率测量实验装置示意图

$N(N \geqslant 60)$ 个条纹时，记一次数字仪表数值 p_2. 再重复前面的步骤，求出移动 N 个条纹所对应的管内压强的变化值 $p_2 - p_1$ 的绝对平均值 p_p，代入式(3.24.15)，计算出空气的折射率为

$$n = 1 + \frac{\lambda_0 N}{2L p_p} p_b \qquad (3.24.16)$$

式中，p_b 为实验时的大气压强.

2. 实验步骤

(1)转动粗动手轮，将移动镜(M_1)移动到标尺 100mm 处. 按前述迈克耳孙干涉仪调整方法调节光路，在投影屏上观察到干涉条纹.

(2)将气室组件放置在导轨上(移动镜的前方)，按迈克耳孙仪的方法调节光路，在投影屏上观察到干涉条纹即可. 注意：由于气室的通光窗玻璃可能产生多次反射光点，可用调动 M_1、M_2 镜背面的 3 个滚花螺钉来判断，光点发生变化的即是.

(3)将气管 1 的一端与气室组件相连，另一端与数字仪表的出气孔相连，气管 2 与数字仪表的进气孔相连.

(4)接通电源，电源指示灯亮，接电源开关，仪器调零，使液晶屏显示".000".

(5)关闭气球上的阀门，鼓气使气压大于 0.09MPa，读出数字仪表数值 p_2，打开阀门，缓慢放气，当移动 N 个条纹时，记下数字仪表的数值 p_1.

(6)重复前面的步骤(5)，共取 6 组数据，求出移动 N 个条纹所对应的管内压强的变化值 $p_2 - p_1$ 的 6 次平均值 p_p.

3. 数据记录与处理

大气压 $p_b = 101325$Pa；$L = 95$mm；$\lambda_0 = 632.8$nm；$N \geqslant 60$.

表 3.24.2　数据记录

次　　数	1	2	3	4	5	6
p_1/MPa						
p_2/MPa						
(p_2-p_1)/MPa						
平均值 p_p/MPa						

4. 思考题

(1)实验中充气后,在放气的同时可看到在屏上某一点处有条纹移过,该点处的光强是怎样变化的?

(2)能否对其他气体物质进行测量?

实验 25 音频信号光纤传输技术实验

【实验目的】

1. 了解音频信号光纤传输系统的结构及选配各主要部件的原则.
2. 熟悉半导体电光/光电器件的基本性能及主要特性的测试方法.
3. 学习分析音频信号集成运放电路的基本方法.
4. 训练音频信号光纤传输系统的调试技能.

【实验原理】

1. 系统的组成

图 3.25.1 所示为音频信号直接光强调制光纤传输系统的结构原理图,主要包括由半导体发光二极管 LED 及其调制、驱动电路组成的光信号发送器,传输光纤,由光电二极管、I/V 转换电路和功放电路组成的光信号接收器三部分.组成该系统时,光源 LED 的发光中心波长必须在传输光纤呈现低损耗的 $0.85\mu m$、$1.3\mu m$ 和 $1.6\mu m$ 附近,光电检测器件的峰值响应波长也应与此接近.本实验采用发光中心波长为 $0.85\mu m$ 的 GaAs 半导体发光二极管作光源,峰值响应波长为 $0.8\sim0.9\mu m$ 的硅光二极管(SPD)作光电检测元件.

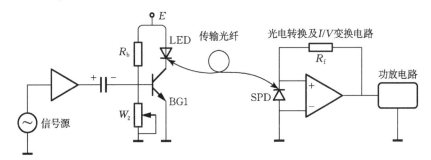

图 3.25.1 音频信号直接光强调制光纤传输系统结构原理图

为了避免或减少谐波失真,要求整个传输系统的频带宽度能覆盖被传信号的频谱范围.对于语音信号,其频谱在 $300\sim3400\mathrm{Hz}$ 的范围内.由于光导纤维对光信号具有很宽的频带,故在音频范围内,整个系统的频带宽度主要决定于发送端调制放大电路和接收端功放电路的幅频特性.

2. 半导体发光二极管结构及工作原理

光纤通信系统中对光源器件在发光波长、电光效率、工作寿命、光谱宽度和调制性能等许多方面均有特殊要求,所以不是随便哪种光源器件都能胜任光纤通信任务.目前在以上各个方面都能较好满足要求的光源器件主要有半导体发光二极管(LED)和半导体激光器(LD).

光纤传输系统中常用的半导体发光二极管是一个如图 3.25.2 所示的 n-p-p 三层结构的

半导体器件:中间层通常是由直接带隙的 GaAs(砷化镓)p 型半导体材料组成,称为有源层,其带隙宽度较窄;两侧分别由 GaAlAs 的 n 型和 p 型半导体材料组成,与有源层相比,它们都具有较宽的带隙.具有不同带隙宽度的两种半导体单晶之间的结构称为异质结,在图 3.25.2 中,源层与左侧的 n 层之间形成的是 p-n 异质结,而与右侧 p 层之间形成的是 p-p 异质结,故这种结构又称为 n-p-p 双异质结构,简称 DH 结构.当给这种结构加上正向偏压时,就能使 n 层向有源层注入导电电子,这些导电电子一旦进入有源层后,因受到右边的 p-p 异质结的阻挡作用不能再进入右侧的 p 层,它们只能被限制在有源层内与空穴复合.导电电子在有源层与空穴的复合过程中,其中有不少电子要释放出能量满足以下关系的光子:

$$h\nu = E_1 - E_2 = E_g \tag{3.25.1}$$

其中,h 是普朗克常量;ν 是光波的频率;E_1 是有源层内导电电子的能量;E_2 是导电电子与空穴复合后处于价键束缚状态时的能量,两者的差值 E_g 与 DH 结构中各层材料及其组分的选取等多种因素有关,制作 LED 时只要这些材料的选取和组分控制适当,就可使得 LED 的发光中心波长与传输光纤的低损耗波长一致.

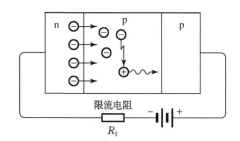

图 3.25.2　半导体发光二极管的结构及工作原理

　　光纤通信系统中,使用的半导体发光二极管的光功率是经尾纤的光导纤维输出的,尾纤光功率与 LED 驱动电流的关系称为 LED 的电光特性,为了避免和减少非线性失真,使用时先给 LED 一个适当的偏置电流 I,其值等于这一特性曲线线性部分中点对应的电流值,而调制信号的峰-峰值应位于电光特性的直线范围内.对于非线性失真要求不高的情况,也可把偏置电流选为 LED 最大允许工作电流的一半,这样可使 LED 获得无截止的畸变幅度最大的调制,这有利于信号的远距离传输.

3. LED 的驱动及调制电路

　　音频信号光纤传输系统发送端 LED 的驱动和调制电路如图 3.25.3 所示,以 BG1 为主构成的电路是 LED 的驱动电路,调节这一电路中的 W_2 可使 LED 的偏置电流在 0～50mA 的范围内变化.被传输的音频信号由以 IC1 为主构成的音频放大电路放大后经电容器 C_4 耦合到 BG1 的基极,对 LED 的工作电流进行调制,从而使 LED 发送出光强随音频信号变化的光信号,并经光导纤维把这一信号传至接收端.

　　根据运放电路理论,图 3.25.3 中音频放大电路的闭环增益为

$$G(j\omega) = 1 + Z_2/Z_1 \tag{3.25.2}$$

其中,Z_2、Z_1 分别为放大器反馈阻抗和反相输入端的接地阻抗.只要 C_3 选得足够小,C_2 选得足够大,则在要求带宽的中频范围内,C_3 的阻抗很大,它所在支路可视为开路,而 C_2 的阻抗很小,它所在支路可视为短路.在此情况下,放大电路的闭环增益 $G(j\omega) = 1 + R_2/R_1$,C_3 的大小决定

了高频端的截止频率 f_2,而 C_2 值决定着低频端的截止频率 f_1.故该电路中的 R_1、R_2、R_3、C_2 和 C_3 是决定音频放大电路增益和带宽的重要参数.

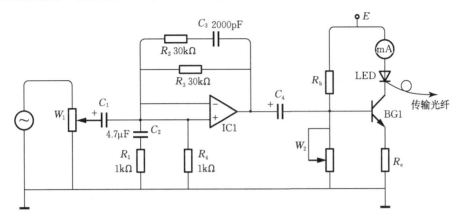

图 3.25.3　LED 的驱动和调制电路

4. 光信号接收器

图 3.25.4 是光信号接收器的电路原理图,其中 SPD 是峰值响应波长与发送端 LED 光源发光中心波长很接近的硅光电二极管,它的峰值波长响应度为 $0.25\sim0.5\mu\mathrm{A}/\mu\mathrm{W}$. SPD 的任务是把传输光纤出射端输出光信号功率转变为与之成正比的光电流 I_0,然后经 IC1 组成的 I/V 转换电路,再把光电流转换成电压 V_0 输出,V_0 与 I_0 之间具有以下比例关系:

$$V_0 = R_f I_0 \tag{3.25.3}$$

以 IC2(LA4102)为主构成的是一个音频功放电路,该电路的电阻元件(包括反馈电阻在内)均集成在芯片内部,调节外接的电位器 W_{nf} 可改变功放电路的电压增益,功放电路中电容 C_{nf} 的大小决定着该电路的下限截止频率.

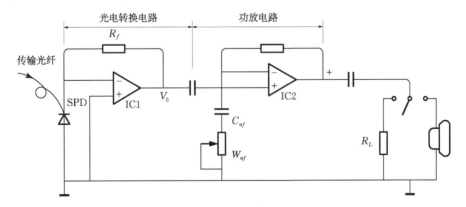

图 3.25.4　光信号接收器的电路原理图

【实验仪器】

音频信号光纤传输实验仪,光功率计,音频信号发生器,示波器,数字万用表.

【实验内容与步骤】

1. 光信号的调制与发送实验

(1) LED-传输光纤组件电光特性的测定.

测试电路如图 3.25.5 所示,该电路除光功率计、LED 及传输光纤外,其他元件均安装在 YOF-A 型音频信号中光纤传输技术实验仪的光信号发送器内,测量前应把传输光纤的尾端轻轻地插入光功率计的光电探头内,并小心调整其位置使其与光功率计光电探头间的光耦合最佳,然后调节 W_2 (对应着发送器前面板上的"偏流调节"旋钮)使毫安表指示从零逐渐增加,每增加 4mA 读取一次光功率计示值,直到 20mA 为止.根据测量结果描绘 LED-传输光纤组件的电光特性曲线,并确定出其线性度较好的线段.

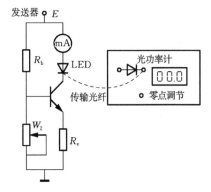

图 3.25.5　LED-传输光纤组件
电光特性的测定

(2) LED 偏置电流与无截止畸变最大调制幅度关系的测定.

在图 3.25.3 中,用音频信号发生器作信号源,并把其频率调为 1kHz,把双踪示波器的一条输入通道跨接在 R_e 两端,然后在 LED 偏置电流为 0mA、4mA、8mA、12mA、16mA、20mA 的各种情况下,调节信号源输出幅度,用示波器观察信号无截止畸变的最大调制幅度.

(3) 光信号发送器调制放大电路幅频特性的测定.

参看图 3.25.3,在保持调制放大器输入端信号不变(如 20mV)的情况下,在 20Hz～20kHz 的范围内改变信号源频率,用双踪示波器观测放大器输入和输出端波形的峰-峰值.由观测结果绘出幅频特性曲线,确定出带宽和增益,并与理论计算结果进行比较.

2. 光信号的接收实验

1) 测试电路

测试电路如图 3.25.6 所示,测量前应先进行 LED 尾纤与 SPD 光敏面最佳耦合状态的调节,然后调节 LED 驱动电路中的 W_2,使 LED 的偏置电流在 0～20mA 范围内逐渐增加,每增加 4mA,读取一次由 IC1 组成的电流-电压变换电路的输出电压 V_0(mV).根据测量结果、I-V 变换电路中的 R_f 值和 LED 的电光特性,描绘 SPD 的光电特性,并计算它在 LED 发光波长处的响应度 R 的值($R=\Delta I/\Delta P$).

2) 光信号的检测

在保持前项实验时,在 LED 尾纤与接收器光电检测元件的最佳耦合状态不变及把发送端 LED 的偏置电流设置为 20mA 的情况下,调节发送端音频信号源的频率和幅度,用示波器观测接收端 I-V 变换电路输出电压的波形变化情况,并记录下某一确定频率时(如 1kHz)这一波形无截止畸变的最大峰-峰值,根据观测结果计算与此情况对应的光信号光功率变化的幅值.

3) 光电信号的放大

在前面各项实验连接的基础上,把接收端电路的电位器 W_{nf} 调至最小,然后在保持发送输

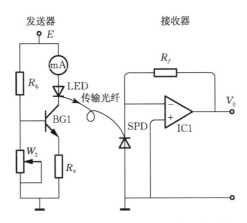

图 3.25.6　硅光电二极管光电特性的测定

入信号幅度不变(其值以 LED 的光信号不出现截止失真和功放电路输出不出现饱和失真为宜)的情况下,改变发送端信号源频率,用示波器观测和记录接收端功放电路输出电压随信号频率的变化,列表记录测量结果.

增大功放电路中电位器 W_{nf} 的阻值,重复以上观测,把结果与 W_{nf} 阻值最小时的情形进行比较,并分析比较结果.

4)语音信号的传输

把发送器的输入端接入语音信号,接收器功放输出端接上 4Ω 的扬声器,试验音频信号光纤传输系统的音响效果.试验时,可适当调节发送器的 LED 偏置电流、输入信号幅度或接收器功放电路中的电位器 W_{nf} 的阻值,考察传输系统的听觉效果,并用示波器监测系统的输入和输出信号的波形变化.

【数据记录与处理】

1. 信号的调制与发送实验

(1) LED-传输光纤组件电光特性的测定. 数据记录见表 3.25.1.

测量、描绘 $P\text{-}I$ 电光特性曲线.

表 3.25.1　数据记录

偏置电流 I/mA	0	4	8	12	16	20
光功率 P/μW						

(2) LED 偏置电流无截止畸变最大调制幅度关系的测定. 数据记录见表 3.25.2.

测量、描绘 $V_{p\text{-}p}\text{-}I$ 曲线.

表 3.25.2　数据记录

偏置电流 I/mA	0	4	8	12	16	20
峰-峰值电压* $V_{p\text{-}p}$/mV						

* 峰-峰值电压=示波器中观察到的峰-峰值的格数×mV/格.

2. 光信号接收实验

(1) 硅光电二极管光电特性及响应度的测定. 数据记录见表 3.25.3 和表 3.25.4.

测量、描绘 I_0-P 曲线,计算其响应度 R 的值.

表 3.25.3　数据记录

偏置电流 I/mA	0	4	8	12	16	20
V_0/mV						
光电流 I_0($I_0 = V_0/R_f$)/μA						

表 3.25.4　数据记录

光功率 P/μW					
光电流 I_0/μA					

响应度 $R = \dfrac{\Delta I}{\Delta P}$.

(2) 语音信号的传输.

【注意事项】

偏置电流 I 不得超过 20mA.

【思考题】

1. 在 LED 已确定的情形下,为了实现光信号的远距离传输,应如何设定它的偏置电流和调制幅度?

2. 当调制信号幅度较小时,指示 LED 偏置电流的毫安表读数与调制信号幅度无关,当调制信号幅度增加到某一程度后,毫安表读数将随调制信号的幅度增大,为什么?

3. 在图 3.25.3 所示的电路中,若 $R_1 = 1\text{k}\Omega$, $R_2 = R_3 = 30\text{k}\Omega$,为了使调制放大电路的带宽为 20Hz~20kHz,在 1kHz 的闭环电压放大倍数为 30,应如何选取 C_2 和 C_3 值?

实验 26　运用光电效应测量普朗克常量

对光电效应现象的研究,使人们进一步认识到光的波粒二象性的本质,促进了光量子理论的建立和近代物理学的发展.现在光电效应以及根据光电效应制成的各种光电器件已被广泛地应用于工农业生产、科研和国防等各领域.

【实验目的】

1.通过测量光电效应基本特性曲线,进一步认识理解光的量子性.

2.通过对 5 种不同频率的反向遏止电压测定,求出"红限"频率.

3.求普朗克常量,验证爱因斯坦光电方程.

【实验原理】

1.光电效应的基本规律

1887 年,赫兹在探测电磁波时,第一次观察到光电效应:在光照射下,电子从金属表面逸出的现象.光电效应的基本规律有:

(1)当入射光频率不变时,饱和光电流与入射光的强度成正比.

(2)对给定金属,光电效应存在一个截止频率 ν_0,当入射光的频率 $\nu < \nu_0$ 时,无论光强大小,都不会有光电子发出.

(3)光电子的最大初动能与入射光强无关,但与其频率 ν 成正比.

(4)光电效应具有瞬时性.

爱因斯坦用光子理论圆满地解释了光电效应规律.按这个理论,光的能量并不连续地分布在电磁波的波面上,而是集中在光子这样的"微粒"上,对频率为 ν 的单色光,光子的能量为 $h\nu$,h 为普朗克常量,公认值为 $6.6260693 \times 10^{-34}$ J·s.

当光子射到金属表面时,如其能量一次被电子所吸收,电子获得的能量一部分用来克服金属对它的束缚,另一部分则成为逸出表面时的最大初动能.根据能量转换和守恒定律有

$$\frac{1}{2} m V_{\max}^2 = h\nu - W \tag{3.26.1}$$

这就是著名的爱因斯坦光电方程.式中,m 为电子的质量;W 为逸出功,即一个电子从金属内部克服表面势垒逸出表面所需要的能量;ν 是入射光频率,它与波长的关系是

$$\lambda\nu = c \tag{3.26.2}$$

式中,c 是光速.

从式(3.26.1)不难看出,当 $h\nu < W$ 时,没有光电子发出,即存在截止频率 ν_0,又称红限频率,只有入射光频率 $\nu > \nu_0$ 时,才产生光电子.不同金属材料的逸出功 W 的数值不同,所以截止频率也不同.

2.验证爱因斯坦光电方程,测定普朗克常量 h

实验中用"减速电势法"来验证式(3.26.1),并由此求 h.实验原理如图 3.26.1 所示,K 为

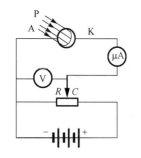

图 3.26.1 光电效应实验原理图

光电管的阴极,涂有金属材料.A 为阳极,光子射到 K 上打出光电子,当 K 加正电势、A 加负电势时,光电子被减速.若所加的负电势 $U = U_s$,且 U_s 满足

$$\frac{1}{2} m V_{\max}^2 = e U_s \qquad (3.26.3)$$

时,光电流才为零.U_s 称为截止电势.

光电管的 I-U 特性曲线如图 3.26.2 所示.将式(3.26.3)代入式(3.26.1),有

$$e U_s = h\nu - W \qquad (3.26.4)$$

注意到对给定的金属材料,W 是常数,与 ν 无关,故可令

$$W = h\nu_0 \qquad (3.26.5)$$

式中,ν_0 称为金属的截止频率,即当用 $\nu = \nu_0$ 的光子入射时,金属中的电子恰能逸出动能为 $\frac{1}{2} m V_{\max}^2 = 0$ 的光电子,这样便有

$$U_s = \frac{h\nu}{e} - \frac{h\nu_0}{e} \qquad (3.26.6)$$

改变入射光的频率 ν,可测得不同频率对应的截止电势 U_s.可求得 U_s-ν 拟合直线的斜率 b,因为

$$b = \frac{h}{e} \qquad (3.26.7)$$

式中,e 为电子的电量,由此可算出 h.

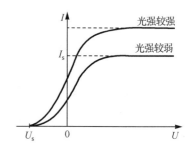

图 3.26.2 光电管的 I-U 特性曲线

3. 光电管实际 I-U 特性曲线

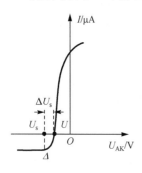

图 3.26.3 光电管的实际
I-U_{AK} 特性曲线

考虑到以下 3 个方面的原因:①光电管中总存在某种程度的漏电;②不管是阴极还是阳极,在任何温度下都有一定数量的热电子发射;③受光照射(包括杂散光)时,不单阴极发射电子,阳极也会发射一定数量的光电子等,将使光电管极间出现反向(A→K)电流.由于这些原因,光电管的 I-U 特性曲线并不像图 3.26.2 所示那样与横轴相交而终止,而是如图 3.26.3 表示,在负方向出现一个饱和值,这时截止电压就是曲线段的拐点(图中用 Δ 符号标出)对应的电压值.

本实验仪器的电流放大器灵敏度高,稳定性好;光电管阳极反向电流,暗电流水平也较低.在测量各谱线的截止电压 U_s 时,可采用零电流法,即直接将各谱线照射下测得的电流为零时对应的电压 U_{AK} 的绝对值作为截止电压 U_s.此法的前提是阳极反向电流、暗电流和本底电流都很小,用零电流法测得的截止电压与真实值相差较小,且各谱线的截止电压都相差 ΔU,对 U_s-ν 曲线的斜率无影响,因此对 h 的测量不会产生大的影响.

【实验仪器】

1. 仪器示意图

ZKY-GD-4 智能光电效应(普朗克常量)实验仪由汞灯及电源、滤色片、光阑、光电管、智能实验仪构成,其结构如图 3.26.4 所示,实验仪的调节面板如图 3.26.5 所示.实验仪有手动和自动两种工作模式,具有数据自动采集、存储、实时显示采集数据、动态显示采集曲线(连接普通示波器,可同时显示 5 个存储区中存储的曲线)及采集完成后查询数据的功能.

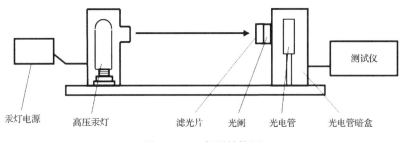

图 3.26.4 仪器结构图

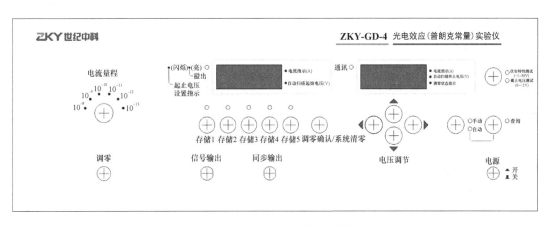

图 3.26.5 实验仪调节面板图

2. 技术指标

(1) 高压汞灯:在其发光的光谱范围内较强的谱线有 365.0nm、404.7nm、435.8nm、546.1nm、577.0nm.

(2) 滤光片:仪器配有 5 种带通型滤光片,其透射波长为 365.0nm、404.7nm、435.8nm、546.1nm、577.0nm. 使用时,将滤光片安装在接收暗盒的进光窗口上,以获得所需要的单色光.

(3) 光阑:仪器配有孔径分别为 2mm、4mm、8mm 的光阑,供实验选择.

(4) 光电管:阳极为镍圈,阴极为银-氧-钾(Ag-O-K),光谱响应范围为 320～700nm,暗电流为 $I \leqslant 2 \times 10^{-12} \mathrm{A}(-2\mathrm{V} \leqslant U_{\mathrm{AK}} \leqslant 0\mathrm{V})$.

(5) 测试仪:包括光电管工作电源和微电流放大器两部分.

光电管工作电源,2挡,$-2\sim 0V$,$-2\sim +30V$,三位半数显,稳定度$\leqslant 0.1\%$;

微电流放大器,6挡,$10^{-8}\sim 10^{-13}A$,分辨率$10^{-13}A$,三位半数显,稳定度$\leqslant 0.2\%$.

【实验内容与步骤】

1. 测普朗克常量(以 $\Phi 4$ 光阑为例)

1)准备工作

(1) 将汞灯及光电管暗箱用遮光盖盖上,接通实验仪及汞灯电源,预热20min.

(2) 调整光电管与汞灯距离L为$300\sim 400$mm中某值,并保持不变.

(3) 用专用连接线将光电管暗箱电压输入端与实验仪电压输出端连接起来(红—红,蓝—蓝).

(4) 将光电管暗箱电流输出端K与实验仪微电流输入端断开(断开实验仪一端),"电流量程"置于10^{-13}挡位(光电管工作情况与其工作环境、工作条件密切相关,可能置于其他挡位),进行调零.

注:调零时,必须将光电管暗箱电流输出端K与实验仪微电流输入端断开,且必须断开连线的实验仪一端.

(5) 用同轴电缆(短Q9线,长500mm)将电流输入连接起来,按"调零确认/系统清零"键,系统进入测试状态.

2)手动测量

(1) 按"手动/自动"键将仪器切换到手动模式.

(2) 旋转光阑选择圈和滤色片选择圈,"$\Phi 4$"光阑及"365"滤色片调到"↓"下方,打开汞灯遮光盖.

注:先调光阑及滤光片,后打开汞灯遮光盖.

(3) 由高位到低位调节电压(←,→调节位,↑,↓调节值的大小).寻找电流为零时的电压值,以其绝对值作为U_s的值,记录下来.

(4) 旋转滤色片选择圈,依次换404.7nm、435.8nm、546.1nm、577.0nm的滤色片,重复步骤(3).

(5) 测试结束.

3)自动测量

(1) 按"手动/自动"键将仪器切换到自动模式.

(2) (此时电流表左边指示灯闪烁,表示系统处于自动测量扫描范围设置状态)用电压调节键设置扫描起始电压和扫描终止电压.

注:显示区左边设置起始电压,显示区右边设置终止电压.

建议扫描范围:365.0nm,$-1.95\sim -1.55$V;404.7nm,$-1.65\sim -1.25$V;435.8nm,$-1.40\sim -1.00$V;546.1nm,$-0.80\sim -0.40$V;577.0nm,$-0.70\sim -0.30$V.

(3) 设置好后,按动相应的存储区按键,右边显示区显示倒计时30s.倒计时结束后,开始以4mV为步长自动扫描,此时右边显示区显示电压,左边显示区显示相应电流值.

(4) 扫描完成后,"查询"指示灯亮,用电压调节键改变电压,读取电流为零时的电压值,以其绝对值作为U_s的值,记录下来.

(5) 按"查询"键,查询指示灯灭,此时系统恢复到扫描范围设置状态,可进行下一次测试.

（6）旋转滤色片选择圈，依次换 404.7nm、435.8nm、546.1nm、577.0nm 的滤色片，重复步骤（2）～（6）.

（7）测试结束.

2. 测 I-U_{AK} 关系（选做）

5 条谱线在同一光阑、同一距离下的伏安饱和特性曲线（以 400mm 距离，$\Phi 4$ 光阑为例）.

1）准备工作

（1）断开光电管暗箱电流输出端 K 与实验仪微电流输入端，将"电流量程"置于 10^{-10} 挡（光电管工作情况与其工作环境、工作条件密切相关，可能置其他挡位），系统进入调零状态，进行调零.

注：调零时必须把光电管暗箱电流输出端 K 与实验仪微电流输入端断开，且必须断开实验仪一端.

（2）用同轴电缆（短 Q9 线，长 500mm）将电流输入连接起来，按"调零确认/系统清零"键，系统进入测试状态.

2）手动测量

（1）按"手动/自动"键将仪器切换到手动模式.

（2）旋转光阑选择圈和滤色片选择圈，"$\Phi 4$"光阑及"365"滤色片调到"↓"下方，打开汞灯遮光盖.

（3）按电压值由小到大调节电压（←，→调节位，↑，↓调节值的大小），记录下不同电压值及其对应的电流值.

（4）改变滤光片，重复步骤（2）～（4）.

（5）测试结束，依据记录下的数据作出 I-U_{AK} 图像.

3）自动测量

（1）按"手动/自动"键将仪器切换到自动模式.

（2）（此时电流表左边指示灯闪烁，表示系统处于自动测量扫描范围设置状态）用电压调节键设置扫描起始电压和扫描终止电压.（最大扫描范围为 $-1\sim 50V$）.

（3）设置好后，按动相应的存储区按键，右边显示区显示倒计时 30s. 倒计时结束后，开始以 1V 为步长自动扫描，此时右边显示区显示电压，左边显示区显示相应电流值.

（4）扫描完成后，"查询"指示灯亮，用电压调节键改变电压，记录下不同电压值及其对应的电流值.

（5）按"查询"键，查询指示灯灭，此时系统恢复到扫描范围设置状态，可进行下一次测试.

（6）旋转滤色片选择圈，依次换 404.7nm、435.8nm、546.1nm、577.0nm 的滤色片.

（7）重复步骤（2）～（6），直到测试结束，依据记录下的数据，作出 I-U_{AK} 图像.

注：实验过程中，仪器暂不使用时，需将汞灯暗箱用遮光盖盖上，并将光电管光阑选择圈旋转到任意两个光阑中间的位置，使光电暗箱处于完全闭光状态，切忌汞灯直接照射光电管.

【注意事项】

1. 因电源电压不稳定对本实验的影响较大，最好配上稳压器.

2. 本机配套滤色片是经精选加工的组合滤色片. 实验操作时注意避免污染，以免不必要的折射光带来实验误差.

3.调零时,必须将光电管暗箱电流输出端 K 与实验仪微电流输入端断开,且必须断开连线的实验仪一端.

4.实验虽不必在暗室中进行,但在实验室安放仪器时,光电管入光孔请勿对着其他强光源(窗户等),以减少杂散光干扰.

5.在仪器的使用过程中,汞灯不宜直接照射光电管,也不宜长时间连续照射加有光阑和滤光片的光电管,如此将减少光电管的使用寿命.实验完成后,请将光电管光阑选择圈旋转到任意两个光阑中间的位置存放.

【数据记录与处理】

下面用最小二乘法处理数据.

由式(3.26.6)有

$$U_s = \frac{h\nu}{e} - \frac{h\nu_0}{e}$$

设 $y = Bx + A$ 令 $x = \nu$, $y = U_s$. 将表 3.26.1 中有关数据代入方程组,通过最小二乘法拟合可求出直线斜率 B、截距 A 和相关系数 r,则有

$$h = Be \tag{3.26.8}$$

$$\nu_0 = -\frac{A}{B} \tag{3.26.9}$$

并且 h 的不确定度计算可简写为

$$u(h) = h \left[\frac{\frac{1}{r^2} - 1}{n - 2} \right]^{\frac{1}{2}} \tag{3.26.10}$$

式中,n 为数据组数;r 为线性相关系数.

普朗克常量的公认值 $h_0 = 6.626 \times 10^{-34}$ J · s,电子电量 $e = 1.602 \times 10^{-19}$ C.

表 3.26.1　U_s-ν 关系

滤色片型号		NG365	NG405	NG436	NG546	NG577
入射光波长 λ/nm		365.0	404.7	435.8	546.1	577.0
入射光频率 ν/($\times 10^{14}$ Hz)		8.214	7.408	6.879	5.490	5.196
截止电压 U_s/V	手动					
	自动					

光电管与汞灯距离 $L =$ _____ mm,光阑孔 $\Phi =$ _____ mm

根据所测 U_{AK} 及 I 的数据(表 3.26.2),作对应波长的伏安特性曲线.

表 3.26.2　I-U_{AK} 关系

U_{AK}/V							
I/($\times 10^{-10}$ A)							
U_{AK}/V							
I/($\times 10^{-10}$ A)							

实验 27　光速的测量

光在真空中的传播速度是一个极其重要的基本物理常量,许多物理概念和物理量都与它有密切的联系.光速值的精确测量将关系到许多物理量值精确度的提高,如光谱学中的里德堡常数,电子学中真空磁导率与真空电导率之间的关系,普朗克黑体辐射公式中的第一辐射常数和第二辐射常数,质子、中子、电子、μ 子等基本粒子的质量等常数都与光速 c 相关,所以长期以来对光速的测量一直是物理学家十分重视的课题.尤其是近几十年来天文测量、地球物理、空间技术的发展以及计量工作的需要,使得光速的精确测量变得越来越重要.1975 年第十五届国际计量大会提出真空中光速为 $c=(299792.458\pm0.001)$km/s.

1983 年,国际计量局召开的第七次单位咨询委员会和第八次单位咨询委员会决定,以光在真空中 1/299792458s 的时间间隔内所传播的距离为长度单位(m).这样光速的精确值被定义为 $c=299792.458$km/s.

依据信号光源与观察者是否在同一星球上,可将测定光速的实验分为天文学方法和实验室方法.例如,罗默从观察木星蚀和布拉雷从观察光程差测出了光的速度,都使用了天文学方法.在实验室方法中,对光所通过的路程长度,或根据已标定的测量基点间的距离算出,或用大地测量的方法作直接测量.而对光通过该段距离所用的时间,是采用施予信号光源使之周期变化的频率来求得的.比较经典的实验方法有斐索齿轮法、傅科旋转镜法、迈克耳孙旋转棱镜法和克尔盒法.近代测量光速的方法都是在这些方法基础上采用现代高科技而发展起来的.

本实验采用差频相位法测量激光在空气中的传播速度.

【实验目的】

1.学习用相位法测量光在空气中的传播速度.

2.学习用示波器测相位差.

3.了解光强调制的原理和基本技术.

【实验原理】

光是电磁波,波动理念告诉我们,任何波的波长是一个周期内波传播的距离,波的频率是1s 内发生了周期振动的次数,因此波速是波长与频率的乘积.光速为

$$c = f \cdot \lambda \qquad (3.27.1)$$

可见光的频率高达 10^{14} Hz(波长 400~700nm),直接测量光的频率和波长是不可能的.下面将会看到,将激光的光强度进行光强调制,从而变成测量低频的调制波的波长和频率.

1. 光强调制原理

波长为 650nm 的激光(载波),其光强度为 I_0,频率为 f.其强度受频率为 f'(本实验为100MHz)、波长为 λ' 的余弦波的调制,设光沿 x 轴方向传播,在 x 处光强可表达为

$$I = I_0 \cdot \left[1 + m \cdot \cos 2\pi f' \left(t - \frac{x}{c} \right) \right] \qquad (3.27.2)$$

式中，m 为调制度；$\cos 2\pi f'(t-x/c)$ 表示光在测线上传播的过程中，其强度的变化犹如一个频率为 f' 的余弦波以光速 c 沿 x 方向传播，我们称这个波为调制波. 调制波在传播过程中其相位是以 2π 为周期变化的. 设测线上的两点 A 和 B 的位置坐标分别为 x_1 和 x_2，当这两点之间的距离为调制波波长 λ' 的整数倍时，该两点间的相位差为

$$\varphi_2 - \varphi_1 = \frac{2\pi(x_2 - x_1)}{\lambda'} = 2n\pi \qquad (3.27.3)$$

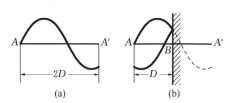

图 3.27.1　测量光强调制波相位

式中，n 为整数. 反过来，如果我们能在光的传播路径中找到调制波的等相位点，并准确测量它们之间的距离，那么这段距离一定是波长的整数倍.

如图 3.27.1(a)所示，设调制波由 A 点出发，经时间 t 后传播到 A' 点，AA' 之间的距离为 $2D$，则 A' 点相对于 A 点的相移为 $\varphi = 2\pi f't$. 然而用一台测相系统仪对 AA' 间的相移量进行直接测量是不可能的. 为了解决为个问题，较方便的方法是在 AA' 的中点 B 设置一个反射器，由 A 点发出的调制波经反射镜反射返回 A 点，如图 3.27.1(b)所示. 显见，光线由 $A \to B \to A$ 所走过的光程亦为 $2D$，而且在 A 点，反射波的相位落后 $\varphi = 2\pi f't$. 如果以发射波作为参考信号（以下称基准信号），将它与反射信号（以下称被测信号）分别输入到相位计的两个输入端，则由相位计可以直接读出基准信号和被测信号之间的相位差. 当反射镜相对于 B 点的位置前后移动半个波长时，这个相位差的数值改变 2π. 因此只要前后移动反射镜，相继找到在相位计中读数相同的两点，这两点之间的距离即为半个波长.

如果能测定调制波的波长，由

$$c = f' \cdot \lambda' \qquad (3.27.4)$$

可以获得光速值.

2. 差频法测量相位原理

在实际测量相位的过程中，当信号频率很高时，测相系统的稳定性、工作速度以及电路分布参数造成的附加相移等因素都会直接影响测量精度，对电路的制造工艺要求也较苛刻，因此高频下测相位困难较大. 例如，BX21 型数字式相位计检相双稳电路的开关时间约为 40ns，如果所输入的被测信号频率为 100MHz，则信号周期 $T = 1/f = 10$ns，比电路的开关时间要短，可以想象，此时电路根本来不及动作. 为使电路正常工作，就必须大大提高工作速度. 为了避免高频下测相位的困难，人们通常采用差频的办法，把待测高频信号转化为中、低频信号处理. 这样做的好处是易于理解的，因为两信号之间相位差的测量实际上被转化为两信号过零的时间差，而降低信号频率则意味着拉长了与待测的相位差 φ 相对应的时间差. 下面证明差频前后两信号之间的相位差保持不变.

我们知道，将两频率不同的余弦波同时作用于一个非线性元件（如二极管、三极管）时，其输出端包含两个信号器的差频成分. 非线性元件对输入信号的响应可以表示为

$$y(x) = A_0 + A_1 \cdot x + A_2 \cdot x^2 + \cdots \qquad (3.27.5)$$

忽略上式中的高次项,将看到二次项产生混频效应.

设基准高频信号(实际为光强调制信号的发射波)为

$$u_1 = U_{10}\cos(\omega t + \varphi_0) \tag{3.27.6}$$

被测高频信号(实际为光强调制信号的反射波)为

$$u_2 = U_{20}\cos(\omega t + \varphi_0 + \varphi) \tag{3.27.7}$$

现在我们引入一个本振高频信号

$$u' = U_0'\cos(\omega' t + \varphi_0') \tag{3.27.8}$$

式中,φ_0 为基准高频信号的初相位;φ_0' 为本振高频信号的初相位;φ 为波在测线上往返一次产生的相移量.

将式(3.27.7)、式(3.27.8)代入式(3.27.5)有(略去高次项)

$$y(u_2 + u') \approx A_0 + A_1 \cdot u_2 + A_1 \cdot u' + A_2 \cdot u_2{}^2 + A_2 \cdot u'^2 + 2A_2 \cdot u_2 \cdot u' \tag{3.27.9}$$

展开交叉项,有

$$2A_2 \cdot u_2 \cdot u' = 2A_2 \cdot U_{20} \cdot U_0'\cos(\omega t + \varphi_0 + \varphi) \cdot \cos(\omega' t + \varphi_0')$$
$$= A_2 \cdot U_{20} \cdot U_0' \cdot \{\cos[(\omega + \omega')t + (\varphi_0 + \varphi_0') + \varphi]$$
$$+ \cos[(\omega - \omega')t + (\varphi_0 - \varphi_0') + \varphi]\} \tag{3.27.10}$$

由上面推导可以看出,当两个不同频率的余弦信号器同时作用于一个非线性元件时,在其输出端除了可以得到原来两种频率的基波信号以及它们的二次和高次谐波之外,还可以得到和频以及差频信号,其中差频信号很容易和其他的高频成分或直流成分分开.被测信号与本振信号混频后所得差频信号为

$$A_2 \cdot U_{20} \cdot U_0' \cdot \cos[(\omega - \omega')t + (\varphi_0 - \varphi_0') + \varphi] \tag{3.27.11}$$

同样地,基准高频信号与本振高频信号混频,其差频项为

$$A_2 \cdot U_{10} \cdot U_0' \cdot \cos[(\omega - \omega')t + (\varphi_0 - \varphi_0')] \tag{3.27.12}$$

比较以上两式可见,当基准信号、被测信号分别与本振信号混频后,所得到的两个差频信号之间的相位差仍保持为混频前的 φ 不变.

本实验就是利用差频检相的方法,将 100MHz 的高频基准信号和高频被测信号分别与本机振荡器产生的高频振荡信号混频,得到两个频率为 455kHz、相位差依然为 φ 的低频信号,然后送到示波器中去测相.仪器方框图如图 3.27.2 所示,图中的混频 I 用以获得低频基准信号(以下简称基准信号),混频 II 用以获得低频被测信号(以下简称被测信号).使用双踪示波器可以同时显示两个差频信号.

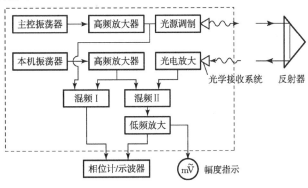

图 3.27.2 仪器方框图

3.测量光速原理

由前面的讨论可知,实际上已经把测量激光光速转化为测量光强调制波(100MHz)的光速.这里的关键在于测量调制波的波长.

当用示波器接收和显示"发射调制波"和"接收调制波"经过与本振波混频后的两个差频信号(455kHz)时,这两个差频信号的相位差就等于"发射调制波"和"接收调制波"没有与本振波混频前的相位差.如图3.27.3所示,当移动反射镜时,"发射调制波"和"接收调制波"之间的相位差也在改变,相应地示波器接收和显示的两个差信号器的相位差也要改变.若反射镜移动D,相位差为φ,则有

$$\frac{\varphi}{2\pi} = \frac{2D}{\lambda'} \tag{3.27.13}$$

所以测量出反射镜移动的距离D与相应的相位差φ,就可以计算出波长,从而计算出光速c.

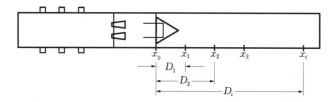

图 3.27.3　根据相移量与反射镜距离之间的关系测量光速

4.测量相位差

实验中,相位差φ不能用示波器直接测量,而是通过测量示波器上两个信号的小格数差间接计算出来的.

1)等距法

在基准信号上测量一个周期(长度为λ'、相位差位2π)的小格数D_x,那么$\frac{2\pi}{D_x}$就表示每一小格的相位差,如果两信号的小格数差为φ',则有

$$\varphi = \frac{2\pi}{D_x} \cdot \varphi' \tag{3.27.14}$$

2)等相位法

在被测信号上测量半个周期(长度为$\lambda'/2$,相位差为π)的小格数N,那么$\frac{\pi}{N}$表示每一小格的相位差,如果被测信号移动的小格数为n,则有

$$\varphi = \frac{\pi}{N} \cdot n \tag{3.27.15}$$

【实验仪器】

实验仪器如图3.27.4所示,由光速仪(有电器盒、收发透镜组、棱镜小车、带标尺导轨等)和双踪示波器组成.

图 3.27.4　LM2000AI 型光速测量仪

1—光学电路箱；2—带刻度尺燕尾导轨；3—带游标反射棱镜小车

1. 电器盒

如图 3.27.5 所示，电器盒采用整体结构，稳定可靠，端面安装有收发透镜组，内置收、发电子线路板. 侧面有两排 Q9 插座，Q9 插座输出的是将收、发余弦波信号经整形后的方波信号，目的是便于用示波器测量相位差.

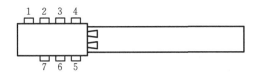

图 3.27.5　电器盒

1、2—发送基准信号；3—调制信号输入；4—测量频率；5、6—接收测相信号；7—接收信号电平

2. 棱镜小车

棱镜小车上有供调节棱镜左右转动和俯仰的两个调节把手. 由直角棱镜的入射光与出射光的相互关系可知，其实左右调节时对光线的出射方向不起作用，在仪器上加此左右调节装置，只是为了加深对直角棱镜转向特性的理解.

在棱镜小车上有一只游标，使用方法与游标卡尺相同，通过游标卡尺可以读至 0.01cm.

3. 光源和光学发射系统

采用 GaAs 发光二极管作为光源. 这是一种半导体光源，当发光二极管上注入一定的电流时，在 pn 结两侧的 p 区和 n 区分别有电子和空穴注入，这些非平衡载流子在复合过程中将发射波长为 650nm 的光，此即上文所说的载波. 用机内主控振荡器产生的 100MHz 余弦振荡电压信号控制加在发光二极管上的注入电流. 当信号电压升高时，注入电流增大，电子和空穴复合的机会增加而发出较强的光；当信号电压下降时，注入电流减小，复合过程减弱，所发出的光强度也相应减弱. 用这种方法实现对光强的直接调制. 图 3.27.6 是发射、接收光学系统的原理图. 发光管的发光点 S 位于物镜 L_1 的焦点上.

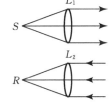

图 3.27.6　发射、接收光学系统原理图

4. 光学接收系统

用硅光电二极管作为光电转换元件，该光电二极管的光敏面位于接收物镜 L_2 的 R 上，如图 3.27.6 所示. 光电二极管所产生的光电流的大小随载波的强度而变化，因此在负载上可以

得到与调制波频率相同的电压信号,即被测信号.被测信号的相位对于基准信号落后了 $\varphi = \omega t$, t 为往返一个测程所用的时间.

5. 双踪示波器

可以同时显示两个差频信号的波形,并可以直接读出两个信号的相位差.双踪分别代表差频后的低频基准信号和低频被测信号.

将"参考"相位信号接至 CH_1 通道输入端,"信号"相位信号接至 CH_2 通道,并用 CH_1 通道触发扫描,显示方式为"DUAL".

【实验内容与步骤】

1. 实验准备

(1) 仪器预热.电子仪器都有一个温漂问题,光速仪和频率计需预热 0.5h 再进行测量.在这期间可以进行线路连接、光路调整、示波器调整和定标等工作.

(2) 光路调整.先把棱镜小车移近收发透镜处,用一小纸片挡在接收物镜管前,观察光斑位置是否居中.调节棱镜小车上的把手,使光斑尽可能居中,将小车移至最远端,观察光斑位置有无变化,并作相应调整,使小车前后移动时光斑位置变化最小.

2. 等距法测量光速

(1) 调节示波器,观察基准信号,并选择基准信号波形上任意一竖线作为基准信号测量线,选择与示波器屏幕上横轴相交的点记为 0.0 小格.

(2) 调节示波器,同时观察基准信号和被测信号,并在被测信号上选择任意一竖线作为被测信号测量线.

(3) 将棱镜小车(反射镜)分别移动到 3.00cm、12.00cm、21.00cm、30.00cm、39.00cm、48.00cm 处,记下在示波器横轴上从基准信号测量线到被测信号测量线的小格数 φ_1'.

(4) 类似步骤(3),小车由 48.00cm 移至 3.00cm 处,记下从基准测量线到被测测量线在示波器横轴上的小格数 φ_2'.

3. 等相位法测量光速

(1) 调节示波器,观察被测信号,把扫描扩展开关按钮"×10"按下去,要求半个波长占 45～50 小格.

(2) 移动棱镜小车,使棱镜小车位于导轨的 0.00cm 处,调节示波器的水平位置旋钮,使该方波上升(下降)沿与示波器屏幕横轴交点位于最左端刻线处,记为 0.0 小格.

(3) 向右移动棱镜小车,方波每移动 5.0 小格,记一次小车的位置 x_1,直至 $n = 30.0$ 小格.

(4) 再移动棱镜小车至 0.00cm 处,重复同样的测量,记录小车的位置 x_2.

【数据记录与处理】

表 3.27.1　等距法的数据记录

$f'=100\mathrm{MHz}$，　$D_x=$ _____ 小格

	X/cm	3.00	12.00	21.00	30.00	39.00	48.00
两信号	φ_1'/小格						
相位差	φ_2'/小格						
$\dfrac{\varphi_1'+\varphi_2'}{2}$/小格							
D/cm		0.00	9.00	18.00	27.00	36.00	45.00
相移量 φ'/小格		0					

表 3.27.2　等相位法的数据记录

$f'=100\mathrm{MHz}$，　$N=$ _____ 小格

n/小格	0.0	5.0	10.0	15.0	20.0	25.0	30.0
x_1/cm	0.00						
x_2/cm	0.00						
$D=\dfrac{x_1+x_2}{2}$/cm							

1. 等距法测光速

（1）计算波长.

由式(3.27.13)、式(3.27.14)，得

$$\varphi'=\frac{2D_x}{\lambda'}\cdot D$$

即

$$\varphi'=B\cdot D$$

可知 φ 与 D 呈线性关系，用计算器对 φD 实验数据进行线性回归处理，求出直线斜率 B.

由 $B=\dfrac{2D_x}{\lambda'}$，可得 $\lambda'=\dfrac{2D_x}{B}$.

（2）计算光速 $c=f'\cdot\lambda'$.

（3）计算相对误差 $E=\dfrac{|c-c_0|}{c_0}\times100\%$.

2. 等相位法测光速

（1）计算波长.

由式(3.27.13)、式(3.27.15)，得

$$n=\frac{4N}{\lambda'}\cdot D$$

即

$$n=B\cdot D$$

可知 n 与 D 呈线性关系,用计算器对 n-D 实验数据进行线性回归处理,求出直线斜率 B.

由 $B = \dfrac{4N}{\lambda'}$,可得 $\lambda' = \dfrac{4N}{B}$.

(2) 计算光速 $c = f' \cdot \lambda'$.

(3) 计算相对误差 $E = \dfrac{\mid c - c_0 \mid}{c_0} \times 100\%$.

【注意事项】

1. 光速测量仪必须预热 30min.

2. 调节棱镜位置时应使光斑尽可能居中.

【思考题】

1. 通过实验观察,你认为波长测量的主要误差来源是什么？为提高测量精度需做哪些改进？

2. 本实验所测定的 100MHz 调制波的波长和频率,能否把实验装置改成直接发射频率为 100MHz 的无线电波,并对它的波长和频率进行绝对测量？为什么？

3. 如何将光速仪改成测距仪？

实验 28 数字存储式示波器的应用

【实验目的】

1. 了解数字示波器的结构、原理和功能.
2. 掌握用数字示波器观察并测量信号的振幅、频率(周期)和波形的基本方法.
3. 掌握用光标方法精确测量脉冲宽度、波形的上升沿、下降沿等.
4. 学习数字示波器的"FFT"频谱分析方法.

【实验仪器】

TDS1002 型数字示波器,EE1641B1 或 EE1641D 型函数发生器.

【实验原理】

1. 数字示波器的结构和工作原理

数字示波器由信号放大电路、高速模-数转换电路、中央处理器、存储器和液晶显示器(包括驱动电路)组成(图 3.28.1).我们看到一幅波形图,实际上是某一时间间隔内信号电压的大小随时间的变化关系.从探测头引入的待测信号,要经线性放大电路,按比例进行放大(或缩小)到一定大小范围内.在触发信号的指令下,数字示波器开始对该信号进行不断测量.为了显示待测信号,中央处理器把存储器内的一系列数据,按时间顺序,经液晶驱动电路,顺序输入到液晶显示器的各个像素中.面阵液晶显示器的水平方向,从左到右,等间隔、均匀地分割成很多列,每一列对应于时间轴上的一个点,每一列又从上到下均匀地分割成很多点,每个点又对应一个数,这样就把随时间变化的数字量显示在屏幕上.

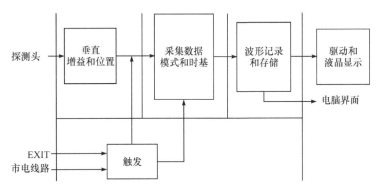

图 3.28.1 数字示波器原理结构图

1)被测信号的采样

输入信号经前置放大与垂直选择,进入 S/H 采样保持环节.由于数字检测实质上是一种离散检测方式,即在被测波形上取得很多采样点,只要采样点足够多,由这些离散点恢复的波形可真实地反映原波形. 一般取 $f_s \geqslant 4B$ 甚至 $f_s \geqslant 10B$（B 为测信号带宽，f_s 为采样频率）.

2）A/D 变换

当利用采样技术获得离散的模拟量后，需利用 A/D 转换技术把该模拟量变换成离散的数字量，以便利用微处理器对该波形进行各种处理. A/D 转换的速率成为影响数字存储式示波器最高工作频率的主要因素.

3）波形的存储

采样后的模拟量经 A/D 变换后，得到相应的数字量，这些数字量必须存储起来.

4）存储波形的显示

把存储器中的数据按地址码顺序取出，再经 D/A 转换即可还原为模拟量，同时将地址顺序送出，经 D/A 转换成阶梯波. 把前一模拟量送到示波管的 Y 轴，把地址阶梯波送到示波管的 X 轴用作扫描，即可把被测波形显示在屏幕上.

5）触发功能

数字存储示波器一般具有所谓预触发功能，它可以利用数据存储功能，以触发点为参考，灵活地移动存储窗口和显示窗口的相对位置，可以实现"超前"或"滞后"显示.

2. 数字示波器的主要技术指标

主要技术指标是保证示波器精确显示信号波形的前提条件，包括带宽、采样率、存储深度、波形捕获率.

1）带宽是示波器的首要规格参数

（1）放大器的模拟带宽决定了示波器的带宽；放大器是信号进入示波器的大门，它的带宽决定了示波器的带宽.

（2）带宽是指垂直放大器的频率响应.

（3）数字示波器的带宽有模拟带宽和数字实时带宽两种.

2）采样率

采样速率也称为数字化速率，是指单位时间内对模拟输入信号的采样次数，常以 MS/s 表示. 采样速率是数字示波器的一项重要指标.

3）示波器存储深度

即一个波形记录，是指示波器一次性采集的波形点数.

示波器的存储由两个方面来完成：触发信号和延时的设定确定了示波器存储的起点；示波器的存储深度决定了数据存储的终点.

4）波形捕获率

波形捕获率也就是波形刷新率，是考核示波器的重要参数之一. 捕获模式有三种：采集模式、峰值检测模式、平均模式.

【实验内容】

（1）熟悉数字示波器各旋钮和按钮的功能，学习示波器的基本操作.

（2）用数字示波器进行简单测量.

①用"自动设置"功能测量频率为 100Hz 正弦波信号（表 3.28.1）.

②用"自动测量"功能测量频率为 1.000kHz 方波信号（表 3.28.2）.

并保存波形到非易失存储器.

(3)用"光标法"对信号进行测量(表 3.28.3).

①测量频率为 10.00kHz 方波的周期、峰-峰值.

②测量锯齿波的上升沿时间(触发:正常、上升沿;耦合:噪声抑制;采集:平均值).

(4)5.000kHz 方波作"FFT"频谱分析(表 3.28.4).

(5)观察李萨如图形.

调节函数信号发生器的输出频率,使示波器获得 1∶1、2∶1、2∶3 的李萨如图形,并分别记下 CH1、CH2 两通道上的信号频率(表 3.28.5).

【数据记录】

表 3.28.1　自动设置

频率	周期	峰-峰值	均方根值

表 3.28.2　自动测量

频率	周期	峰-峰值	最大值	正频宽

表 3.28.3　光标测量

方波		锯齿波
周期	峰-峰值	上升沿时间

表 3.28.4　FFT 测量

基波频率	3 次谐波频率	5 次谐波频率	7 次谐波频率

表 3.28.5　观测李萨如图形

频率比 $f_y∶f_x$	1∶1	1∶2	1∶3	2∶3
f_y/kHz				
f_x/kHz				

【注意事项】

如果长期不使用或示波器使用环境温度发生较大变化(超过 5℃),应当运行"自校正"程序来以最大测量精度优化示波器.

【思考题】

1. 为什么示波器上总也得不到完全稳定的李萨如图形?

2. 简述光标测量方法的要点.

任选 1 题作答.

实验 29 密立根油滴实验

电子的电量是物理学的基本常数之一,为了进一步证实基本电荷的存在,在测定了电子荷质比之后,当务之急是要直接测出电子的电量值.1917 年密立根用实验的方法测定了电子的电量值,证实了基本电荷的存在,同时用无可辩驳的事实证实了物体带电的不连续性.

由于密立根油滴实验设计巧妙,技术精湛,测量结果准确,一直被公认为是实验物理学的光辉典范.

【实验目的】

1.通过对带电油滴在重力场、静电场中运动的测量,测定电子的电量值,验证物体带电的不连续性.

2.掌握密立根油滴实验的设计思想、实验方法及实验技巧.

3.了解 CCD 图像传感器的原理与应用.

【实验原理】

利用密立根油滴仪测定电子电量,关键在于测出油滴的带电量.测定油滴带电量常用的方法为平衡测量法.

质量为 m、带电量为 q 的球形油滴,处在两块水平放置的平行带电平板(板间电压 V)之间,如图 3.29.1 所示.改变板上电压 V,可使油滴在板间某处静止不动.若油滴所受空气浮力忽略不计、静电力和重力平衡,即

$$mg = qE = qV/d \qquad (3.29.1)$$

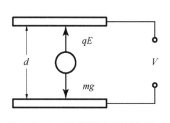

图 3.29.1 平衡测量法测定油滴的带电量

式中,E 为两板间电场强度;d 为两板间距离.只要测出 V、d、m,代入式(3.29.1)便可计算出油滴的带电量.但因油滴很小(直径约 10^{-6} m),其质量无法直接测得.两板间不加电压,油滴在重力作用下下落,下落过程中同时受到向上的空气黏滞阻力作用.据斯托克斯定律,同时考虑到对如此小的油滴来说,空气已不能视为连续介质,加上空气分子的平均自由程和大气压强 p 成正比等因素,黏滞阻力修正后变为 $f_r = \dfrac{6\pi\eta v r}{1+b/(pr)}$,$b$ 为修正常数,r 为油滴半径,v 为油滴下落速度.随着下落速度的增加,黏滞阻力增大.当 $f_r = mg$ 时,油滴以速度 v_g 匀速下落,不计空气浮力有

$$f_r = \frac{6\pi\eta v r}{1+b/(pr)} = mg = \frac{4}{3}\pi r^3 \rho g \qquad (3.29.2)$$

式中,ρ 是油滴的密度.

$$r = \sqrt{9\eta v_{\mathrm{g}}/2\rho\left(1+\frac{b}{pr}\right)} \tag{3.29.3}$$

$$m = \frac{4}{3}\pi\rho\left[\frac{9\eta v_{\mathrm{g}}}{2\rho\left(1+\frac{b}{pr}\right)}\right]^{\frac{3}{2}} \tag{3.29.4}$$

分别测出油滴匀速下落距离 l 及所用时间 t_{g},则油滴匀速下落的速度为

$$v_{\mathrm{g}} = \frac{l}{t_{\mathrm{g}}} \tag{3.29.5}$$

将式(3.29.5)代入式(3.29.4),式(3.29.4)代入式(3.29.1)有

$$q = \frac{18\pi}{\sqrt{2\rho g}}\left[\frac{\eta l}{t_{\mathrm{g}}\left(1+\frac{b}{pr}\right)}\right]\frac{\mathrm{d}}{V} \tag{3.29.6}$$

上式分母仍包含 r,因其处于修正项内,如不需十分精确,计算时可用 $r = \dfrac{9\eta l}{2\rho g t_{\mathrm{g}}}$ 代入.

在给定的实验条件下,η、l、ρ、g、d 均为常数,故式(3.29.6)可以大大简化.

通过对大量带电油滴带电量的测量发现,在实验误差范围内,油滴电量只能是一系列特定值

$$q = ne, \quad n = 1,2,\cdots \tag{3.29.7}$$

e 为一确定的量.

$$e = q/n, \quad n = 1,2,\cdots \tag{3.29.8}$$

【实验仪器】

MOD-5 密立根油滴仪,喷雾器,实验用油.

密立根油滴仪简介如下.

MOD-5 密立根油滴仪由油滴盒、CCD 摄像头、直流电源及时间和电压显示部分组成(图 3.29.2).

(1)电源开关按钮:按下按钮,电源接通,整机工作.

(2)功能控制开关:有升降,平衡,测量 3 挡.

① 当开关拨至"升降"挡时,上下电极的直流电压可在 300～700V 变动,可使油滴上升.

② 当开关拨至"平衡"挡时,通过调旋钮 3,上下电极的电压可在 0～300V 改变,可使油滴静止.

③ 当开关拨至"测量"挡时,极板间电压为 0V,被测量油滴可匀速下落,计时器自动计时. 待油滴下落预定距离后,迅速拨开关至"平衡"挡位,计时器即刻停止计时,并保持时间读数以供记录.

(3)升降、平衡电压调节旋钮:用于调节改变极板之间的直流电压.

(4)数字式电压显示表:显示上下极板间的直流电压值.

(5)数字式计时器(秒表):用于测量、显示油滴下降预定距离后的时间.

(6)视频输出插座:本机 CCD 摄像头所摄图像通过此输出,用电缆送至监视器.

(7)水准器:调节仪器底部支脚螺钉,使水平器中水泡处于中间,此时电极平行板处于水平位置.

(8)上、下电极(油滴盒):组成一个平行板电容器,加上电压时,极板间形成相对均匀静电

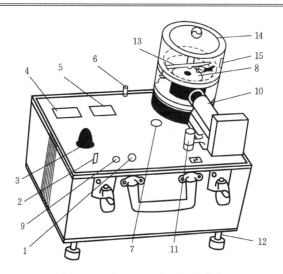

图 3.29.2   MOD-5 密立根油滴仪

1—电源开关;2—功能控制开关;3—升降、平衡电压调节旋钮;4—电压表;5—计时器;6—视频输出
插座;7—水准器;8—上、下电极(油滴盒);9—清零键;10—CCD 摄像头;11—调焦手轮;12—调平
螺钉;13—油雾孔开关片;14—上盖;15—喷油孔

场,给带电油滴提供电场力.

(9)(秒表)清零键:按一下该键,清除内存,秒表显示"00.0".

(10)CCD 摄像头:用于摄取油滴的像.

【实验内容与步骤】

(1)打开电源,按清零键,使秒表读数为"00.0". 打开油雾室的油雾孔开关.

(2)调节仪器底脚螺钉,使水平器的水泡指示在中心.

(3)将功能控制开关拨至"平衡"挡,调节旋钮使电压显示的电压值在 200V 左右. 用喷雾器从油滴喷雾口向里喷入油滴,油滴从上电极板中间直径约 0.2mm 细孔落入静电场.

(4)调节电压旋钮,选择某一颗油滴使之静止不动,并记录下此时的平衡电压值 V.

(5)将功能控制开关拨至"上开"挡,将被选油滴送至显示屏顶部,将功能控制开关拨至"测量"挡,油滴匀速下降,过 0 刻线计时器清零,并开始计时,待油滴下落 2mm(即显示屏上刻度板的 4 大格),立刻再将功能控制开关拨至"平衡"挡位,计时停止. 记录时间读数 t_g,此时完成了 1 颗油滴 1 次测量.

(6)重复(3)～(5)步骤,可进行反复多次测量. 本实验要求测量 10 颗不同的油滴,每颗油滴各测 2～5 次.

数据表格自拟.

【数据记录与处理】

设给定的实验条件下,下列各量为常数.

油的密度:$\rho = 981 \text{kg} \cdot \text{m}^{-3}$($t = 20℃$);

重力加速度:$g = 9.80 \text{m} \cdot \text{s}^{-2}$;

空气黏滞系数:$\eta = 1.83 \times 10^{-5} \text{kg} \cdot \text{m}^{-1} \cdot \text{s}^{-1}$;

油滴匀速运动距离:$l = 2.00 \times 10^{-3} \text{m}$;

修正常数：$b=6.17\times10^{-6}$m・cm(Hg)；

大气压强：$p=76.0$cm(Hg)；

两平行极板间距离：$d=5.00\times10^{-3}$m；

将上述各量代入式(3.29.6)，可使计算简化为

$$q=\frac{1.43\times10^{-14}}{\left[t_{\mathrm{g}}(1+0.0196\sqrt{t_{\mathrm{g}}})\right]^{3/2}V} \tag{3.29.9}$$

事实上，油的密度 ρ 和空气的黏滞系数 η 是温度的函数，重力加速度 g 和大气压强 p 随实验地点及其实验条件不同也会有变化，但是利用式(3.29.9)进行计算，一般情况下误差不会超过 1%．

如果物体带电是不连续的，那么由实验测得的油滴带电量必然存在最大的公约数，这个最大公约数就是电子电量值 e．数据处理示例如下．

油的密度：$\rho=977$kg・m^{-3}($t=30$℃)；

重力加速度：$g=9.80$m・s^{-2}；

空气黏滞系数：$\eta=1.83\times10^{-5}$kg・m^{-1}・s^{-1}；

油滴下降距离：$l=0.200$cm$=2.00\times10^{-3}$m；

修正常数：$b=6.17\times10^{-6}$m・cm(Hg)；

大气压强：$p=76.0$cm(Hg)；

两平行极板间距离：$d=5.00\times10^{-3}$m.

$$q=ne=\frac{18\pi}{\sqrt{2\rho g}}\left[\frac{\eta l}{t_{\mathrm{g}}\left(1+\dfrac{b}{pr}\right)}\right]\frac{d}{V}$$

$$=\frac{18\times3.142}{\sqrt{2\times977\times9.80}}\left[\frac{1.83\times10^{-5}\times2.00\times10^{-3}}{t\left(1+\dfrac{6.17\times10^{-6}}{76.0}\times\sqrt{\dfrac{2\times977\times9.80t}{9\times1.83\times10^{-5}\times2.00\times10^{-3}}}\right)}\right]^{3/2}$$

$$\times\frac{5.00\times10^{-3}}{V}$$

$$=\frac{1.43\times10^{-14}}{\left[t(1+0.0196\sqrt{t})\right]^{3/2}}\frac{1}{V}$$

对 10 个油滴观察结果见表 3.29.1.

表 3.29.1　对 10 个油滴的观察记录

序号 i	V/V	T/s	$q_i/(\times10^{-19}\mathrm{C})$	$\Delta q=(q_{i+1}-q_i)/$ $(\times10^{-19}\mathrm{C})$	n 计算值	n 取整值	$e_i/(\times10^{-19}\mathrm{C})$
1	238	30.5	3.06	1.55	1.97	2	1.53
2	230	24.0	4.61	0.01	2.97	3	1.54
3	305	20.0	4.62	0.12	2.98	3	1.54
4	195	26.2	4.74	1.62	3.06	3	1.58
5	283	17.1	6.36	1.45	4.10	4	1.59
6	263	15.7	7.81	1.30	5.04	5	1.56
7	161	19.5	9.11	0.28	5.88	6	1.52
8	137	21.2	9.39	0.26	6.06	6	1.56
9	120	22.7	9.65	4.14	6.22	6	1.61
10	195	13.2	13.79		8.90	9	1.53

表 3.29.1 中计算值 n 为 $q_i/\Delta q_1$（$\Delta q_1 = 1.55 \times 10^{-19}$C 为基本电荷估计值）.

根据表 3.29.1 中第 5 列 $\Delta q = q_{i+1} - q_i$ 的逐差结果，考虑到实验误差，可将基本电荷估计为 1.55×10^{-19}C，从而确定出各个油滴所带来的电荷 q_i 基本上取某些特定的数值，即电子电荷的整数倍，参见第 6 列结果（如果以第 5 列中的 0.28 作为电子电量，则第 6 列的计算值将不会得到现在这样的结果，即都接近整数，从而否定了将 0.28×10^{-19}C 作为电子基本电荷的可能性）. 如果一次逐差结果还看不出基本电荷 e 的范围，可以再进行二次逐差；若二次逐差结果是负值，则取其绝对值进行分析. 于是电子电荷为

$$\bar{e} = \frac{\sum\limits_{i=1}^{10} e_i}{10} = 1.57 \times 10^{-19}\text{C}$$

与 1973 年开始采用的国际标准值 1.602×10^{-19}C 比较，实验结果的百分误差为

$$\frac{(1.60 - 1.57) \times 10^{-19}}{1.60 \times 10^{-19}} \times 100\% \approx 1.9\%$$

【注意事项】

1. 做好实验的关键在于选择合适的待测油滴. 何谓合适的待测油滴呢？实验发现：

（1）若两极板间的电压一定，对一定量的带电油滴在极板间所受的电场力一定. 带电量越多，匀速下落 l 所用的时间 t_g 越短.

（2）t_g 一定，油滴带电量越多，油滴平衡时的平衡电压越低.

（3）油滴体积大，在显微镜视场内越亮，易于观察，匀速下落距离 l 所用时间短. 体积小的油滴在视场中暗淡，不易观察，相对来说下落距离 l 所用时间较长，同时易受外界条件的影响. 综上所述，为了提高测量的准确度，必须兼顾诸因素的影响，选择宜于测量的油滴，既要考虑平衡电压高低、带电量的多少，还要兼顾下落一定距离所用时间的长短、易于观察等要求. 平衡电压选择高一些，有利于减小电压的测量误差，油滴的带电量 q 多，带来总误差分配给 n 个电子时分误差必然很小，但这种油滴下落一定距离所用的时间 t_g 较短，增加时间的测量误差. 选择下落时间长一些的油滴，虽有利于减小时间的测量误差，但当 n 较大时，平衡电压又太低，势必增加电压的测量误差. 因此实验时一般选取平衡电压 150～350V，匀速下落 2mm 所用时间在 10～30s 的油滴为好.

2. 测量油滴下落 2mm 所用时间最好选择在上、下电极的中间部分. 太靠近上电极，此处距离进孔近，油雾下落有气流，加上边缘效应电场不均匀，将影响测量结果的准确性；太靠近下电极，测量完毕稍不留意油滴会丢失，影响多次测量.

3. 电极水平调整不好，油滴会前后左右漂移，甚至漂出视场.

4. 必须选用挥发性小的实验用油.

5. 平板电极进油孔很小，切勿喷入过多的油，更不得将油雾室去掉. 对准进油孔喷油，以免堵塞油孔.

6. 不得随意打开油滴盒，喷雾器的喷油嘴是玻璃制品，喷油后应妥善放置，严防损坏.

【思考题】

1. 若平板电极不水平，实验中会出现什么现象？

2.若油滴平衡调整不好,对实验结果有何影响? 为什么每测量一次 t_g,均要对油滴进行一次平衡调整?

3.何谓合适的待测油滴,其选取原则是什么?

实验 30　弗兰克-赫兹实验

1913 年,丹麦物理学家玻尔(N. Bohr)提出了一个氢原子模型,并指出原子存在能级.该模型在预言氢光谱的观察中取得了显著成功.根据玻尔的原子理论,原子光谱中的每根谱线表示原子从某一个较高能态向另一个较低能态跃迁时的辐射.

1914 年,德国物理学家弗兰克(J. Franck)和赫兹(G. Hertz)通过实验测量,发现电子和原子碰撞时会交换某一定值的能量,且可以使原子从低能级激发到高能级,直接证明了原子发生跃变时吸收和发射的能量是分立的、不连续的,证明了原子能级的存在,从而证明了玻尔理论的正确.他们由此获得了 1925 年诺贝尔物理学奖.

弗兰克-赫兹实验至今仍是探索原子结构的重要手段之一,实验中采用的"拒斥电压"筛去小能量电子的方法,已成为广泛应用的实验技术.

【实验目的】

1. 通过测定氩原子的第一激发电势,证明原子能级的存在.
2. 学习用计算机接口软件来研究弗兰克-赫兹管中电流随栅压的变化规律.
3. 分析灯丝电压、第一栅极电压、拒斥电压三参数对实验结果的影响.

【实验原理】

关于激发电势玻尔提出的原子理论指出:

(1)原子只能较长地停留在一些稳定状态(简称为定态).原子在这些状态时不发射或吸收能量;各定态有一定的能量,其数值是彼此分隔的.原子的能量不论通过什么方式发生改变,它只能从一个定态跃迁到另一个定态.

(2)原子从一个定态跃迁到另一个定态而发射或吸收辐射时,辐射频率是一定的.如果用 E_m 和 E_n 分别代表有关两定态的能量,辐射的频率 ν 决定于如下关系:

$$h\nu = E_m - E_n \tag{3.30.1}$$

式中,普朗克常量 $h = 6.63 \times 10^{-34} \text{J} \cdot \text{s}$.

为了使原子从低能级向高能级跃迁,可以通过具有一定能量的电子与原子相碰撞进行能量交换的办法来实现.

设初速度为零的电子在电势差为 U_0 的加速电场作用下获得能量 eU_0.当具有这种能量的电子与稀薄气体的原子发生碰撞时,就会发生能量交换.如以 E_1 代表氩原子的基态能量, E_2 代表氩原子的第一激发态能量,那么当氩原子吸收从电子传递来的能量恰好为

$$eU_0 = E_2 - E_1 \tag{3.30.2}$$

氩原子就会从基态跃迁到第一激发态,而且相应的电势差称为氩的第一激发电势(或称氩的中肯电势).测定出这个电势差 U_0,就可以根据式(3.30.1)求出氩原子的基态和第一激发态之间的能量差了(其他元素气体原子的第一激发电势亦可依此法求得).

弗兰克-赫兹实验的原理图如图 3.30.1 所示.在充氩的弗兰克-赫兹管中,电子由热阴极

发出,阴极 K 和第二栅极 G_2 之间的加速电压 U_{G_2K} 使电子加速.在板极 A 和第二栅极 G_2 之间加有反向拒斥电压 U_{G_2A}.管内空间电势分布如图 3.30.2 所示.当电子通过 G_2K 空间进入 G_2A 空间时,如果有较大的能量($\geqslant eU_{G_2A}$),就能冲过反向拒斥电场而到达板极形成板极电流,为微电流计 μA 表检出.如果电子在 G_2K 空间与氩原子碰撞,把自己一部分能量传给氩原子而使后者激发,电子本身所剩余的能量就很小,导致通过第二栅极后已不足以克服拒斥电场而被折回到第二栅极,这时,通过微电流计 μA 表的电流将显著减小.

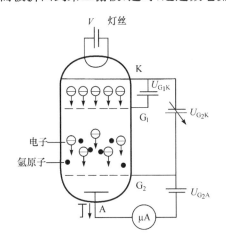

图 3.30.1　弗兰克-赫兹实验的原理图

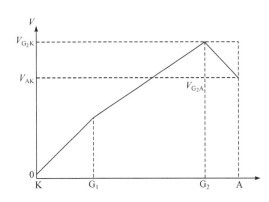

图 3.30.2　管内空间电势分布

实验时,使 U_{G_2K} 电压逐渐增加并仔细观察电流计的电流指示,如果原子能级确实存在,而且基态和第一激发态之间有确定的能量差,就能观察到如图 3.30.3 所示的 I_A-U_{G_2K} 曲线.

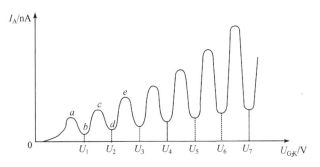

图 3.30.3　充氩弗兰克-赫兹管的 I_A-U_{G_2K} 曲线

图 3.30.3 所示的曲线反映了氩原子在 G_2K 空间与电子进行能量交换的情况.当 G_2K 空间电压逐渐增加时,电子被加速而取得越来越大的能量.但在起始阶段,由于电压较低,电子的能量较少,即使在运动过程中它与原子相碰撞也只有微小的能量交换(为弹性碰撞).穿过第二栅极的电子所形成的板极电流 I_A 将随第二栅极电压 U_{G_2K} 的增加而增大(如图 3.30.3 所示的 oa 段).当 G_2K 间的电压达到氩原子的第一激发电势 U_0 时,电子在第二栅极附近与氩原子相碰撞,将自己从加速电场中获得的全部能量交给后者,并且使后者从基态激发到第一激发态.而电子本身由于把全部能量给了氩原子,即使穿过了第二栅极也不能克服反向拒斥电场而被折回第二栅极(被筛选掉),所以板极电流将显著减小(图 3.30.3 所示的 ab 段).随

着第二栅极电压的增加,电子的能量也随之增加,在与氩原子相碰撞后还留下足够的能量,可以克服反向拒斥电场而达到板极 A,这时电流又开始上升(图 3.30.3 所示的 bc 段). 直到 G_2K 间电压是氩原子的第一激发电势的 2 倍时,电子在 G_2K 间又会因二次碰撞而失去能量,因而又会造成第二次板极电流的下降(图 3.30.3 所示的 cd 段).同理,凡在

$$U_{G_2K}=nU_0,\quad n=1,2,3,\cdots \tag{3.30.3}$$

的地方,板极电流 I_A 都会相应下跌,形成规则起伏变化的 I_A-U_{G_2K} 曲线. 而各次板极电流 I_A 下降相对应的阴、栅极电压差 $U_{n+1}-U_n$ 应该是氩原子的第一激发电势 U_0.本实验就是要通过实际测量来证实原子能级的存在,并测出氩原子的第一激发电势(公认值为 $U_0=11.61\mathrm{V}$).

原子处于激发态是不稳定的. 在实验中被慢电子轰击而跃迁至第一激发态的原子会反跃迁回到基态,就会有 $eU_0(\mathrm{eV})$ 的能量以光量子的形式向外辐射出来. 这种光辐射的波长为

$$eU_0=h\nu=h\frac{c}{\lambda} \tag{3.30.4}$$

对于氩原子

$$\lambda=\frac{hc}{eU_0}=\frac{6.63\times10^{-34}\times3.00\times10^{8}}{1.6\times10^{-19}\times11.5}\mathrm{m}=1081\text{Å}$$

如果弗兰克-赫兹管中充以其他元素,就可以得到它们的第一激发电势(表 3.30. 1).

表 3.30.1　几种元素的第一激发电势

元素	Na	K	Li	Mg	Hg	He	Ne
U_0/V	2.12	1.63	1.84	3.2	4.9	21.2	18.6
$\lambda/\text{Å}$	5898 5896	7664 7699	6707.8	4571	2500	584.3	640.2

【实验仪器】

FH-2 智能弗兰克-赫兹实验仪,示波器.

智能弗兰克-赫兹实验仪简介如下:

弗兰克-赫兹实验仪前面板如图 3.30.4 所示,以功能划分为八个区.

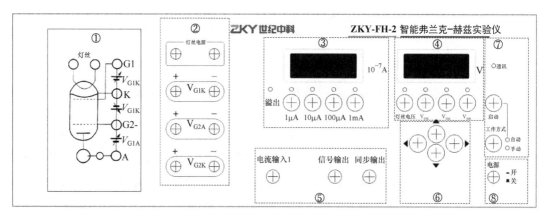

图 3.30.4　弗兰克-赫兹实验仪前面板

区①是弗兰克-赫兹管各输入电压连接插孔和板极电流输出插座.

区②是弗兰克-赫兹管所需激励电压的输出连接插孔,其中左侧输出孔为正极,右侧为负极.

区③是测试电流指示区:

四位七段数码管指示电流值;

四个电流量程挡位选择按键用于选择不同的最大电流量程挡;每一个量程选择同时备有一个选择指示灯指示当前电流量程挡位.

区④是测试电压指示区:

四位七段数码管指示当前选择电压源的电压值;

四个电压源选择按键用于选择不同的电压源,每一个电压源选择都备有一个选择指示灯指示当前选择的电压源.

区⑤是测试信号输入输出区:

电流输入插座输入弗兰克-赫兹管板极电流;

信号输出和同步输出插座可将信号送示波器显示.

区⑥是调整按键区,用于:

改变当前电压源电压设定值;

设置查询电压点.

区⑦是工作状态指示区:

通信指示灯指示实验仪与计算机的通信状态.

启动按键与工作方式按键共同完成多种操作.

区⑧是电源开关.

【实验内容与步骤】

1. 准备

(1)熟悉实验仪使用方法(见图 3.30.4 智能弗兰克-赫兹实验仪简介).

(2)按照图 3.30.5 要求连接弗兰克-赫兹管各组工作电源线,检查无误后开机. 将实验仪预热 20～30min.

开机后的初始状态如下:

①实验仪的"1mA"电流挡位指示灯亮,表明此时电流的量程为 1mA 挡;电流显示值为 0000(10^{-7}A).

②实验仪的"灯丝电压"挡位指示灯亮,表明此时修改的电压为灯丝电压;电压显示值为 000.0V;最后一位在闪动,表明现在修改位为最后一位.

③"手动"指示灯亮,表明此时实验操作方式为手动操作.

④变换电流量程. 如果想变换电流量程,则按下区③中的相应电流量程按键,对应的量程指示灯点亮,同时电流指示的小数点位置随之改变,表明量程已变换.

⑤变换电压源. 如果想变换不同的电压,则按下在区④中的相应电压源按键,对应的电压源指示灯随之点亮,表明电压源变换选择已完成,可以对选择的电压源进行电压值设定和修改.

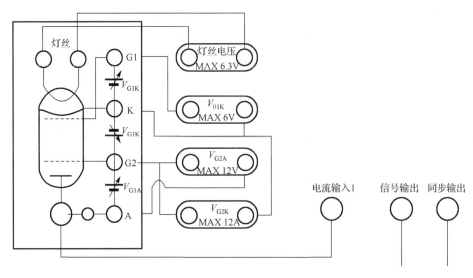

图 3.30.5　弗兰克-赫兹管工作电源线路图

⑥修改电压值. 按下前面板区⑥上的←/→键,当前电压的修改位将进行循环移动,同时闪动位随之改变,以提示目前修改的电压位置. 按下面板上的↑/↓键,电压值在当前修改位递增/递减一个增量单位.

注意:

(1)如果当前电压值加上一个单位电压值的和值超过了允许输出的最大电压值,再按下↑键,电压值只能修改为最大电压值.

(2)如果当前电压值减去一个单位电压值的差值小于零,再按下↓键,电压值只能修改为零.

2. 氩元素的第一激发电势测量

1)手动测试

(1)设置仪器为"手动"工作状态,按"手动/自动"键,"手动"指示灯亮.

(2)设定电流量程(电流量程可参考机箱盖上提供的数据),按下相应电流量程键,对应的量程指示灯点亮.

(3)设定电压源的电压值(设定值可参考机箱盖上提供的数据),用↓/↑,←/→键完成,需设定的电压源有:灯丝电压 V_F、第一加速电压 V_{G_2K}、拒斥电压 V_{G_2A}.

(4)按下"启动"键,实验开始. 用↓/↑,←/→键完成 V_{G_2K} 电压值的调节,从 0.0V 起,按步长 1V(或 0.5V)的电压值调节电压源 V_{G_2K},同步记录 V_{G_2K} 值和对应的 I_A 值,同时仔细观察弗兰克-赫兹管的板极电流值 I_A 的变化(可用示波器观察). 切记为保证实验数据的唯一性, V_{G_2K} 电压必须从小到大单向调节,不可在过程中反复;记录完成最后一组数据后,立即将 V_{G_2K} 电压快速归零.

(5)重新启动.

在手动测试的过程中,按下启动按键,V_{G_2K}的电压值将被设置为零,内部存储的测试数据被清除,示波器上显示的波形被清除,但 V_F、V_{G_2K}、V_{G_2A}、电流挡位等的状态不发生改变. 这时,操作者可以在该状态下重新进行测试,或修改状态后再进行测试.

建议:手动测试 I_A-V_{G_2K},进行一次,或修改 V_F 值再进行一次.

2)自动测试

智能弗兰克-赫兹实验仪除可以进行手动测试外,还可以进行自动测试.

进行自动测试时,实验仪将自动产生 V_{G_2K} 扫描电压,完成整个测试过程;将示波器与实验仪相连接,在示波器上可看到弗兰克-赫兹管板极电流随 V_{G_2K} 电压变化的波形.

(1)自动测试状态设置.

自动测试时 V_F、V_{G_2K}、V_{G_2A} 及电流挡位等状态设置的操作过程,弗兰克-赫兹管的连线操作过程与手动测试操作过程一样.

(2)V_{G_2K} 扫描终止电压的设定.

进行自动测试时,实验仪将自动产生 V_{G_2K} 扫描电压. 实验仪默认 V_{G_2K} 扫描电压的初始值为零,V_{G_2K} 扫描电压大约每 0.4s 递增 0.2V,直到扫描终止电压.

要进行自动测试,必须设置电压 V_{G_2K} 的扫描终止电压.

将"手动/自动"测试键按下,自动测试指示灯亮;按下 V_{G_2K} 电压源选择键,V_{G_2K} 电压源选择指示灯亮;用 ↓ / ↑,←/→键完成 V_{G_2K} 电压值的具体设定. V_{G_2K} 的扫描终止电压不超过 85V.

(3)自动测试启动.

将电压源选择选为 V_{G_2K},再按面板上的"启动"键,自动测试开始.

在自动测试过程中,观察扫描电压 V_{G_2K} 与弗兰克-赫兹管板极电流的相关变化情况.（可通过示波器观察弗兰克-赫兹管板极电流 I_A 随扫描电压 V_{G_2K} 变化的输出波形)在自动测试过程中,为避免面板按键误操作,导致自动测试失败,面板上除"手动/自动"按键外的所有按键都被屏蔽禁止.

(4)自动测试过程正常结束.

当扫描电压 V_{G_2K} 的电压值大于设定的测试终止电压值后,实验仪将自动结束本次自动测试过程,进入数据查询工作状态.

测试数据保留在实验仪主机的存贮器中,供数据查询过程使用,所以示波器仍可观测到本次测试数据所形成的波形,直到下次测试开始时才刷新存贮器的内容.

(5)自动测试后的数据查询.

自动测试过程正常结束后,实验仪进入数据查询工作状态. 这时面板按键除测试电流指示区外,其他都已开启. 自动测试指示灯亮,电流量程指示灯指示于本次测试的电流量程选择挡位;各电压源选择按键可选择各电压源的电压值指示,其中 V_F、V_{G_2K}、V_{G_2A} 三电压源只能显示原设定电压值,不能通过按键改变相应的电压值. 用 ↓ / ↑,←/→键改变电压源 V_{G_2K} 的指示值,就可查阅到在本次测试过程中,电压源 V_{G_2K} 的扫描电压值为当前显示值时,对应的弗兰克-赫兹管板极电流值 I_A 的大小,记录 I_A 的峰、谷值和对应的 V_{G_2K} 值(为便于作图,在 I_A 的峰、谷值附近需多取几点).

(6)中断自动测试过程.

在自动测试过程中,只要按下"手动/自动"键,手动测试指示灯亮,实验仪就中断了自动测试过程,原设置的电压状态被清除,所有按键都被再次开启. 这时可进行下一次的测试准备工作.

本次测试的数据依然保留在实验仪主机的存贮器中,直到下次测试开始时才被清除,所以示波器仍会观测到部分波形.

(7)结束查询过程回复初始状态.

当需要结束查询过程时,只要按下"手动/自动"键,手动测试指示灯亮,查询过程结束,面板按键再次全部开启. 原设置的电压状态被清除,实验仪存储的测试数据被清除,实验仪回复到初始状态.

建议:"自动测试"应变化两次 V_F 值,测量两组 I_A-V_{G_2K} 数据. 若实验时间允许,还可变化 V_{G_2K}、V_{G_2A} 进行多次 I_A-V_{G_2K} 测试.

【数据记录与处理】

(1)在坐标纸上描绘各组 I_A-V_{G_2K} 数据对应曲线.

(2)计算每两个相邻峰或谷所对应的 V_{G_2K} 之差值 ΔV_{G_2K},并求出其平均值 $\bar{u}_0$,将实验值 $\bar{u}_0$ 与氩的第一激发电势 $U_0 = 11.61\text{V}$ 比较,计算相对误差,并写出结果表达式.

【注意事项】

1. 先不要开电源,各工作电源请按图 3.30.5 连接,检查无误后方可打开电源.

2. 灯丝电源具有输出端短路保护功能,并伴随报警声(长笛声). 当出现报警声时应立即关断主机电源并仔细检查面板连线. 输出端短路时间不应超过 8s,否则会损坏元器件.

3. 测量灯丝电压输出端:若面板显示的设置电压与相应的输出电压误差大,则输出电压为一恒定值;无电压输出则说明此组电源已经损坏.

4. V_{G_2K} 电源具有输出端短路保护功能,并伴随报警声(断续笛音). 出现报警声时应立即关断主机电源并仔细检查面板连线. 输出端短路时间不应超过 8s,否则会损坏元器件.

5. 测量 V_{G_2K} 电压输出端:若面板显示的设置电压与相应的输出电压误差大,则输出电压某一恒定值;无电压输出则说明此组电源已经损坏.

6. V_{G_2K} 电压误加到灯丝上,会发出断续的报警笛音;若误加到弗兰克-赫兹管的 V_{G_1K} 或 V_{G_2A} 上,实验开始时,随 V_{G_2K} 电压的增大,面板电流显示无明显变化,而无波形的输出. 上述现象发生时应立即关断主机电源,仔细检查面板连线,否则极易损坏仪器内的弗兰克-赫兹管.

7. 由于弗兰克-赫兹管使用过程中的衰老,每只管子的最佳状态会发生变化,可参照原参数在下列范围内重新设定标牌参数.

灯丝电压:DC0~6.3V.

第一栅压:V_{G_1K}:DC0~5V.

第二栅压:V_{G_2K}:DC0~85V.

拒斥电压:V_{G_2A}:DC0~12V.

【思考题】

1. 是否能够用氢气代替氩气，为什么？

2. 在本实验中为什么 I_A-U_{G_2K} 曲线呈周期性变化？

3. 在本实验中为什么 I_A-U_{G_2K} 曲线不是从原点开始？

4. 在本实验中为什么要在板极 A 和第二栅极 G_2 之间加反向拒斥电压 U_{G_2A}？

5. 请对不同工作条件下的各组曲线和对应的第一激发电势进行比较，分析哪些量发生了变化，哪些量基本不变，为什么？

实验 31 液晶电光效应综合实验

液晶是介于液体与晶体之间的一种物质状态.一般的液体内部分子排列是无序的,而液晶既具有液体的流动性,其分子又按一定规律有序排列,使它呈现晶体的各向异性.当光通过液晶时,会产生偏振面旋转、双折射等效应.液晶分子是含有极性基团的极性分子,在电场作用下,偶极子会按电场方向取向,导致分子原有的排列方式发生变化,从而液晶的光学性质也随之发生改变,这种因外电场引起的液晶光学性质的改变称为液晶的电光效应.

1888 年,奥地利植物学家 Reinitzer 在做有机物溶解实验时,在一定的温度范围内观察到液晶.1961 年美国 RCA 公司的 Heimeier 发现了液晶的一系列电光效应,并制成了显示器件.从 20 世纪 70 年代开始,日本公司将液晶与集成电路技术结合,制成了一系列的液晶显示器件,并至今在这一领域保持领先地位.液晶显示器件由于具有驱动电压低(一般为几伏)、功耗极小、体积小、寿命长、环保无辐射等优点,在当今各种显示器件的竞争中有独领风骚之势.

【实验目的】

1. 在掌握液晶光开关的基本工作原理的基础上,测量液晶光开关的电光特性曲线,并由电光特性曲线得到液晶的阈值电压和关断电压.

2. 测量驱动电压周期变化时液晶光开关的时间响应曲线,并由时间响应曲线得到液晶的上升时间和下降时间.

3. 测量由液晶光开关矩阵所构成的液晶显示器的视角特性以及在不同视角下的对比度,了解液晶光开关的工作条件.

4. 了解液晶光开关构成图像矩阵的方法,学习和掌握这种矩阵所组成的液晶显示器构成文字和图形的显示模式,从而了解一般液晶显示器件的工作原理.

【实验原理】

1. 液晶光开关的工作原理

液晶的种类很多,仅以常用的 TN(扭曲向列)型液晶为例,说明其工作原理.

TN 型液晶光开关的结构如图 3.31.1 所示.在两块玻璃板之间夹有正性向列相液晶,液晶分子的形状如同火柴一样,为棍状.棍的长度在十几埃($1\text{Å}=10^{-10}$ m),直径为 $4\sim6\text{Å}$,液晶层厚度一般为 $5\sim8\mu m$.玻璃板的内表面涂有透明电极,电极的表面预先作了定向处理(可用软绒布朝一个方向摩擦,也可在电极表面涂取向剂),这样,液晶分子在透明电极表面就会躺倒在摩擦所形成的微沟槽里;电极表面的液晶分子按一定方向排列,且上下电极上的定向方向相互垂直.上下电极之间的那些液晶分子因范德瓦耳斯力的作用,趋向于平行排列.然而由于上下电极上液晶的定向方向相互垂直,所以从俯视方向看,液晶分子的排列从上电极的沿 $-45°$ 方向排列逐步地、均匀地扭曲到下电极的沿 $+45°$ 方向排列,整个扭曲了 $90°$,如图 3.31.1(a) 所示.

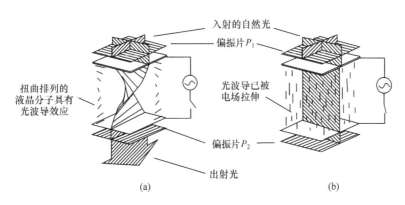

入射的自然光
偏振片 P_1
扭曲排列的
液晶分子具有
光波导效应
光波导已被
电场拉伸
偏振片 P_2
出射光
(a)　　　　　　　　　　　　　　(b)

图 3.31.1　TN 型液晶光开关的工作原理

理论和实验都证明,上述均匀扭曲排列起来的结构具有光波导的性质,即偏振光从上电极表面透过扭曲排列起来的液晶传播到下电极表面时,偏振方向会旋转 90°.

取两张偏振片贴在玻璃的两面,P_1 的透光轴与上电极的定向方向相同,P_2 的透光轴与下电极的定向方向相同,于是 P_1 和 P_2 的透光轴相互正交.

在未加驱动电压的情况下,来自光源的自然光经过偏振片 P_1 后只剩下平行于透光轴的线偏振光,该线偏振光到达输出面时,其偏振面旋转了 90°.这时光的偏振面与 P_2 的透光轴平行,因而有光通过.

在施加足够电压情况下(一般为 1～2V),在静电场的作用下,除了基片附近的液晶分子被基片"锚定"以外,其他液晶分子趋于平行于电场方向排列.于是原来的扭曲结构被破坏,成了均匀结构,如图 3.31.1(b)所示.从 P_1 透射出来的偏振光的偏振方向在液晶中传播时不再旋转,保持原来的偏振方向到达下电极.这时光的偏振方向与 P_2 正交,因而光被关断.

由于上述光开关在没有电场的情况下让光透过,加上电场的时候光被关断,因此叫做常通型光开关,又叫做常白模式.若 P_1 和 P_2 的透光轴相互平行,则构成常黑模式.

液晶可分为热致液晶与溶致液晶.热致液晶在一定的温度范围内呈现液晶的光学各向异性,溶致液晶是溶质溶于溶剂中形成的液晶.目前用于显示器件的都是热致液晶,它的特性随温度的改变而有一定变化.

2. 液晶光开关的电光特性

图 3.31.2 为光线垂直液晶面入射时本实验所用液晶相对透射率(以不加电场时的透射率为 100%)与外加电压的关系.

由图 3.31.2 可见,对于常白模式的液晶,其透射率随外加电压的升高而逐渐降低,在一定电压下达到最低点,此后略有变化.可以根据此电光特性曲线图得出液晶的阈值电压和关断电压.

阈值电压:透过率为 90% 时的驱动电压;

关断电压:透过率为 10% 时的驱动电压.

液晶的电光特性曲线越陡,即阈值电压与关断电压的差值越小,由液晶开关单元构成的显示器件允许的驱动路数就越多.TN 型液晶最多允许 16 路驱动,故常用于数码显示.在电脑、

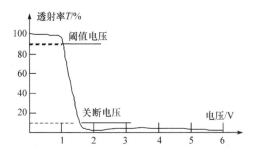

图 3.31.2　液晶光开关的电光特性曲线

电视等需要高分辨率的显示器件中,常采用 STN(超扭曲向列)型液晶,以改善电光特性曲线的陡度,增加驱动路数.

3. 液晶光开关的时间响应特性

加上(或去掉)驱动电压能使液晶的开关状态发生改变,是因为液晶的分子排序发生了改变,这种重新排序需要一定时间,反映在时间响应曲线上,用上升时间 τ_r 和下降时间 τ_d 描述. 给液晶开关加上一个如图 3.31.3(a)所示的周期性变化的电压,就可以得到液晶的时间响应曲线,上升时间和下降时间,如图 3.31.3(b)所示.

上升时间:透过率由 10%升到 90%所需时间;

下降时间:透过率由 90%降到 10%所需时间.

液晶的响应时间越短,显示动态图像的效果越好,这是液晶显示器的重要指标.早期的液晶显示器在这方面逊色于其他显示器,现在通过结构方面的技术改进,已达到很好的效果.

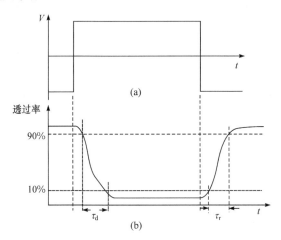

图 3.31.3　液晶驱动电压和时间响应图

4. 液晶光开关的视角特性

液晶光开关的视角特性表示对比度与视角的关系.对比度定义为光开关打开和关断时透射光强度之比,对比度大于 5 时,可以获得满意的图像,对比度小于 2 时,图像就模糊不清了.

图 3.31.4 表示某种液晶视角特性的理论计算结果.图中用与原点的距离表示垂直视角

（入射光线方向与液晶屏法线方向的夹角）的大小.

图 3.31.4 中 3 个同心圆分别表示垂直视角为 30°、60° 和 90°. 90° 同心圆外面标注的数字表示水平视角（入射光线在液晶屏上的投影与 0° 方向之间的夹角）的大小. 图 3.31.4 中的闭合曲线为不同对比度时的等对比度曲线.

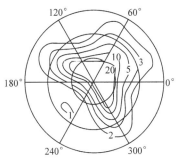

图 3.31.4　液晶的视角特性

由图 3.31.4 可以看出，液晶的对比度与垂直和水平视角都有关，而且具有非对称性. 若我们把具有图 3.31.4 所示视角特性的液晶开关逆时针旋转，以 220° 方向向下，并由多个显示开关组成液晶显示屏，则该液晶显示屏的左右视角特性对称，在左、右和俯视 3 个方向，垂直视角接近 60° 时对比度为 5，观看效果较好. 在仰视方向，对比度随着垂直视角的加大迅速降低，观看效果差.

5. 液晶光开关构成图像显示矩阵的方法

除了液晶显示器以外，其他显示器靠自身发光来实现信息显示功能. 这些显示器主要有：阴极射线管显示（CRT），等离子体显示（PDP），电致发光显示（ELD），发光二极管（LED）显示，有机发光二极管（OLED）显示，真空荧光管显示（VFD），场发射显示（FED）. 这些显示器因为要发光，所以要消耗大量的能量.

液晶显示器通过对外界光线的开关控制来完成信息显示任务，为非主动发光型显示，其最大的优点在于能耗极低. 正因为如此，液晶显示器在便携式装置（如电子表、万用表、手机、传呼机等）的显示方面具有不可代替地位. 下面我们来看看如何利用液晶光开关实现图形和图像显示任务.

矩阵显示方式，是把图 3.31.5(a) 所示的横条形状的透明电极做在一块玻璃片上，叫做行驱动电极，简称行电极（常用 X_i 表示），而把竖条形状的电极制在另一块玻璃片上，叫做列驱动电极，简称列电极（常用 S_i 表示）. 把这两块玻璃片面对面组合起来，把液晶灌注在这两片玻璃之间构成液晶盒. 为了画面简洁，通常将横条形状和竖条形状的 ITO 电极抽象为横线和竖线，分别代表扫描电极和信号电极，如图 3.31.5(b) 所示.

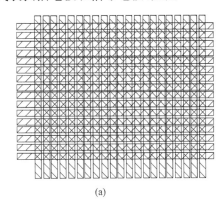

(a)

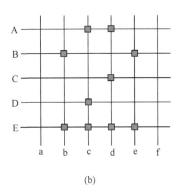

(b)

图 3.31.5　液晶光开关组成的矩阵式图形显示器

矩阵型显示器的工作方式为扫描.下面对显示原理作简单介绍.

欲显示图 3.31.5(b)中的有方块的像素,首先在第 A 行加上高电平,其余行加上低电平,同时在列电极的对应电极 c、d 上加上低电平,于是 A 行的带有方块的像素就被显示出来了;然后在第 B 行加上高电平,其余行加上低电平,同时在列电极的对应电极 b、e 上加上低电平,因而 B 行的带有方块的像素被显示出来了;然后是第 C 行、第 D 行……,以此类推,最后显示出一整场的图像.这种工作方式称为扫描.

这种分时间扫描每一行的方式是平板显示器的共同的寻址方式,依这种方式,可以使每一个液晶光开关按照其上的电压的幅值让外界光关断或通过,从而显示出任意文字、图形和图像.

【实验仪器】

本实验所用仪器为液晶光开关电光特性综合实验仪,其外部结构如图 3.31.6 所示.下面简单介绍仪器各个按钮的功能.

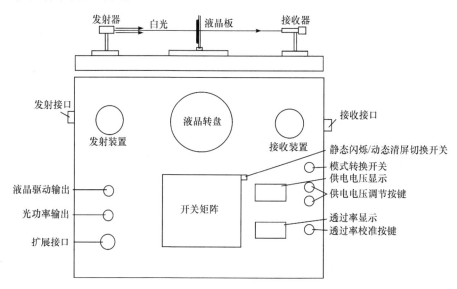

图 3.31.6 液晶光开关电光特性综合实验仪功能键示意图

模式转换开关:切换液晶的静态和动态(图像显示)两种工作模式.在静态时,所有的液晶单元所加电压相同,在(动态)图像显示时,每个单元所加的电压由开关矩阵控制.同时,当开关处于静态时打开发射器,当开关处于动态时关闭发射器.

静态闪烁/动态清屏切换开关:当仪器工作在静态的时候,此开关可以切换到闪烁和静止两种方式;当仪器工作在动态的时候,此开关可以清除液晶屏幕因按动开关矩阵而产生的斑点.

供电电压显示:显示加在液晶板上的电压,范围为 0.00～7.60V;

供电电压调节按键:改变加在液晶板上的电压,调节范围为 0～7.6V.其中单击＋按键(或－按键)可以增大(或减小)0.01V.一直按住＋按键(或－按键)2s 以上可以快速增大(或减小)供电电压,但当电压大于或小于一定范围时需要单击按键才可以改变电压.

透过率显示:显示光透过液晶板后光强的相对百分比.

透过率校准按键:在接收器处于最大接收状态的时候(即供电电压为 0V 时),如果显示值大于"250",则按住该键 3s 可以将透过率校准为 100%;如果供电电压不为 0,或显示小于"250",则该按键无效,不能校准透过率.

液晶驱动输出:接存储示波器,显示液晶的驱动电压.

光功率输出:接存储示波器,显示液晶的时间响应曲线,可以根据此曲线来得到液晶响应时间的上升时间和下降时间.

扩展接口:连接 LCDEO 信号适配器的接口,通过信号适配器可以使用普通示波器观测液晶光开关特性的响应时间曲线.

发射器:为仪器提供较强的光源.

液晶板:本实验仪器的测量样品.

接收器:将透过液晶板的光强信号转换为电压输入到透过率显示表.

开关矩阵:此为 16×16 的按键矩阵,用于液晶的显示功能实验.

液晶转盘:承载液晶板一起转动,用于液晶的视角特性实验.

电源开关:仪器的总电源开关.

【实验内容与步骤】

本实验仪可以进行以下几个实验内容:

(1)液晶的电光特性测量实验,可以测得液晶的阈值电压和关断电压.

(2)液晶的时间特性实验,测量液晶的上升时间和下降时间.

(3)液晶的视角特性测量实验(液晶板方向可以参照图 3.31.7).

(4)液晶的图像显示原理实验.

实验步骤:将液晶板金手指 1(图 3.31.7)插入转盘上的插槽,液晶凸起面必须正对光源发射方向. 打开电源开关,点亮光源,使光源预热 10min 左右.

在正式进行实验前,首先需要检查仪器的初始状态,看发射器光线是否垂直入射到接收器;在静态 0V 供电电压条件下,透过率显示经校准后是否为"100%". 如果显示正确,则可以开始实验,如果不正确,将仪器调整好再进行实验.

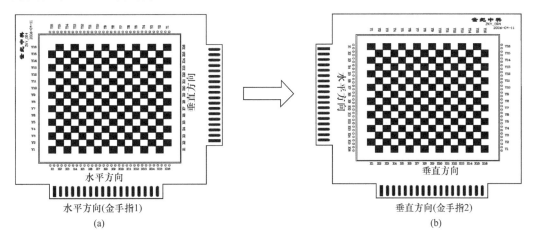

图 3.31.7　液晶板方向(视角为正视液晶屏凸起面)

1. 液晶光开关电光特性测量

将模式转换开关置于静态模式,将透过率显示校准为 100%,按表 3.31.1 的数据改变电压,使得电压值从 0V 到 6V 变化,记录相应电压下的透射率数值.重复 3 次并计算相应电压下透射率的平均值,依据实验数据绘制电光特性曲线,可以得出阈值电压和关断电压.

表 3.31.1　液晶光开关电光特性测量

电压/V		0	0.5	0.8	1.0	1.2	1.3	1.4	1.5	1.6	1.7	2.0	3.0	4.0	5.0	6.0
透射率/%	1															
	2															
	3															
	平均															

2. 液晶的时间响应的测量

将模式转换开关置于静态模式,透过率显示调到 100,然后将液晶供电电压调到 2.00V,在液晶静态闪烁状态下,用存储示波器观察此光开关时间响应特性曲线,可以根据此曲线得到液晶的上升时间 τ_r 和下降时间 τ_d.

3. 液晶光开关视角特性的测量

1)水平方向视角特性的测量

将模式转换开关置于静态模式.首先将透过率显示调到 100%,然后再进行实验.

确定当前液晶板为金手指 1 插入的插槽(图 3.31.7).在供电电压为 0V 时,按照表 3.31.2 所列举的角度调节液晶屏与入射激光的角度,在每一角度下测量光强透过率最大值 T_{MAX}.然后将供电电压设置为 2V,再次调节液晶屏角度,测量光强透过率最小值 T_{MIN},并计算其对比度.以角度为横坐标,对比度为纵坐标,绘制水平方向对比度随入射光入射角而变化的曲线.

2)垂直方向视角特性的测量

关断总电源后,取下液晶显示屏,将液晶板旋转 $90°$,将金手指 2(垂直方向)插入转盘插槽(图 3.31.7).重新通电,将模式转换开关置于静态模式.按照与 1)相同的方法和步骤,可测量垂直方向的视角特性,并记入表 3.31.2 中.

表 3.31.2　液晶光开关视角特性测量

角度/(°)		−75	−70	⋯	−10	−5	0	5	10	⋯	70	75
水平方向视角特性	T_{MAX}/%											
	T_{MIN}/%											
	T_{MAX}/T_{MIN}											
垂直方向视角特性	T_{MAX}/%											
	T_{MIN}/%											
	T_{MAX}/T_{MIN}											

4. 液晶显示器显示原理

将模式转换开关置于动态(图像显示)模式,液晶供电电压调到 5V 左右. 此时矩阵开关板上的每个按键位置对应一个液晶光开关象素. 初始时各相素都处于开通状态,按 1 次矩阵开光板上的某一按键,可改变相应液晶相素的通断状态,所以可以利用点阵输入关断(或点亮)对应的像素,使暗相素(或点亮象素)组合成一个字符或文字,以此体会液晶显示器件组成图像和文字的工作原理. 矩阵开关板右上角的按键为清屏键,用以清除已输入在显示屏上的图形.

实验完成后,关闭电源开关,取下液晶板并妥善保存.

【注意事项】

1. 禁止用光束照射他人眼睛或直视光束本身,以防伤害眼睛!

2. 在进行液晶视角特性实验中,更换液晶板方向时,务必断开总电源后再进行插取,否则将会损坏液晶板.

3. 液晶板凸起面必须要朝向光源发射方向,否则实验记录的数据为错误数据.

4. 在调节透过率 100% 时,如果透过率显示不稳定,则可能是光源预热时间不够,或光路没有对准,需要仔细检查,调节好光路.

5. 在校准透过率 100% 前,必须将液晶供电电压显示调到 0.00V 或显示大于"250",否则无法校准透过率为 100%. 在实验中,电压为 0.00V 时,不要长时间按住"透过率校准"按钮,否则透过率显示将进入非工作状态,本组测试的数据为错误数据,需要重新记录.

【思考题】

1. 对于液晶显示器来讲,什么是常黑模式,什么是常白模式?

2. 液晶显示器显示特性具有对称性吗?

3. 液晶显示器有何优点?

实验 32　电阻应变式传感器特性研究

传感器是一种能将各种非电量(包括物理量、化学量、生物量等)按一定规律转换为另一种物理量(一般是便于处理和传输的电学量)的装置或器件,简单地说是将各种非电量按一定规律转换(输出)为电学量的装置或器件. 它常由敏感元件、转换元件和转换电路构成. 传感器的分类很多,可以按用途分为温度传感器、湿度传感器、压力传感器、位移传感器、速度传感器、加速度传感器等,也可以按照信号转换效应分为物理型、化学型、生物型传感器等. 传感器技术、通信技术、计算技术构成现代信息技术系统中的"感官"、"神经"和"大脑". 传感器技术现已渗透现代生产、科研和生活的各个方面,现代社会对它的依赖性越来越大,国内外都将传感器技术列为重点发展的高新技术之一.

在稳定状态下传感器的输出量与输入量关系特性称为静态特性,通过测量数据获得的传感器输出量与输入量关系称为静态标定. 传感器静态特性研究涉及传感器的线性度、灵敏度(输出量对于输入量的变化率)、分辨率、阈值等,本实验只对前两项进行研究.

【实验目的】

1. 学习和了解电阻应变式传感器的结构和工作原理.
2. 学习和掌握金属箔式电阻应变片转换电路的原理和应用.
3. 比较单臂电路、半桥电路、全桥电路的灵敏度.

【实验原理】

1. 电阻应变式传感器的工作原理

电阻应变式传感器主要基于金属或半导体材料的电阻应变效应,即金属导体或半导体在外界作用下产生机械变形,使其电阻按照一定规律变化(见补充材料一　应变效应),电阻应变式传感器中的金属箔式应变片结构参见图 3.32.1(a),敏感栅是用厚度为 $0.003\sim0.01\text{mm}$ 的金属箔或直径为 $0.015\sim0.05\text{mm}$ 的金属丝制成的,根据传感器的不同要求可以制成特定形状、尺寸和所需要的电阻.

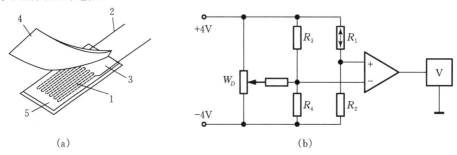

(a)　　　　　　　　　　　　　　　(b)

图 3.32.1　应变片结构示意图和实验电路

1—敏感栅;2—引线;3—黏结剂;4—盖层;5—基底

一般情况下,电阻应变片阻值常有 60Ω、120Ω、200Ω 等规格. 使用时将金属箔式应变片牢固地粘贴在弹性试件上,由于外力作用,弹性试件产生弹性变形(即弹性应变),应变片的变形使得其电阻变化,应变片的电阻变化通过转换电路变成电压或电流信号. 利用电压或电流信号与弹性试件应变的关系,可测得机械变形或外力大小.

2. 电桥电路

电桥电路是最常用的转换电路. 当电桥平衡时 $I=0$,满足 $R_2/R_1=R_4/R_3=n$(图 3.32.2(a)),电桥负载 R 两端输出电压为零. 单臂电路(图 3.32.2(b))使用一个应变片作为电桥中的电阻 R_1,在无外力作用的初始条件下,常通过调节使桥臂中 4 个电阻 R_1、R_2、R_3、R_4 相等,即 $n=1$. 可以证明:$n=1$ 时,输出电压 $U_0=\dfrac{nU}{(1+n)^2}\times\dfrac{\Delta R_1}{R_1}=\dfrac{U}{4}\times\dfrac{\Delta R_1}{R_1}$. 定义电压灵敏度=电桥输出电压/电阻相对变化率,则单臂电路的电压灵敏度 $K_{V1}=U/4$;半桥电路是两个参数一致、受力方向相反的应变片(图 3.32.2(c)),可以证明:输出电压 $U_0=\dfrac{U}{2}\times\dfrac{\Delta R_1}{R_1}$,因此电压灵敏度 $K_{V2}=U/2$. 全桥电路是 R_1、R_2、R_3、R_4 4 个参数一致、受力方向不同的应变片(图 3.32.2(d)),可以证明:输出电压 $U_0=\dfrac{U}{1}\times\dfrac{\Delta R_1}{R_1}$,因此电压灵敏度 $K_V=U/1$. 实际使用中,为了获得较大的电压灵敏度和测量的稳定性,电阻应变式传感器的转换电路一般采用半桥电路或全桥电路(见补充材料二　电桥转换电路).

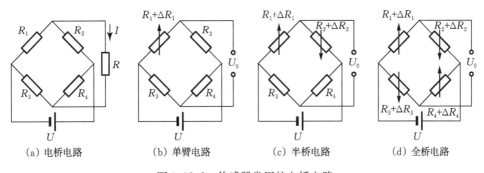

图 3.32.2　传感器常用的电桥电路

【实验仪器】

CSY2001/B 型传感器综合实验台及称重传感器实验模块,铜砝码(每个 20g),连线若干.

【实验内容与步骤】

(1) 观察和熟悉称重传感器实验模块. 模块上装有双孔悬梁,悬梁上贴有 6 片金属箔式应变片,其中两片是用作温度补偿,悬梁上面可以看到两片,其他贴在悬梁背面. 它们的接线座一字形排在双孔悬臂梁下方. 特别应注意模块上组桥插座 4 个应变片符号仅作示意和连线的固定,下面并无金属箔式应变片. 模块上有差动运放器和转换电路的调零旋钮.

(2) 按图 3.32.1(b)所示在不通电情况下组接单臂电路. 先将一个金属箔式应变片接到组桥 R_1 插座位置,其他 3 个等值固定电阻 R_2、R_3、R_4 接到组桥对应插座位置. 用四芯标准连线连接实验模块与主机±12V 电源(供差动放大器用),用连线接好电桥与主机±4V 工作电源,差放增益旋钮置于最大位置(顺时针旋到底).开始电桥电压输出端不与差动放大器输入端连接,而是差动放大器的+V_1、-V_1 两输入端用连接线短路连到地线.输出端 U_0 接数字电压表 IN 端,数字电压表量程设为 2V.

(3) 差动放大器输出的调零.电路连线经核查无误后,开启主机电源,调节差放调零旋钮,使差动放大器输出电压为零(读数应能稳定数十秒),关闭主机电源.拔掉+V_1、-V_1 输入端对地连接线,再将+V_1、-V_1 输入端连到电桥电压输出端.调整完后,模块上"差放增益""差放调零"两旋钮在实验中均不要再变动.

(4) 电桥初始状态的平衡调节.再次确认接线无误后,开启主机电源,预热 3~5min,使仪器工作趋于稳定.在托盘无负荷条件下,调节模块上的 W_D 电位器旋钮,使电桥输出电压为零(数字电压表示数为零,应稳定 1min 左右).将砝码 W(每个 20g)逐个放在托盘上,记录 W(g)与数字电压读数 U_1(mV)的对应值.再逐个拿走砝码,记录 W(g)与 U_2(mV)的对应值,并填入记录表中.

(5) 组接半桥电路.将固定电阻 R_2 撤下,对应的组桥插座接另一个方向不同的应变片,按照上述方法测量 W 与 U_3、U_4 值.

(6) 组接全桥电路.将固定电阻 R_3、R_4 撤下,对应的组桥插座接方向不同的应变片,按照上述方法测量 W 与 U_5、U_6 值.

【数据记录与处理】

(1) 将三个转换桥路测出的 W 值与 U 值记录于表 3.32.1 中.求出同一 W 下前后两次电压的平均值 U,利用 Excel"图表向导"功能在同一坐标中作出 3 条 U-W 曲线(纵坐标是电压,横坐标是质量).

表 3.32.1　实验记录

W/g									
U_1/mV									
U_2/mV									
平均 U'_1/mV									
U_3/mV									
U_4/mV									
平均 U'_2/mV									
U_5/mV									
U_6/mV									
平均 U'_3/mV									

(2) 计算三个转换桥路传感器的灵敏度.利用 Excel"图表向导"中"添加趋势功能"对 3 条实验曲线进行直线拟合,求出拟合的 3 个直线函数,函数的斜率就是传感器的灵敏度.对比三个转换电路的不同灵敏度能得出什么结论(参见"电涡流传感器的静态标定"实验的数据处理)?

【思考题】

1. 为什么具有线性变化输出的传感器常用电桥转换电路?

2. 很多传感器可以将位移的变化转换为电压或电流变化,电阻应变式传感器也有这个特点吗? 如果电阻应变式传感器有这特点,我们能否利用它做个地磅(测量汽车载重的秤)? 请大致描述地磅的构造和原理.

【注意事项】

1. 不得随意提高称重传感器的电桥工作电压(±4V 或 ±2V).

2. 注意保护传感器的引线及应变片,不得损伤.

3. 因为是小信号测试,所以调零后数字电压表应置 2V 挡,用计算机进行数据采集时应选用 200mV 量程.

补充材料一　应变效应

金属电阻应变片受到的应变与电阻变化关系的推导.

设有一根长为 L,半径为 r,电阻率为 ρ 的金属丝,由电阻定律可知

$$R = \frac{\rho L}{S} = \frac{\rho L}{\pi r^2}$$

如果沿金属丝的轴线方向施加拉力使其产生变形(拉长变细),其电阻随之变化,即发生电阻应变效应. 电阻的微小变化可以通过微分法求得,对上式两边取对数,再微分可得

$$\frac{dR}{R} = \frac{d\rho}{\rho} + \frac{dL}{L} - 2\frac{dr}{r} \tag{3.32.1}$$

式中,$\frac{dR}{R}$ 表示电阻的相对变化;$\frac{d\rho}{\rho}$ 表示电阻率的相对变化;$\frac{dL}{L}$ 表示长度的相对变化,即轴向应变,设 $\varepsilon = \frac{dL}{L}$;$\frac{dr}{r}$ 为金属丝的半径相对变化,即径向应变,设 $\varepsilon_r = \frac{dr}{r}$. 在弹性范围内,由材料力学的知识可推出

$$\varepsilon_r = -\mu\varepsilon \tag{3.32.2}$$

式中,μ 为金属材料的泊松比,对每一种金属一般是常数.

另外,根据实验研究结果,金属材料电阻率的相对变化与其体积 V 的相对变化有下列关系:

$$\frac{d\rho}{\rho} = C\frac{dV}{V} \tag{3.32.3}$$

式中,C 为金属材料的常数. 体积相对变化和给定金属的长度与半径变化的关系如下:

$$V = (\pi r^2)L$$

$$\frac{dV}{V} = 2\frac{dr}{r} + \frac{dL}{L} = 2\varepsilon_r + \varepsilon = (1-2\mu)\varepsilon \tag{3.32.4}$$

于是可得

$$\frac{d\rho}{\rho} = C\frac{dV}{V} = C(1-2\mu)\varepsilon \tag{3.32.5}$$

将上述推导关系式一并代入式(3.32.1),最后可得

$$\frac{dR}{R} = C(1-2\mu)\varepsilon + \varepsilon + 2\mu\varepsilon = [(1+2\mu) + C(1-2\mu)] \cdot \varepsilon = K \cdot \varepsilon \tag{3.32.6}$$

式(3.32.6)表明,在弹性范围内金属丝的应变 ε 与电阻相对变化 $\dfrac{\mathrm{d}R}{R}$ 成正比,常数 K 由金属材料性质决定.我们称 K 为金属电阻应变片的灵敏度系数,其物理意义为单位应变引起的应变片的电阻相对变化值,K 值一般在 $1.8\sim3.6$,K 值大则意味电阻应变效应明显.

补充材料二　电桥转换电路

根据敏感元件和转换元件特点,传感器的转换电路有很多种形式.电桥电路是采用较多的一种转换电路,这是由于电桥电路中的电阻变化与其输出电压有线性函数关系,下面对这种关系予以推导.

直流电桥基本电路如图 3.32.2(a)所示.由电路原理中的戴维南定理可推出

$$I = \frac{(R_1R_4 - R_2R_3)}{R(R_1+R_2)(R_3+R_4) + R_1R_2(R_3+R_4) + R_3R_4(R_1+R_2)} \cdot U \qquad (3.32.7)$$

当 $I=0$ 时,称电桥平衡,显然其条件是电桥相对两臂电阻乘积相等

$$R_1R_4 = R_2R_3 \quad \text{或} \quad R_1/R_2 = R_3/R_4 \qquad (3.32.8)$$

在电桥转换电路中,如果一个电阻是电阻应变片,其他是固定电阻,我们称电桥转换电路为单臂电路,如图 3.32.2(b)所示;如果两个电阻是电阻应变片,称电桥转换电路为半桥电路,如图 3.32.2(c)所示;如果 4 个电阻都是电阻应变片,称电桥转换电路为全桥电路,如图 3.32.2(d)所示.

对于图 3.32.2(b)所示的单臂电路,电阻应变片受外力作用产生应变,电阻 R_1 变化为 $R_1 + \Delta R_1$.设负载电阻是开路的,由串联电路的分压公式,则电桥输出电压为

$$\begin{aligned}
U_0 &= \frac{R_1 + \Delta R_1}{R_1 + \Delta R_1 + R_2}U - \frac{R_3}{R_3+R_4}U \\
&= \frac{R_4/R_3 + (R_4/R_3)(\Delta R_1/R_1) - R_2/R_1}{[1+(\Delta R_1/R_1)+(R_2/R_1)][1+R_4/R_3]}U
\end{aligned} \qquad (3.32.9)$$

对上式,设电桥平衡时 $\dfrac{R_2}{R_1} = \dfrac{R_4}{R_3} = n$,一般 $\dfrac{\Delta R_1}{R_1} \ll n$,略去分母中 $\dfrac{\Delta R_1}{R_1}$ 项,则可简化为

$$U_{01} \approx \left[\frac{nU}{(1+n)^2}\right] \cdot \frac{\Delta R_1}{R_1} \qquad (3.32.10)$$

由上式可知,在 U 不变时电桥输出电压 U_0 与电阻应变片的电阻相对变化 $\Delta R_1/R_1$ 近似成正比,若定义 $K_V = \dfrac{U_{01}}{\Delta R_1/R_1}$ 为电桥(输出)电压灵敏度,显然 K_V 越大,则同样的电阻相对变化率输出的电压越大.对单臂电路,由上式可知

$$K_V \approx \frac{nU}{(1+n)^2} \qquad (3.32.11)$$

由此可以看出 K_V 值由工作电压 U 和桥臂比 n 决定.工作电压 U 越高,电压灵敏度 K_V 越大.但工作电压太大,会使桥臂电阻功耗增加,功耗增加导致温度上升,也使电阻变化,从而使得电桥工作不稳定,工作电压一般取 $2\sim4\text{V}$ 为宜.K_V 是 n 的函数,当 $\mathrm{d}K_V/\mathrm{d}n = 0$ 时,K_V 有极大值,此时 $n=1$,平衡的电桥有 $R_1 = R_2 = R_3 = R_4$.最大的电压灵敏度为 $K_{V1} = U/4$.

对比式(3.32.9)与式(3.32.10)可知,由式(3.32.10)给出的电压 U_{01} 有非线性误差

$$\delta = \frac{U_0 - U_{01}}{U_0} = \frac{\Delta R_1/R_1}{1 + n + \Delta R_1/R_1} \qquad (3.32.12)$$

为了减小和克服非线性误差,常用图 3.32.2(c)所示的半桥电路作为转换电路.方法是在受力的弹性试件上、下面对称贴上两个参数一致的电阻应变片.当力作用于弹性试件时,一个电阻应变片受拉力作用,另一个电阻应变片就受压力作用.两者的应变符号相反,$\Delta R_1 = -\Delta R_2$.由图 3.32.2(c)可知,输出的电压为

$$U_0 = \left(\frac{\Delta R_1 + R_1}{R_1 + \Delta R_1 + R_2 + \Delta R_2} - \frac{R_3}{R_3 + R_4} \right) \cdot U = \left(\frac{\Delta R_1 + R_1}{R_1 + R_2} - \frac{R_3}{R_3 + R_4} \right) \cdot U$$

当电桥平衡时,设 $R_1 = R_2 = R_3 = R_4$,则

$$U_0 = \frac{U}{2} \cdot \frac{\Delta R_1}{R_1} \tag{3.32.13}$$

输出电压 U_0 与电阻相对变化 $\Delta R_1 / R_1$ 呈线性关系.电桥(输出)电压灵敏度 $K_{V2} = U/2$,即同样的应变条件下,或同样的电阻相对变化,半桥电路输出电压将比单臂电路高出一倍.同样,可以证明全桥电路输出电压与电阻相对变化呈线性关系,电桥(输出)电压灵敏度为 $K_{V3} = U$,是单臂电路的 4 倍.

实验 33　　电涡流传感器的静态标定

【实验目的】

1. 了解电涡流传感器的结构、原理和工作特性.
2. 了解不同的金属材料对电涡流传感器的影响.
3. 学习使用 Excel 处理数据. 依据实验测量数据作出传感器的静态定标曲线, 求出曲线的拟合函数和传感器的灵敏度.

【实验原理】

传感器是一种能将各种非电量(包括物理量、化学量、生物量等)按一定规律转换为另一种物理量(一般是电学量)的装置或器件. 我们将被转换的非电学量称为输入量, 转换得到的电学量称为输出量, 那么依据实验数据得到的输入量与输出量的对应关系称为静态定标, 输出量关于输入量的变化率称为传感器的灵敏度.

电涡流传感器由线圈和金属片组成(图 3.33.1), 线圈通入高频正弦交流电, 由电磁感应定律可知, 交变的电流产生交变电磁场, 交变电磁场作用于金属片又产生感应电流. 这种电流在金属片内是自相闭合的, 形状为圆形, 所以称为涡流. 金属片内电涡流也是交变的电流, 其产生的电磁场也作用于线圈, 这种线圈与金属片之间的电磁场相互作用(耦合)称为互感. 对同样的金属片, 互感作用的强弱与金属片和线圈之间的距离相关, 距离远则弱, 距离近则强. 电学中用互感系数 M 表达互感作用的这种特性.

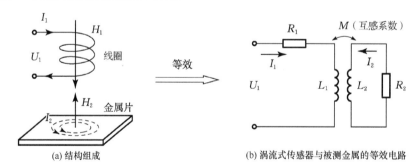

(a) 结构组成　　　　　　　(b) 涡流式传感器与被测金属的等效电路

图 3.33.1　电涡流传感器

在电路分析中, 把线圈与金属片等效为相互耦合的两个线圈, 如图 3.33.1(b)所示. 设 R_1 为线圈的电阻, L_1 为线圈的电感, R_2 为金属片环路的电阻, L_2 为环路的电感, M 为线圈与金属片间的互感系数, M 随两者之间距离 X 的减小而增大, U_1 和 ω 为线圈激励电源的电压与频率. 根据电路原理(基尔霍夫定律), 对等效电路可写出两个电压平衡方程

$$R_1 \dot{I}_1 + j\omega L_1 \dot{I}_1 - j\omega M \dot{I}_2 = \dot{U}_1$$

$$-j\omega M \dot{I}_2 + R_2 \dot{I}_2 + j\omega L_2 \dot{I}_2 = 0$$

联立两方程可解出 I_1,从而求出电涡流传感器的等效阻抗

$$Z = \frac{\dot{U}}{\dot{I}} = R_1 + \frac{\omega^2 M^2 R_2}{R_2^2 + (\omega L_2)^2} + j\omega\left[L_1 - \frac{\omega^2 M^2 L_2}{R_2^2 + (\omega L_2)^2}\right]$$

本实验中线圈、金属片、交流激励源确定后,R_1、L_1、R_2、L_2、ω 则保持不变. 因此,电涡流传感器阻抗 Z 只与 M 或距离 X 有关,阻抗 Z 变化会引起传感器的"变换器"输出电压 U 变化,所以电涡流传感器的输出电压 U 是距离 X 的函数,因此它是一种可将距离变化转化为电压变化的传感器.

【实验仪器】

电涡流传感器实验模块,螺旋测微器,数字电压表,计算机,金属涡流片(铁、铜、铝).

【实验内容与步骤】

1. 电涡流传感器的静态标定

(1) 连接主机与实验模块电源及传感器接口,电涡流线圈与涡流片保持平行,固定好螺旋测微器,涡流变换器输出端接数字电压表的 20V 挡.(注意实验过程中变换放大器调节旋钮取好后,位置是不能再变的.)

(2) 开启主机电源,通电几分钟后,用螺旋测微器带动金属片(铁)移动,铁片接触线圈时,距离 $X=0$,输出电压 U 接近为零,电压 U 处于稳定后再记录数值. 如果电压 U 不能稳定,可能是仪器有问题,请指导教师解决仪器故障后再进行实验.

(3) 然后旋动螺旋测微器,使涡流片离开线圈,每隔 0.2mm 记录一个电压值 U,将 U、X 对应值数值填入表 3.33.1 中.

(4) 卸下铁片改用其他金属片(铜或铝),重复上述测量方法,测量电压值 U 和距离 X,将其对应数值填入表 3.33.1 中.

2. 用 Excel"图表向导"功能处理实验数据

(1) 利用 Excel"图表向导"散点作图功能,在同一坐标中作出三种金属片的 U-X 曲线(静态定标曲线).

(2) 利用 Excel"图表向导"散点作图添加趋势线,用其数学回归功能求出实验曲线的拟合函数.

(3) 利用 Excel 编写公式,根据拟合函数求出电压值 U 关于距离 X 的变化率(导数),即传感器的灵敏度.

(4) 实验数据用计算机处理后,可打印结果贴在实验报告中.

【思考题】

电涡流传感器可以应用于机器的转速测量,实验中三种材料的金属片哪种更适合于做测速传感器? 为什么?

表 3.33.1　实验记录

X/mm	0.00	0.20	0.40	0.60	0.80	1.00	1.20	1.40	1.60	1.80	2.00	2.20	2.40	2.60	2.80	3.00	3.20	3.40	3.60	3.80	4.00
U_0/V																					
U_1/V																					
U_2/V																					

实验 34　电荷耦合图像传感器测径实验

光电器件是将光学量转换为电量的一种传感器,它的物理基础是光电效应.近年来随着光电技术的发展,出现了不少新型的光电传感器,电荷耦合器件(charge-coupled device,CCD)就是其中的一种.它不仅可以测量入射光的强度,还可以检测光源的位置、光强空间明暗分布等,因此自问世以后就广泛应用于现代测量、控制系统和摄像等技术中.

【实验目的】

1.初步了解 CCD 的工作原理.

2.通过利用 CCD 摄像测量物体直径实验,对 CCD 器件应用有初步认识.

【实验原理】

电荷耦合器件,其基本组成是金属-氧化物-半导体(即 MOS)、光敏元列阵和移位寄存器,是一种利用大规模集成电路工艺制作的新型光电器件,具有集成度高、分辨率高、固体化、低能耗及自动扫描等优点.下面对 CCD 的工作原理作一简单介绍.

图 3.34.1 是 MOS 光敏元的结构图,当 MOS 光敏元上无外加电压时,半导体 p 型硅从体内到表面处处是中性的,当金属电极施加一正电压＋U 时,该电压形成的电场穿过绝缘的 SiO_2 薄层,排斥电极下的 p 型硅区域里的空穴,从而在半导体硅表面层中形成带负电荷的耗尽区,由于带负电的电子在那里的势能很低,人们形象地称其为"势阱".如果此时有光入射到半导体硅上,根据光电效应原理,在光子的作用下,半导体硅片

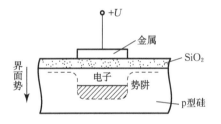

图 3.34.1　MOS 光敏元的结构图

上就产生了电子-空穴对,由此产生的光生电子被附近的势阱所吸收,而同时产生的空穴则被电场排斥出耗尽区.势阱内吸收的光生电子数量与入射到势阱附近的光强和光照时间成正比.人们把这种 MOS 结构称为 MOS 光敏元,把一个势阱所收集的若干光生电荷称为一个电荷包.

通常在半导体硅片上制有几百个或几千个相互独立的 MOS 光敏元,如果在金属电极上施加一正电压,则在这个半导体硅片上就形成几百个或几千个相互独立的势阱.如果照射在这些光敏元上的是一幅明暗起伏的光学图像,那么这些光敏元就感生出一幅与光照强度相对应的光生电荷图像.这就是电荷耦合器件的光电物理效应的基本原理.

在 CCD 电路时钟脉冲驱动作用下,势阱中的电荷信号会依次向相邻的单元转移,有序地传输到接口电路.通过专门的集成电路(如图像采集卡)将模拟的视频信号转换成数字信号,再利用计算机和软件对图像信号进行计算处理,就可获得被测物体的轮廓信息,也可重组被摄物体图形.

电荷耦合器件有线列和面阵两种,线列能传感一维图像,面阵则可以感受二维的平面图

像,它们各具有不同的用途.

【实验仪器】

CCD 摄像头,被测物体和标准物体(圆形),CCD 图像传感器实验模块,视频线,图像采集卡,计算机,计算机软件.

【实验内容与步骤】

(1) 根据图像采集卡光盘安装说明,在计算机中安装好图像卡软件(实验室一般已安装).

(2) 在被测物前安装好摄像头,再在模块上连接 10V 稳压电源(暂不通电).用视频线连接图像卡与摄像头.

(3) 检查无误后开启主机电源,打开计算机进入测量程序,启动图像采集软件后,屏幕窗口即显示被测物的图像,适当调节 CCD 的镜头与前后位置,使目标图像最清晰.

(4) 尺寸标定:先取直径 $D_0 = 10.00\text{mm}$ 的标准圆形特体,根据测试程序测定其屏幕图像的直径 D_1(单位用像素表示),则测量常数 $K = D_1/D_0$(每单位长度的像素).

(5) 保持 CCD 镜头与测标座距离不变,更换另一未知直径的圆形物体,利用测试程序测得其在屏幕上的直径像素,除以系数 K,即得该目标的直径(单位为 mm).

【注意事项】

CCD 摄像机电源禁止乱接其他电源,以免造成损坏.

【思考题】

1. 如何利用此方法测试方形物体的尺寸?
2. 如何利用本实验装置测人的身高?
3. 讨论有哪些因素影响该方法测量长度的精度.

实验 35 莫尔条纹计数实验

光栅与电子技术、计算机技术相结合,可以构成用途广泛的光学计量仪器.它具有结构简单、操作方便、远距离显示和分辨率高等优点,广泛应用在机械、国防和航天等工业领域.本实验中所用莫尔条纹计数方法已广泛应用于精密仪器、精密机床的数字控制及数字显示中.

【实验目的】

1.了解光栅组产生莫尔条纹的过程及其应用.
2.进一步熟悉 CCD 技术的应用.

【实验原理】

(1) 将两块光栅常数为 d 的光栅叠在一起,并使两组刻痕成一个很小的交角 θ,在光的照射下会出现一组组明暗相间的条纹,该条纹又称为莫尔条纹.莫尔条纹的宽度 m 近似满足 $m=d/\theta$(θ 以弧度为单位)(见补充材料).由于 θ 夹角很小,所以莫尔条纹宽度 m 远大于光栅常数 d.若令一块光栅不动,另一块光栅移动 d 距离,则莫尔条纹相应移动 m 距离,这说明微小位移会引起放大的莫尔条纹移动,放大倍数 $k=m/d=1/\theta$.利用上述原理可测量微小长度和角度.

(2) 传统的光栅位移传感器由光栅组、光源、光电器件组成,用光电器件记录莫尔条纹的移动数目,对信号进行判向、内插细分,得出检测结果,这种方法比较繁琐复杂.本实验用 CCD 摄像和计算机技术记录光栅位移,具有简单、方便、直观、智能特点.

【实验仪器】

光栅组,CCD 图像传感器实验模块,视频线,图像采集卡,实验软件,计算机.

【实验内容与步骤】

(1)安装好光栅组,调节位移平台,使两片光栅完全平行重合,调节主光栅角度,选择合适的条纹宽度,莫尔条纹要清晰可见.

(2)在光栅组前安装好 CCD 摄像头,接通电源和图像卡,启动"CCD 莫尔条纹计数"软件,进入程序,按"活动图像"键,屏幕上即出现条纹图像,调节 CCD 光圈及镜头与光栅距离,使条纹图像尽量清晰.

(3)按"冻结图像"键,用鼠标在屏幕上确定莫尔条纹间隔,然后开始计数.

(4)缓慢地转动千分尺,在屏幕上确定一标记,读取条纹移动数,并将目测数、千分尺位移量与软件自动计数结果对照,分析光栅位移与条纹移动数关系,讨论得出结论.

(5)先调节光栅,使两光栅刻痕交角 $\theta=0$,注意会有什么现象出现?微调可动光栅使交角 θ 很小,测量莫尔条纹的宽度 m,根据实验室提供的光栅常数 d,计算交角 θ.改变 3 次交角 θ,观测莫尔条纹的宽度 m,计算交角 θ,请分析现象得出实验结论.

【思考题】

利用迈克耳孙干涉仪和莫尔条纹计数法都可以测量微小长度的变化,试通过它们的原理比较各自的特点.

补充材料　莫尔条纹

人们很早就发现:叠合在一起的两块薄丝绸,其交错的经纬线在阳光照射下可以产生绚丽的花纹,当上下两层薄丝绸相对移动时,花纹也跟着变化、晃动.另外,阳光照射在重叠交叉的竹竿篱笆、丝袜、蚊帐或纱巾上面时,都能见到类似的条纹.后来发现光栅也能产生这种条纹,把这种条纹称为莫尔条纹,有时也称为波纹条纹.

当用单色平行光线照射一片光栅常数为 d 的透射光栅时,在光栅后透镜的焦平面处形成了明暗相间的等距离条纹.若将光栅常数分别为 d 和 d' 的两片透射光栅重叠在一起,并让它们刻线间的夹角为 θ,当用单色平行光照射时,在第二片光栅后面将产生如图 3.35.1 所示的莫尔衍射条纹.图中,1,2,3,$\cdots$代表光栅常数为 d 的透射光栅 Ⅰ;$1',2',3',\cdots$代表光栅常数为 d' 的透射光栅 Ⅱ;$M_{31},M_{32},M_{33},\cdots$所示的粗线就是莫尔衍射条纹,条纹的间隔距离用 m 表示.

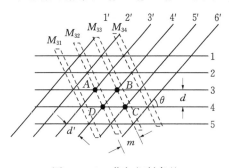

图 3.35.1　莫尔衍射条纹

图中平行四边形 $ABCD$ 的面积 S 为

$$S = \overline{AD}m = \overline{CD}d = \overline{DB}d' \quad (3.35.1)$$

由余弦定律有

$$\overline{BC}^2 = \overline{AD}^2 = \overline{DB}^2 + \overline{DC}^2 - 2\overline{DB}\,\overline{DC}\cos\theta \quad (3.35.2)$$

由式(3.35.1)和式(3.35.2)联立,可得

$$m = \frac{dd'}{\sqrt{d^2 + d'^2 - 2dd'\cos\theta}}$$

上式表明,对于给定的两片光栅,莫尔条纹的间距 m 只与两片光栅刻线间的夹角 θ 有关.当 θ 很小,且 $d=d'$ 时,上式可写成

$$m = \frac{d}{\sqrt{2(1-\cos\theta)}} = \frac{d}{2\sin\frac{\theta}{2}} \approx \frac{d}{\theta} \quad (3.35.3)$$

通常把 $k=m/d$ 称为条纹的放大倍数.由上式可知

$$k = \frac{1}{\theta} \quad (3.35.4)$$

在式(3.35.3)中,若令 $d=0.02\text{mm}$,$\theta=0.00174533\text{rad}$(即 $0.1°$),则 $m=11.4592\text{mm}$,而放大倍数 $k=572.96$.很明显,对两片给定光栅常数的光栅,莫尔条纹的间距越大,放大倍数越大,条纹越清晰.

当一片光栅位置不动,而另一片光栅沿着垂直于光栅刻线的方向移动时,这并不影响莫尔条纹的方向和间距.但是莫尔条纹将沿着与条纹垂直的方向移动,这是因为当可动光栅的每一刻线占据另一刻线以前占据的位置时,其明暗条纹将在相同的位置出现.因此,光栅移动一个光栅常数 d 的距离,莫尔条纹就移过一个条纹间距为 m 的距离.一个小的位移就产生了一个放大 k 倍的莫尔条纹的位移,莫尔条纹起到了“位移放大器”的作用.在实际测量中,就可以根据莫尔条纹的移动量,求得可动光栅的微小位移量.

实验 36　大学物理仿真实验

《大学物理仿真实验》利用软件设计虚拟仪器,建立虚拟实验环境.学习者可在这个环境中操作仪器,模拟真实的实验过程,达到培养学生动手能力、学习实验技能、深化理解物理知识的目的.

在仿真实验中,几乎所有的操作都要用鼠标.启动 Windows 后,屏幕上就会出现鼠标指针光标.移动鼠标,屏幕上的指针光标随之移动.下面是实验中鼠标操作的名词约定.

单击:按下鼠标左键再放开;

双击:快速地连续按两次鼠标左键;

拖动:按下鼠标左键并移动;

右键单击:按下鼠标右键再放开.

【系统的启动和退出】

在 Windows 的"开始"程序菜单中双击"大学物理仿真实验 V2.0"图标,启动仿真实验系统.进入系统后出现主界面(图 3.36.1),单击"上一页""下一页"按钮可前后翻页.用鼠标单击各实验项目文字即可进入相应的仿真实验平台.结束仿真实验后回到主界面,单击"退出"按钮即可退出本系统,如果某个仿真实验还在运行,则主界面"退出"按钮无效,待关闭所有正在运行的仿真实验后,系统会自动退出.

【仿真实验的操作方法】

1.概述

仿真实验平台采用窗口式的图形化界面,形象生动,使用方便.由仿真系统主界面进入仿真实验平台后,首先显示该平台的主窗口——实验室场景(图 3.36.2),该窗口大小一般为全屏或 640×480 像素.实验室场景内一般都包括实验台、实验仪器和主菜单.用鼠标在实验室场景内移动,当鼠标指向某件仪器时,鼠标指针处会显示相应的提示信息(仪器名称或如何操作),如图 3.36.3 所示,有些仪器位置可以调节,可以按住鼠标左键进行拖动.

图 3.36.1　仿真实验主界面

图 3.36.2　实验室场景(凯特摆实验)

主菜单一般为弹出式,隐藏在主窗口里,在实验室场景上单击右键即可显示(图 3.36.4).菜单项一般包括:实验背景知识、实验原理的演示,实验内容、实验步骤和仪器说明挡,开始实验或进行仪器调节,预习思考题和实验报告,退出实验等.

图 3.36.3　提示信息　　　　　　　　　图 3.36.4　主菜单

2. 仿真实验操作

(1) 开始实验.有些仿真实验启动后就处于"开始实验"状态,有些需要在主菜单上选择,具体根据每个实验而定.

(2) 控制仪器调节窗口.调节仪器一般要在仪器调节窗口内进行.

打开窗口:双击主窗口上的仪器或从主菜单上选择,即可进入仪器调节窗口.

移动窗口:用鼠标拖动仪器调节窗口上端的细条.

关闭窗口:共有 3 种方法.

方法①:右键单击仪器调节窗口上端的细条,在弹出的菜单中选择"返回"或"关闭";

方法②:双击仪器调节窗口上端的细条;

方法③:激活仪器调节窗口,按 Alt＋F4 键.

(3) 选择操作对象激活对象(仪器图标、按钮、开关、旋钮等)所在窗口,当鼠标指向此对象时,系统会给出下列提示中的至少一种.

① 鼠标指针提示:鼠标指针光标由箭头变成其他形状(如手形);

② 光标跟随提示:鼠标指针光标旁边出现一个黄色的提示框,提示对象名称或如何操作;

③ 状态条提示:状态条一般位于屏幕下方,提示对象名称或如何操作;

④ 语音提示:朗读提示框或状态条内的文字说明;

⑤ 颜色提示:对象的颜色变为高亮度(或发光),显得突出而醒目.出现上述提示即表明选中该对象,可以用鼠标进行仿真操作.图 3.36.5 为按钮.

(4) 进行仿真操作

① 移动:如果选中的对象可以移动,就用鼠标拖动选中的对象.

② 按钮、开关、旋钮的操作:

按钮的操作:选定按钮,单击鼠标即可(图 3.36.5);

开关的操作:对于两挡开关,在选定的开关上单击鼠标切换其状态.对于多挡开关,在选定的开关上单击左键或右键切换其状态(图 3.36.6 和图 3.36.7).

旋钮的操作:选定旋钮,单击鼠标左键,旋钮反时针旋转;单击右键,旋钮顺时针旋转

（图 3.36.8）.

图 3.36.5　按钮

图 3.36.6　两挡开关

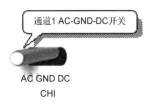

图 3.36.7　多挡开关

图 3.36.8　旋钮开关

③ 连接电路：分为连接两个接线柱和删除两个接线柱的连接.

连接两个接线柱：选定一个接线柱，按住鼠标左键不放拖动，一根直导线即从接线柱引出. 将导线末端拖至另一个接线柱释放鼠标，就完成了两个接线柱的连接（图 3.36.9）.

删除两个接线柱的连接：将这两个接线柱重新连接一次（如果面板上有"拆线"按钮，则应先选择此按钮）.

④ Windows 标准控件的调节：仿真实验中也使用了一些 Windows 标准控件，调节方法请参阅有关 Windows 操作的书籍或 Windows 的联机帮助.

下面以迈克耳孙干涉仪实验为例作具体介绍.

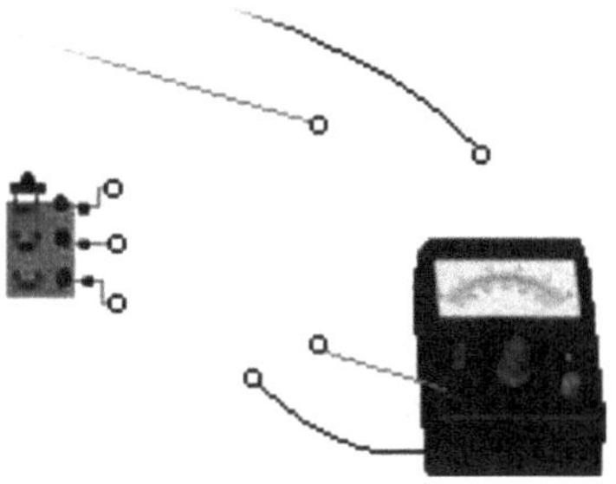

3. 迈克耳孙干涉仪实验

1）窗口

图 3.36.9　连线

在主界面上选择"迈克耳孙干涉仪"图标并单击，即进入本实验，可看到本实验所使用的主要仪器"迈克耳孙干涉仪". 此时单击鼠标右键，就会弹出主菜单，主菜单下还有子菜单. 用鼠标单击相应的菜单项，则进入相应的实验部分. 实验台面如图 3.36.10 所示.

2）主菜单

（1）实验简介：在主菜单上选择"实验简介"，即出现简介画面，简单地介绍了仪器的用途和其在物理学上的重要作用.

（2）使用说明：进入使用说明部分，则可看到迈克耳孙干涉仪的仪器画面. 用鼠标在画面上移动，指向仪器特定部分时，鼠标指针处会显示相应的名称说明. 同时，画面左下角的消息条会显示该部分的作用或一些参数. 画面如图 3.36.11 所示.

在这个画面上单击鼠标右键，则会弹出菜单项，选择第一项，则会弹出读数示例画面（图 3.36.12）.

图 3.36.10 实验台面

图 3.36.11 仪器画面

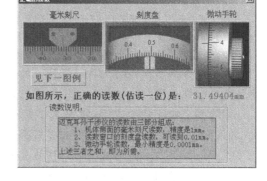

图 3.36.12 读数示例画面

（3）实验原理：实验原理项有 5 部分.

Ⅰ：迈克耳孙干涉仪结构原理；

Ⅱ：点光源产生的非定域干涉；

Ⅲ：条纹可见度；

Ⅳ：时间相干性问题；

Ⅴ：透明薄片折射率测量原理. 请认真阅读.

（4）开始实验：在认真阅读实验原理的基础上，单击鼠标左键进入操作界面，如图 3.36.13 所示.

实验台面上放置着迈克耳孙干涉仪、He-Ne 激光器、小孔光阑（右）、短焦距透镜（左）.

鼠标移到小孔光阑或短焦距透镜上，可以拖动，要领是：按住左键拖动，拖到正确位置上松开左键，则恰当放置，否则被拖动的物体自动回原处.

调节小孔光阑或短焦距透镜的动作有两个：拖动和调节高度. 要调节高度，必须先正确放置，然后在右键弹出菜单上选择"调节光阑或透镜高度". 再调节，左键调低，右键调高. 在这种状态下，要拖动光阑或透镜，必须先在弹出菜单上选择"归位". 光阑和透镜的放置位置应该是激光器和干涉仪的中间. 在菜单上单击"打开光源"项，放置小孔光阑，在菜单上选择"调节 M2 上的螺钉"，则出现 M2 调节画图（图 3.36.14）. M2 上 3 个旋钮有共同的操作方法：左键左旋，右键右旋. 打开光源后，在操作台上会出现显示屏的放大画面（图 3.36.15）.

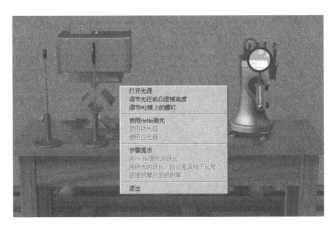

图 3.36.13　实验操作界面

调节 M2 上的 3 个旋钮,使显示屏下排的两点与上排的左数 2、3 点重合. 光点重合后,会出现淡淡的干涉条纹(图 3.36.16). 在此基础上,移走小孔光阑,换为短焦距透镜,则出现明亮的干涉条纹. 同时,弹出菜单上的"测 He-Ne 激光波长"项成为可选.

图 3.36.14　M2 调节画面图

图 3.36.15　显示屏的放大画面

图 3.36.16　干涉条纹

单击它,则进入测波长画面,如图 3.36.17 所示. 用鼠标单击微动手轮,弹出"微动手轮调节"操作台,单击该度盘读数窗口,则可看到放大的读数. 在鼠标右键弹出的菜单上选择侧面毫米刻尺读数,则可看到干涉仪另一侧的毫米刻尺. 微动手轮是可调节的,左键下旋,右键上旋. 在这个界面上完成 He-Ne 激光波长的测量工作. 在弹出菜单上选择"退出",则返回主操作界面. 在主操作界面的弹出菜单上选择"使用钠光源"或"使用白光源",则原来的 He-Ne 激光器就被换成相应的光源. 于是相应的操作选单被激活,可单击进入. 操作界面和"测 He-Ne 激光波长"的界面一致. 只是在"测透明薄片的折射率"操作台面上,其右键弹出菜单多了一项"透明薄片",单击它,出现如图 3.36.18 所示的操作窗口,其作用是选择透明薄片,并放上去.

图 3.36.17　测波长画面

(5) 实验步骤:在实验过程中,若对顺序不清楚的话,可以参考"实验步骤"(图 3.36.19).

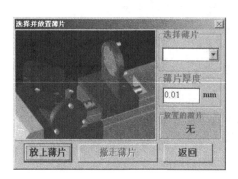

图 3.36.18　选择透明薄片的操作窗口

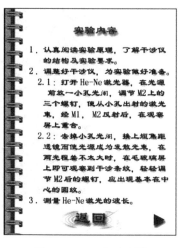

图 3.36.19　实验步骤

实验 37　计算机在物理实验中的应用

　　计算机模拟实验在其他的教学领域的运用日渐广泛,但在物理实验教学中运用较少.在近代物理实验教学中,除了传统的实验教学方式以外,虚拟仪器和仿真实验等一些先进的实验仪器和实验手段日渐成为传统实验很好的补充.通过"虚实结合"的实验教学新模式,我们可以深入挖掘实验现象背后的物理,清晰直观地展示知识难点,详尽地剖析实验技术的精髓,加深学生对实验的理解,使学生从繁杂的实验仪器操作中解脱出来,把大部分精力放在了解和掌握物理现象上,从而提高实验效率.其实,模拟实验能让学生通过自主探索式学习掌握用计算机的计算与模拟技术独立研究一些问题,获得较好的教学效果.虚实结合的实验教学除了可以补充实验课程内容上的不足(很难可持续地开展易耗、高成本、高危性质的教学实验),或者帮助学生做好实验前的预习准备,提高实验课的效率;更可以借助自主开发的实际实验和虚拟仿真相结合的实验项目,发挥实验操作训练和虚拟仿真各自的优势,让学生在充分理解的基础上做好实验,还能"无成本"地拓宽和加深实验教学的内容,提高实验综合能力培养的水平.下面介绍在近代物理教学中用计算机模拟实验的例子.

【实验目的】

　　1. 学习和了解 Mathematica 数学工具软件.
　　2. 学习和掌握 Mathematica 数学工具在物理问题上的应用.

【实验原理】

　　(1)Mathematica 是 Wolfram Research 公司开发的一套专门进行数学计算的软件,从 1988 年问世至今,已广泛应用到很多科学领域,深受人们喜爱.世界很多大学、研究所早已有计划地全面推广 Mathematica 教学.学生自己动手模拟实验数据前必须先认真理解实验原理;模拟实验过程中也可以进一步熟练模拟软件.经过该实验的学习,不少学生对数学软件 Mathematica 产生了浓厚的兴趣,使计算机水平得到提高,同时对相应的物理规律的理解进一步加深.

　　(2)电力线是一种表示电场分布的数学上的线,是真实存在却无法触摸的一种特殊的场物质.规定电力线上每点的切线方向为该点的电场强度矢量的方向,因此又称为电场线.现在普遍都是用电力线表示电场的分布情况.物理学上把本身的线度比相互之间的距离小得多的带电体叫做点电荷,相当于运动学的"质点"模型.电荷都是有体积和大小的.电荷之间存在相互作用,同种电荷相互推斥,异种电荷相互吸引.在定量研究电荷之间相互作用的时候,发现有些电荷的大小对所研究问题的结果带来的影响微不足道,这个时候完全可以把电荷的体积和大小忽略掉,把电荷看做只有电量,没有大小,这就是点电荷模型.应用 Mathematica 软件的内置函数和指令可形象直观地模拟出两个点电荷的电场线和电势的分布图形.

【实验仪器】

Mathematica 实验软件,计算机.

【实验内容与步骤】

由于两个点电荷所激发出的电场和电势的分布是关于两电荷的连线旋转对称的,因此只需画出两点电荷在电荷连线的一个平面(设其为 xOy 平面)的电场和电势分布图形即可表示整个空间的电场和电势分布情况.

假设两个点电荷的电荷量分别为 q_1、q_2,相距间隔为 $2r_0$,以两电荷连线所在直线为 x 轴,将两个点电荷连线的中点设为坐标原点并建立 xOy 平面直角坐标系.由点电荷电势的分布情况易得两个点电荷在这个平面坐标系中的电势场的分布函数为

$$u=\frac{1}{4\pi\varepsilon_0}\left[\frac{q_1}{\sqrt{(x+r_0)^2+y^2}}+\frac{q_2}{\sqrt{(x-r_0)^2+y^2}}\right]$$

其中,ε_0 为真空介电常量,其近似值为 $\varepsilon_0=8.85\times10^{-12}$ C/(N · m).电场的分布函数为负的电势梯度函数,即 $E=-Cu$.

【程序编写与数据处理】

程序设计思路为:按电势的分布式定义为电荷量及坐标的函数,并且将两点电荷的电荷量 q_1、q_2 为动态变量,使程序设置为一个模型.因为在执行指令 Manipulate[] 创建控件时无法进行函数和符号的调用,所以只能完整地输入函数.通过计算得到电场在 x、y 方向的分量分别为

$$E_x=\frac{1}{4\pi\varepsilon_0}\left\{\frac{q_1(x+r_0)}{[(x+r_0)^2+y^2]^{\frac{3}{2}}}+\frac{q_2(x-r_0)}{[(x-r_0)^2+y^2]^{\frac{3}{2}}}\right\}$$

$$E_y=\frac{1}{4\pi\varepsilon_0}\left\{\frac{q_1y}{[(x+r_0)^2+y^2]^{\frac{3}{2}}}+\frac{q_2y}{[(x-r_0)^2+y^2]^{\frac{3}{2}}}\right\}$$

执行程序时取 $r_0=1.0\times10^{-10}$ m.

程序编辑见图 3.37.1.

$$
\begin{aligned}
&\text{Manipulate}\Bigg[\text{Show}\Bigg[\\
&\quad\text{ContourPlot}\Bigg[\frac{1}{4\pi*8.85\times10^{-12}}\left(\frac{q_1}{\sqrt{(x+1.0\times^{-10})^2+y^2}}+\frac{q_2}{\sqrt{(x-1.0\times^{-10})^2+y^2}}\right),(x,-10,10),\{y,-10,10\}\Bigg],\\
&\quad\text{Streamplot}\Bigg[\left\{\frac{1}{4\pi*8.85\times10^{-12}}\left(\frac{q_1*(x+1.0\times10^{-10})}{((x+1.0\times^{-10})^2+y^2)^{\frac{3}{2}}}+\frac{q_2*(x-1.0\times10^{-10})}{((x-1.0\times10^{-10})^2+y^2)^{\frac{3}{2}}}\right),\right.\\
&\quad\left.\frac{1}{4\pi*8.85\times10^{-12}}\left(\frac{q_1*y}{((x+1.0\times10^{-10})^2+y^2)^{\frac{3}{2}}}+\frac{q_2*y}{((x-1.0\times10^{-10})^2+y^2)^{\frac{3}{2}}}\right)\right\},(x,-10,10),\{y,-10,10\}\Bigg]\Bigg],\\
&\quad\{q_1,-3,3,1\},\{q_2,-3,3,1\}\Bigg]
\end{aligned}
$$

图 3.37.1　两个点电荷电势电场模拟程序

利用 Mathematica 软件的内置符号 Mani pulte[] 来创建一个交互式控件,实现模型的建

立. 软件内置指令 Contour Plot[] 用于生成关于 x 和 y 的函数 f 的等高线图, 可用此符号来绘制等势线分布图. 另一个内置指令 Stream Plot[] 是用于生成以 x 和 y 的函数表示的矢量场的流线图, 可用这个符号绘制负的电势梯度函数(即电场分布函数) 所对应的电场分布图, 并可通过内置符号 Show[a,b] 来实现将等势线和电场线分布图共同绘制在一张图上. 输出的图像通过取值可以显示两个点电荷的电势电场情况.

　　图 3.37.2(a)、(b)分别展示两个等量异号点电荷($q_1 = 3$、$q_2 = -3$)电势、电场分布图, 两个等量同号点电荷($q_1 = 1$、$q_2 = -1$)电势、电场分布图, 两图中带有箭头的曲线为电场线, 圆环表示等势线.

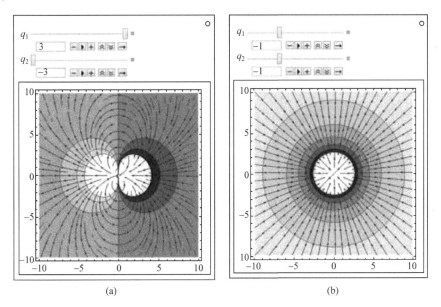

(a)　　　　　　　　　　　　(b)

图 3.37.2　两个等量异号点电荷电势、电场分布(a), 两个等量同号点电荷电势、电场分布(b)

第 4 篇　设计性实验

实验 38　不规则胶片体积与质量的测量

实际生活中,往往要对一些不规则的物体进行测量,拟定合理优化的测量方案(包括如何选择合适的仪器、采用正确的测量方法、执行最佳的数据处理方法等)是得到正确有效测量结果的保证.本实验通过测量一大一小两张胶片,来训练此方面的能力.

【实验目的】

1.测量大胶片在挖去如图 4.38.1 所示(矩形、圆和正五角星)三个部分后剩下的体积(不得毁损胶片);

2.测量小胶片的质量.

【实验器材】

直尺,游标卡尺,螺旋测微器,物理天平,待测胶片(图 4.38.2,实物由老师提供).

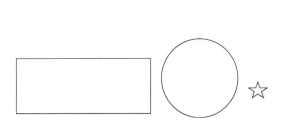

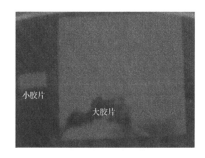

图 4.38.1　矩形、圆和正五角星　　　　　　图 4.38.2　待测胶片

【实验提示】

1.大、小两张胶片都不是标准的长方体.

2.大、小两张胶片是同一种材料,小胶片是从大胶片上裁剪下来的一部分.

3.由于小胶片质量很小,不能采取由天平直接称量的方法.

4.测量结果的有效位数需通过计算其不确定度来决定.

【思考题】

1.如果将大胶片近似为长方体,在求大胶片剩下体积时,对测量误差贡献最大的是什么?为什么?

2.求小胶片质量时,主要误差来源有哪些?

实验 39　重力加速度的测定

重力加速度是万有引力的一个分力作用的结果.准确地测定重力加速度对国防、经济建设及科学研究都具有极其重要的意义.例如,地壳密度的变化会引起重力加速度的改变,通过精确测量重力加速度值可以了解地壳运动,也可以勘探石油、天然气及金属矿藏.在航空航天领域,精确地测定预定区域的重力场数据具有关键的意义.对于洲际弹道导弹来说,若弹着点的重力加速度有 0.00002% 的测量误差,则弹着点会出现 50m 的偏差.实验室中测量重力加速度的实验方法很多,如单摆法和自由落体法,它们是关于测量重力加速度的科学实验的基础.

【实验目的】

1. 根据实验室提供的仪器设备,选定一种测量方法,要求测量结果相对不确定度小于 0.5%.

2. 针对实验过程,分析影响实验结果精度的主要因素,提出可行的改进方案.

【实验器材】

单摆,电子秒表,游标卡尺,米尺,新型焦利秤,霍尔开关传感器及固定块,计数计时仪,滑动导轨,小车,砝码,运动传感器,Datastudio 应用软件.

【实验提示】

1. 基本原理

(1) 单摆法.单摆周期 T 与摆长 l 及摆角 θ 之间的关系为

$$T = 2\pi \sqrt{l/g}\left(1 + \frac{1}{4}\sin^2\frac{\theta}{2} + \cdots\right) \tag{4.39.1}$$

在小摆角近似下,有

$$T = 2\pi \sqrt{l/g} \tag{4.39.2}$$

单摆法要研究和讨论周期(T)、摆长(l)、摆角(θ)以及摆球质量(m)之间的关系.

(2) 焦利秤法.弹簧振子的振动周期与重物质量 m、弹簧振子刚度系数 K 之间的关系为

$$T = 2\pi\sqrt{\frac{m + pm_0}{K}} \tag{4.39.3}$$

其中,$p \approx 1/3$.利用该振子测量弹簧的刚度系数 K,进而利用胡克定律 $mg = K\Delta x$ 测量重力加速度.

(3) 滑动导轨法.要保证导轨的水平,保证小车牵引绳水平,则小车位移与小车质量 m、砝码质量 m'、初速度 v_0、时间 t 以及重力加速度 g 之间的关系为

$$s = v_0 t + \frac{1}{2}\frac{m'}{m + m'}gt^2 \tag{4.39.4}$$

利用 Datastudio 软件测量位移-时间曲线即可测量重力加速度.

2. 设计要点

（1）如何运用不确定度均分原理选定适当的实验仪器？

（2）合理安排测量步骤，最大限度地减少实验仪器带来的系统误差.

【讨论及拓展】

1. 在单摆法中，如果考虑摆线的质量，则测量过程应作怎样的修正？

2. 在焦利秤法中，如果考虑磁钢与焦利秤立柱的相互作用，则周期 T 会受怎样的影响？

3. 在滑动导轨法中，转动传感器本身能否带来系统误差？带来什么样的系统误差？如何消除？

实验 40   设计和组装热敏电阻温度计

电阻测温的基本原理是利用电阻随温度改变的特性,热敏电阻有以下几个显著特点:①灵敏度高,②电阻率大,③体积小,④热惯性小;主要缺点是元件的复现性和稳定性有时不太理想.

【实验仪器】

数字电压表,电阻箱,热敏电阻,EH 物理实验仪,水银温度计等.

【实验原理】

1. 热敏电阻的特性

热敏电阻具有负的电阻温度系数,即电阻随温度的升高而迅速下降.热敏电阻的电阻温度特性可以用一指数函数来描述

$$R_T = Ae^{B/T} \tag{4.40.1}$$

式中,A 为常数;B 为与材料有关的常数;T 为绝对温度.从测量得到的 R_T-T 特性可以求出 A 和 B 的值.为了比较准确地求出 A 和 B 的值,可将式(4.40.1)线性化后进行直线拟合,即对式(4.40.1)两侧取自然对数

$$\ln R_T = \ln A + \frac{B}{T} \tag{4.40.2}$$

从 $\ln R_T$-$\frac{1}{T}$ 的直线拟合中即可得 $\ln A$ 与 B 的值.常用半导体热敏电阻的 B 值为 1500～5000K.

热敏电阻的电阻温度系数 α 的定义为

$$\alpha = \frac{1}{R_T} \cdot \frac{\mathrm{d}R_T}{\mathrm{d}T} \tag{4.40.3}$$

表示热敏电阻随温度变化的灵敏度.由式(4.40.1)可得

$$\alpha = -\frac{B}{T^2} \tag{4.40.4}$$

2. 线性化设计概要

热敏电阻温度计中常采用非平衡电桥电路,如图 4.40.1 所示.R_T 为热敏电阻,R_2、R_3、R_4 为桥臂上的固定电阻,常用锰铜线绕制,为了方便,本实验中采用电阻箱代替.当电源电压 E 一定时,非平衡电桥的输出电压 U_T 由下式决定:

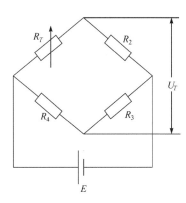

图 4.40.1   非平衡电桥电路

$$U_T = E\left(\frac{R_2}{R_2+R_T} - \frac{R_3}{R_3+R_4}\right) \tag{4.40.5}$$

温度改变时, R_T 改变, U_T 亦随之改变. 作为电阻温度计常常是通过 U_T 的值来确定温度值. 将式(4.40.1)和式(4.40.5)结合起来可以看出, U_T 与 T 的关系是非线性的, 这给温度的标定和显示带来了困难. 通过适当选择桥路参数, 使 U_T 和 T 在一定的温度范围内近似具有线性关系, 这就是所谓的线性化设计. 线性化设计的方法很多, 下面介绍一种比较常用的方法.

由式(4.40.1)和式(4.40.5)可知, U_T 是 T 的函数. 我们将 U_T 在考虑的温区中点 T_1 处按泰勒级数展开

$$U_T = U_{T_1} + U'_{T_1}(T-T_1) + U_n \tag{4.40.6}$$

式中

$$U_n = \frac{1}{2}U''_{T_1}(T-T_1)^2 + \sum_{n=1}^{\infty}\frac{1}{n!}U_{T_1}^{(n)}(T-T_1)^n \tag{4.40.7}$$

$$U_{T_1}^{(n)} = \left(\frac{\delta^n}{\delta T^n}U_T\right)_{T_1}, \quad n=0,1,2,\cdots$$

式(4.40.6)中 U_{T_1} 为一常数项, 即不随温度变化的 $U_{T_1}^{(0)}$, $U'_{T_1}(T-T_1)$ 为一线性项, U_n 代表所有的非线性项, 为使 U_T-T 具有良好的线性关系, U_n 越小越好. 为此让式(4.40.7)中 U_n 的二次项 $\left(\frac{1}{2}U''_{T_1}(T-T_1)^2\right)$ 为零, 第二项(三次项)可看作是非线性误差. 如果是收敛函数, 从第三项(四次项)开始, 数值更小, 可忽略不计. 这样有近似关系式

$$U_T = \lambda + m(T-T_1) + n(T-T_1)^3 \tag{4.40.8}$$

线性函数部分为

$$U_t = \lambda + m(t-t_1) \tag{4.40.9}$$

式中, t 和 t_1 分别为与 T 和 T_1 相对应的摄氏温度. 其中 λ 和 m 分别为

$$\lambda = E\left(\frac{B-2T_1}{2B} - \frac{R_3}{R_3+R_4}\right) \tag{4.40.10}$$

$$m = \frac{E(B^2-4T_1^2)}{4BT_1^2} \tag{4.40.11}$$

详细推导可自己进行或参看有关资料.

线性化设计如下: 根据给定的温度范围确定中点 T_1 的值(绝对温度), 再根据给定的仪器或显示要求, 选取适当的 m 和 λ 的值. 例如, 当采用数字电压表的读数来显示温度 t 时, 可考虑使显示的电压数正好是摄氏温度的 $\frac{1}{10}$ 或 $\frac{1}{100}$. 这样, 由式(4.40.9)可确定 m 和 λ 的值. 然后根据式(4.40.11)、式(4.40.10)有

$$E = \frac{4BmT_1^2}{B^2-4T_1^2} \tag{4.40.12}$$

$$\frac{R_4}{R_3} = \frac{2BE}{E(B-2T_1)-2B\lambda} - 1 \tag{4.40.13}$$

由 T_1、B、m 及 λ 可定出电桥参数 E 和 R_4/R_3 的数值. 然后取 R_3 与热敏电阻的大小为同一数量级的某定值, 这样 R_3 和 R_4 就都可确定了. R_2 可以依据式(4.40.5)、式(4.40.9)和 R_T

T 的测量值确定.

【实验内容】

(1)课前预习.用数字电压表作显示仪器,用电阻箱作桥臂,设计在 20～80℃温区内的热敏电阻-温度计非平衡电桥电路,确定线路参数.假定 $B=3000\mathrm{K}$,$U_t=0.04t(\mathrm{V})$,在预习报告中计算出 E 及 R_4/R_3 的数值,画出测量电路图.

(2)实验课上,利用 EⅡ 物理实验仪测量室温到 80℃的范围内热敏电阻的电阻-温度特性 R_T-T,利用有线性回归功能的计算器计算出实际的 A 和 B 值及在 50℃处的电阻温度系数 α.课后绘制 R_T-T 曲线.

(3)组装热敏电阻温度计.由 T_1、B、m 及 λ 确定桥路实际参数 E、R_2、R_3、R_4,根据电路图组装温度计,在设定温区内测量电桥输出电压 $U_t(\mathrm{V})$ 与温度 $t(℃)$ 的对应值.测量中注意随时监视 E 值,使之保持不变.对测量的 U_t-t 作直线拟合,用以检查该温度计的线性化程度.

【数据记录】

(1)热敏电阻温度特性的测量(表 4.40.1).
室温 $t=$＿＿＿＿＿＿℃,$R_t=$＿＿＿＿＿＿Ω.

表 4.40.1　数据记录

次序	1	2	3	4	5	6	⋯
T/K							
R_T/Ω							

直线拟合计算:相关系数 $r=$＿＿＿＿＿＿,$A=$＿＿＿＿＿＿Ω,$B=$＿＿＿＿＿＿K.
热敏电阻温度系数 $\alpha=$＿＿＿＿＿＿(K^{-1}).
(2)电路设计参数及电压 U_t 与温度 t 的直线拟合.
$E=$＿＿＿＿＿＿V,$R_4/R_3=$＿＿＿＿＿＿,$R_3=$＿＿＿＿＿＿Ω,$R_4=$＿＿＿＿＿＿Ω,$R_2=$＿＿＿＿＿＿Ω.
根据以上提供的数据,可按原理图连接线路,组成热敏电阻温度计.按表 4.40.2 测量数据并计算.

表 4.40.2　数据记录

次序	1	2	3	4	5	6	⋯
$t/℃$	20	30	40	50	60	70	
U_t/mV							

相关系数 $r=$＿＿＿＿＿＿,斜率 $b=$＿＿＿＿＿＿V/℃,截距 $\alpha=$＿＿＿＿＿＿℃.

【实验报告要求】

本实验作为设计性实验,实验报告按技术报告的要求书写,以下格式供参考.
(1)标题和署名.标题应当尽可能简洁,并能反映报告的核心内容.
(2)摘要.扼要叙述文章内容,包括你解决了的问题和获得的结果(皆为结论性的).
(3)热敏电阻的电阻温度特性,给出 R_T-T 的实验曲线.

(4)线性化设计的基本思路和设计结果,可写出主要推导步骤.

(5)实验结果和必要的分析讨论.

【注意事项】

1. 课前请预习有关线性回归(直线拟合)的知识,电桥测电阻实验,完成本实验内容 1.

2. 实验中,测量电路图及通电前的实物电路都须经教师检查后才能进行通电测量.

实验 41　测量玻璃的热膨胀系数与折射率温度系数

热膨胀是指物质的几何性质随着温度的变化而发生变化. 热膨胀系数定义为在等压条件下物质单位体积对温度的变化率, 即 $\alpha = \frac{1}{V} \cdot \frac{\Delta V}{\Delta T}$, 其中 V 为物体体积, T 为温度. 严格说来, 该式只是在温度变化范围不大时热膨胀系数微分定义式的差分近似, 也就是说, 只有当温度变化不是很大时, 热膨胀系数才可看成常数.

对于各向同性的物质, 如果可以看成一维情况, 其长度就是衡量其体积的决定因素, 这时的热膨胀系数可简化为: 物质单位长度对温度的变化率, 即线膨胀系数表示为 $\beta = \frac{1}{L} \cdot \frac{\Delta L}{\Delta T}$. 但对于各向异性的物质, 线膨胀系数则不同于体膨胀系数.

物质的折射率随温度的变化而发生变化. 折射率温度系数定义为折射率对温度的变化率, 表示为 $\gamma = \frac{\Delta n}{\Delta T}$.

【实验任务】

1. 了解实验原理, 根据实验室提供的仪器设备, 提出实验设计方案, 测出玻璃的热膨胀系数与折射率温度系数.

2. 针对实验过程, 分析影响实验结果精度的主要因素, 对如何减少误差提出可行的改进方案.

【实验器材】

玻璃样品, He-Ne 激光器, 白屏, 加热装置, 温度计, 游标卡尺.

【实验提示】

1. 基本原理

实验所用的样品由均匀各向同性的待测玻璃制成, 如图 4.41.1 所示. 其中 A 是高度为 L, 被切去一部分的玻璃圆柱体, 上下表面基本平行; B 和 B' 是两块也被切去一部分的圆形薄玻璃板, 每块玻璃板的上下表面不平行. 三块玻璃 A、B、B' 用胶粘在一起, 胶的折射率与玻璃的相同, 厚度可以忽略不计.

激光从上方射向玻璃样品, 如图 4.41.2 所示. 当激光从样品右侧反射时, 在屏上可以看到三个反射光斑, 其中有一个光斑有干涉条纹, 它是由上薄玻璃板 B 的下表面与下薄玻璃板 B' 的上表面两束反射光干涉形成的. 这两束光的光程差为 $2L$. 如果对样品加热, 设样品温度升高 ΔT, 玻璃膨胀量为

$$\Delta L = \beta L \Delta T \tag{4.41.1}$$

式中, β 为玻璃的热膨胀系数. 设此时干涉条纹移动了 m_1 条, 则有

$$2\Delta L = m_1\lambda \tag{4.41.2}$$

式中,λ 为激光的波长(632.8nm).将式(4.41.1)和式(4.41.2)整理可得

$$\beta = \frac{m_1\lambda}{2L\Delta T} \tag{4.41.3}$$

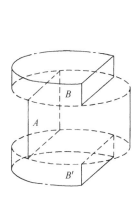

图 4.41.1　玻璃样品

图 4.41.2　激光干涉

当激光从样品左侧反射时,在屏上只能看到一个有干涉条纹的光斑,它是由玻璃圆柱体 A 的上下表面两束反射光的干涉形成的.这两束光的光程差为 $2nL$,温度升高 ΔT 引起的光程差变化为

$$\Delta(2nL) = 2\left(n\frac{\Delta L}{\Delta T} + L\frac{\Delta n}{\Delta T}\right)\Delta T = 2L(n\beta + \gamma)\Delta T \tag{4.41.4}$$

其中,$\gamma = \dfrac{\Delta n}{\Delta T}$ 为玻璃的折射率温度系数.设此时干涉条纹移动了 m_2 条,则有 $2L(n\beta + \gamma)\Delta T = m_2\lambda$,整理得

$$\gamma = \frac{m_2\lambda}{2L\Delta T} - n\beta \tag{4.41.5}$$

2. 设计要点

(1) 如何选择一种既简易又可行的实验方法测出待测物理量?

(2) 如何选择适当的加热装置和测温器件,才能得到干涉条纹移动条数 m_1、m_2 与温度 T 比较好的线性关系?

(3) 合理安排实验步骤,最大限度地减少实验仪器带来的系统误差.

【讨论及拓展】

1. 样品为什么设计成如图 4.41.1 所示形状? 它的各个部分(如 A 的高度、平行度;B 和 B' 的楔角等)有什么要求?

2. 对测温器件(温度计)的类型、量程和精度是如何选择的?

3. 对本实验提供的实验装置提出改进方案,使测量结果系统误差更小,提高测量结果的精度.

实验 42　三用电表的设计与制作

三用电表主要由磁电式测量机构(即表头)和转换开关控制的测量电路组成.实际上,它是根据改装电表的原理,将一个表头分别连接各种测量电路而改成多量程的电流表、电压表与欧姆表.

【实验任务】

(1) 将 $100\mu A$ 表头改装成如下规格的三用电表.

直流电流:1mA、15mA、60mA;

直流电压:7.5V、15V、30V;

欧姆表:中心电阻为 $12k\Omega$;

参照有关电路,算出 $R_1\sim R_9$ 的阻值.

注:表头的内阻要测准!

(2) 选择符合上述计算值的电阻(一般均能在插线板上找到);若找不到合适的,可用可变电阻(即电位器)调成所需的阻值.

(3) 参照图 4.42.1,将各元件及表头引线插到接线板上,连好电路.

(4) 检验直流电路、直流电压挡.检验电路由自己设计.

校验时,以整数刻度(各个量程都要)校验 5 个点,被校表选整数读数,读出标准表的相应读数.

(5) 求组装表(电流、电压各 2 挡)的准确度等级.

(6) 检验调零电阻的效果.

(7) 以电阻箱为准,检查欧姆表中心阻值是多少,是否符合设计要求(求百分误差).

(8) 讨论与评价你的设计与制作工作.

【实验器材】

$100\mu A$ 表头,直流电流表,直流电压表,电阻箱,直流稳压电源,三用电表插线板,各种导线等.

【实验提示】

设计组装三用电表的要求是:直流电流 3 挡,直流电压 3 挡,欧姆表 1 挡,设计的参考电路如图 4.42.1 所示.

1. 直流电流挡的设计

图 4.42.1 中表头的量程为 $100\mu A$,现在设计将量程扩大到 1mA、15mA、60mA,从图中摘出与这三个量限有关的电路,如图 4.42.2 所示.对于量限为 60mA 的表头设计,我们把电路改绘成如图 4.42.3 所示的电路.从图中可以看出,关键在于算出 R_1 的值.设通过表头的电流是

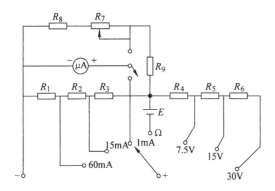

图 4.42.1　三用电表设计参考电路

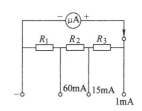

图 4.42.2　三用电表直流电流
挡部分电路

满量程电流 I_0，则另一支路（即通过 R_1）的电流为 $0.06-I_0$，于是

$$I_0(R_3 + R_2 + R_g) = (0.06 - I_0)R_1 \qquad (4.42.1)$$

对于量限为 1mA 的表头设计，依照上述情况可画类似的如图 4.42.4 所示的电路图，同样可得出如下方程：

$$I_0 R_g = (0.001 - I_0)(R_1 + R_2 + R_3) \qquad (4.42.2)$$

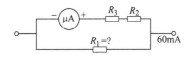

图 4.42.3　60mA 电流挡电路

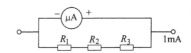

图 4.42.4　1mA 电流挡电路

对于 15mA 的量限，也可列出如下方程：

$$I_0(R_g + R_3) = (0.015 - I_0)(R_1 + R_2) \qquad (4.42.3)$$

上面三个方程联立，即可获得 R_1、R_2、R_3 值.

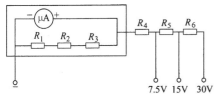

图 4.42.5　三用电表直流电压挡部分电路

2. 直流电压挡的设计

从图 4.42.1 中摘出测量电压的电路，如图 4.42.5 所示. R_1、R_2、R_3 已经算出，故可以把虚线框看成一个等效表头的内阻，因为等效表头的总电流为 1mA，这样，根据扩程的电压量程，可分别算出 R_4、R_5 与 R_6 值.

3. 欧姆挡的设计

此项设计比前两个设计复杂，以下分三步讨论.

（1）欧姆表的不均匀分度与中心阻值. 在欧姆表的基本原理图中，表头、电池 E、可变电阻 R'' 及待测电阻 R_x 串联构成回路，电流 I 通过表头即可使表头指针偏转，其值为

$$I = \frac{E}{R_g + R'' + R_x} \qquad (4.42.4)$$

在 E 一定的条件下(一般为 1.5V),指针偏转与回路的总电阻成反比. 当 R_x 改变时,电流就变化,被测电阻 R_x 越大,I 越小;当 R_x 为无穷大时,表头指针为零,因此,欧姆表的标尺刻度与电流表、电压表的标尺刻度相反. 由于 I 与被测电阻 R_x 不成正比关系,所以电阻的标度尺的分度是不均匀的.

令 $R_g + R'' = R_内$,则式(4.42.4)可改写为

$$I = \frac{E}{R_内 + R_x} \tag{4.42.5}$$

当 $R_x = 0$ 时,调 $R_内$ 使表头指针在满刻度 I_0 处,令此时 $R_内 = R_K$,则,$I_0 = \frac{E}{R_K}$.

当 $I = \frac{I_0}{2}$ 时,代入式(4.42.5),可得 $R_K = R_x$. 此时,指针刚好位于度盘中心,因而将此阻值称为欧姆表的中心阻值,记为 R_K(又称欧姆中心),它是欧姆表的一个重要参量.

通常把欧姆表的中心阻值 R_K 称为这个欧姆表的内阻,由于欧姆表测量电阻时主要用度盘右半边和中心附近,因而中心阻值 R_K 就是这个欧姆表的最大测量范围(即量限).

(2) 调零电阻 R_7 与限流电阻 R_8. 图 4.42.6 是从总图中摘出的测量电阻的电路.

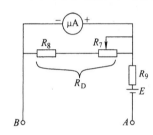

图 4.42.6　测电阻电路

欧姆表中电源为一节干电池,其电动势在 1.5V 左右,新电池的电动势可能接近 1.65V,旧的要低些,这里取电压最低值为 1.25V. 为了适应电池电压的变化以及在 $R_x = 0$ 时表头指针指向满刻度,图中设置了调零电阻 R_7 与限流电阻 R_8.

(3) R_7、R_8 与 R_9 的计算. 设 A、B 两端短接时(即 $R_x = 0$),表头指针在满度(即 I_0)位置. 忽略电池内阻,则有

$$\frac{E - I_0 R_g}{R_9} = I_0 + \frac{I_0 R_g}{R_D} \tag{4.42.6}$$

当待测电阻 $R_x = R_K$(欧姆表中心阻值)时,表头指针恰好在 $\frac{I_0}{2}$ 处,同理有

$$\frac{E - \frac{I_0}{2} R_g}{R_9 + R_K} = \frac{I_0}{2} + \frac{\frac{I_0}{2} R_g}{R_D} \tag{4.42.7}$$

式中,$R_D = R_7 + R_8$.

解上两个方程,可得 $R_9 = R_K - \dfrac{I_0 R_g R_K}{E}$.

先取 $E = 1.5V$,R_K 已知(由设计要求给出),可求 R_9,而后由式(4.42.6)求出 R_D.

R_7 的计算:先求欧姆表回路的工作电流,因为 $E = 1.5V$,而欧姆表的内阻为 R_K(即欧姆表中心阻值),所以 $I = \dfrac{1.5}{R_K}$.

先取 $E = 1.65V$,回路总电流为 $\dfrac{1.65V}{R_K}$.

又取 $E = 1.25V$,则回路总电流为 $\dfrac{1.25V}{R_K}$.

它们的差值可近似为 R_7 的变化量.

【思考题】

1. 为什么欧姆表要设置调零电阻？如何计算它的阻值？在接线板上的调零电阻是分压式还是限流（即制流）式？

2. 为什么不宜用欧姆表测量表头内阻？能否用欧姆表测量电源内阻？

3. 若用 15mA 直流挡去测量直流电压 15V，将会产生什么后果？为什么？

4. 通过设计、组装、校正，总结一下万用电表使用时应注意哪些方面.

实验 43　数字万用表的设计

【实验目的】

1. 了解数字电表的基本原理及组成和特性,电表的校准原则以及测量误差来源.
2. 掌握分压、分流电路的原理、计算和连接.
3. 设计对电压、电流和电阻的多量程测量.
4. 学会 R-V 转换、I-V 转换和 AC-DC 转换原理.

【实验器材】

BF309 型数字电表原理及万用表设计实验仪,四位半通用数字万用表.

【实验原理】

1. 数字万用表的特性

与指针式万用表相比较,数字万用表有如下优良特性:
(1)高准确度和高分辨力.
(2)电压表具有高的输入阻抗.
(3)测量速率快.
(4)自动判别极性.
(5)全部测量实现数字直读.
(6)自动调零.
(7)抗过载能力强.
当然,数字万用表也有一些弱点,如:
(1)测量时不像指针式仪表那样能清楚直观地观察到指针偏转的过程,在观察充放电等过程时不够方便.
(2)数字万用表的量程转换开关通常与电路板是一体的,触点容量小,耐压不很高,有的机械强度不够高,寿命不够长,导致用旧以后换挡不可靠.
(3)一般万用表的 V/Ω 挡共用一个表笔插孔,而 A 挡单独用一个插孔. 使用时应注意根据被测量调换插孔,否则可能造成测量错误或仪表损坏.

2. 数字万用表的基本组成

数字万用表的基本组成见图 4.43.1.

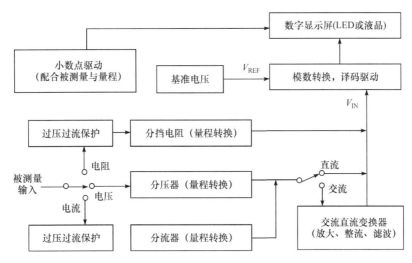

图 4.43.1　数字万用表的基本组成

3. 模数(A/D)转换与数字显示电路

常见的物理量都是幅值(大小)连续变化的所谓模拟量(模拟信号). 指针式仪表可以直接对模拟电压、电流进行显示. 而对数字式仪表,需要把模拟电信号(通常是电压信号)转换成数字信号,再进行显示和处理(如存储、传输、打印、运算等).

数字信号与模拟信号不同,其幅值(大小)是不连续的. 这种情况被称为是"量化的". 若最小量化单位(量化台阶)为 Δ,则数字信号的大小一定是 Δ 的整数倍,该整数可以用二进制数码表示. 但为了能直观地读出信号大小的数值,需经过数码变换(译码)后由数码管或液晶屏显示出来.

例如,设 $\Delta = 0.1\mathrm{mV}$,我们把被测电压 U 与 Δ 比较,看 U 是 Δ 的多少倍,并把结果四舍五入取为整数 N (二进制). 一般情况下,$N \geqslant 1000$ 即可满足测量精度要求(量化误差 $\leqslant 1/1000 = 0.1\%$). 最常见的数字表头的最大示数为 1999,被称为三位半 $\left(3\dfrac{1}{2}\right)$ 数字表.

对上述情况,我们把小数点定在最末位之前,显示出来的就是以 mV 为单位的被测电压 U 的大小. 如 U 是 Δ (0.1mV) 的 1234 倍,即 $N = 1234$,显示结果为 123.4mV. 这样的数字表头再加上电压极性判别显示电路,就可以测量显示 $-199.9 \sim 199.9\mathrm{mV}$ 的电压,显示精度为 0.1mV.

由上可见,数字测量仪表的核心是模数(A/D)转换、译码显示电路. A/D 转换一般又可分为量化、编码两个步骤. 有关 A/D 转换、编码、译码的详尽理论超出了本实验所要求的范围,感兴趣的同学可参阅有关专业教材.

本实验使用的数字万用表设计实验仪,其核心是一个三位半数字表头,它由数字表专用 A/D 转换译码驱动集成电路和外围元件、LED 数码管构成. 该表头有 5 个输入端,包括 2 个测量电压输入端(IN+、IN-)和 3 个小数点驱动输入端.

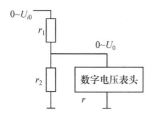

图 4.43.2 分压电路原理

4. 数字万用表设计

1）直流电压测量电路

在数字电压表头前面加一级分压电路（分压器），可以扩展直流电压测量的量程. 如图 4.43.2 所示，U_0 为电压表头的量程（如 200mV），r 为其内阻（如 10MΩ），r_1、r_2 为分压电阻，U_{i0} 为扩展后的量程.

由于 $r \gg r_2$，所以分压比为

$$\frac{U_0}{U_{i0}} = \frac{r_2}{r_1 + r_2}$$

扩展后的量程为

$$U_{i0} = \frac{r_1 + r_2}{r_2} U_0$$

多量程分压器原理电路见图 4.43.3，5 挡量程的分压比分别为 1、0.1、0.01、0.001 和 0.0001，对应的量程分别为 2000V、200V、20V、2V 和 200mV.

采用图 4.43.3 的分压电路虽然可以扩展电压表的量程，但在小量程挡明显降低了电压表的输入阻抗，这在实际使用中是所不希望的. 所以，实际数字万用表的直流电压挡电路为图 4.43.4 所示，它能在不降低输入阻抗的情况下达到同样的分压效果.

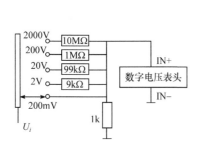

图 4.43.3 多量程分压器原理图

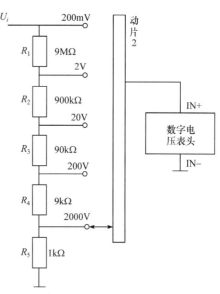

图 4.43.4 实用分压器电路

例如，200V 挡的分压比为

$$\frac{R_4 + R_5}{R_1 + R_2 + R_3 + R_4 + R_5} = \frac{10\text{k}\Omega}{10\text{M}\Omega} = 0.001$$

其余各挡的分压比可同样算出.

实际设计时是根据各挡的分压比和总电阻来确定各分压电阻的. 如先确定

$$R_总 = R_1 + R_2 + R_3 + R_4 + R_5 = 10M\Omega$$

再计算 2000V 挡的电阻

$$R_5 = 0.0001R_总 = 1k\Omega$$

再逐挡计算 R_4、R_5、R_2、R_1.

尽管上述最高量程挡的理论量程是 2000V,但通常的数字万用表出于耐压和安全考虑,规定最高电压量限为 1000V.

换量程时,多刀量程转换开关可以根据挡位自动调整小数点的显示,使用者可方便地直接读出测量结果.

2)直流电流测量电路

测量电流的原理是:根据欧姆定律,用合适的取样电阻把待测电流转换为相应的电压,再进行测量.如图 4.43.5 所示,由于 $r \gg R$,取样电阻 R 上的电压降为

$$U_i = I_i R$$

即被测电流为

$$I_i = \frac{U_i}{R}$$

若数字表头的电压量程为 U_0,欲使电流挡量程为 I_0,则该挡的取样电阻(也称分流电阻)为

$$R = \frac{U_0}{I_0}$$

如 $U_0 = 200$mV,则 $I_0 = 200$mA 挡的分流电阻为 $R = 1\Omega$.

多量程分流器原理电路见图 4.43.6.

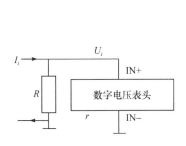

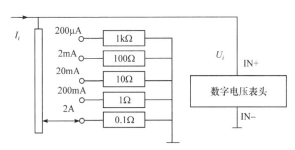

图 4.43.5 电流测量原理　　　　　图 4.43.6 多量程分流器原理电路图

图 4.43.6 中的分流器在实际使用中有一个缺点,就是当换挡开关接触不良时,被测电路的电压可能使数字表头过载,所以实际数字万用表的直流电流挡电路为图 4.43.7 所示.

图 4.43.7 中各挡分流电阻的阻值是这样计算的:先计算最大电流挡的分流电阻 R_5

$$R_5 = \frac{U_0}{I_{m5}} = \frac{0.2}{2} = 0.1(\Omega)$$

再计算下一挡的 R_4

$$R_4 = \frac{U_0}{I_{m4}} - R_5 = \frac{0.2}{0.2} - 0.1 = 0.9(\Omega)$$

依次可计算出 R_5、R_2 和 R_1,请同学们自己练习.

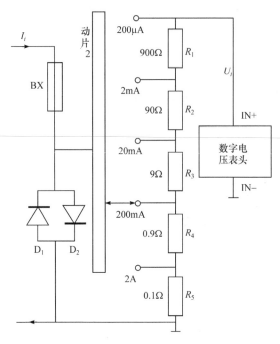

图 4.43.7　实用分流器电路

　　图中的 BX 是 2A 保险丝管,电流过大时会快速熔断,起过流保护作用.两只反向连接且与分流电阻并联的二极管 D_1、D_2 为塑封硅整流二极管,它们起双向限幅过压保护作用.正常测量时,输入电压小于硅二极管的正向导通压降,二极管截止,对测量毫无影响.一旦输入电压大于 0.7V,二极管立即导通,两端电压被限制住(小于 0.7V),保护仪表不被损坏.

　　用 2A 挡测量时,若发现电流大于 1A,应不使测量时间超过 20s,以避免大电流引起的较高温升影响测量精度甚至损坏电表.

　　3)交流电压、电流测量电路

　　数字万用表中交流电压、电流测量电路是在直流电压、电流测量电路的基础上,在分压器或分流器之后加入了一级交流-直流(AC-DC)变换器,图 4.43.8 为其原理简图.

　　该 AC-DC 变换器主要由集成运算放大器、整流二极管、RC 滤波器等组成,还包含一个能调整输出电压高低的电位器,用来对交流电压挡进行校准.调整该电位器可使数字表头的显示值等于被测交流电压的有效值.

　　同直流电压挡类似,出于对耐压、安全方面的考虑,交流电压最高挡的量限通常限定为700V(有效值).

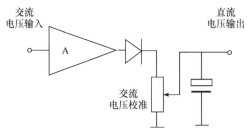

图 4.43.8　AC-DC 变换器原理简图

4)电阻测量电路

数字万用表中的电阻挡采用的是比例测量法,其原理电路见图 4.43.9.

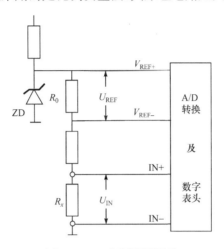

图 4.43.9　电阻测量原理

由稳压管 ZD 提供测量基准电压,流过标准电阻 R_0 和被测电阻 R_x 的电流基本相等(数字表头的输入阻抗很高,其取用的电流可忽略不计),所以 A/D 转换器的参考电压 U_{RFE} 和输入电压 U_{IN} 有如下关系:

$$\frac{U_{REF}}{U_{IN}} = \frac{R_0}{R_x}$$

即

$$R_x = \frac{U_{IN}}{U_{REF}} R_0$$

根据所用 A/D 转换器的特性可知,数字表显示的是 U_{IN} 与 U_{RFE} 的比值,当 $U_{IN} = U_{RFE}$ 时显示"1000",$U_{IN} = 0.5 U_{RFE}$ 时显示"500",以此类推. 所以,当 $R_x = R_0$ 时,表头将显示"1000",当 $R_x = 0.5R_0$ 时显示"500",这称为比例读数特性. 因此,我们只要选取不同的标准电阻并适当地对小数点进行定位,就能得到不同的电阻测量挡.

如对 200Ω 挡,取 $R_{01} = 100Ω$,小数点定在十位上. 当 $R_x = 100Ω$ 时,表头就会显示出 100.0Ω;当 R_x 变化时,显示值相应变化,可以从 0.1Ω 测到 199.9Ω.

又如对 2kΩ 挡,取 $R_{02} = 1kΩ$,小数点定在千位上. 当 R_x 变化时,显示值相应变化,可以从 0.001kΩ 测到 1.999kΩ.

其余各挡道理相同,同学们可自行推演.

数字万用表多量程电阻挡电路见图 4.43.10.

由以上分析可知,

$$R_1 = R_{01} = 100Ω$$

$$R_2 = R_{02} - R_{01} = 1000 - 100 = 900Ω$$

$$R_3 = R_{03} - R_{02} = 10kΩ - 1kΩ = 9kΩ$$

……

图 4.43.10 中由正温度系数(PTC)热敏电阻 R_t 与晶体管 T 组成了过压保护电路,以防

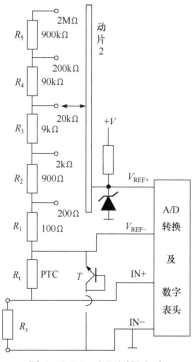

图 4.43.10　电阻测量电路

误用电阻挡去测高电压时损坏集成电路. 当误测高电压时,晶体管 T 发射极将击穿从而限制输入电压的升高. 同时 R_1 随着电流的增加而发热,其阻值迅速增大,从而限制了电流的增加,使 T 的击穿电流不超过允许范围. 即 T 只是处于软击穿状态,不会损坏,一旦解除误操作,R_1 和 T 都能恢复正常.

【实验步骤】

1. 直流电压的测量

原理见图 4.43.11.

1)200mV 挡量程的校准

(1)拨动拨位开关 K1-4 到 ON,其他到 OFF,使 $R_{int} = 47\text{k}\Omega$,调节 AD 参考电压模块中的电位器,同时用万用表 200mV 挡测量其输出电压值,直到万用表的示数为 100mV 为止.

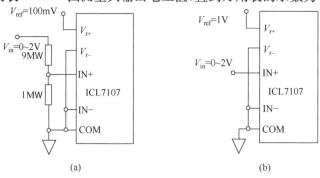

(a)　　　　　　　　　　　(b)

图 4.43.11　直流电压测量原理

(2)调节直流电压电流模块中的电位器,同时用万用表 200mV 挡测量该模块电压输出值,使其电压输出值为 0～199.9mV 的某一具体值(如 150.0mV).

(3)拨动拨位开关 K2-3 到 ON,其他到 OFF,使对应的 ICL7107 模块中数码管的相应小数点点亮,显示 XXX. X.

(4)按图 4.43.12 方式接线.

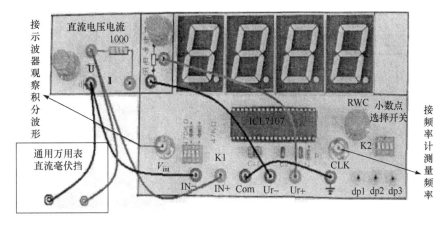

图 4.43.12　直流电压测量接线图

(5)观察 ICL7107 模块数码管显示是否为 0～199.9mV 中的某一具体值. 若有些许差异,稍微调整 AD 参考电压模块中的电位器,使模块显示读数为前述某一具体值.

(6)调节直流电压电流模块中的电位器,减小其输出电压,使模块输出电压为 199.9mV,180.0mV,160.0mV,…,20.0mV,0mV,并同时记录下万用表所对应的读数. 再以模块显示的读数为横坐标,以万用表显示的读数为纵坐标,绘制校准曲线.

* 若输入的电压大于 200mV,请先采用分压电路并改变对应的数码管在进行,请同学们自行设计实验. 注意在测量高电压时,务必在测量前确定线路连接正确,避免伤亡事故.

2)2V 挡量程校准

(1)拨动拨位开关 K1-2 到 ON,其他到 OFF,使 $R_{int}=470\text{k}\Omega$. 调节 AD 参考电压模块中的电位器,同时用万用表 2V 挡测量其输出电压值,直到万用表的示数为 1.000V 为止.

(2)拨动拨位开关 K2-2 到 ON,其他到 OFF. 其余步骤与 200mV 挡测量相同.

* 在上面实验进行校准时,由于直流电压电流模块中的电位器细度不够,可能调整不到相应的值(如 150.0mV 和 1.500V),可以调整到一个很接近的值;但是在稍微调整 AD 参考电压模块中的电位器时,注意一定要使模块显示值与实际测量的直流电压电流模块中输出的电压显示值一样. 在电流挡的校准时也同样遵循这一原则.

2. 直流电流的测量

1)20mA 挡量程校准

(1)测量时可以先左旋直流电压电流模块中的电位器到底,使输出电流为 0.

(2)拨动拨位开关 K1-2 到 ON,其他到 OFF,使 $R_{int}=470\text{k}\Omega$. 调节 AD 参考电压模块中的电位器,同时用万用表 200mV 挡测量输出电压值,直到万用表的示数为 100mV 为止.

(3)拨动拨位开关 K2-2 到 ON,其他 OFF,使对应的 ICL7107 模块中数码管的相应小数点点亮,显示 XX. XX.

(4)按照图 4.43.13 所示方式接线、供电.其原理见图 4.43.14.向右旋转调节直流电压与电流模块中的电位器,使万用表显示为 0～19.99mA 的某一具体值(如 15.00mA).

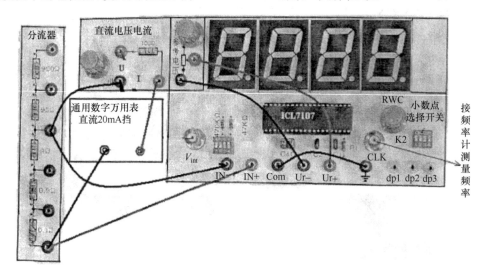

图 4.43.13　直流电流测量接线图

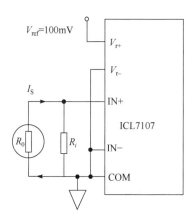

图 4.43.14　直流电流的测量原理

(5)观察模数转换模块中显示值是否为 0～19.99mA 中某一具体值.若有些许差异,稍微调整 AD 参考电压模块中的电位器,使模块显示数值为 0～19.99mA 中的某一具体值.

(6)调节直流电压电流模块中的电位器,减小其输出电流,使显示模块输出电流为 19.99mA,18.00mA,16.00mA,…,0.20mA,0mA,并同时记录下万用表所对应的读数.再以模块显示的读数为横坐标,以万用表显示的读数为纵坐标,绘制校准曲线.

2)2mA 挡量程校准

(1)若要进行 2mA 挡校准,只需要把分流器 b 中的电阻选用 100Ω,ICL7107 模块中数码管对应的显示为 X.XXX;同时把万用表的量程选择为 2mA 挡,然后重复实验步骤(1)～(6)即可.

(2)更高量程的输入请用分流电路 a 来实现,同学们可以自行设计实验.

3. 电阻的测量

（1）参考电流 1V,拨动拨位开关 K1-2 到 ON,其他到 OFF,使 R_{int}＝470kΩ.

（2）进行 2kΩ 挡校准. 电阻箱定为 1500kΩ,拨动拨位开关 K2-1 到 ON,其余 OFF,使对应的 ICL7107 模块中数码管的相应小数点点亮,显示 X. XXX.

（3）按照图 4.43.15 所示方式接线,其原理见图 4.43.16.

（4）调节 RWS 使模块显示数值为 1.500.

（5）调节电阻数值,使模块显示数值为 1.999kΩ,1.800kΩ,1.600kΩ,…,0.200kΩ,0.000kΩ,同时记录电阻箱的电阻值.

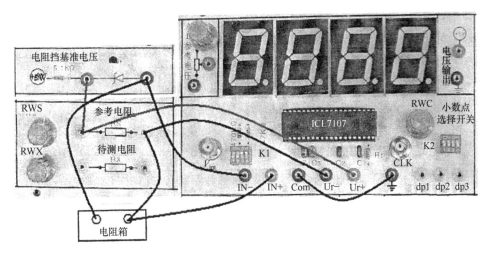

图 4.43.15　电阻挡校准接线图

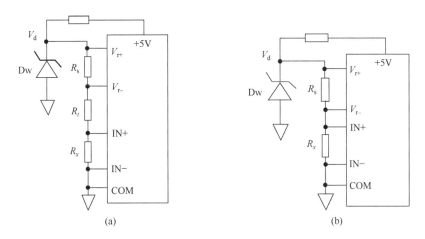

图 4.43.16　电阻挡校准原理图

4. 200mV 交流电压、电流的校准(选做)

【实验数据】

1. 设计制作多量程直流数字电压表

(1)用黄色线将量程的公共端(PD)与量程为"200mV"挡相连,确定小数是一位.

(2)按照图 4.43.12 接线,"0~1.2mV"直流输出与分压电路"200mV"挡相连,分压电路"200mV"挡与表头测量输入连接(红-红,黑-黑,黑色插孔代表公共端).

(3)闭合电源开关,调节直流电压调节旋钮,观察表头显示,使其达到 199.9mV. 通过调节直流电压旋钮,在该挡可测量低于 199.9mV 的电压.

制作 200mV (199.9mV)直流数字电压表头并进行校准(表 4.43.1).

表 4.43.1　200mV 直流数字电压表

$U_{改}$						
$U_{标}$						
$\Delta U = U_{改} - U_{标}$						

利用分压器扩展电压表头成为多量程直流数字电压表,改变量程,按上述方法可测量不同电压. 改变直流电压 $U_{改}$ 的大小,分别测出对应的标准电压 $U_{标}$,填入表 4.43.2 中.

表 4.43.2　多量程直流数字电压表

$U_{改}$						
$U_{标}$						
$\Delta U = U_{改} - U_{标}$						

(4)对 200mV 挡和 2V 挡记录数据,并作校准曲线.

(5)$U_{改}$ 为改装的表头测量值,$U_{标}$ 为实际标准值,以 $U_{改}$ 为横轴,$\Delta U = U_{改} - U_{标}$ 为纵轴,在坐标纸上作校正曲线(注意:校正曲线为折线,即将相邻两点用直线连接).

2. 设计制作多量程直流数字电流表

(1)用黄色线将量程的公共端(PD)与量程为"20mA"挡相连,确定小数是三位.

(2)按照图 4.43.13 接线,"1.2~20V"直流输出与 RW1 串联再与分流电路"20mA"挡相连,分流电路"20mA"挡与表头测量输入连接(红-红、黑-黑、黑色插孔代表公共端)(黑色插孔代表公共端).

(3)闭合电源开关,调节直流电压调节旋钮,观察表头显示,使其达到 1.999A. 通过调节电流调节旋钮,在该挡可测量低于 1.999A 的电流.

制作 20mA (19.99mA)直流数字电流表头并进行校准(表 4.43.3).

表 4.43.3　20mA 直流数字电流表

$I_{改}$								
$I_{标}$								
$\Delta I = I_{改} - I_{标}$								

　　利用分流器设计多量程直流数字电流表,改变量程,按上述方法可测量不同电流.改变直流电流 $I_{改}$ 的大小,分别测出对应的标准电流 $I_{标}$,填入表 4.43.4 中.

表 4.43.4　多量程直流数字电流表

$I_{改}$								
$I_{标}$								
$\Delta I = I_{改} - I_{标}$								

　　(4)对 2mA 挡和 20mA 挡记录数据并作校准曲线.

　　(5)$I_{改}$ 为改装的表头测量值,$I_{标}$ 为串联在测量回路中标准电流表测量值,以 $I_{改}$ 为横轴,$\Delta I = I_{改} - I_{标}$ 为纵轴,在坐标纸上作校正曲线.

3. 设计制作多量程电阻表(自行设计表格)

　　(1)用黄色线将量程的公共端(PD)与量程为"200Ω"挡相连,确定小数是一位.

　　(2)按照图 4.43.15 接线,"-1V"基准电压输出与"200Ω"挡短接,放大器输出接表头测量输入,"RxΩ"挡与 RW2 并联.

　　(3)闭合电源开关,调节直流电阻调节旋钮,观察表头显示,使其达到 199.9Ω. 通过调节电阻调节旋钮,在该挡可测量低于 199.9Ω 的电阻.

　　(4)改变量程,按上述方法可测量不同电阻.改变直流电阻 $R_{改}$ 的大小,分别测出对应的标准电阻 $R_{标}$,填入表格中(表格自己设计).

4. 设计制作多量程交流电压表(选做)

　　在多量程直流数字电压表的基础上再加入交流直流电压转换模块,即可实现多量程的交流电压的测量.

【注意事项】

　　1. 实验时应当"先接线,再加电,先断电,再拆线",加电前应确认接线无误,避免短路.

　　2. 即使加有保护电路,也应注意不要用电流挡或电阻挡测量电压,以免造成不必要的损失.

　　3. 当数字表头最高位显示"1"(或"1")而其余位都不亮时,表明输入信号过大,即超量程.此时应尽快换大量挡或减小(断开)输入信号,避免长时间超量程.

　　4. 自锁紧插头插入时不必太用力就可接触良好,拔出时应手捏插头旋转一下就可以,避免硬拔硬拽导线,拽断线芯.

实验 44　双绞线断点的估测

双绞线是计算机常用的网络连接线,由八根带颜色的绝缘导线构成四组双绞线.颜色相近的(蓝色-花蓝、绿色-花绿、黄色-花黄、棕色-花棕)两根绝缘导线是均匀扭绞在一起.由于各种原因,双绞线有时中间会断开,从而导致断网.实验室提供的网络连接线中有两组双绞线各断了一根.

【实验目的】

利用实验室所给器材,在双绞线只能测量一端的条件下解决以下三个问题,设计实验方案及电路,拟定实验方法和步骤.

1. 判别四组双绞线中哪两组有断线;
2. 判别断的线是什么颜色;
3. 估测断线的位置距测量点有多少米.

【实验器材】

双绞线(设 L 米),电阻箱,示波器,信号发生器,计算机等.

【实验提示】

(1)双绞线由于相互绝缘,因而其两金属导线之间可以构成一个电容.导线愈长,则两导线的相对面积愈大,因此它们之间的电容增加.本实验可以假设双绞线之间的电容值与导线的实际长度成正比.

(2)根据交流电路原理可知,如果电容 c 与电阻 R 串联接到频率为 f、电压为 u 的正弦波信号发生器两端,则信号发生器的输出电压与电阻、电容分压满足如下关系:

$$u_c = \frac{R}{\sqrt{R^2 + (2\pi fc)^{-2}}}u, \quad u_R = \frac{(2\pi fc)^{-1}}{\sqrt{R^2 + (2\pi fc)^{-2}}}u \qquad (4.44.1)$$

(3)一般实验电路中用到几个交流仪器,使用这些仪器,它们的公共端需连在一起(又称共地)方能正常工作.实验中信号发生器用于产生一定频率的正弦波信号,示波器可以用于测量正弦波信号幅值.

(4)实验中的双绞线电容值数量级是 10^{-10} F(法拉)左右,考虑所提供的电阻箱阻值范围(0~100kΩ),信号发生器的使用频率可以在几十千赫兹到上百千赫兹选择.

附预习要求

课前要求根据实验任务和实验提示,推导断线长度与端电压的关系(实验中可设定 f、R、u),并拟定实验方案.

【思考题】

1.实验中是否可用数字万用表的交流电压挡测量正弦波信号幅值? 如果不能,请说明原因.

　　2.示波器屏幕纵向用来表示输入信号的幅值,只有 8 格(每格等分 5 小格),横向作为时间轴有 10 格.为了提高 u_c 或 u_R 有效值的测量精度,在选取 u 和调节 R 时应注意什么?

　　3.实验估测断线长度误差较大.通过实验,请分析误差产生的因数有哪些,主要的是哪些,为什么?

实验 45 黑盒子实验

黑盒了问题主要是指对某一未知系统在不打开或不损坏其结构的情况下,通过实验来研究其内部结构的问题.目前较常见的黑盒子问题,通常是将若干电学元件放入有若干接线柱的封闭黑盒中,按某种方式连接起来.要求运用所给定的仪器用具,通过对外部接线柱的测试,进行综合分析,判断其盒内部有哪些电学元件以及各元件之间的电路连接方式,测量出相应电学元件的特征参数值.

【预习要求】

1. 查阅资料,熟练掌握数字万用表和指针式万用表的使用方法与注意事项.
2. 认真预习"电阻的星形连接与三角形连接的等效变换"相关知识.
3. 课前认真审题,设计出合理可行的实验方案,画出测量电路图.

【实验任务】

(1)图 4.45.1 所示为线性、AA' 端与 CC' 端对称的电阻电路.电阻盒内由纯电阻构成,电阻个数、连接方式及各阻值大小均未知.请用实验台上提供的仪器和用具进行测量,并用测量数据计算出应在 CC' 端接入一个多大的电阻 R_x,才能满足下述条件.

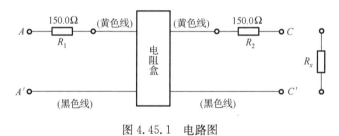

图 4.45.1 电路图

① 条件.

若将计算出的 R_x 接在 CC' 端,在 R_1 中流过的电流 I_1 与 R_x 直接接在电源 E 上所产生的电流(即 $I_x = E/R_x$)相等.

② 要求.

a. 简述测得 R_x 的主要原理与步骤,计算出 R_x 的阻值.

b. 按题目中的条件对 R_x 进行检验.验证 $I_1 = I_x$.

c. 正确记录各测量值和测量结果的有效数字.

③ 仪器和用具.

直流稳压电源一台($E = 10.0V$,内阻可忽略,可接 AA' 端);数字万用电表一块(只能使用直流电压挡);导线若干;可调电阻箱一个;电阻盒装置一个(连同外接电阻及引出线,图 4.45.1).

(2)给定黑盒子,利用指针式万用表判定其内部电学元件类型(选做).

给定一个"黑盒子",6 个接点分别连接到黑盒子面板上,其内部含多个不同的电学元件

(对角线两点之间无电学元件),不打开黑盒子,用指针式万用表进行测量,根据指针的摆动情况,准确判断其中可能有哪些电学元件.

要求:

①画出黑盒子内部电路图,标出非线性元件的极性、电阻的阻值.

②简述判别方法.

【实验提示】

(1)图 4.45.1 中的电阻盒内电阻个数、连接方式及各阻值大小均未知,是本实验的难点,仔细分析电路图,可考虑用电阻的星形网络或三角形网络替代电阻盒,使问题大大简化.

(2)电阻的星形连接(网络)与三角形连接(网络)的等效变换.

① 电阻的星形连接.

将三个电阻 R_1、R_2、R_3 的一端连在一起,另一端分别与外电路的三个结点相连的连接方式称为星形连接,也叫 Y 连接(或 T 连接),如图 4.45.2 所示.

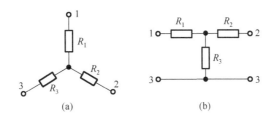

图 4.45.2 电阻的星形连接

②电阻的三角形连接.

将三个电阻 R_{12}、R_{23}、R_{31} 首尾相连,接成一个三角形,三角形的三个顶点分别与外电路的三个结点相连的连接方式称为三角形连接,也称为 △ 连接(或 π 连接),如图 4.45.3 所示.

③两种连接方式的等效变换条件.

若对应端口的电流、电压完全相同,则两种网络等效,不会影响端口和电路其余部分的电压和电流.

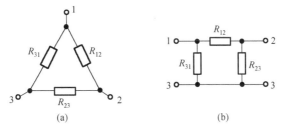

图 4.45.3 电阻的三角形连接